新能源并网
测试技术及工程应用

丛　雨　刘永江　曹　斌
郭　凯　原　帅　王立强　编著

中国电力出版社
CHINA ELECTRIC POWER PRESS

内容提要

随着新型电力系统的构建，高比例新能源并网发电给电力系统的安全稳定运行带来了新的挑战。本书介绍了国内外新能源发展情况，分析了大规模新能源并网后对电网带来的影响，提出了并网测试是保障新能源电力系统安全稳定运行的重要手段；本书针对新能源接入电网的电能质量、功率控制能力、故障穿越性能、电网适应性及一次调频等关键性能指标，从并网影响分析、测试标准要求、技术方法原理、测试评估流程及测试案例分析等方面做了详尽阐述。同时，本书总结了作者在数模混合领域开展新能源并网仿真测试中的应用经验，结合创新研究案例进行了研究分析。全书深入浅出地介绍了新能源并网测试技术，内容具有较强的实用性和前瞻性，对新能源并网特性研究、测试评估、仿真计算、事故分析提供了有价值的参考。

本书可以作为新能源发电企业、电网生产运行管理机构、第三方检测机构、电力科学研究机构等相关单位的研究参考用书，同时也可以作为从事新能源并网特性测试与评估分析人员的培训教材。

图书在版编目（CIP）数据

新能源并网测试技术及工程应用 / 丛雨等编著. —北京：中国电力出版社，2023.9
ISBN 978-7-5198-7908-2

Ⅰ. ①新… Ⅱ. ①丛… Ⅲ. ①新能源–发电 Ⅳ. ①TM61

中国国家版本馆 CIP 数据核字（2023）第 104760 号

出版发行：中国电力出版社
地　　址：北京市东城区北京站西街 19 号（邮政编码 100005）
网　　址：http://www.cepp.sgcc.com.cn
责任编辑：刘汝青（010-63412382）　柳　璐
责任校对：黄　蓓　常燕昆
装帧设计：赵姗姗
责任印制：吴　迪

印　　刷：三河市万龙印装有限公司
版　　次：2023 年 9 月第一版
印　　次：2023 年 9 月北京第一次印刷
开　　本：787 毫米×1092 毫米　16 开本
印　　张：18.25
字　　数：407 千字
印　　数：0001—1000 册
定　　价：118.00 元

前 言

大力发展以风力发电和光伏发电为代表的新能源是实现“碳达峰、碳中和”目标和能源绿色低碳发展的重要途径。随着新型电力系统的加快建设，新能源装机容量和发电占比不断提高，电力系统迎来了更为严峻的挑战。新能源大规模高比例的集中接入和送出，使电力系统呈现“双高”特性，即新能源占比高和电力电子设备占比高的特性，电力系统惯量大幅降低，现有的电网控制模式可能失效，给以同步机为主的传统电力系统安全稳定运行带来新的挑战。新能源的强波动性、随机性和间歇性，以及其发电设备的弱支撑性，增加了电力系统频率、电压稳定控制的难度，同时也让电网的故障形态更加复杂。在此背景下，电力系统对新能源并网发电技术不断提出新的要求，以提升新能源电源对电力系统的主动支撑能力，适应新型电力系统的发展需求。新能源并网性能测试评估技术在新能源关键并网设备开发、新能源接入电力系统并网性能验证等过程中发挥了重要作用。

随着新能源发电并网技术的不断发展，并网性能测试工作将不断针对新的性能需求和应用场景，优化原有测试方法，加强新方法研究。本书对现有新能源发电并网技术要求和测试方法进行了总结，并依托工程实例进行了深入分析，为新能源并网的性能检验提供了技术指导和工作思路方法。

本书根据作者团队十余年新能源发电并网性能测试实际工作经验，在新能源并网技术标准要求基础上，通过大量现场测试和仿真测试实例的总结分析，全面、系统地介绍了新能源并网性能技术领域的新技术和新方法，各章节内容如下：

第一章简要介绍了世界以及中国在风力发电和光伏发电的发展概况，分析了大规模新能源接入电网面临的挑战和问题，概述了新能源并网性能及测试技术。第二章详细介绍了典型风电场和光伏电站发电设备、无功补偿装置、场站级功率控制系统等影响并网性能的主要设备。第三～七章按照电能质量、功率控制能力、故障穿越、电网适应性和一次调频并网性能划分进行编写，深入分析了并网性能指标对电力系统运行的影响，提出了最新的并网性能技术要求，结合实际测试工作经验总结了详细测试方法和步骤，并依托工程实例进行了测试数据分析和指标评估。第八章从新能源单机控制器、新能源场站级控制系统、新能源并网保护设备不同用途场景，详细阐述了仿真测试平台构建的原理及仿真测试方法，并对实际工程应用案例进行了深入分析。

在本书编写过程中，参考了大量新能源发展数据、新能源发电并网技术标准、新能源并网技术研究等相关文献资料，整合了编著者从事 150 余项新能源并网测试项目的工作成果和经验，同时融入了近年来编著者在数模混合仿真平台开发和应用中形成的科研成果。

本书由内蒙古电力科学研究院丛雨，内蒙古电力（集团）有限责任公司刘永江，内蒙古电力科学研究院曹斌、郭凯、原帅、王立强编著。刘永江为统筹全书各章节内容做了大量工作；丛雨编写了第三、四、七、八章；曹斌编写了第一章；郭凯编写了第二章；原帅编写了第五章；王立强编写了第六章。丛雨、郭凯对本书校稿做了大量工作。

感谢王琪、辛东昊、李勇、赵永飞、孟庆天、杨晓辉、刘宇、苏珂、田文涛、顾宇宏、王乐媛、张秀琦、苗丽芳、何芳、刘鸿清、邢伟等同志，做了许多现场并网测试、硬件在环仿真测试、数据分析、资料整理等工作。

由于水平有限、时间仓促，疏漏和不足之处在所难免，恳请广大读者多提宝贵意见。

编著者

2023 年 5 月

目　录

第一章 新能源发展概况

随着国际社会对能源安全、生态环境、异常气候等问题的日益重视，减少化石能源燃烧，加快开发和利用可再生能源已成为世界各国的普遍共识和一致行动。目前，全球能源转型的基本趋势是实现化石能源体系向低碳能源体系的转变，最终目标是进入以可再生能源为主的可持续能源时代。2015 年，全球可再生能源发电新增装机容量首次超过常规能源发电的新增装机容量，标志着全球电力系统的建设正在发生结构性转变。2021 年 11 月的联合国气候变化大会上，各国进一步明确了气候目标并形成了系列共识，此次会议成果成为《巴黎协定》签订以来全球气候治理进程的又一重要里程碑。

2020 年 9 月，习近平总书记在第七十五届联合国大会一般性辩论上提出了我国“双碳”目标，二氧化碳排放力争于 2030 年前达到峰值，努力争取 2060 年前实现碳中和。二氧化碳排放主要来自化石燃料的燃烧，公开数据资料显示，2020 年我国全社会碳排放约 106 亿 t，其中电力行业碳排放约 46 亿 t，占全社会碳排放总量 43.4%。作为全社会碳排放最高的行业，电力行业是实现“双碳”目标的主战场，大力发展以风力发电、光伏发电为代表的可再生能源就成为实现“双碳”目标的重要路径。因此，未来更长一段时期内，风力发电和光伏发电在电力装机和发电量中的合计占比将逐年提高。根据国家能源局发布的统计数据测算，2030 年我国风力发电和光伏发电的合计发电量占比将超过 26%。另外，国际可再生能源署预测，到 2050 年，中国风力发电、光伏发电合计装机容量在总发电装机容量中的占比将超过 70%。

第一节 世界及中国新能源发展概况

一、世界新能源发展概况

（一）世界风力发电发展概况

风力发电作为技术成熟、清洁环保的可再生能源，已在全球范围内实现大规模的开发应用。丹麦早在 19 世纪末便开始着手利用风能发电，但直到 1973 年发生了世界性的石油危机，对石油短缺以及用矿物燃料发电所带来的环境污染的担忧，使风力发电重新得到了重视。此后，美国、丹麦、荷兰、英国、德国、瑞典、加拿大等国家均在风力发电的研究与应用方面投入了大量的人力和资金。至 2016 年，风力发电在美国已超过传统水电成为第一大可再生能源，并在此前的 7 年时间里，美国风力发电成本下降了近 66%。

在德国，陆上风力发电已成为整个能源体系中最便宜的能源，在过去的数年间风力发电技术快速发展，更佳的系统兼容性、更长的运行小时数以及更大的单机容量使得德国《可再生能源法》最新修订法案（EEG 2017）将固定电价体系改为招标竞价体系，彻底实现风力发电市场化。

2017 年整个欧洲地区风力发电占电力消费的比例达到 11.6%，其中丹麦的风力发电占电力消费的比例达到 44.4%，并在风力发电高峰时期依靠其发达的国家电网互联将多余电力输送至周边国家，德国达到 20.8%，英国为 13.5%。据国际可再生能源署（IRENA）统计，2017 年全球陆上风力发电平均度电成本区间已经明显低于全球的化石能源发电成本，陆上风力发电平均成本逐渐接近水电。相关数据显示，2017—2022 年全球风电装机容量呈现快速上升的趋势，如图 1－1 和图 1－2 所示。截至 2022 年底，全球风电装机容量达到 906GW，较 2021 年增加 8.2%。预计到 2024 年，全球陆上风电新增装机容量将首次突破 100GW，到 2025 年，全球海上风电新增装机容量也将再创新高，达到 25GW。

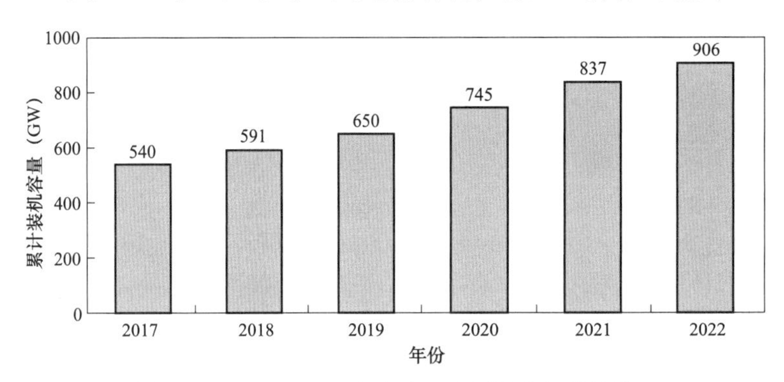

图 1－1　2015—2022 年全球风电累计装机统计情况

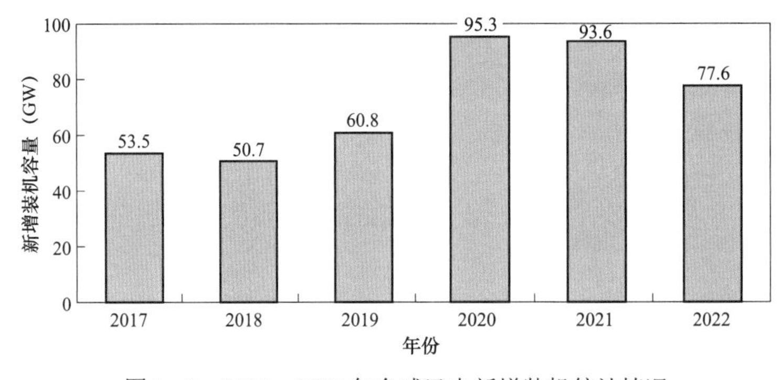

图 1－2　2017—2022 年全球风电新增装机统计情况

风力发电是未来最具发展潜力的可再生能源技术之一，具有资源丰富、产业基础好、经济竞争力强、环境影响小等优势，是最有可能在未来支撑世界经济发展的能源技术之一，世界各国都出台了鼓励风力发电发展的行业政策。根据全球风能理事会预计，未来，亚洲、北美洲及欧洲仍是推动风力发电市场不断发展的中坚力量。影响风力发电项目开发的核心因素是风资源丰富程度，项目所在地的电价政策、电网消纳能力、产业链成熟度、物流运输等因素也与风力发电项目开发有着紧密的联系。风力发电发展初期，政府通常通过制定实施电价补贴激励措施保障项目的投资收益，鼓励风力发电产业发展。考虑到资源因素，风力发电开发主要集中在风资源较好的区域，低风速风力发电的开发容量占比较少。随着风力发电技术的不断进步，低风速区域风力发电开发的经济性不断提高，使得低风速区域风力发电开发成为可能。高风速开发区域饱和、电价去补贴实现平价，以及低风速区域更靠近负荷侧等原因，使得风力发电开发的重心开始向中低风速区域转移。

随着全球能源转型进程的推进，特别是各国纷纷明确碳中和目标和路线图的背景下，开发低风速风力发电将是全球风力发电发展的重点方向之一，并成为低风速区域国家实现可再生能源发展目标的重要补充力量。

（二）世界光伏发电发展概况

太阳能是人类最早利用的能源之一，以其清洁、安全、取之不尽、用之不竭等显著优势，成为发展最快的可再生能源之一，目前光伏发电已成为世界能源结构中重要的一环。光伏发电是一种利用太阳能电池半导体材料的光伏效应，将太阳光辐射能直接转换为电能的一种发电系统，基于半导体技术和新能源发展需求带动了光伏发电产业快速发展，是未来全球先进产业竞争的制高点。世界各国都出台了相应的产业支持政策以支持本国光伏发电行业发展。根据相关数据显示，从 2000 年至今，全球累计装机容量扩张 400 倍以上，光伏发电行业发展速度在各种可再生能源中位居第一。

2017—2022 年全球光伏发电累计装机容量维持稳定上升趋势，如图 1－3 和图 1－4 所示。在“碳中和”的气候目标下，发展包括光伏发电在内的可再生能源已成为全球共识，全球光伏发电市场保持高速增长。截至 2022 年底，全球光伏装机容量达到 942.2GW，全球光伏发电新增装机容量 228.5GW，创历史新高。相关数据预测，2023 年亚太地区的安装需求量最大，其次是欧洲、美洲、中东和非洲地区。2023 年，亚太地区预计新增光伏装机容量将达到 202.5GW，同比增长率为 55.4%；欧洲预计新增光伏装机容量将同比增长 39.7%，达到 68.6GW 左右；美洲预计新增光伏装机容量约为 64.6GW；中东和非洲地区呈现稳定增长，预计将新增光伏装机容量 14.9GW，同比增长约 49.5%。

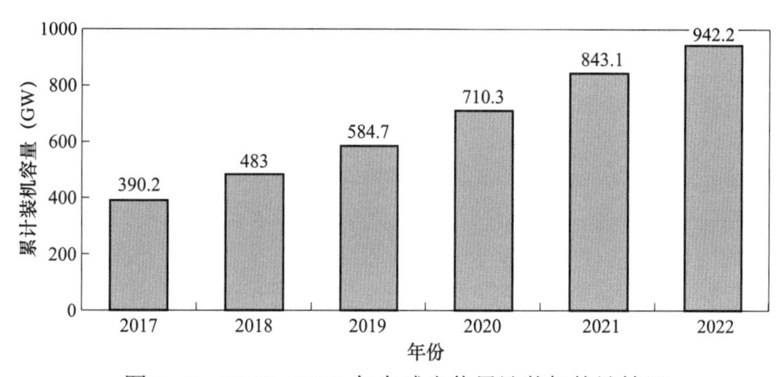

图 1－3　2017—2022 年全球光伏累计装机统计情况

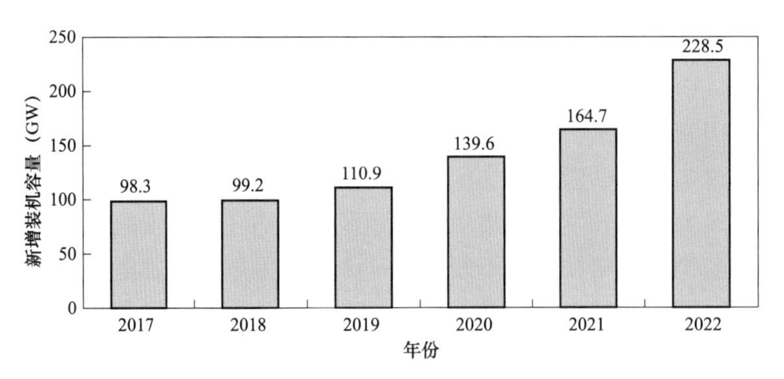

图 1-4　2017—2022 年全球光伏新增装机统计情况

全球光伏发电行业未来发展呈现以下趋势：

（1）全球光伏发电应用市场的重心转移。从 2010 年起，全球光伏发电应用市场的重心已从欧洲市场转移至中、美、日等地区市场，合计占据全球市场的 70%左右。其中，中国从占全球装机总容量的 5%到 26%，只用了 5 年的时间。2022 年中国新增装机量连续八年位居世界第一。

（2）市场迅速升温，进入成长期。近年来，南欧市场由于电力市场改革，允许光伏电力在现货市场交易，电力系统成本迅速下降，市场迅速升温，进入了大规模化的成长期。由于欧洲起步较早、积累时间长，在累计装机上仍然保持着较大份额。

（3）光伏发电应用扩大。欧洲光伏产业协会公布了一组全球光伏发电市场预测，2023 年海外光伏发电市场规模超 100GW，有 12 个国家光伏发电装机容量增加 1GW 以上。印度、智利、墨西哥、沙特阿拉伯等国家的市场正在快速启动，光伏发电在全球得到了愈发广泛的应用，光伏发电产业逐渐演变成众多国家重要产业。

二、中国新能源发展情况

（一）中国风力发电发展概况

中国风能资源丰富，可开发利用的风能储量约 10 亿 kW，利于风力发电的发展。截至 2022 年 12 月底，全国风电装机总容量达到 36544 万 kW，同比增长 11.2%，风电新增装机容量 3763 万 kW，同比减少 21%。2017—2022 年中国风力发电新增装机容量及累计装机容量如图 1-5 和图 1-6 所示。

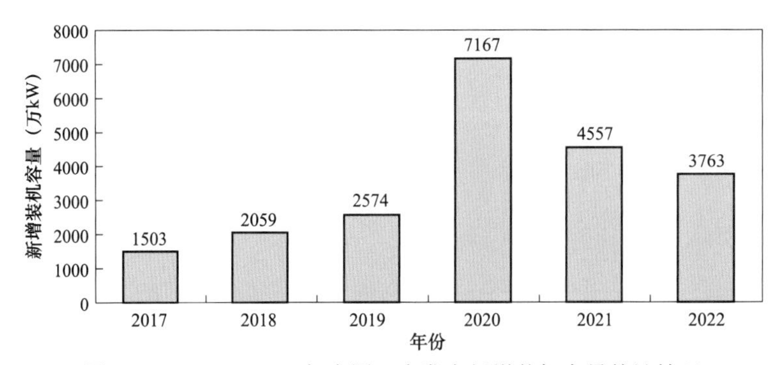

图 1-5　2017—2022 年中国风力发电新增装机容量统计情况

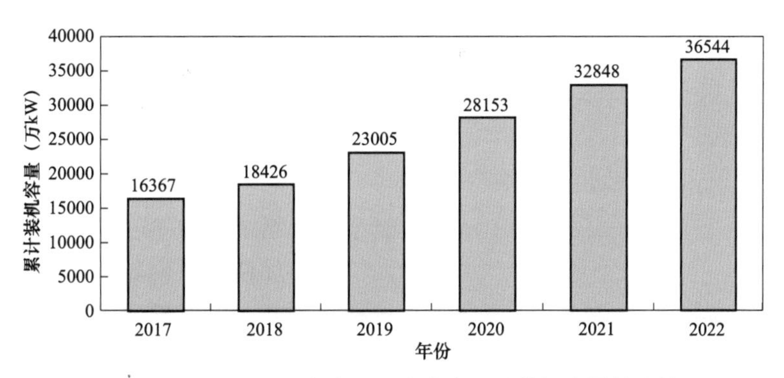

图 1－6　2017—2021 年中国风力发电累计装机容量统计情况

2022 年，中国风力发电量为 6867 亿 kWh，较 2021 年同比增长 5.2%，风电发电量最多的地区为内蒙古自治区，发电量达到 1019.9 亿 kWh。2017—2022 年中国风力发电量如图 1－7 所示。2017—2022 年，中国风力发电利用小时数由 1948h 增长至 2221h，如图 1－8 所示。

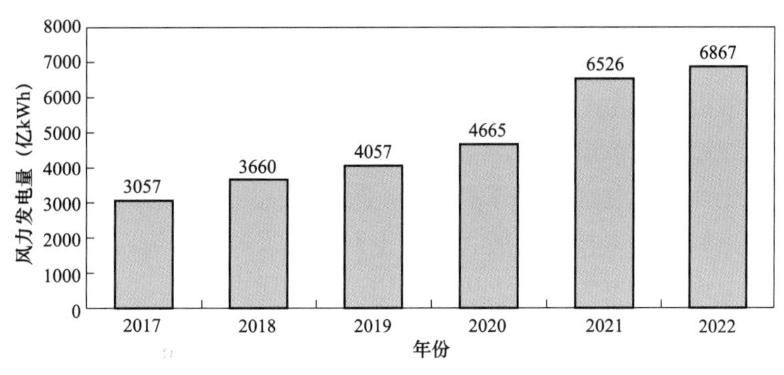

图 1－7　2017—2022 年中国风力发电量

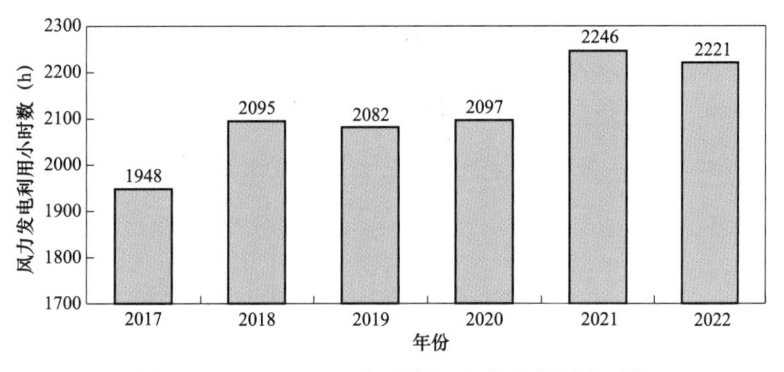

图 1－8　2017—2022 年中国风力发电利用小时数

从累计装机容量来看，截至 2022 年底，中国风力发电以陆上风力发电为主，累计装机量占比达 92.2%，如图 1－9 所示。受限于海上风力发电建设过程复杂且成本较高原因，

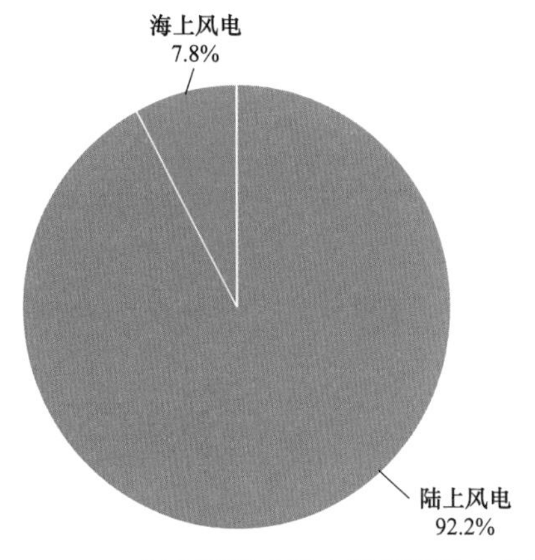

图 1-9　2022 年中国风力发电装机容量占比情况

海上风力发电整体规模较小，随着国家和地方政策相继出台，推动了海上风电渗透率持续走高，2022 年达到 7.8%，目前整体装机量仍较低。

“十四五”时期，风力发电产业也将随着新型电力系统的构建迎来新的发展。

（1）加快技术创新，持续降低成本。坚持技术创新引领发展，围绕重点环节组织攻关，包括：风电机组大型化、定制化和智能化开发；大功率齿轮箱和百米级叶片等关键零部件技术；漂浮式等海上风力发电技术研发；高性能替代材料应用；运输、安装等工程装备的专业化；多能互补等综合应用。

（2）拓展应用场景，发挥风力发电成为支撑工业领域脱碳的重要作用。在“三北”等新能源富集区域打造“零碳”电力基地，以最具市场竞争力的绿色电力，支持出口产业园区、高载能工业区、制造、数据等产业向内陆地区转移，不仅可以有效缓解中东部的减排压力，还能够一举多得地促进区域产业升级，提升经济发展水平，助力东北再振兴和西部大开发。

（3）加快分布式、分散式风力发电发展，使风力发电成为助力乡村振兴的重要力量。将风力发电与新能源特色小镇建设、区域旅游开发、农村能源清洁化替代等工程相结合，因地制宜、分散化开发，鼓励就近开发利用，最大化提升绿电消纳能力。

（4）推动海上风力发电技术发展、平价上网。国家和各沿海省份加强统筹规划，出台扶持政策，集中连片开发大型海上风电基地；优化送出方案，加强海上升压站、海底电缆、漂浮式海上风电机组等工程规划、投资和建设，减少海上风力发电输送成本。

（二）中国光伏发电发展概况

随着政策支持和技术进步，中国光伏发电产业成长迅速，成本下降和产品更新换代速度不断加快，光伏发电装机量、发电量均不断提高。如图 1-10 所示，2022 年中国光伏发电量为 4276 亿 kWh，同比增长 31.2%，在总发电量中占比达到 4.9%。

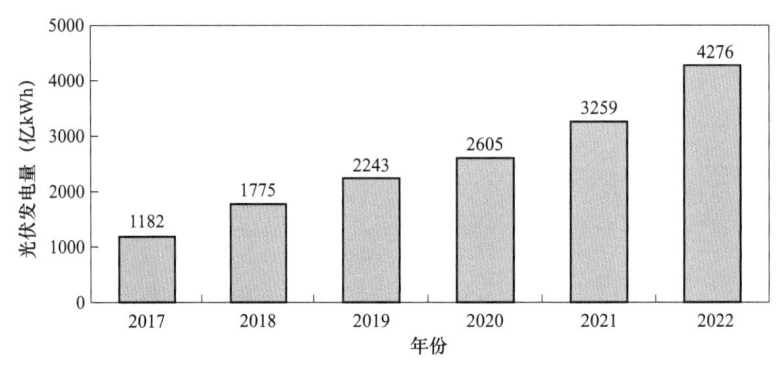

图 1-10　2017—2022 年中国光伏发电量情况

如图 1－11 所示，2022 年，中国光伏累计装机容量达到 39204 万 kW，同比增长 27.9%。其中，集中式光伏发电 23442 万 kW，占比达到 59.8%；分布式光伏发电 15762 万 kW，占比达到 40.2%。如图 1－12 所示，2022 年，中国光伏发电新增装机容量 8741 万 kW，其中集中式光伏发电 3630 万 kW、分布式光伏发电 5111 万 kW。从新增装机布局看，中东部和南方地区占比约 36%，“三北”地区占 64%。

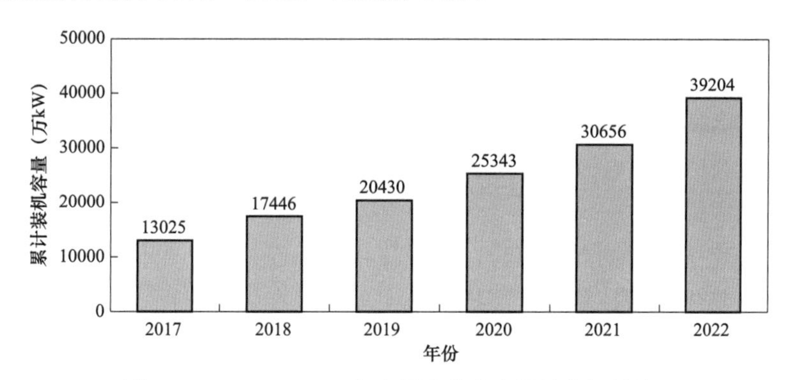

图 1－11　2017—2022 年中国光伏发电累计装机量情况

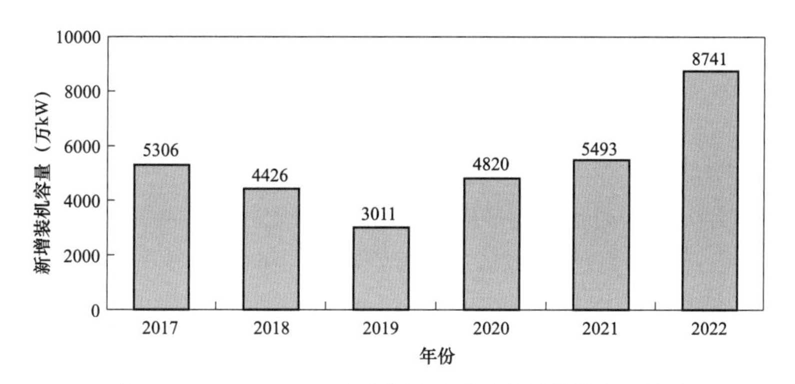

图 1－12　2017—2022 年中国光伏发电新增装机容量情况

基于光资源的广泛分布和光伏发电的应用灵活性特点，中国光伏发电在应用场景上与不同行业相结合的跨界融合趋势愈发凸显，水光互补、农光互补、渔光互补等应用模式不断推广，光伏发电产业在未来呈现了新的发展趋势。

（1）光伏发电占比将进一步提升，集中式和分布式并举推动光伏装机规模持续快速增长。太阳能作为可再生能源的重要组成部分，是中国新能源发展的重要方向。在沙漠、戈壁、荒漠地区，中国将加快规划建设大型风光基地项目，这些光伏发电主要是以大基地为依托的集中式光伏发电。同时，分布式光伏发电将主要在中东部地区发展。2021 年 6 月，国家能源局发布了《关于报送整县（市、区）屋顶分布式光伏开发试点方案的通知》，要求整合资源，实现集约开发。从 2021 年发展情况来看，中东部地区新增光伏发电装机规模中，分布式占比约 55%。随着新增可再生能源不断融入消费总量控制的政策落地实施，中东部地区作为能源消费大省，考虑土地资源紧张等客观实际，分布式光伏发电将有望再创新高。

（2）高效率低成本光伏电池技术不断进步。发展更高效率、更低成本的光伏电池，进一步提升单位面积发电能力是未来光伏大规模发展的关键。一是持续推进 PERC 晶硅电池技术的发展，如开发双面 PERC 电池等，提升转换效率，降低生产成本。二是加快 TOPCon、HJT、IBC 等新型晶硅电池低成本高质量产业化制造技术研究，重点突破关键材料、工艺水平、制造装备等技术瓶颈，提高效率，降低成本，推动新型晶硅电池的产业化生产和规模化应用。三是推动 CIGS、CdTe、AsGa 等薄膜光伏电池的降本增效、工艺优化、量产产能等，大力推进薄膜太阳能电池在光伏建筑一体化建设中的应用。四是开展高效钙钛矿太阳能电池制备与产业化生产技术研究，开发大面积、高效率、高稳定性、环境友好型的钙钛矿电池，开展晶体硅/钙钛矿、钙钛矿/钙钛矿等高效叠层电池制备及产业化生产技术研究。

（3）补贴加速下降推动产业整合，产业集中度不断提升。光伏发电产业竞争压力进一步上升，产业集中度预计将进一步提升，主要体现在以下方面。一方面，落后产能加速淘汰；另一方面，行业技术进步速度较快，中小企业由于研发实力较弱无法完成技术升级换代，逐渐被行业淘汰。同时，随着单晶市场需求的大幅提升，多晶产品价格的大幅下降，以多晶产品为单一或主流产品的企业产能利用率将持续走低。此外，光伏发电龙头企业加速扩张，光伏发电龙头企业产能的持续扩张在增大其市场供应量的同时将进一步挤压中小企业的生存空间，因此，新的订单会加速向头部企业集中，后续市场格局将更加趋于成熟与稳定。

（4）平价上网目标即将实现，行业走向市场驱动发展模式。根据国家能源局发布的有关通知，2020 年，中国光伏发电平价上网项目规模已经超过补贴竞价项目规模，大部分光伏发电项目已经不需要财政补贴，中国已经逐渐走向光伏发电平价上网时代。未来，随着组件转换效率提升、工艺技术持续改善，光伏发电成本将进一步降低，预计实现平价上网的目标将越来越近，行业发展将从政策驱动、计划统筹与市场驱动多重驱动发展的模式逐渐变成市场驱动发展的模式，光伏发电企业的发展将更加依赖自身度电成本竞争力以及光伏发电的清洁环保特性。

第二节 大规模新能源接入电网面临的挑战和问题

随着新能源发电在电力系统中占比的不断提高，新能源的波动性、随机性及间歇性对电网的安全稳定运行带来重大影响，尤其是新能源大规模集中并网后，使电力系统呈现“双高”特性，即新能源占比高和电力电子设备占比高的特性，对电力的平衡能力、电网的调节能力造成负面影响，使电网的故障形态更加复杂。大量的电力电子设备投运，电力系统的惯量大幅降低，现有的电网控制模式可能失效，电网的运行存在巨大的隐患，同时，随着常规机组被新能源大量替代，在送端系统会产生短路容量下降、无功功率分区平衡能力减弱、电压支撑能力变差等问题。所以，新能源的大规模并网对电网安全稳定运行提出了新的挑战与要求。

一、大规模新能源并网对电力系统频率的影响

随着风力发电和光伏发电装机及有功功率输出占比大幅提升，大量常规旋转同步机组被替代，系统惯量减小，电力系统抗扰动能力下降，制约新能源发电有功功率输出规模。传统交流电力系统是一种规模十分庞大的动力系统，其稳定运行的核心是能量瞬时平衡。对交流电网而言，瞬时平衡关键在于“同步”。当系统发生故障扰动，产生功率冲击、频率波动时，依靠大量旋转设备的转动惯性进行调节，保障系统整体频率的稳定。系统频率调节能力主要与三方面因素有关：一是交流系统“有效”转动惯量的大小；二是机组调频能力；三是负荷频率特性。

系统转动惯量越大，承受有功功率冲击、频率波动的能力越强。目前，大规模新能源电力系统转动惯量下降主要原因分两方面：一是新能源及直流等大量电力电子设备接入电网，传统交流电力系统的常规机组被大量新能源替代，系统转动惯量持续减小；二是直流/新能源的“有效转动惯量”不大，直流受制于过载能力、控制模式等原因不具备相关频率调节功能，风力发电/光伏发电/储能等电力电子设备调频和惯量支撑能力有限，在电网中还未大规模改造升级，有效转动惯量支撑很小，导致系统总体有效惯量仍在不断减小。

随着新型电力系统的构建，新能源装机和有功功率输出占比仍在不断增加，系统频率调节能力下降，仍存在故障导致的大功率缺失情况下，易诱发全网频率不稳定的问题。下面以西北电网和东北电网仿真计算分析为例说明。

西北电网 68GW 负荷水平下，损失 3.5GW 功率，若网内无风力发电，系统频率下跌 0.65Hz；若网内风力发电有功功率输出达到 12GW，则频率下跌达到 0.95Hz，比无风力发电时增加 0.3Hz，如图 1－13 所示。

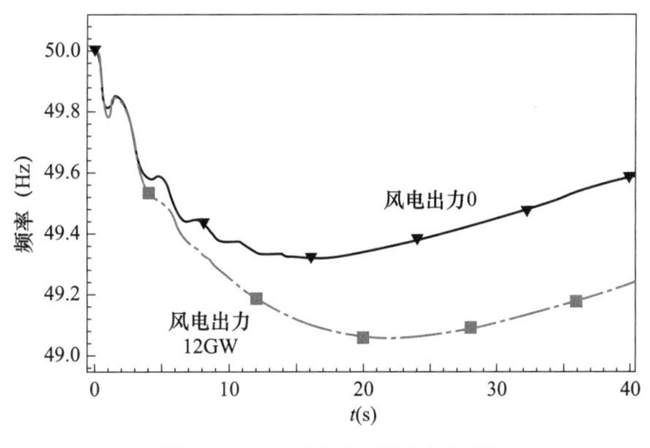

图 1－13　西北电网频率问题

东北电网 55GW 负荷水平下，损失 3GW 功率，若网内无风力发电，系统频率下跌 0.7Hz；若网内风力发电有功功率输出达到 10GW，频率下跌 1.1Hz，比无风力发电时增加 0.4Hz，如图 1－14 所示。

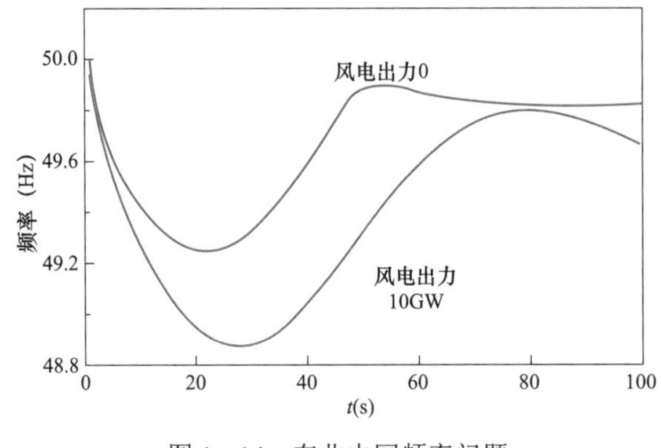

图 1－14　东北电网频率问题

二、大规模新能源并网对电力系统电压的影响

由于新能源电源有功功率输出的不稳定性，功率大幅波动将会导致电网电压波动幅度增大，新能源并网点电压峰谷差会保持较大水平，增加了电网调压难度。尤其在高比例新能源汇集地区，输送线路长、就地用电负荷小，电网网架薄弱缺乏无功功率调节手段的地方，电压变化较大，波动强，经常会发生电压越限的情况，为电网的安全稳定运行带来风险。比如大规模光伏发电集中接入更多是在戈壁、荒漠地区，当地负荷水平较低，接入的地区电网短路容量相对较小，大量光伏电力需通过高压输电网远距离外送，随机波动的有功功率穿越近区电网以及长输电通道，影响到电网无功功率平衡特性，进而造成沿途的母线电压大幅波动。同时，对于规模化光伏发电分散接入配电网而言，光伏发电接入改变了电网既有的辐射状网架结构，单电源结构变成了双电源或多电源，电网潮流分布大小、方向等复杂多变，潮流变得更加难控，进而影响到配电网的电压质量，影响程度与光伏发电接入位置、接入规模以及有功功率输出等关系较大。

另外，新能源场站自身的电压控制能力也一定程度对电网电压调整及稳定运行带来影响，新能源场站内无功功率调节能力不足主要表现为无功补偿容量配置不合理不投运、新能源机组不参与无功功率调节或调节能力不足、新能源汇集区场群间无功功率协调性差、电压控制策略不合理等方面。

同时，常规同步机组也是优质的动态、稳态无功功率调节资源，大量常规机组被替代后，在有功功率质量变差的同时，优质无功功率调节手段被大量替代，系统调压能力进一步下降。

三、新能源故障穿越与电网适应性对电力系统的影响

新能源机组对系统电压和频率的耐受能力如果较差，当系统发生扰动，导致频率、电压发生变化时，容易造成新能源大规模脱网，甚至引发联锁性脱网故障，严重影响了电力系统的安全稳定运行水平。

根据相关国家标准要求，当新能源场站并网点电压在标称电压（U_n）的 90%～110%之间时，新能源场站应保持正常运行，当新能源场站并网点电压低于标称电压的 90%或超过

标称电压的110%时，风电场和光伏电站应满足相关国家标准中对故障电压穿越能力的要求。

2011 年 1～4 月，酒泉各风电场共发生电气设备故障 35 起，其中电缆头故障造成集电线路跳闸 21 次，保护插件故障造成设备跳闸或断路器拒动 5 次，其他故障 9 次。特别是连续发生大规模风电机组脱网事故四起，“2·24”“4·3”“4·17”“4·25”事故分别导致 598、400、702、1278 台风电机组脱网。35kV 电缆发生故障后，集电系统及保护不合理致使事故扩大，由于风电机组低电压穿越能力和高电压穿越能力的缺失让事故蔓延至整个风电基地，同时部分风电机组变流器制造不良，误发频率越限信号，加重了事故影响程度，无功补偿设备调管不严，最终导致事故进一步扩大。

目前，大规模新能源基地通过特高压直流外送至负荷中心已成为中国新能源实现跨区域外送的主要方式，但随之带来了特高压直流送端新能源的过电压问题。特高压直流输电工程的不断投运和新能源的大量并网使得直流近区送端电网的结构特性发生了显著变化，特别是在系统发生交流、直流故障后，直流与新能源特性的叠加加剧了新能源端、直流换流母线的暂态电压波动。暂态过电压问题已成为目前大规模新能源集群通过特高压直流送出的电网结构下，影响系统稳定性的关键因素，对换流站电力电子装置和近区电网设备安全构成严重威胁，甚至可能引发大量新能源场站因暂态过电压联锁脱网事故，限制了特高压直流输电工程的外送能力，严重制约了送端新能源的消纳。

特高压直流输电工程中广泛采用由两个单桥换流器串联构成的双桥换流器，其优点在于直流电压质量高，电压中的 6 次谐波能够相互抵消。但换相失败是直流输电系统中较为频发的故障，它会引起直流电流、电压出现大幅波动，严重时会导致直流闭锁，对交直流系统造成较大影响。由于触发角和熄弧角的存在，直流换流器在稳态运行时需要消耗大量无功功率，整流器和逆变器所吸收的无功功率分别占所输送直流功率的 30%～50%和 40%～60%，这些无功功率需要由无功补偿设备及滤波器提供，因此换流站内部需要装设一定数量的滤波器，以达到集中就地进行无功补偿的目的。大型新能源发电基地经特高压直流送出系统的结构如图 1-15 所示。

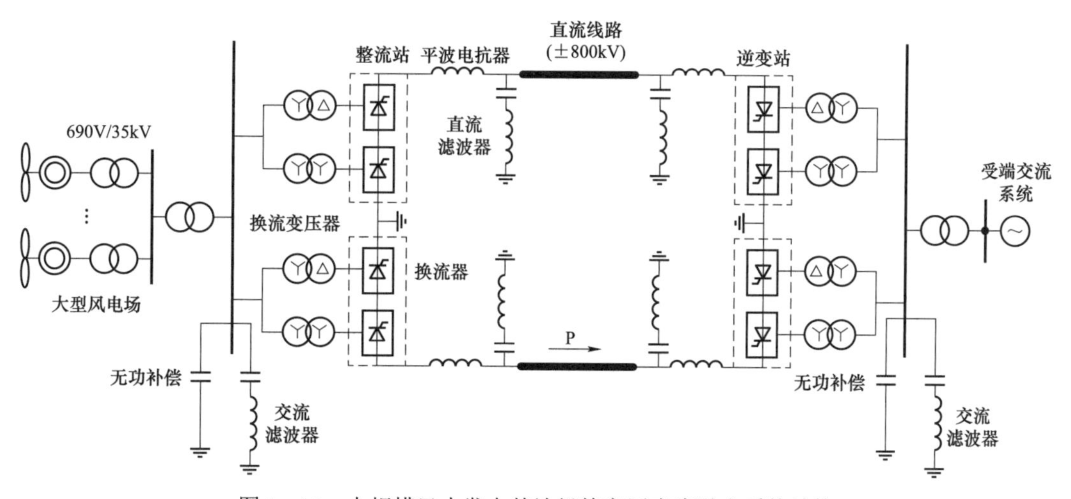

图 1-15 大规模风力发电基地经特高压直流送出系统结构

当受端交流系统出现故障引发换相失败时，由于逆变站直流侧短路导致直流换流母线电压骤降至零，直流送端电压来不及发生改变，从而引起直流电流迅速上升，由此使得整流站从送端系统吸收大量无功功率，导致送端近区系统电压下降。随即，整流站电流控制器迅速增大触发角限制直流电流，使得直流输送功率迅速减小，而换流站无功补偿装置仍在运行，导致大量无功功率反送至送端系统，引起送端近区系统暂态电压升高。因此，在换相失败过程中系统电压呈现出“先低后高”的暂态特性，如图 1－16 所示。

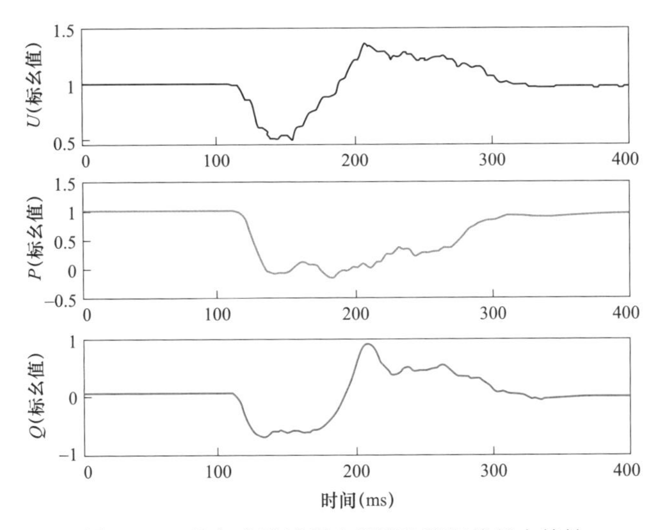

图 1－16　换相失败过程中送端换流母线暂态特性

结合实际工程中直流保护动作情况，一次换相失败过程持续约 200ms。若换相失败持续时间较短，换流器在控制系统的作用下一般能够恢复正常换相。但如果引发换相失败的故障没有及时清除或直流控制系统出现问题，则在换相失败恢复过程中，直流系统极易出现连续换相失败。直流受端连续换相失败会导致功率出现周期性骤降和恢复，引起送端母线电压交替出现多次低电压和过电压的暂态特性，该过程可能会持续数百毫秒甚至更长时间，从而使得送端系统的新能源机组反复进入低电压穿越和高电压穿越过程。其中换相失败恢复和闭锁瞬间，新能源机端的暂态过电压甚至高于 1.3 倍额定电压，超过机组的设计耐压能力，造成大量新能源脱网，严重威胁电力系统的安全运行。

新能源场站在系统频率超过±0.2Hz 后，在不同的频率区间应具备一定能力的连续运行能力，不能直接脱网，同时应给予电力系统一定的频率和惯量支撑。

四、新能源接入对电力系统振荡的影响

新型电力系统的显著特征是新能源在电源结构中占据主导地位。新能源大规模并网后，系统呈现高度电力电子化特征，与传统电力系统相比，新型电力系统电网安全稳定将面临重大挑战，尤其是电网谐波谐振问题越来越突显。传统电力系统振荡的主要参与对象是同步发电机组，如励磁控制系统振荡、原动机调速系统振荡、火电机组轴系扭振等。而新型电力系统宽频振荡是由电力电子设备及其控制系统和主网架共同决定的，如

风电机组的电力电子变流器与输电线路的串联补偿装置之间相互作用会引起次同步振荡。近年来，国内外发生了多起新能源大规模并网引发的振荡事故。新型电力系统安全稳定问题由传统的工频段扩展到中高频段，呈现宽频振荡等新特征，目前相关基础理论、运行特性、抑制措施等研究尚不成熟，亟待开展系统性研究。

（一）双馈风电机组经串联补偿送出场景

双馈风电机组接入引发系统次同步振荡的典型系统结构为双馈风电机组经串联补偿传输线路接入电网，如图 1－17 所示。

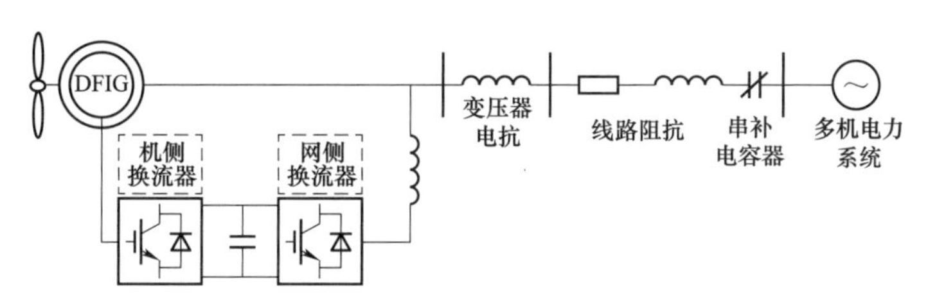

图 1－17　双馈风电机组经串联补偿送出典型结构

目前针对该系统发生次同步振荡已有了较多的研究成果，具体产生的机理为双馈型风电机组内部存在电力电子装置且其定子与电网直接相连，电网中的谐振电流会流进定子绕组，从而引发次同步振荡现象。双馈风电机组经串联补偿送出主要引发次同步振荡类型为风电机组的控制器和串联补偿线路耦合所导致的次同步控制相互作用（SSCI），严重时将造成大量风电机组脱网、设备损坏，对系统稳定性产生恶劣的影响。

与传统的火电机组不同，含双馈风电场的电力系统次同步振荡受到多种因素的影响。目前国内外研究认为双馈风电场经串联补偿引发电力系统次同步振荡主要受风速、串补度、转子侧控制器内环比例系数、输电线路长度、风力发电机台数、容量及电网电压等级等参数的影响。

该场景次同步振荡带来的危害主要有：

（1）风电机组轴系某一阶固有扭振的频率和电力系统中的某一分量的频率相近或者相同时，则会引起共振，会造成发电机组轴系严重损坏。

（2）风电机组轴系中某一阶自然扭振频率和电气激励扭矩中的某一频率互补或者接近互补，会发生振荡。

（3）风电机组长期受到电气激励扭振的作用，导致产生扭转振荡，若此现象经常发生，则会导致发电机轴系疲劳受损，严重减少轴系的使用寿命。

（二）直驱风电机组经弱交流和特高压直流送出场景

新能源并网使用的电力电子变流器具有很强的非线性，控制环节也较为复杂，需要考虑有功功率、无功功率、电压、电流以及锁相环等控制的共同作用。

对于电力电子变流器并网稳定问题的理论分析主要沿用线性系统理论，在运行点进行小干扰分析，采用线性系统稳定判据及其衍生判定方法，其中应用最为广泛的是电路原理和奈奎斯特判据相结合的阻抗分析方法。

自次同步振荡现象发生以来，全球各国的专家学者对抑制和预防次同步振荡的方法进行了广泛的分析研究，并得到了多种有效的解决方案。目前常用的措施有方法如下：

（1）优化风电机组控制器。风电机组的参数是影响次同步谐波特性的主要因素之一，风电机组控制器的参数设置不当可能导致风电机组与电网以及风电机组之间的相互影响，产生次同步频率的次谐波分量，造成宽频带振荡问题。

（2）附加阻尼控制。根据复转矩系数法的基本原理，提高次同步频率下的电气阻尼，可采用的手段包括风电机组变流器附加阻尼控制，并联 FACTS 装置等。

（3）改变接入系统电气参数。在风电场并网实际运行中，如果已经检测到系统中存在宽频振荡问题，可通过切除风电机组、切除无功补偿装置等手段避开不安全的运行方式。

五、新能源运行对电力系统电能质量的影响

（一）风力发电对电能质量的影响分析

（1）电压波动和闪变问题是风力发电并网引起的一个主要电能质量问题。风电机组在变动的风速作用下，其功率输出具有变动的特性，引起风电场母线及附近电网电压的波动。风电机组并网运行引起的电压波动源于其波动的功率输出，而输出功率的波动主要是由于风速的快速变动以及塔影效应、风剪切、偏航误差等因素引起的。风电机组频繁的并网、脱网以及站内无功补偿装置的投切等操作对电网电压也频繁造成冲击。电压波动降低电网稳定性，可能造成电网电压崩溃。

（2）谐波问题是风电并网引起的另一个电能质量问题。风电机组产生谐波来源于三方面：一是风力发电机本身产生的谐波；二是当风电机组进行投入操作时，软并网装置处于工作状态，将产生部分谐波电流；三是对于变速恒频风电机组，变流器始终处于工作状态，谐波电流大小与输出功率基本呈线性关系，也就是与风速大小有关。在正常状态下，谐波干扰的程度取决于变流器装置的结构及其滤波装置状况，也同时与电网的短路容量有关。

（二）光伏发电对电能质量的影响分析

对于光伏发电来说，光伏方阵的输出功率与光照的强度有关，因此受天气的影响较大，和风力发电一样易出现波动。光伏发电有功功率输出的大幅、高频随机波动也会引发电压波动、闪变以及电压偏差、频率波动等电能质量问题。

光伏发电系统中将光伏电池组件的直流电通过逆变器变为交流电，逆变器中采用大量电力电子元件，增加了大量非线性负载，造成波形失真，对电力系统造成谐波污染，出现电能质量问题。逆变器开关切换速度的延缓，将会导致输出失真，产生谐波；在太阳光急剧变化、输出功率变化过于剧烈的情况下，谐波波动的范围也会增大；大规模光伏发电集中并网中逆变器数量多，虽然单台逆变器谐波小，但数量众多逆变器并联时，谐波电流叠加，带来谐波越限问题。

谐波的产生增加了电网发生谐振的可能、增加了电气设备附件损耗、加速绝缘老化，缩短使用寿命、继电保护装置、自动装置不能正确动作、计量仪器失准、通信异常等问题。

六、大规模新能源接入电力系统对暂态特性精确仿真的挑战

目前电网传统的仿真方法中广泛应用的有机电暂态仿真，仿真时采用基波相量理论分析计算，研究机电暂态问题时认为系统电磁暂态过程已结束，主要反映电网的工频特性，用于电网潮流分析、短路计算以及暂态稳定和小干扰稳定计算分析等。

随着新型电力系统的构建，电网结构的复杂程度也逐步增加，电网对新能源的安全运行边界分析要求越来越精准。为准确计算分析电网特性，根据需要可采用仿真精细程度更高、考虑电力电子器件频率特性的电磁暂态或者机电－电磁暂态混合仿真方法。其中，电磁暂态仿真能够体现详细的控制环节和微秒级的电磁能量过渡过程，可以较准确地模拟新能源发电及电力电子元器件的动态过程和暂态特性。机电－电磁混合仿真，主要思路是将大规模电力系统分为需要进行电磁暂态仿真的子系统和仅进行机电暂态仿真的子系统，分别进行电磁暂态仿真和机电暂态仿真，然后在各子系统的交界处进行电磁暂态仿真和机电暂态仿真的数据交互，以提高机电暂态程序的仿真精度。然而，由于目前软件、硬件的技术与成本限制，导致电网电磁暂态仿真难以大规模开展。同时，风力发电机组控制器和光伏逆变器真实模型非常欠缺，新能源场站及场群的等值与建模验证技术还需要提高，这些都给大规模新能源的精确建模及接入系统的仿真计算带来了极大的困难。

“十四五”期间，可再生能源基地等大型能源基地的建设开发将继续深入进行，电网安全稳定运行和安全边界条件的制定极大地依赖于仿真方法与技术，对仿真计算的精度提出了更高要求，为满足电网对仿真的要求，不断提升电网安全稳定运行水平，电网仿真技术需要进一步提升。

（1）需要接入大规模实际控制保护装置，提升数模混合仿真的技术能力。直流输电系统的控制保护装置特性直接影响故障联锁反应效果，与发电机励磁调节器等传统控制器相比，直流控制保护装置在控制环节、板卡数量、指令速度、控制精度等方面更复杂，其模拟精度将极大影响交直流联锁故障仿真的准确性。目前采用的控制保护装置数字模型主要是对控制保护逻辑进行理想化建模，而对实际装置实现全部数字化建模仍需探索。根据电网运行实际，借鉴国内外经验，需要接入实际控制保护装置，实现数模混合仿真，提升仿真精度，从而解决控制保护装置的数字化精确建模困难等问题。

（2）需要进一步研究新能源场站及场群模型。比如一座风电场接入数十至数百台风电机组，每台风电机组通过箱式变压器连接到集电线路，再由多条集电线路接入风电场升压站将电能送出。因此，风电场是一个含有多个动态系统的复杂系统，整站并网运行特性与每个风电机组特性、运行工况和连接方式等因素有关。然而，目前风电场站模型通常采用倍乘的方法建立，在单台风电机组或者逆变器模型基础上，结合风力发电场站单机数量而得到。该方法一定程度上可以反映风电场特性，但是未考虑不同单机之间的相互作用，存在一定局限性。因此，为研究分析大规模新能源发电并网运行特性、相互影响以及汇集区域电网稳定运行边界等问题，需要进一步深入研究新能源场站精确建模技术。

（3）需要建立风机、光伏、动态无功补偿设备和直流输电系统等精确仿真数字模型。随着大规模风力发电和直流系统的接入，电网结构和特性发生了较大变化，为准确仿真电网特性和计算电网运行方式，尽管可以采用数模混合仿真的方法，即将主要设备的控制器接入仿真机，其余一次设备采用数字模型，然而该方法的仿真平台投资较大、调试周期长，而且使用范围受限，难以便捷、广泛地开展方式计算。因此，为满足电网开展运行方式计算的要求，需要建立新能源发电、动态无功补偿设备和直流系统等控制器设备的精确数字模型。当前，存在技术、数据等多方面问题，给新能源场站和直流系统接入电网精确分析带来了极大困难。为此，风电机组、光伏逆变器、储能、无功补偿、直流及其相关控制器设备的参数辨识与精确建模技术需要进一步发展。

（4）需要进一步扩大电磁暂态的仿真规模。电磁暂态仿真工具目前更适用于具体工程分析和小规模电网研究，不适合大电网计算，特别是含有基于电力电子技术的复杂控制保护系统时，由于软件和硬件等方面的限制，仿真计算规模受限程度较大。然而，随着大规模新能源、直流系统接入电网，传统电力系统不断被电力电子化，展现出新特性，为准确计算电网特性、校核电网安全稳定运行方式，需要采用直流系统和风力发电场站详细的电磁暂态模型。随着接入电网的风力发电场站不断增加，开展新能源接入电网仿真需要占用的计算资源越来越多。因此，需要进一步开发适宜大规模新能源与电力电子仿真的电磁暂态软件与硬件技术。

第三节　新能源并网测试技术总述

2022 年 3 月 22 日，国家发展改革委、国家能源局发布《“十四五”现代能源体系规划》（发改能源〔2022〕210 号），提出构建新型电力系统，推动电力系统向适应大规模高比例新能源方向演进。统筹高比例新能源发展和电力安全稳定运行，加快电力系统数字化升级和新型电力系统建设迭代发展，全面推动新型电力技术应用和运行模式创新，深化电力体制改革。新能源发电大规模、高比例并网运行给国家能源转型作出了重要贡献，但同时也给电力系统安全稳定运行带来一定问题和挑战。针对制约大规模新能源接入电网面临的挑战和问题，国家对全社会提出了新能源保障性消纳政策规定，同时也对新能源从装备制造到并网运行提出了高质量发展要求，包括考核政策与技术标准门槛。

近些年来，新能源发电快速增长对电力系统安全稳定的影响可从近几年若干起新能源场站大规模脱网事故中予以显现，亟需完善新能源并网技术标准。涉及新能源发展的政策规定、技术标准不断完善细化的过程，也是新能源并网技术不断提高的过程，新能源接入电力系统的相关标准中，在对电能质量、功率控制、低电压穿越等指标要求基础上，增加了虚拟惯量与一次调频的响应、高电压故障穿越能力及连续穿越、系统次同步振荡的抑制等新要求，随着新能源入网的标准不断提高，新型电力系统对新能源的要求也不断明确和完善。

随着新政策和标准的推行，新能源场站在新建、扩建、改建过程中，从设备到场站进行一定的投入和升级，相应的并网性能检测试验标准也同步更新。新能源并网性能测试作为促进新能源发电设备制造业技术进步、保障新能源接入电网安全稳定运行的重要手段和途径，为新型电力系统构建发挥了重要作用。

新能源场站并网测试内容主要包括电能质量测试、功率控制能力测试、故障穿越能力测试、电网适应性测试、一次调频和惯量响应测试、关键控制系统仿真测试等。

一、电能质量测试

新能源电能质量的优劣对电力系统产生直接的影响，加强电能质量入网测试、评估及监测工作十分必要。电能质量测试应在新能源场站并网运行后半年内开展，测试不仅可以让电网掌握其电能质量在不同运行工况下的状况，同时也加强了电网对新能源场站电能质量运行指标的技术管理。电能质量测试内容主要包括电压偏差、闪变、频率偏差、电压不平衡、谐波等，测试和评价方法主要参照 GB/T 12325—2008《电能质量　供电电压偏差》、GB/T 12326—2008《电能质量　电压波动和闪变》、GB/T 14549—1993《电能质量　公用电网谐波》、GB/T 15543—2008《电能质量　三相电压不平衡》、GB/T 15945—2008《电能质量　电力系统频率偏差》、GB/T 24337—2009《电能质量　公用电网间谐波》等。同时，中国也制定了风电场和光伏发电站接入电网技术规定及电能质量测试方面的国家标准与行业标准，明确了新能源场站电能质量特征参数的定义、测试设备要求、测试方法步骤、计算分析及指标评价等内容，为并网新能源场站电能质量测试与评估提供一个统一的科学方法和依据。

二、功率控制能力测试

为提升大规模新能源并网后对电网频率和电压的支撑能力，各新能源场站应按照相关标准要求开展有功功率和无功功率控制能力测试，对现场功率控制能力测试中性能指标不满足要求的原因进行分析，提出优化方法和整改措施，提升新能源发电频率和电压的支撑能力。功率控制能力测试内容主要包括有功功率输出特性、有功功率变化、有功功率控制能力、无功功率输出特性、无功功率控制能力等，测试和评价方法主要参照 GB/T 19963.1—2021《风电场接入电力系统技术规定　第 1 部分：陆上风电》、NB/T 31078—2016《风电场并网性能评价方法》、NB/T 31110—2017《风电场有功功率调节与控制技术规定》、NB/T 31099—2016 《风力发电场无功配置及电压控制技术规定》、GB/T 19964—2012《光伏发电站接入电力系统技术规定》、GB/T 40289—2021《光伏发电站功率控制系统技术要求》、NB/T 32007—2013《光伏发电站功率控制能力检测技术规程》等。中国相关标准已明确了新能源场站功率控制各指标限值要求及其详细测试方法，为新能源开展功率控制能力测试提供重要依据。

三、故障电压穿越能力测试

风电机组/光伏逆变器故障电压穿越能力是指当电力系统故障或扰动引起新能源并网点的电压超出标准允许的正常运行范围时，风电机组/光伏逆变器能够保持不脱网连续运行的能力。风电机组/光伏逆变器故障电压穿越测试是指利用测试装置在风电机组/光伏发电单元并网点模拟产生标准要求的电压跌落或上升波形，在一定的故障电压范围及其持续时间间隔之内，验证考核被测风电机组/光伏逆变器是否按照标准要求保证不脱网连续运行，并提供动态无功电流支撑协助电网电压恢复，平稳过渡到正常运行状态能力的测试与评价行为。目前，风电机组/光伏逆变器故障电压穿越能力测试主要包括低电压穿越能力测试与高电压穿越能力测试两项，测试和评价方法主要参照 GB/T 19963.1—2021《风电场接入电力系统技术规定　第 1 部分：陆上风电》、GB/T 36995—2018《风力发电机组　故障电压穿越能力测试规程》、GB/T 19964—2012《光伏发电站接入电力系统技术规定》、GBT 31365—2015《光伏发电站接入电网检测规程》、GB/T 37409—2019《光伏发电并网逆变器检测技术规范》等。

四、电网适应性测试

风电机组/光伏逆变器电网适应性是指风电机组/光伏逆变器对电网供电质量扰动变化的耐受能力，风电机组/光伏逆变器电网适应性测试是利用测试装置在风电机组/光伏发电单元并网点产生标准要求的电压偏差、频率偏差、三相电压不平衡、电压闪变与谐波等电网扰动，从而验证考核被测风电机组/光伏逆变器的运行能力及保护配置的一项并网试验检测行为。风电机组/光伏逆变器电网适应检测主要包括电压适应性、频率适应性、三相电压不平衡适应性、电压闪变适应性和谐波适应性等内容，测试和评价方法主要参照 GB/T 19963.1—2021《风电场接入电力系统技术规定　第 1 部分：陆上风电》、GB/T 36994—2018《风力发电机组　电网适应性测试规程》、GB/T 19964—2012《光伏发电站接入电力系统技术规定》、GB/T 31365—2015《光伏发电站接入电网检测规程》、GB/T 37409—2019《光伏发电并网逆变器检测技术规范》等。

五、一次调频和惯量响应测试

一次调频是指当电力系统频率偏离目标频率时，发电机组通过调速系统的自动反应，调整有功功率输出减小频率偏差。随着新能源发电在电力系统中占比不断增加，常规同步机组占比逐渐下降，导致电网一次调频能力随之减弱，因此要求新能源应具备参与电网一次调频的能力，新能源场站并网后开展一次调频能力测试。新能源场站一次调频测试内容主要包括频率阶跃扰动测试、模拟实际电网频率扰动测试、防扰动性能测试、AGC 协调测试等主要内容，测试和评价方法主要参照 GB/T 19963.1—2021《风电场接入电力系统技术规定　第 1 部分：陆上风电》、GB/T 40595—2021《并网电源一次调频技术规定及试验导则》等。

六、关键控制系统仿真测试

除了采用现场测试方法开展新能源并网测试工作以外，随着近些年仿真技术的快速发展，新能源的关键控制系统数模混合仿真测试技术能一定程度上弥补现场测试不能完全适用场景的测试需求。数模混合仿真测试可以运用数字电路与实际物理装置相结合的方式，通过实时仿真设备进行在环仿真与验证。数模混合仿真侧重于验证被测物理装置的性能、系统的控制策略，同时数字模型能够发挥仿真优势，解决大规模新能源的模拟以及各种大电网复杂恶劣的工况，为物理装置并网性能、控制系统功能策略、保护装置可靠性的检验与优化提供了高效、便捷的技术手段。

关键控制系统仿真测试内容主要包括：

（1）风电机组、光伏逆变器、储能、无功补偿装置的数模混合仿真测试，需要在仿真系统搭建主电路数字模型与设备实物控制器形成数模混合仿真平台，侧重于单个物理装置的故障穿越、电网适应性等暂态特性测试评估。

（2）新能源场站级有功功率自动控制系统（automatic generation control，AGC）、电压自动控制系统（automatic voltage control，AVC）、一次调频及惯量、风光储协调控制系统的仿真测试，需要在仿真系统搭建新能源场站拓扑及机组的数字模型与站级实物控制系统形成数模混合仿真平台，侧重于对控制系统不同控制策略下有功功率、无功功率、电压、一次调频及惯量响应、风光储协调控制等性能的仿真测试。

（3）新能源保护装置的仿真测试，需要在仿真系统搭建模拟电网故障及机组的数字模型与实物保护装置形成数模混合仿真平台，侧重于对保护装置保护策略的仿真验证。

第二章

新能源场站并网设备介绍

风能、太阳能作为一次能源，需要经过能量转化才能变为电能。风力发电机组能够将风能转化为发电机转子的动能，再转化为电能；光伏发电系统能够通过光伏电池的光电作用将太阳能转化为电能。新能源发电设备是实现一次能源转化为电能的关键设备，通过一定拓扑结构组合、升压构成典型的新能源场站，并将电能汇集集中送出至电网。新能源场站的各类并网设备和相关控制系统性能决定了场站的并网特性，直接影响着新能源电力系统的安全稳定运行。

本章主要介绍了新能源场站中风电机组、光伏发电单元、升压站、无功补偿装置、AGC、AVC 等影响风电场和光伏电站并网性能相关设备的功能和作用。

第一节 典型风电场介绍

典型风电场如图 2-1 所示，风电机组通过箱式变压器升压至 35kV 通过站内架空线汇集到场站升压站主变压器低压侧，通过主变压器升压将电能送到电网。

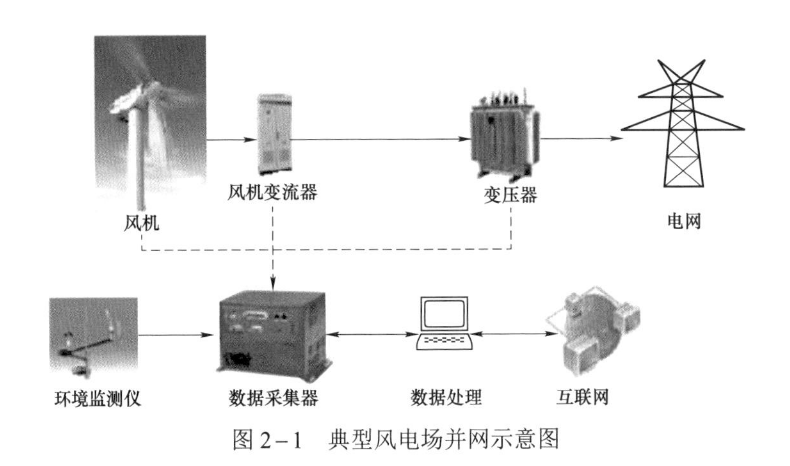

图 2-1 典型风电场并网示意图

一、风电机组

主流风电机组一般分为双馈型风电机组和直驱型风电机组。双馈风力发电机是一种绕线式感应发电机，发电机通过变速箱与叶轮连接，其定子绕组直接与电网相连，转子绕组通过变流器与电网连接，转子绕组电源的频率、电压、幅值和相位按运行要求由变流器自动调节，机组可以在不同的转速下实现恒频发电，满足并网要求。直驱型风力发电机是一种由风力直接驱动发电机，发电机采用多极电机与叶轮直接连接进行能量传递，不需要齿轮箱部件，同时发电机直接通过交直交全功率变流器并网。

下面以双馈型风电机组为例介绍机组典型部件构成。双馈型风电机组通常由风轮系统、齿轮箱系统、发电机系统、液压系统、偏航系统、主控系统、变流器系统等组成。

（一）风轮系统

风轮系统是风电机组吸收风能并将风能转换为机械能的关键部件，由叶片、轮毂和变桨系统组成。风轮捕获风能的能力直接影响到风电机组的发电效率，其工作过程中的运行特性直接影响到风电机组的有功功率输出特性，在不同风速下，通过对风轮运行特性的优化控制，能够实现风功率的最大捕获、发电机的恒功率输出以及风电机组的降载减震，确保风电机组安全、高效运行。风轮系统如图 2–2 所示。

图 2–2　风轮系统

叶片承受载荷较大，其状态的好坏直接影响到整机的发电效率。轮毂将叶片固定到转轴上，将叶片产生的载荷传递给主轴，将风能通过齿轮箱传递给发电机。变桨系统在风向发生变化时，通过变桨电机带动变桨轴承转动，控制叶片桨距角，实现最大风能捕捉以及恒速运行，可通过控制叶片的角度来控制风轮的转速，实现风电机组的设定功率输出，同时能够通过空气动力制动的方式使风电机组安全停机。

（二）齿轮箱系统

齿轮箱是将风电机组风轮所产生的动力传递给发电机并使其得到相应转速关键的机械部件。通常风轮的转速很低，远达不到发电机发电所要求的转速，必须通过齿轮箱的增速作用来实现，故齿轮箱也称为增速箱。根据机组的总体布置要求，部分采用风轮轮毂通过传动轴与齿轮箱直接连为一体，也有采用将传动轴与齿轮箱分别布置，利用联轴器连接的结构。为了增加风电机组的制动能力，常常在齿轮箱的输入端或输出端设置刹车装置，配合叶尖制动或变桨制动装置共同对机组传动系统进行联合制动，齿轮箱系统如图 2-3 所示。

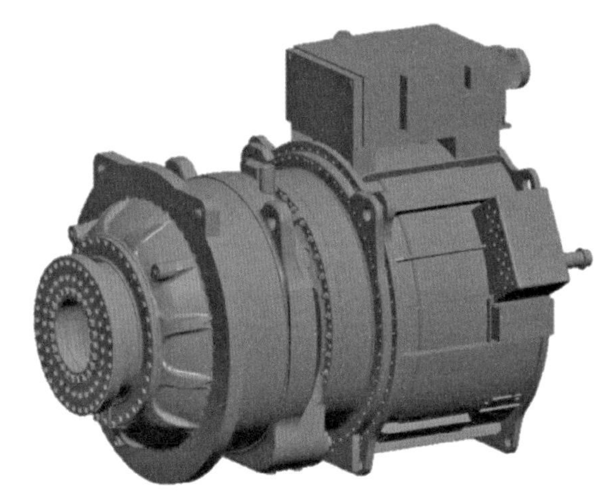

图 2-3 齿轮箱系统

（三）发电机系统

发电机分为异步发电机和同步发电机两种，双馈型风电机组采用异步发电机，直驱型风电机组采用同步发电机。普通异步发电机结构简单，可以直接并入电网，不需要同步调节装置，缺点是风轮转速固定后效率低，而且在交变风速作用下承受较大的载荷。为了改进这些不足之处，相继出现了高滑差异步发电机和变转速双馈异步发电机。近年来，由于大功率电子元器件的快速发展，直驱型风电机组得到快速发展，其采用风轮直接驱动同步多极发电机，并网采用交直交变流系统并网，减少了齿轮箱的传动损失和降低机械故障率，该同步发电机在风力发电中得到广泛应用。发电机系统如图 2-4 所示。

图 2-4 发电机系统

（四）液压系统

图 2–5　风电机组液压站

在风电机组中，液压系统的主要作用是执行偏航液压制动和发电机的高速轴制动，同时在发电机冷却、变流器温度控制以及齿轮箱润滑油冷却中，发挥着重要作用。该液压系统主要由液压电源、滤油器、控制油门阀组、蓄能器、压力制动继电器等部分组成，风电机组液压站如图 2–5 所示。

（五）偏航系统

偏航系统的作用，一是与风电机组控制系统相互配合，使风电机组风轮始终处于迎风状态，以最大效率利用风能，提高风电机组的发电功率；二是提供必要的锁紧力矩，以保证风电机组的安全运行。风电机组偏航系统一般有被动偏航和主动偏航两种形式。被动偏航是指依靠风的力量通过相应的结构完成风电机组风轮的对风动作，常见的形式有尾舵、舵轮等；主动偏航是指采用电力或液压拖动等来实现对风动作，常见的结构形式是齿轮驱动齿圈。偏航控制器及偏航电机如图 2–6 所示。

（a）

（b）

图 2–6　偏航控制器及偏航电机

（a）偏航控制器；（b）偏航电机

（六）主控系统

主控系统是风电机组控制系统的主体，用于实现自动启动、自动调向、自动调速、自动并网、自动解列、故障自动停机、自动电缆解绕及自动记录与监控等重要控制、保护功能。它对外的三个主要接口系统是监控系统、变桨控制系统以及变流系统，通过监控系统接口实现风电机组实时数据及统计数据的交换，通过变桨控制系统接口实现叶片捕获最大风能以及恒速运行控制，通过变流系统接口实现对风电机组有功功率及无功功率的自动调节。

（七）变流器系统

变流器是控制风电机组输出功率至电网的重要系统。双馈型发电机定子通过接触器并网，转子则通过变流器并网，直驱型发电机直接通过变流器并网。双馈型的风电机组的变流器容量相对较小，通常为总容量的 30%左右，而直驱型的风电机组则要求全额容量的变流器。变流器如图 2-7 所示。

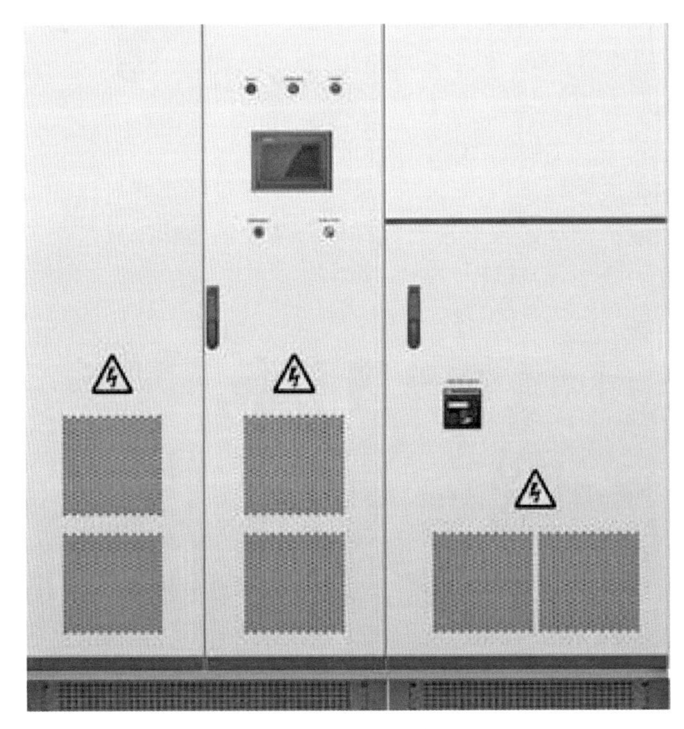

图 2-7　变流器

二、升压箱式变压器

升压箱式变压器的作用是将风电机组出口电压升压为 35kV，通过地埋电缆或架空线将风电机组电能输送到风电场升压站。箱式变压器因其具有体积小、结构紧凑、安装简单、易于维护、运行稳定等优势在风电场被广泛使用。风电机组与箱式变压器的组合方式为“一机一变”的方案，容量根据风电机组的容量选择。升压箱式变压器如图 2-8 所示。

图 2–8　升压箱式变压器

三、集电线路

风电场集电线路需要根据风电场容量、接入系统电压等级及风电场布置等因素进行技术经济比较确定，一般分为架空线方式、电缆方式及电缆和架空线混合方式三种敷设方式。风电场集电线路普遍采用混合方式敷设，即风电机组与升压箱式变压器之间、升压箱式变压器与输电主干线之间选用电缆方式，输电主干线汇集到升压站选用架空线方式。架空线集电线路适用于杆塔基础范围大、风电场面积大的地区。直埋电缆集电线路适用于海边风电场或架空线路走廊紧张的地区，其施工周期短、维护方便，不受季节和气象条件的影响。

四、风电场典型电气拓扑

风电场根据容量规模不同，风电机组从几十台到几百台不等，风电机组一般采用一台机组经一台箱式变压器就近升压，并到集电线路，如图 2–9 所示。

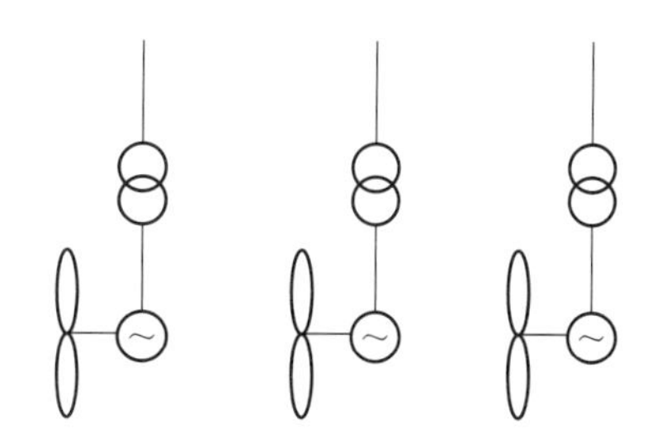

图 2–9　单台变压器对应单台风机

风电场的接入电网的电压等级一般为 110kV 或 220kV。由于 110kV 和 220kV 电气主接线较类似，以风电场通过 220kV 送出为例，简单介绍风电场与电网系统连接的升压站典型接线方式，如图 2–10 所示。风电场中的风电机组升压至 35kV 后通过 35kV 集电线路连接到升压站 35kV 母线，各段 35kV 母线经 220kV 主变压器升压接入 220kV 母线，通过 220kV 线路接入公共电网，实现风电场并网。

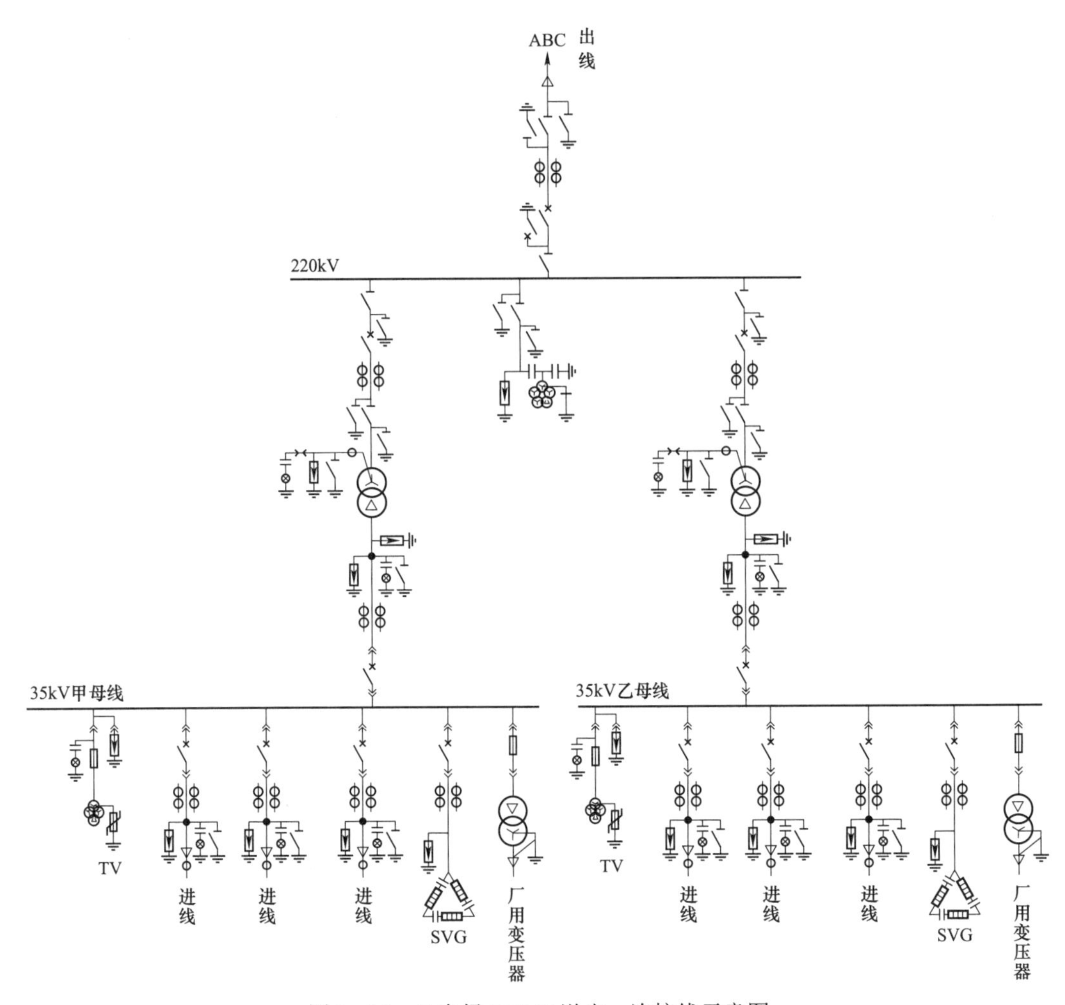

图 2-10　风电场 220kV 送出一次接线示意图

第二节　典型光伏电站介绍

典型光伏电站如图 2-11 所示，光伏电池组件通过串并联汇集到直流汇流箱，将直流电通过光伏逆变器转变为交流电，再通过箱式变压器升压至 35kV 汇集到光伏电站升压站主变压器低压侧，通过升压将电能送到电网。由于箱式变压器、集电线路和升压站系统与风力发电系统无异，这里不再重复，本节主要介绍光伏电站特有的设备。

一、光伏组件

光伏组件是光伏发电系统中最重要的组成部件，如图 2-12 所示。它主要由电池片、钢化玻璃、EVA 胶膜、光伏背板、铝合金边框、接线盒等组成，光伏组件的质量直接关系到光伏发电系统的发电量、发电效率、使用寿命和收益率等。太阳能光伏组件作用是将太阳能转化为电能，其发电过程非常简单，没有机械转动部件，不需要燃料，也不排放任何气体，具有无噪声、无污染、维护简单、运行稳定等优点。

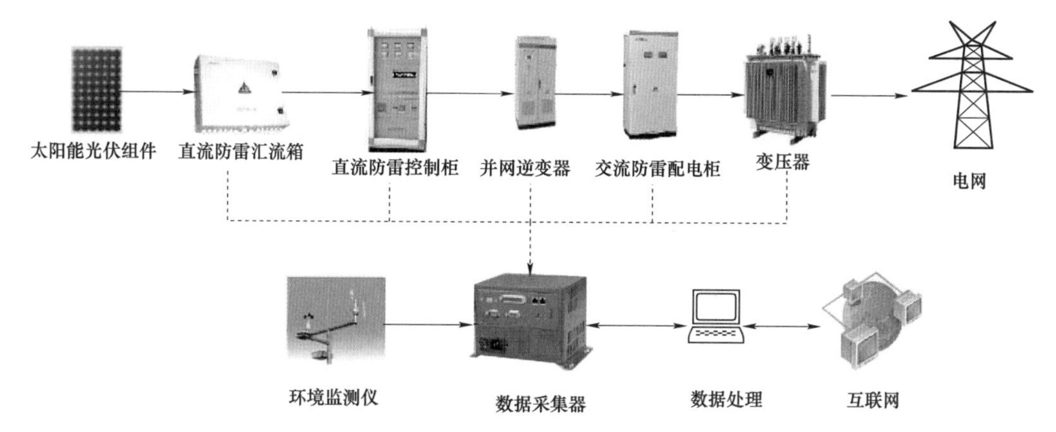

图 2－11 典型光伏电站并网示意图

光伏组件通常可分成单晶硅电池组件、多晶硅电池组件及非晶硅电池组件三类光伏电池类型。光伏电池组件的转换效率、发电量与本身材料的性质有着密切关系。其中，晶体硅光伏电池可以分为单晶硅和多晶硅，具有很多优点：一是硅的折射率很大，可以高效吸收光；二是硅是地壳上发现的第二高元素，满足全球对光伏发电系统原材料的需求；三是能量转化效率高、使用寿命长和稳定性好。晶体硅光伏电池虽然发展速度最快、市场占有率最高、应用最为广泛，但是在生产过程中会产生污染环境的物质，同时成本也比较高。相比于晶体硅光伏电池，薄膜电池具有工艺简单、成本低的优势，但电池稳定性差、寿命短、效率低、发展较慢。目前，在太阳能光伏发电系统中主要使用晶体硅光伏电池。三种电池类型的组件能效对比如表 2－1 所示。

图 2－12 典型的光伏组件

表 2－1 不同类型光伏电池组件能效对比

内容类别	单晶硅电池组件	多晶硅电池组件	非晶硅电池组件
转换效率	较高	高	低
衰减率	一般	一般	最大
光照敏感度	较差	较差	最好
环境温度影响效率	明显下降	明显下降	最好
容量和电压承受范围	一般	一般	最差
制造价格和成本	一般	一般	便宜
成熟程度	较成熟	最成熟	发展初期

二、汇流箱

在光伏发电系统中，汇流箱是保证光伏组件有序连接和汇流功能的接线装置，如图 2－13 所示。该装置能够保障光伏系统在维护、检查时易于切断电路，当光伏系统发生故障时减小停电范围。同时，使用汇流箱可以减少光伏电池阵列与逆变器之间的连线。

光伏电站一般将一定数量、规格相同的光伏电池串联起来，组成一个光伏阵列，然后再将若干个光伏阵列并联接入光伏汇流箱，再通过直流配电柜、光伏逆变器、交流配电柜、箱式升压变压器构成一套光伏发电系统，实现发电并网。为了提高系统的可靠性和实用性，光伏汇流箱里配置了直流防雷模块、直流熔断器和断路器等，同时用户通过汇流箱能够准确及时地监控光伏组件的工作情况。

三、光伏逆变器

光伏逆变器主要用于把直流电转换成交流电，一般由升压回路和逆变桥式回路构成，如图 2－14 所示。升压回路把光伏组件的直流电压升压到逆变器输出控制所需的直流电压；逆变桥式回路则把升压后的直流电压转换成常用频率的交流电压。光伏逆变器主要分为集中式逆变器、组串式逆变器及集散式逆变器。

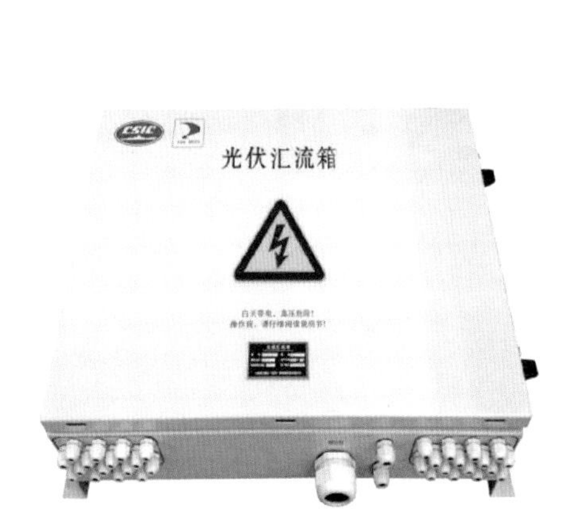

图 2－13　光伏汇流箱

图 2－14　光伏逆变器

1. 集中式逆变器

集中式逆变器功率相对较大，一般单机容量为 500kW 以上。集中式逆变器的优点：单机功率大，数量少，便于管理；元器件少，稳定性好，便于维护；谐波含量少，电能质量高；保护功能齐全，安全性高；电网调节性能好。集中式逆变器缺点：逆变器最大功率跟踪（MPPT）电压范围较窄，不能使每一路组件都处于最佳工作点，组件配置不灵活；集中式逆变器占地面积大，需要专用的机房，自身耗电以及机房通风散热耗电量大。

2. 组串式逆变器

组串式逆变器功率相对较小，一般单机容量为 50kW 以下。组串式逆变器优点：不受组串间模块差异和阴影遮挡的影响，最大限度增加了发电量；MPPT 电压范围宽，组件配置更加灵活，减少光伏组件最佳工作点与逆变器不匹配的情况；体积较小，占地面积小，不需要专用机房，安装灵活；自身耗电低、故障影响小。组串式逆变器缺点：功率器件电气间隙小，不适合高海拔地区；元器件较多，集成在一起，稳定性较差；户外型安装，风吹日晒很容易导致外壳和散热片老化；逆变器数量多，总故障率会升高，系统监控难度大；不带隔离变压器设计，电气安全性稍差，不适合薄膜组件负极接地系统。

3. 集散式逆变器

集散式逆变器主要特点是集中逆变和分散 MPPT 跟踪，是聚集了集中式逆变器和组串式逆变器两种逆变器优点的产物，实现了集中式逆变器的低成本，组串式逆变器的高发电量。集散式逆变器优点：分散 MPPT 跟踪减小了失配的概率，提升了发电量；具有升压功能，降低了线损；集中逆变建设成本低。集散式逆变器缺点：工程项目的应用经验相对较少；安全性、稳定性以及高发电量等特性还需要经历工程项目的检验；占地面积较大，需专用机房。

第三节　典型无功补偿装置介绍

在新能源发展之初，由于并网装机容量小，新能源并网对电网带来的电压影响较小，通常新能源场站不配置集中无功补偿或固定电容器。随着新能源在电网中占比不断提高，新能源发电的随机性、波动性、间歇性给电力系统带来较大的电压波动，导致电网局部地区出现电压越限等问题，降低了电力运行的电压可靠性和稳定性，因此新能源发电端应配置无功补偿装置，并结合新能源机组无功功率调节能力，保障新能源并网电压运行在安全合理范围。

无功补偿装置主要分为三种技术类型：第一种是将固定的电容器和电抗器通过分组投切方式来实现无功功率动态调节；第二种是采用电磁型和晶闸管控制型的一种静止无功补偿装置，简称 SVC；第三种是采用 IGBT 电力电子器件及 PWM 控制技术方式的一种静止无功发生器，简称 SVG。新能源场站当前主要采用第三种动态无功补偿技术。下面简要介绍三种无功补偿技术。

一、固定投切电容器和电抗器组无功补偿技术

并联电容器和电抗器组的无功补偿方式，成本低，易于安装使用，维护简单，但分组投切方式使无功功率调节过程无法实现平滑，无功功率调节梯度大，调节过程对系统电压冲击大，存在过补偿和欠补偿的现象，影响系统电压稳定性。同时，并联电容器对谐波敏感性高，当电网中含有谐波时，电容器的电流会急剧增大，还会与电网中的感性元件谐振使谐波放大。新能源场站受风光资源的影响，有功功率输出呈现间接性、波动性、随机性，有功功率的频繁变化导致并联电容器需要频繁投切，电容器使用寿命大大减少，固定投切电容器和电抗器组无功补偿技术已不能满足新能源场站对电压控制的无功补偿需求。

二、SVC 无功补偿技术

SVC 无功补偿装置即静止无功补偿装置（static var compensator），没有机械部件，依靠晶闸管等电力电子器件，实现快速连续的无功功率调节。静止无功补偿装置可分为电磁型和晶闸管控制型两类，晶闸管控制型又可分为开关控制和相位控制两种。电磁型静止无功补偿装置是利用装置自身的饱和特性根据系统电压的变化来改变与系统间的无功功率交换，有可控饱和并联电抗器型（CSR）及自饱和并联电抗器型（SR）。电磁型静止无功补偿装置正常情况下工作于电抗器特性的饱和段，其输出具有谐波的成分。晶闸管开关控制型的静止无功补偿装置有晶闸管投切并联电容器型（TSC）、晶闸管控制并联电抗器型（TCR）及晶闸管控制变压器型（TCT）。由于对触发角进行了相位控制，在全导通与全不导通之间变化时，电流的波形会畸变，其输出具有谐波的成分。不同类型 SVC 性能对比如表 2–2 所示。

表 2–2　　不同类型静止无功补偿装置对比

类型	CSR	SR	TCR	TCT	TSC	TSR
动态响应速度	较慢	很快	快	快	快	快
能否连续调节	能	能	能	能	级差调节	级差调节
过载能力	约 1.3 倍	短期 3～5 倍 较长期 1.3 倍	取决于 晶闸管	取决于 晶闸管	取决于 晶闸管	取决于 晶闸管
产生高次谐波情况	有	不大	有	有	无	无
能否分相控制	不能	不能	可以	可以	可以	可以
对三相电压平衡的作用	有改善作用	有改善作用	有局限性	有局限性	有局限性	有局限性
损耗（%）	1.5	1.5	0.7	1.5	0.3	0.7

三、SVG 无功补偿技术

随着电力电子技术的快速发展，特别是 IGBT 器件的出现和控制技术的提高，另外一种有别于传统的以电容器、电抗器为基础元器件的无功补偿设备应运而生，即静止无功发生器 SVG（static var generator），它采用桥式变流电路多电平技术或 PWM 技术，通过调节逆变器输出电压的幅值和相位，或者直接控制交流侧电流的幅值和相位，迅速吸收或发出所需的无功功率，实现更加快速的连续动态平滑的无功功率调节，同时可满足容性感性双向补偿。SVG 无功补偿装置具有响应速度快、谐波含量少、无功功率调节能力强等优点，可以改善电能质量，已成为新能源场站无功补偿的主要设备类型。

对以上三类无功补偿技术分别从动态/静态、响应速度、补偿效果、损耗、故障率、使用寿命、投资及维护成本等方面进行直观比较，如表 2–3 所示。

表2-3　常见无功技术比较

类型	并联电容器组	SVC（TCR型）	SVG
动态/静态	动态	动态	动态
响应速度	可以实现小于2s	小于30ms	5～10ms
补偿效果	台阶式	连续线性	连续线性
损耗	小	较高	较小
故障率	低	高	低
使用寿命	10～20年	>20年	>20年
投资及维护成本	投资低、维护成本低	投资一般、维护成本较高	投资高、维护成本较低

第四节　典型新能源场站功率控制系统介绍

新能源场站有功功率自动控制系统（AGC）、电压自动控制系统（AVC）是对新能源场站有功功率和无功/电压自动控制的系统，系统接收调度主站定期下发的调节目标指令或当地预定的调节目标计算新能源场站功率需求，选择控制设备并进行功率分配，最终控制指令自动下达给被控制设备，最终实现新能源场站有功功率、并网点电压的自动监测和控制。新能源场站的有功功率和无功功率控制一方面受风电机组、光伏逆变器、无功补偿装置等设备影响，另一方面也受AGC和AVC控制策略及控制参数影响。AGC和AVC信息交互如图2-15所示。

一、有功功率自动控制系统

新能源场站有功功率自动控制系统（AGC），能够结合风/光功率预测系统及电网调度运行数据信息，智能地对风电场中风电机组或光伏电站中光伏逆变器进行有功功率分配。风/光功率预测系统根据当前及未来的气象信息，为新能源场站提供未来一定时间尺度上较为准确的风/光功率预测信息。在准确计算超短期风/光功率裕度基础上，根据当前风电机组、光伏逆变器的实际运行状态，AGC依据设计好的调度算法将电网的调度指令合理可靠地分配给新能源场站中的风电机组或光伏逆变器。AGC应具有如下功能：

（1）AGC能够自动跟踪调度发电计划曲线或实时调节指令，采用安全的控制策略对风电机组能量管理平台或逆变器合理分配有功功率，控制风电场、光伏电站的并网有功功率，控制精度及调节时间应满足调度控制的要求。支持调度下发实时指令，调度下发计划曲线，本地设定曲线等多种指令方式。

（2）AGC具备调节风电场、光伏电站自由发电过程中有功功率10min和1min变化速率的能力，在有功功率爬坡上升阶段，控制新能源场站功率变化满足调度的要求。

（3）AGC支持远方控制和就地控制两种控制模式。远方控制以调度中心下发的AGC有功功率值为控制目标，就地控制以调度中心日前下发或日内下发的发电计划曲线、人工输入的发电计划控制曲线为目标进行自动跟踪。

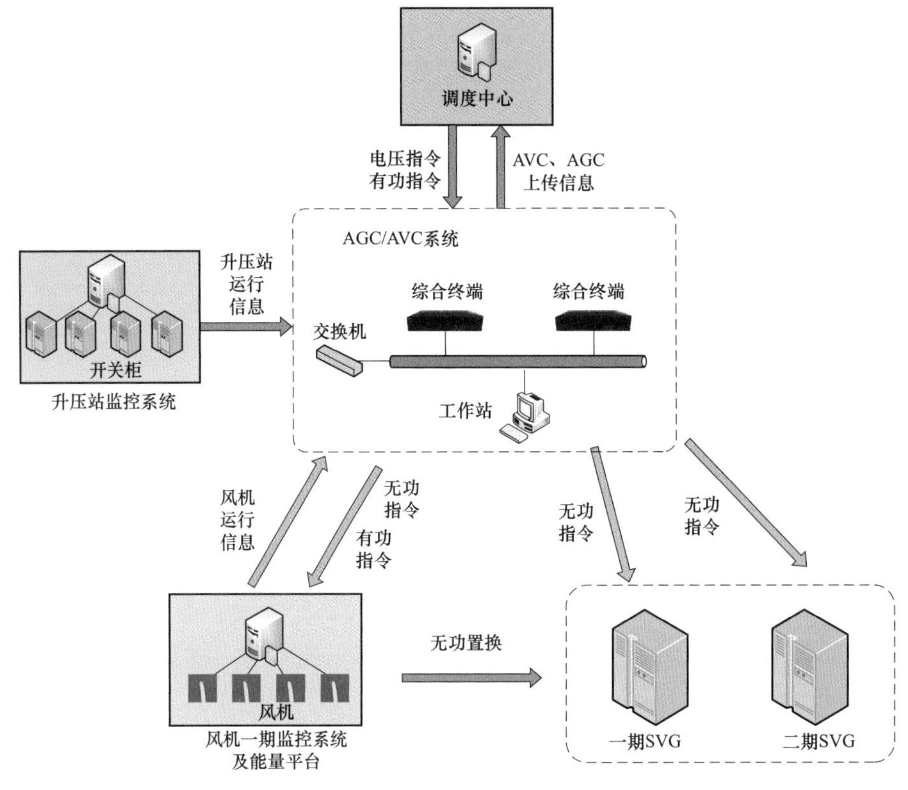

图 2－15　新能源场站 AGC、AVC 架构图

（4）AGC 可接收调度中心下发的 AGC 投退指令实现远方控制和本地控制的切换，也可人工切换控制。在远方控制模式下，当系统与调度中心通信故障、超时未收到调度中心控制指令报警时，系统支持自动转为就地控制的功能，超时时间可根据调度要求设置。AGC 应向调度实时上传当前 AGC 投入、功率增闭锁、功率减闭锁、运行模式等信息。

（5）AGC 不直接控制每台风电机组或光伏逆变器的有功功率输出，应通过风电机组或光伏逆变器监控系统实现新能源场站有功功率输出控制。新能源场站监控系统常采用等比例分配、裕度分配、平均分配、优先级分配、电价分配等策略控制风电机组或光伏逆变器，实现调度主站下发的总有功功率目标的分配。

二、电压自动控制系统

新能源场站电压自动控制系统（AVC），能够自动接收调度下达的电压、无功功率计划曲线或实时指令，根据监测到的风电场、光伏发电站实时运行数据，制定安全的控制策略对站内无功补偿装置包括风电机组、光伏逆变器、SVC/SVG、变压器有载调压分接头挡位等进行协调分配控制，实现对风电场、光伏发电站并网点电压、无功功率自动调节和闭环控制。AVC 应具有如下功能：

（1）AVC 能够自动接收调度主站系统下发的无功/电压控制指令，通过协调控制风电场、光伏电站、无功补偿装置的无功功率，实现并网点无功功率和电压的调节，控制精度及响应时间应满足调度控制的要求。AVC 应支持调度下发实时指令、调度下发计划曲线、本地设定曲线等多种指令方式。

（2）AVC 应能够控制风电机组、光伏逆变器、SVG/SVC 等无功补偿设备，并具备等比例分配、优先级控制等分配策略，根据调度无功电压控制要求进行合理设置。

（3）系统支持远方控制和就地控制两种控制模式。远方控制以调度中心下发的 AVC 电压/无功功率目标值为目标，就地控制以调度中心日前下发或日内下发的电压/无功功率计划曲线、人工输入的电压/无功功率计划控制曲线为目标进行自动跟踪。

第三章

电能质量测试技术及应用

随着新能源发电在电网中所占比例越来越大，风电场和光伏电站并网对电网电能质量的影响也日益突出。目前主流的双馈和直驱两种类型风电机组和光伏逆变器，采用电力电子变换装置实现并网发电和运行特性控制，这些电力电子设备的大量使用，影响新能源场站并网的电能质量水平，对电力系统安全稳定运行产生非常大的影响，加强新能源场站的电能质量入网测试和评估十分必要。通过开展电能质量检测工作，可以掌握新能源场站的电能质量状况，加强电能质量技术监督管理，并提出相应的评估和治理方案。

本章首先针对新能源场站电能质量各项指标对电网产生的影响，然后介绍了新能源场站电能质量各指标限值要求及其详细测试方法，最后基于新能源场站电能质量实际测试研究和工作经验，介绍了典型风电场和光伏电站电能质量测试和数据分析实例。

第一节 新能源对电网电能质量影响

电能质量是指通过公用电网供给用户端的交流电能的品质。理想状态的公用电网应以恒定的频率、正弦波形和标准电压对用户供电。同时，在三相交流系统中，各相电压和电流的幅值应大小相等、相位对称且互相差 120°。但由于系统中的发电机、变压器和线路等设备非线性或不对称，负荷性质多变，加之调控手段不完善及运行操作、外来干扰和各种故障等原因，这种理想的状态并不存在，因此产生了电网运行、电力设备和供用电环节中的各种问题，也就产生了电能质量的概念。电能质量好坏的评价指标主要包括电压偏差、电压波动及闪变、三相不平衡、谐波电压、谐波电流以及频率偏差等，本节简要分析新能源接入后电能质量各指标对电网的影响。

一、新能源接入引起的电压偏差对电网影响

电压偏差是由外界不平衡或负荷波动引起。电力在传输的过程中，无功功率会有很大损耗，造成系统电压波动。波动与稳定是相对概念，电压稳定指电力系统运行时母线电压受到干扰后的自行恢复到稳定状态的能力。稳定包含静态稳定（受到微小扰动也能自行恢复的能力）与暂态稳定（受到扰动恢复到非初始状态的能力），静态稳定问题就是

由于供电端向负载端传输电能特别大的时候，会引起负载端电压大幅度下降，系统运行条件恶化。除了输电线路，系统中还存在大量元件如变压器、变流器，运行需要消耗大量的无功功率，这无疑加重了电压不稳定的因素，实际运行时的电压要低于标准电压。

恒速风电机组在投入时，由于是在同步电机转速接近额定转速时才并入电网，要求并网时间短，短时内大量无功功率的吸收造成了电压的跌落，而随着电容器组的逐级投入，无功功率的吸收逐渐恢复到零，电压水平也得以恢复，并联电容器补偿是通过电容器的投切实现的，因调节不平滑，呈阶梯性调节，在系统运行中无法实现最佳补偿状态。这种操作将引起无功功率的波动，从而造成电压偏差。同时开关投切电容器是分级补偿，不可避免地出现过补偿和欠补偿。根据无功功率与电压的关系，过补偿时会引起电压升高，欠补偿时感性负荷引起电压降低。恒速风电机组输出的有功功率与无功功率存在函数关系，当其输出有功功率增加时，风电场吸收无功功率也增加，引起电压的波动，造成电压偏差。由于变速风电机组（如双馈型风电机组）能够实现有功功率和无功功率的解耦控制，风电机组可与电网之间不发生无功功率的交换，但当变速机组输出功率较高时，有功功率在线路和变压器上消耗无功功率，也可能会造成风电场电压降低，引起电压偏差。光伏发电系统则受到自然环境温度、太阳光辐射强度等因素干扰，其输出的功率具有一定的波动性，接入电网后，变化的有功功率会导致光伏电站并网点电压的波动，引起电压偏差。

电压偏差会对电网电压稳定造成不利影响。当电压偏差较大，在扰动后平衡状态下负荷邻近的节点电压低于极限值，导致电压崩溃。当系统突然出现扰动、负荷量突然增大等其他因素使得电压急剧下降或者向下偏移时，系统就会进入电压不稳定的状态，启动电力系统和用户负荷中的多种保护装置。随着电压崩溃，整个系统会发生失去负荷和电压降低等事故，也可能导致线路跳闸和完全停电。

二、新能源接入引起的电压波动和闪变对电网影响

新能源发电受风资源和光资源波动的影响，输出有功功率呈现随机性、间歇性及波动性，新能源在发电并网运行过程中有功输出功率的波动性变化，加上长距离输电，导致电网出现电压波动和闪变，当新能源发电渗透率较高时，新能源发电功率的短时间尺度和大幅波动给电网电压稳定运行将带来不良影响。

电压波动与闪变给电网运行带来许多不利影响。电压的快速变化会导致负荷电机转速不均匀，危及电动机本身的安全运行，影响生产企业的产品质量；照明灯光是现代生活的重要电气元件，电压波动会造成灯光闪烁现象，由于人类视觉感受很敏感，灯光长时间闪动会使眼部肌肉疲劳，神经衰弱，造成视力下降；对于能呈现图像的设备，会造成投屏图像垂直抖动，影响电器的使用寿命；对于工业制造影响就更加严重，精密元件制造商要求电压绝对平稳，电压的波动容易造成敏感工业过程的产品质量不合格；电压波动值超标也会影响到电力电子仪器的精准度，容易造成各种计算机、自动控制器等设备不正常工作；电压波动会导致新能源并网发电设备以及其他并网电力电子设备控制系统功能紊乱，致使电力电子变流器出现换相失败、功率耦合等问题。

三、新能源接入引起的谐波和间谐波对电网影响

风力发电系统利用电力电子变流器将非工频交流电转变为工频交流电，而光伏发电系统则需要通过电力电子变流器将光伏电池板输出的直流电转变为工频交流电，电力电子变流器起到电能变换的关键作用，但新能源的电力电子元件也会产生谐波，影响新能源发电的电能质量。为了高正弦度、低谐波畸变率并网输出电能，新能源电力电子变流器采用 PWM 脉宽调制技术控制电力电子功率器件的导通与关断，可降低低次谐波分量比例。然而，由于电力电子变流器的容量和输出电流相对较大，如果开关频率较高，将会极大地增加电力电子功率器件的开关损耗，甚至过热危害电力电子变流器的安全运行，所以新能源发电并网难以避免会输出谐波，降低电网运行电能质量水平。此外，光照的快速变化导致光伏发电输出功率的不稳定性也会导致谐波的出现。

风电机组的发电机，在设计中虽然充分考虑了电机反电势的正弦度，然而发电机反电势仍非完全理想，难以避免地含有一定的齿槽谐波分量，这些谐波分量注入电网也会影响并网点电能质量。另外，风力发电系统中的发电机、滤波器、变压器等，及光伏发电系统中的直流升压汇集电路电感、滤波电感、升压变压器等都为磁元件，在电压、电流的变化暂态过程中，导致这些磁元件工作超过过饱和点，进入非线性工作区，新能源发电设备输出电流存在某些频率的谐波。

新能源发电拓扑结构复杂、控制策略多样，呈现感性、容性多种属性，可能会导致新能源发电设备与电网之间、新能源发电设备之间出现谐振问题。

新能源向电网注入谐波会对电力系统产生不利影响：

（1）谐波电流在电网中的流动在线路上产生有功功率损耗，引起电网线路附加损耗增大。

（2）谐波会导致继电保护和自动装置误动作，影响电气计量仪表计量准确性。供配电系统中的电力线路与电力变压器，一般都是采用电磁继电器、感应式继电器或新型微机保护（均为灵敏设备）进行检测保护，继电器容易受到高次谐波的影响而误动作，微机保护因为使用了整流采样电路，也容易受到谐波的影响而误动或拒动，从而影响电力系统的稳定和正常运行。电力测量仪表通常按工频正弦波形设计，谐波会产生测量误差。

（3）谐波影响电力设备的正常工作。谐波会造成电力变压器的铜损、铁损增加，影响变压器的使用效率；导致变压器局部过热，噪声增大，减少变压器的工作寿命；导致电动机附加损耗增加，工作效率降低，还会引起机械振动、噪声和过电压；还会使电容器、电缆等设备过热、绝缘老化。

（4）谐波会干扰自动化用电设备的通信系统，使通信产生噪声，降低通信质量，甚至导致信息丢失，通信系统故障。

四、新能源接入引起的三相不平衡对电网影响

电力系统在正常运行时，由于系统的三相负荷不对称，会造成系统三相电压或电流运行在不平衡状态，发生三相电力不平衡的主要原因有单相冲击性负载使各相之间发生

不平衡、谐波电流使各相之间发生不平衡、接触端子及电缆接触不良导致不平衡。

新能源发电设备三相不平衡一般由于回路中出现负载不平衡所导致。风力发电机组的发电回路一般会比较长，回路中设计元件较多，如滤波回路，当风力发电机组运行启动时变频器进行充电、励磁时谐波滤波回路接触器便会动作，而机组遇到低风速时便会频繁脱网并网，导致谐波滤波回路接触器频繁动作发生灼伤现象，导致触头吸合不牢靠，可能造成一相或者两相接触不牢靠，导致三相电流不平衡。风电机组定子并网接触器和并网断路器内动静触头频繁动作，触头损坏严重时接触不良也会导致某相接触不良，接触电阻增高，造成三相电流不平衡。

三相电压不平衡会引起继电保护误动、电动机附加振动力矩和发热。额定转矩的电动机，如长期在三相电压不平衡的状态下运行，发热会导致电动机绝缘的寿命降低。同时，三相不平衡时重负荷相电流过大，由于发热量可能造成该相导线温度直线上升，造成线路熔断。在三相负荷不平衡运行下的配电变压器，会产生零序电流，变压器内部铁芯中产生零序磁通，会在变压器的油箱壁或其他金属构件中构成回路，配电变压器设计时不考虑这些金属构件为导磁部件，会引起磁滞和涡流损耗使这些部件发热，致使变压器局部金属件温度异常升高，严重时将导致变压器运行事故。

五、新能源接入引起的频率偏差对电网影响

新能源发电通过电力电子变流器并网运行，不具备同步发电机的惯性，新能源发电占比高，降低了系统的惯量水平，对频率稳定具有很大的影响，同时新能源发电有功功率的大幅波动和不确定性，增大系统负荷峰谷差，影响并网点频率，电网调度会根据负荷趋势调控新能源的有功功率输出，新能源输出有功功率与实际需求有功功率之差由电网热备用补偿。

第二节　电能质量指标及标准要求

一、电压偏差

电压偏差是指电力系统各处的实际运行电压对系统标称电压的偏差相对值，用百分比表示。风电场和光伏电站接入电网后，公共连接点的电压偏差应满足 GB/T 12325—2008《电能质量　供电电压偏差》、GB/T 19963.1—2021《风电场接入电力系统技术规定　第 1 部分：陆上风电》、GB/T 19964—2012《光伏发电站接入电力系统技术规定》的规定。

新能源场站接入电网电压偏差限值要求如下：

（1）10kV 电压等级接入的新能源场站公共连接点的电压偏差应为标称电压的±7%范围内。

（2）35kV 电压等级接入的新能源场站公共连接点的电压正、负偏差绝对值之和不应超过标称电压的 10%，电压上下偏差同号（均为正或负）时，按较大的偏差绝对值作为衡量依据。

（3）通过 110kV 和 220kV 电压等级接入的风电场和光伏电站公共连接点的电压偏差应为标称电压的−3%～7%范围内，通过 220kV 汇集升压至 500kV 的场站，并网点电压控制在标称电压的 0～10%范围内。

二、电压波动和闪变

电压波动是指电压方均根值一系列的变动或连续改变，电压波动的幅度和频度，会带来电压闪变。闪变是指灯光照度不稳定造成的视感，分为短时间闪变和长时间闪变。电压波动幅度用电压变动表示，是指电压方均根值曲线上相邻两个极值电压之差，以系统标称电压的百分数表示。电压波动的频度用电压变动频度表示，是指单位时间内电压变动的次数，电压由大到小或由小到大各算一次变动。风电场和光伏电站接入电网后，公共连接点的电压波动和闪变应满足 GB/T 12326—2008《电能质量　电压波动和闪变》的规定。

新能源场站接入电网电压波动和闪变限值要求如下：

1. 电压波动限值

新能源场站在电力系统公共连接点产生的电压变动，其限值和电压变动频度、电压等级有关，见表 3−1。

表 3−1　　电压波动限值

电压波动频次 r（次/h）	电压变动 d（%）	
	LV、MV	HV
$r \leqslant 1$	4	3
$1 < r \leqslant 10$	3	2.5
$10 < r \leqslant 100$	2	1.5
$100 < r \leqslant 1000$	1.25	1

注　表中系统标称电压 U_n 等级划分：低压（LV）指 $U_n \leqslant$ 1kV；中压（MV）指 1kV $< U_n \leqslant$ 35kV；高压（HV）指 35kV $< U_n \leqslant$ 220kV。对于 220kV 以上超高压（EHV）系统的电压波动限值可参照高压（HV）系统执行。

2. 电压闪变限值

新能源场站的公共连接点，在系统正常运行的较小方式下，以一周（168h）为测量周期，所有长时间闪变值 P_{lt} 应满足表 3−2 的要求。

表 3−2　　闪变限值

电压（kV）	P_{lt}
≤110	1
＞110	0.8

三、谐波和间谐波

谐波是指对周期性交流量（包括电压和电流）进行傅里叶级数分解，得到频率为基波频率大于 1 整数倍的分量，谐波次数是指谐波频率与基波频率的整数比，从周期性交流量中减去基波分量后得到各次谐波的含量，周期性交流量中含有的第 h 次谐波分量的方均根值与基波分量的方均根值之比（用百分数表示）得到第 h 次谐波含有率。周期性交流量中的所有次谐波含量的方均根值与基波分量的方均根值之比（用百分数表示）得到谐波总畸变率。当正弦波分量的频率是原交流信号的频率的非整数倍时，称为间谐波。风电场和光伏电站接入电网后，公共连接点的谐波应满足 GB/T 14549—1993《电能质量 公用电网谐波》的规定，间谐波应满足 GB/T 24337—2009《电能质量 公用电网间谐波》的规定。

新能源场站接入电网谐波限值要求如下：

1. 谐波电压限值

新能源场站接入电网公共连接点的各次谐波电压含有率和电压谐波总畸变率限值应满足表 3–3 的要求。

表 3–3 谐波电压限值

电网标称电压（kV）	电压谐波总畸变率（%）	各次谐波电压含有率（%）	
		奇次	偶次
0.38	5.0	4.0	2.0
6	4.0	3.2	1.6
10			
35	3.0	2.4	1.2
66			
110	2.0	1.6	0.8

2. 谐波电流限值

新能源场站接入电网公共连接点的各次谐波电流限值应满足表 3–4 的要求。新能源场站 220kV 电压等级接入电网公共连接点的各次谐波电流限值参照 110kV 要求执行，220kV 基准短路容量取 2000MVA。新能源场站向电网流入的谐波电流允许值应按照场站容量与公共连接点上具有谐波源的发/供电设备总容量之比进行分配。

表 3–4 注入公用连接点的谐波电流允许值

标准电压（kV）		0.38	6	10	35	66	110
基准短路容量（MVA）		10	100	100	250	500	750
谐波次数及谐波电流允许值（A）	2	78	43	26	15	16	12
	3	62	34	20	12	13	9.6
	4	39	21	13	7.7	8.1	6.0
	5	62	34	20	12	13	9.6
	6	26	14	8.5	5.1	5.4	4.0

续表

标准电压（kV）		0.38	6	10	35	66	110
基准短路容量（MVA）		10	100	100	250	500	750
谐波次数及谐波电流允许值（A）	7	44	24	15	8.8	9.3	6.8
	8	19	11	6.4	3.8	4.1	3.0
	9	21	11	6.8	4.1	4.3	3.2
	10	16	8.5	5.1	3.1	3.3	2.4
	11	28	16	9.3	5.6	5.9	4.3
	12	13	7.1	4.3	2.6	2.7	2.0
	13	24	13	7.9	4.7	5.0	3.7
	14	11	6.1	3.7	2.2	2.3	1.7
	15	12	6.8	4.1	2.5	2.6	1.9
	16	9.7	5.3	3.2	1.9	2.0	1.5
	17	18	10	6.0	3.6	3.8	2.8
	18	8.6	4.7	2.8	1.7	1.8	1.3
	19	16	9.0	5.4	3.2	3.4	2.5
	20	7.8	4.3	2.6	1.5	1.6	1.2
	21	8.9	4.9	2.9	1.8	1.9	1.4
	22	7.1	3.9	2.3	1.4	1.5	1.1
	23	14	7.4	4.5	2.7	2.8	2.1
	24	6.5	3.6	2.1	1.3	1.4	1.0
	25	12	6.8	4.1	2.5	2.6	1.9

当新能源公共连接点的最小短路容量不同于表 3－4 的基准短路容量时，各次谐波电流含量限值按新能源场站最小短路容量与相应电压等级的基准短路容量换算，见式（3－1），即

$$I_h = \frac{S_{k1}}{S_{k2}} I_{hp} \tag{3-1}$$

式中 S_{k1}——公共连接点的最小短路容量，MVA；

S_{k2}——基准短路容量，MVA；

I_{hp}——第 h 次谐波电流允许值，A；

I_h——短路容量为 S_{k1} 时的第 h 次谐波电流允许值，A。

3. 间谐波电流限值

新能源场站接入 220kV 及以下电网公共连接点的各次间谐波电流限值应满足表 3－5 的要求。频率 800Hz 以上的电压间谐波电压限值还在研究中，频率低于 100Hz 限值的依据表 3－6。

表 3-5　　间谐波电压含有率限值

电压等级	频率	
	<100Hz	100～800Hz
≤1000V	0.2%	0.5%
>1000V	0.16%	0.4%

表 3-6　　$P_{st}=1$ 条件下间谐波电压含有率与间谐波次数关系数值

间谐波次数 ih	间谐波频率 f_{ih}（Hz）	间谐波电压含有率（%）
$0.2<ih<0.6$	$10<f_{ih}\leqslant30$	0.51
$0.6<ih<0.64$	$30<f_{ih}\leqslant32$	0.43
$0.64<ih<0.68$	$32<f_{ih}\leqslant34$	0.35
$0.68<ih<0.72$	$34<f_{ih}\leqslant36$	0.28
$0.72<ih<0.76$	$36<f_{ih}\leqslant38$	0.23
$0.76<ih<0.84$	$38<f_{ih}\leqslant42$	0.18
$0.84<ih<0.88$	$42<f_{ih}\leqslant44$	0.18
$0.88<ih<0.92$	$44<f_{ih}\leqslant46$	0.24
$0.92<ih<0.96$	$46<f_{ih}\leqslant48$	0.36
$0.96<ih<1.04$	$48<f_{ih}\leqslant52$	0.64
$1.04<ih<1.08$	$52<f_{ih}\leqslant54$	0.36
$1.08<ih<1.12$	$54<f_{ih}\leqslant56$	0.24
$1.12<ih<1.16$	$56<f_{ih}\leqslant58$	0.18
$1.16<ih<1.24$	$58<f_{ih}\leqslant62$	0.18
$1.24<ih<1.28$	$62<f_{ih}\leqslant64$	0.23
$1.28<ih<1.32$	$64<f_{ih}\leqslant66$	0.28
$1.32<ih<1.36$	$66<f_{ih}\leqslant68$	0.35
$1.36<ih<1.4$	$68<f_{ih}\leqslant70$	0.43
$1.4<ih<1.8$	$70<f_{ih}\leqslant90$	0.51

四、三相电压不平衡

三相电压不平衡是指电力系统各处的实际运行三相电压在幅值上不同或相位差不是120°，或兼而有之。新能源场站三相电压不平衡一般用三相电压负序基波分量与正序基波分量的方均根值百分比表示，既三相电压不平衡度。风电场和光伏电站接入电网后，公共连接点的三相电压不平衡度应满足 GB/T 15543—2008《电能质量　三相电压不平衡》的规定。

新能源场站接入电网三相电压不平衡度限值要求如下：电网正常运行时，负序电压不平衡度不超过 2%，短时不得超过 4%。新能源场站引起公共连接点的电压不平衡度允许值一般为 1.3%，短时不超过 2.6%。

五、频率偏差

频率偏差是指电力系统各处的实际运行频率的实际值与标称值之差。风电场和光伏电站接入公共连接点所允许的频率偏差应满足 GB/T 15945—2008《电能质量　电力系统频率偏差》的要求。

新能源场站正常运行时公共连接点的系统频率偏差变化限值为±0.2Hz。

第三节　电能质量测试内容及方法

按照 GB/T 19963.1—2021《风电场接入电力系统技术规定　第 1 部分：陆上风电》、GB/T 19964—2012《光伏发电站接入电力系统技术规定》的要求，新能源场站应在并网运行后 6 个月内开展入网电能质量测试工作，并提供新能源场站电能质量测试评估报告，新能源场站新建、扩建后应重新开展测试评估，同时新能源场站改建更换机组、无功补偿装置等设备应重新开展测试评估。

新能源场站电能质量测试内容包括电压偏差、闪变、三相电压不平衡、谐波、频率偏差等指标。风电场电能质量测试应按照 NB/T 31005—2022《风电场电能质量测试方法》执行，光伏电站电能质量测试应按照 NB/T 32006—2013《光伏发电站电能质量检测技术规程》执行。测试条件及设备要求如下：

测试期间，风电场和光伏电站实际运行容量应大于额定容量的 95%，且测试数据应包括新能源场站有功功率运行在并网至 95%额定功率区间的所有工况。电能质量测试所需的三相电压和三相电流数据应在新能源场站并网点的电流互感器和电压互感器的二次回路中采集。

测试使用的电压互感器的准确度等级至少为 0.2 级，执行标准为 GB/T 20840.3—2013《互感器　第 3 部分：电磁式电压互感器的补充技术要求》，电流互感器的准确度等级至少为 0.2 级，执行标准为 GB/T 20840.2—2014《互感器　第 2 部分：电流互感器的补充技术要求》。用于采集、存储、计算数据的电能质量测试分析设备，三相电压和三相电流通道采样频率不低于 20kHz，分辨率不低于 10MHz。电能质量测试分析设备应接在被测新能源场站的并网点，如图 3－1 所示。

一、电压偏差测试方法

根据采集设备的三相电压数据，以 0.2s 为一个测量时间窗口计算电压有效值平均值，每个电压有效值的测量时间窗口与相邻测量时间窗口不重叠，按照式（3－2）计算获得电压偏差，即

$$\text{电压偏差（\%）}=\frac{\text{电压测量有效值}-\text{系统标称电压}}{\text{系统标称电压}}\times 100\% \qquad (3-2)$$

计算测试期间所有电压上偏差和下偏差数据，统计分析最大上偏差和下偏差值是否满足相应电压等级的限值要求。

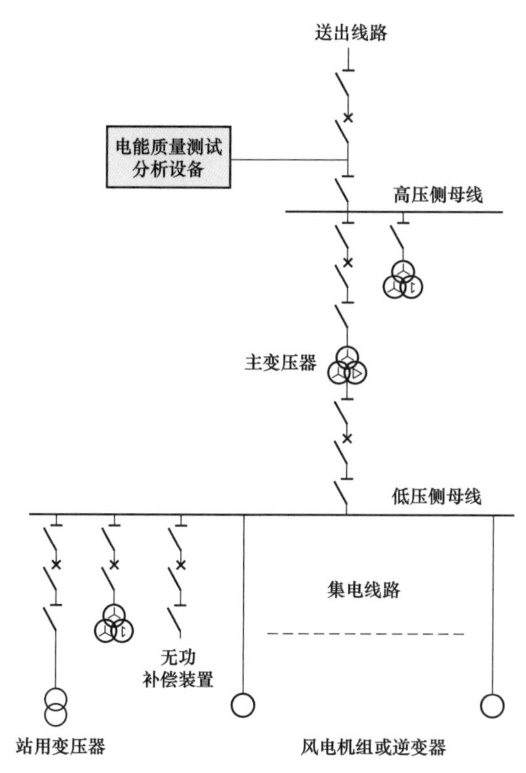

图 3－1　电能质量测试设备连接示意图

二、闪变测试方法

闪变是电压波动在一段时间内的累积效果，主要由短时间闪变 P_{st} 和长时间闪变 P_{lt} 衡量。1996 制造的 IEC 闪变仪是目前国际上通用的测量闪变的仪器，有模拟式的，也有部分或全部是数字式的结构，简化原理如图 3－2 所示。

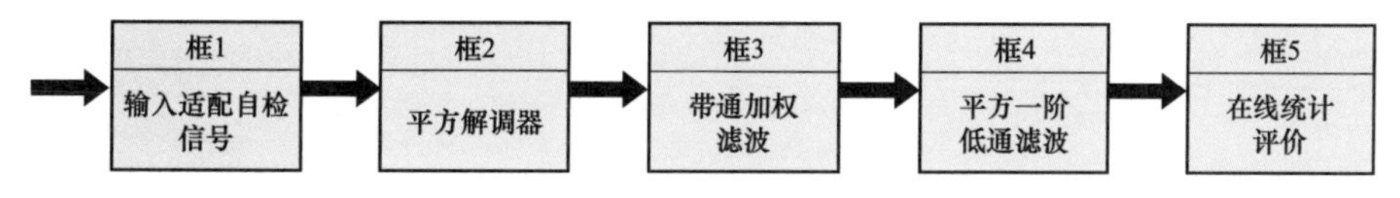

图 3－2　IEC 闪变仪模型简化框图

如图 3－2 所示，框 1 为输入端，用来实现把不同等级的电源电压（从电压互感器或输入变压器二次侧取得）降到适用于仪器内部电路电压值的功能，产生标准的调制波，用于仪器自检；框 2 对电压波动分量进行解调，获得与电压变动呈线性关系的电压；框 3 反映人对 60W 230V 钨丝灯在不同频率的电压波动下照度变化的敏感程度，通频带为 0.05～35Hz；框 4 包含一个平方器和时间常数为 300ms 的低通滤波器，模拟灯－眼－脑环节对灯光照度变化的暂态非线性响应和记忆效应，输出 $S(t)$反映了人的视觉对电压波动的瞬时闪变感觉水平。如图 3－3 所示，可对 $S(t)$作不同的处理来反映电网电压引起的闪变情况。

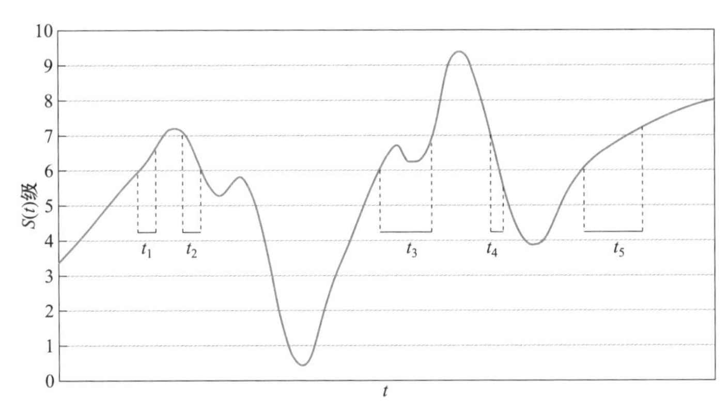

图 3-3　由 $S(t)$曲线做出的 CPF 曲线示例

如图 3-2 所示，框 5 对输入的 $S(t)$值用积累概率函数 CPF 进行分析，在 10min 内，对分析信号进行统计，得到短时间闪变。为了简明起见，$S(t)$ 分为 10 级（实际仪器分级数应不小于 64 级）。以第七级为例，由图 3-3 得出 T_7，见式（3-3），用 CPF_7 代表 S 值处于 7 级的时间 T_7 占总观察时间的百分数，求出 $i=1\sim10$ 的 CPF_i 即可做出图 3-4 所示的 CPF 曲线。

$$T_7 = \sum_{i=1}^{5} t \tag{3-3}$$

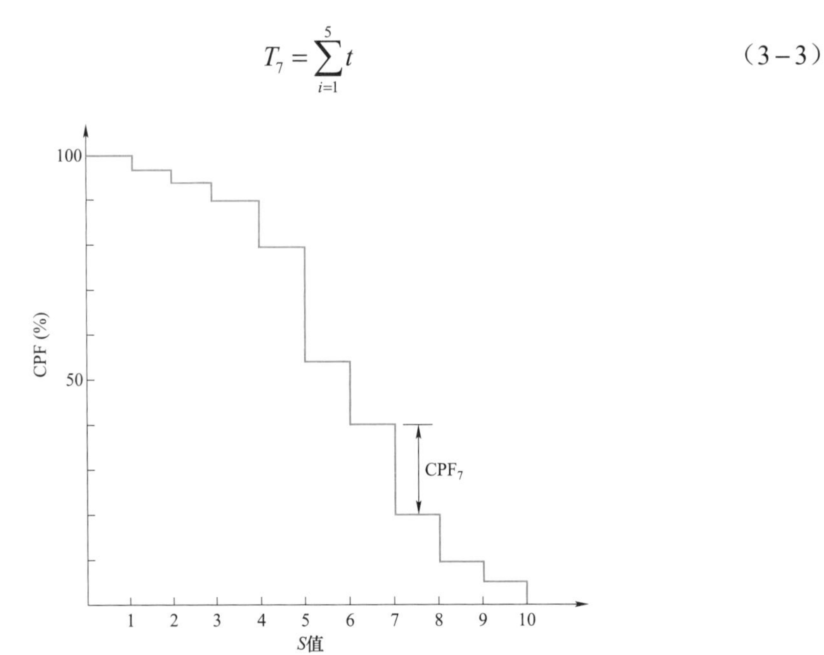

图 3-4　CPF 曲线图

根据 CPF 曲线获得短时间闪变，见式（3-4），即

$$P_{st} = \sqrt{0.031\,4P_{0.1} + 0.052\,5P_1 + 0.065\,7P_3 + 0.28P_{10} + 0.08P_{50}} \tag{3-4}$$

式中　$P_{0.1}$、P_1、P_3、P_{10}、P_{50}——CPF 曲线上等于 0.1%、1%、3%、10%和 50%时间的 $S(t)$值。

长时间闪变值 P_{lt} 由测量时间段内包含的短时间闪变值计算获得，见式（3－5）

$$P_{lt}=\sqrt[3]{\frac{1}{n}\sum_{j=1}^{n}(P_{stj})^{3}} \tag{3-5}$$

式中　P_{stj}——测试时间段（一般为 2h）内第 j 个短时间闪变值；

n——长时间闪变值测量时间内所包含的短时间闪变值个数。

风电场和光伏电站闪变测试方法如下：

测试应在风电场连续运行情况下进行，按照 NB/T 31005—2022《风电场电能质量测试方法》执行。风电场运行过程中，以不低于 6kHz 的频率采集并网电压和电流，输出有功功率从 0 至额定功率的 80%，以 10%的额定功率为区间，每个功率区间、每相应至少采集风电场并网点 5 个 10min 时间序列瞬时电压和瞬时电流值的测量值，有功功率测试结果为 10min 平均值。

按照 GB/T 12326—2008《电能质量　电压波动和闪变》的闪变计算方法，根据采集的并网电压序列，求出每个 10min 数据集合的短时间闪变值 P_{st}。根据式（3－5），以 2h 为计算周期，求得长时间闪变值 P_{lt}，以最大长时间闪变值作为风电场投入运行时的长时间闪变值 P_{lt1}。风电场停运时，测量电网的背景长时间闪变值 P_{lt0}，周期为 24h，根据式（3－6），计算风电场单独引起的长时间闪变值 P_{lt2}

$$P_{lt2}=\sqrt[3]{P_{lt1}^{3}-P_{lt0}^{3}} \tag{3-6}$$

风电场连续运行期间，记录并网点的短时间闪变的最大值、95%概率值，长时间闪变的最大值和 95%概率值。

光伏电站闪变测试方法与风电场测试方法基本一致，按照 NB/T 32006—2013《光伏发电站电能质量检测技术规程》执行。

三、谐波测试方法

电力系统及其相连设备的谐波、间谐波测量采用傅里叶变换方法。傅里叶级数方法分析频谱，大多由数字处理方法实现。模拟信号经过采样、A/D 转换并保存，经过 DFT（离散傅里叶变换）频谱分析输出结果，如图 3－5 所示。

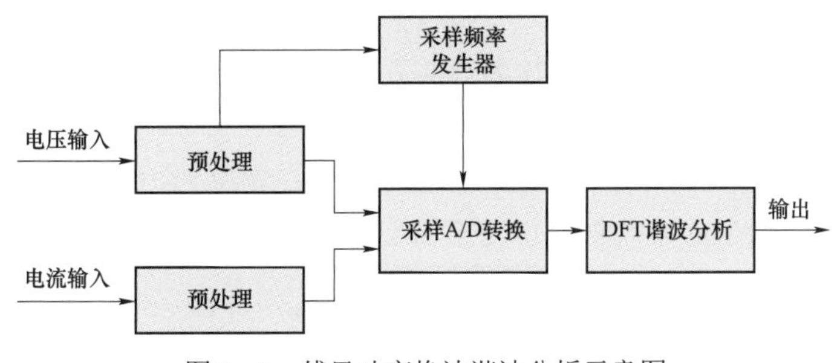

图 3－5　傅里叶变换法谐波分析示意图

谐波分析主要包括各次谐波电压含有率、电压谐波总畸变率、各次谐波电流含有率、电流谐波总畸变率，计算方法如下：

第 h 次谐波电压含有率 HRU_h 计算方法为

$$HRU_h = \frac{U_h}{U_i} \times 100\% \tag{3-7}$$

式中 U_h——第 h 次谐波电压（方均根值）；

U_i——基波电压（方均根值）。

第 h 次谐波电流含有率 HRI_h 计算方法为

$$HRI_h = \frac{I_h}{I_i} \times 100\% \tag{3-8}$$

式中 I_h——第 h 次谐波电流（方均根值）；

I_i——基波电流（方均根值）。

谐波电压含量 U_H 计算方法为

$$U_H = \sqrt{\sum_{h=2}^{\infty}(U_h)^2} \tag{3-9}$$

谐波电流含量 I_H 计算方法为

$$I_H = \sqrt{\sum_{h=2}^{\infty}(I_h)^2} \tag{3-10}$$

电压谐波总畸变率 THD_u 计算方法为

$$THD_u = \frac{U_H}{U_i} \times 100\% \tag{3-11}$$

电流谐波总畸变率 THD_i 计算方法为

$$THD_i = \frac{I_H}{I_i} \times 100\% \tag{3-12}$$

谐波测量的谐波次数应为 2～25 次，测量数据应取时间段内各相实测值的 95%概率值中的最大的一相值，作为判断谐波是否超过允许值的依据。为了区别暂态现象和谐波，对负荷变化快的谐波，每次测量结果可为 3s 内所测值的平均值，计算公式为

$$U_h = \sqrt{\frac{1}{m}\sum_{k=1}^{m}(U_{hk})^2} \tag{3-13}$$

式中 U_{hk}——3s 内第 k 次测得的 h 次谐波的方均根值；

m——3s 内取均匀间隔的测量次数，$m \geqslant 6$。

间谐波测量的频率分辨率应为 5Hz，测量采样窗口宽度为 10 个工频周期。间谐波取值按 3s 内 m 次测量数值的方均根值作为第 ih 次间谐波电压的测量结果，计算公式为

$$U_{ih} = \sqrt{\frac{1}{m}\sum_{k=1}^{m}(U_{ih,k})^2} \quad (6 \leqslant m \leqslant 15) \tag{3-14}$$

式中 U_{ih}——第 ih 次间谐波的测量结果；

m——3s 内均匀间隔的测量次数，$m=15$ 时为无缝采样；

$U_{ih,k}$——第 k 次测量得到的 ih 次间谐波电压值。

间谐波的测量可以在 3s 测量结果的基础上，综合出 3、10min 的测量值。综合方法为取所选时间间隔内所有 3s 测量结果的平方算术和平均值取平方根，拿综合 3min 的测量值为例，即

$$U_{ih,3\min}=\sqrt{\frac{1}{60}\sum_{k=1}^{60}(U_{ih,k,3s})^2} \tag{3-15}$$

式中 $U_{ih,3\min}$——3min 测量得到的 ih 次间谐波电压值；

60——3min 内包含 3s 的测量次数；

$U_{ih,k,3s}$——3s 测量得到的 ih 次间谐波电压值。

间谐波测量数据的应至少取 24h，评估取时间段内各相实测值的 95%概率值中的最大的一相值，作为判断间谐波是否超过允许值的依据。

风电场和光伏电站谐波、间谐波测试方法如下：

按照 NB/T 31005—2022《风电场电能质量测试方法》的要求，在风电场停运时，以不低于 40kHz 的采样率采集风电场并网点的三相电压瞬时值，每相应至少采集 144 个 10min 时间序列的数据。风电场正常并网运行情况下，输出功率从 0 至 80%额定功率范围内，以 10%的额定功率为区间，每个功率区间至少收集并网点 5 个 10min 时间序列瞬时三相电流和三相电压测量值，对每个时间序列按照 GB/T 14549—1993《电能质量 公用电网谐波》和 GB/T 24337—2009《电能质量 公用电网间谐波》计算电压和电流谐波、间谐波各项指标的最大值、95%概率值。

光伏电站谐波和间谐波测试方法与风电场测试方法基本一致，按照 NB/T 32006—2013《光伏发电站电能质量检测技术规程》执行。

四、三相电压不平衡测试方法

在三相电力系统中，通过测量获得三相电量的幅值和相位后应用对称分量法分别求出正序分量、负序分量和零序分量，计算三相电压不平衡度。三相电压不平衡主要对三相电压的负序不平衡度进行评价，不平衡度的表达式为

$$\varepsilon_{U2}=\frac{U_2}{U_1}\times 100\% \tag{3-16}$$

式中 U_1——三相电压的正序分量方均根值，V；

U_2——三相电压的负序分量方均根值，V。

测量应在新能源场站处于正常、连续并网运行状态下进行，测量记录周期为 3s，按方均根取值。电压输入信号基波分量的每次测量取 0.2s 的间隔。对于离散采样的测量仪器宜采用式（3－17）计算

$$\varepsilon=\sqrt{\frac{1}{m}\sum_{k=1}^{m}\varepsilon_k^2} \tag{3-17}$$

式中 ε_k——在 3s 内第 k 次测得的电压不平衡度；

m——在 3s 内均匀间隔取值次数（$m\geqslant 6$）。

风电场和光伏电站三相电压不平衡度测试方法如下：

按照 NB/T 31005—2022《风电场电能质量测试方法》的要求，风电场正常并网运行情况下，输出功率从 0 至 80%额定功率范围内，以 10%的额定功率为区间，每个功率区间至少收集并网点 5 个 10min 时间序列瞬时三相电流和三相电压测量值，采用 0.2s 均方根值计算风电场正常运行时并网点三相电压的正序分量 U_1 和负序分量 U_2，根据式（3–16）计量电压不平衡度，对每个时间序列利用式（3–17）按照每 3s 时间计算方均根值，共计算 200 个 3s 时间段方均根值。评估取时间段内各相负序电压不平衡度的最大值和 95%概率值中的最大值，作为判断三相电压不平衡度是否超过允许值的依据。

光伏电站三相电压不平衡度测试方法与风电场测试方法基本一致，按照 NB/T 32006—2013《光伏发电站电能质量检测技术规程》执行。

五、频率偏差测试方法

测量新能源场站公共连接点的基波频率，每次取 1s、3s 或 10s 间隔内计到的整数周期与整数周期累计时间之比（与 1s、3s 或 10s 时钟重叠的单个周期应丢弃）。测量时间间隔不能重叠，每 1s、3s 或 10s 间隔应在 1s、3s 或 10s 时钟开始时计。测量仪器误差不应超过±0.01Hz。

根据频率测量仪器数据，计算频率偏差进行评价，频率偏差的计算式为

$$\text{频率偏差}=\frac{\text{频率测量值}-\text{系统基准频率}}{\text{系统基准频率}}\times 100\% \tag{3-18}$$

计算测试期间所有频率上偏差和下偏差数据，统计分析最大上偏差和下偏差值是否满足±0.2Hz 的限值要求。

第四节　工程案例应用分析

一、风电场电能质量测试案例分析

（一）风电场概况

某风电场总装机容量为 134.5MW。一期工程装机容量为 45MW，共安装上海电气公司生产的 SEC–1250kW 风电机组 36 台，单机容量 1.25MW；二期工程装机容量为 49.5MW，共安装华锐风电科技（集团）股份有限公司生产的 SL–1500kW 风电机组 33 台，单机容量 1.5MW；三期工程装机容量为 40MW，共安装东方电气生产的 DF121–2500kW 风电机组 16 台，单机容量 2.5MW。

风电场风力发电机组经 35kV 箱式变压器升压后通过 35kV 集电线路接入风光电站 35kV 母线，35kV 采用单母线分段接线。一期 35kV 母线Ⅰ段装设 4 回风电集电线路，配置 2 组 6Mvar 的无功电容补偿装置和 1 台 22Mvar 的磁控电抗器补偿装置，通过 1 号主变压器（容量 63MVA）升压至 110kV；二期 35kV 母线Ⅱ段装设 4 回风电集电线路，配

置 2 组 6Mvar 的无功电容补偿装置和 1 台 12Mvar 的磁控电抗器补偿装置，通过 2 号主变压器（容量 63MVA）升压至 110kV；三期 35kV 母线Ⅲ段装设 3 回风电集电线路，未配置无功电容补偿装置和电抗器补偿装置，通过 3 号主变压器（容量 120MVA）升压至 110kV。110kV 线路采用单母线分段接线，风电场经 1 回 110kV 线路送至上级 220kV 变电站 110kV 侧并入电网。

测试期间所有风电机组及升压站设备正常运行，风电场正常并网发电，电能质量测试设备安装在电能质量监测屏的电流和电压二次回路中，采集并网点三相电压和电流。

（二）测试数据分析及结论

1. 110kV 侧电压偏差测试数据及录波图

110kV 线路侧电压变化曲线如图 3－6～图 3－8 所示，电压测试数据如表 3－7 所示。

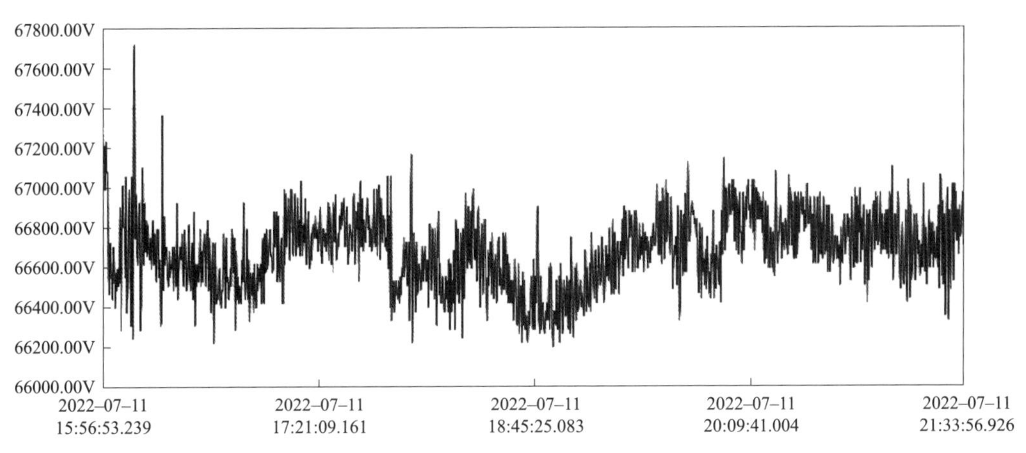

图 3－6　A 相电压变化曲线

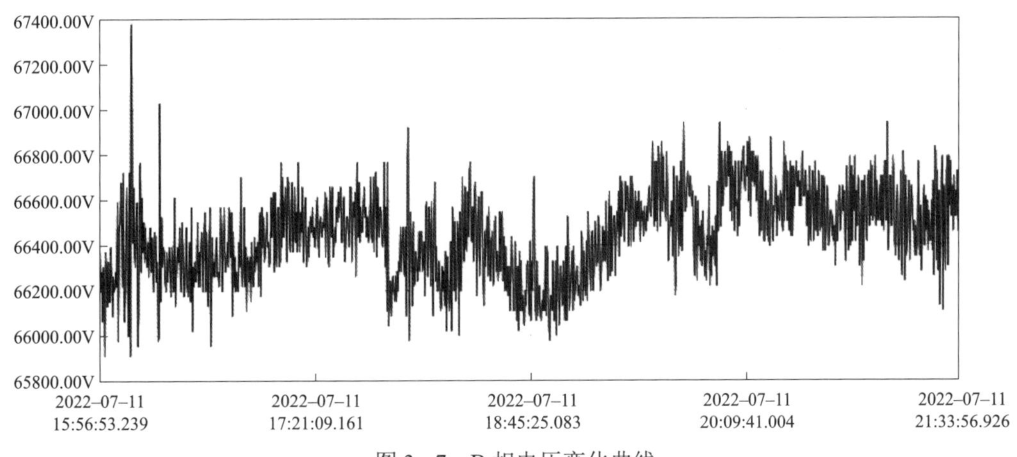

图 3－7　B 相电压变化曲线

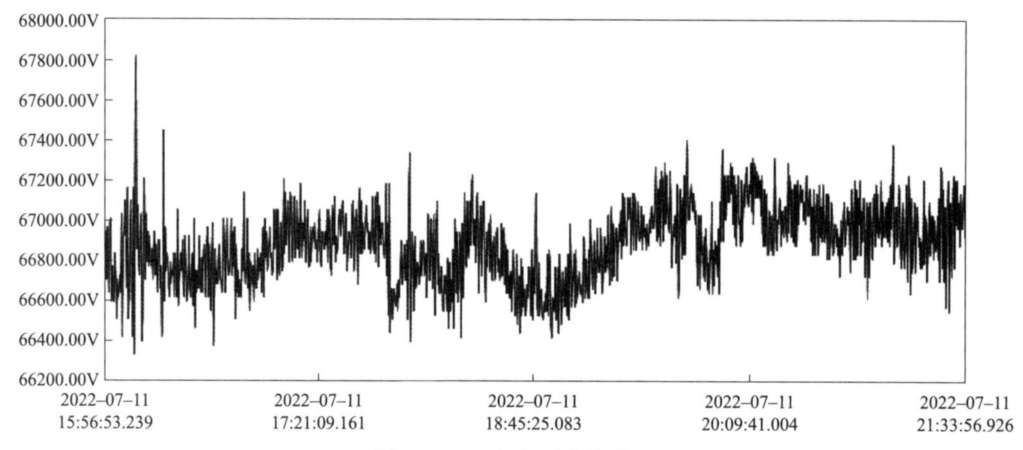

图 3-8　C 相电压变化曲线

表 3-7　电压偏差数据

参数	A 相	B 相	C 相
上偏差（%）	6.42	6.68	6.42
下偏差（%）	0	0	0

分析：从表 3-7 可以看出，110kV 线路侧三相电压最大上偏差为 6.68%，小于 +7% 的限值要求，最大下偏差为 0%，小于 3%的限值要求。

结论：110kV 侧电压偏差满足相关标准要求。

2. 110kV 侧电压闪变测试数据及录波图

110kV 线路侧电压短时间闪变曲线如图 3-9～图 3-11 所示，短时间闪变数据见表 3-8。

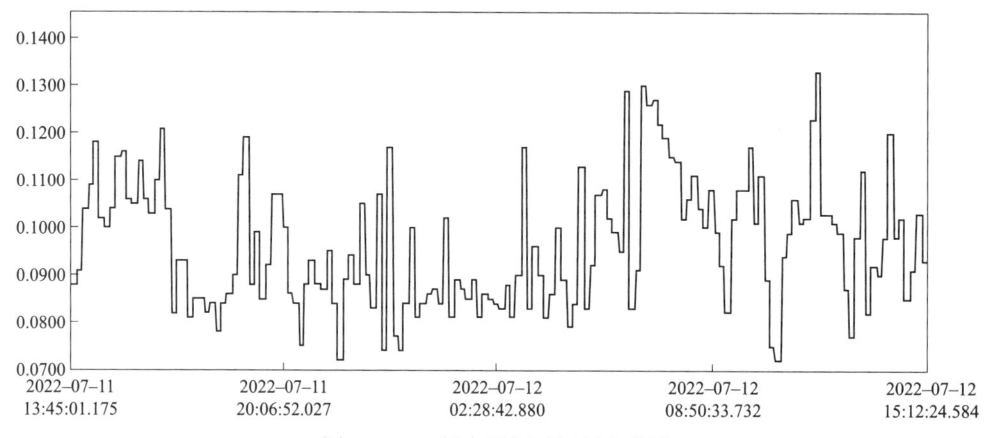

图 3-9　A 相电压短时间闪变曲线

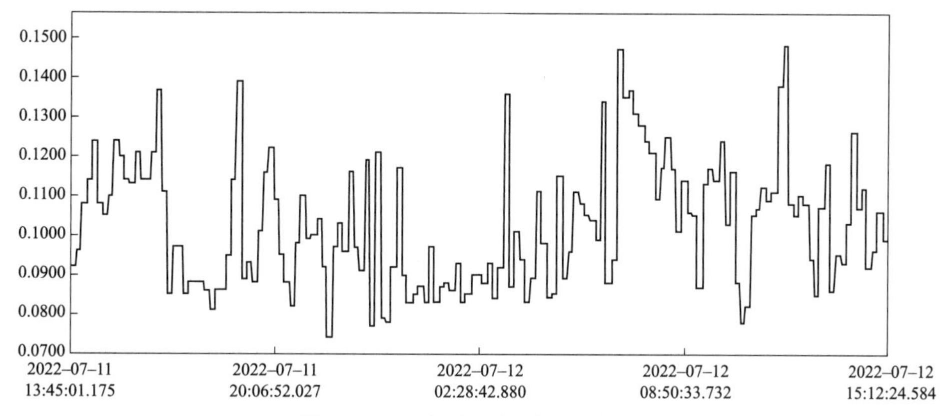

图 3－10　B 相电压短时间闪变曲线

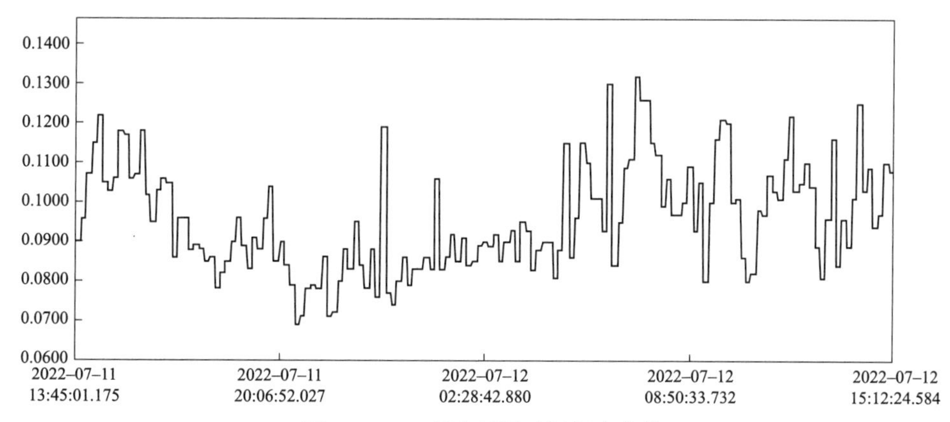

图 3－11　C 相电压短时间闪变曲线

表 3－8　短时间闪变数据

参数		最大值	平均值	95%概率值
短时间闪变	A 相	0.1330	0.0964	0.1210
	B 相	0.1480	0.1026	0.1350
	C 相	0.1320	0.0955	0.1200

110kV 线路侧电压长时间闪变曲线如图 3－12～图 3－14 所示，长时间闪变数据见表 3－9。

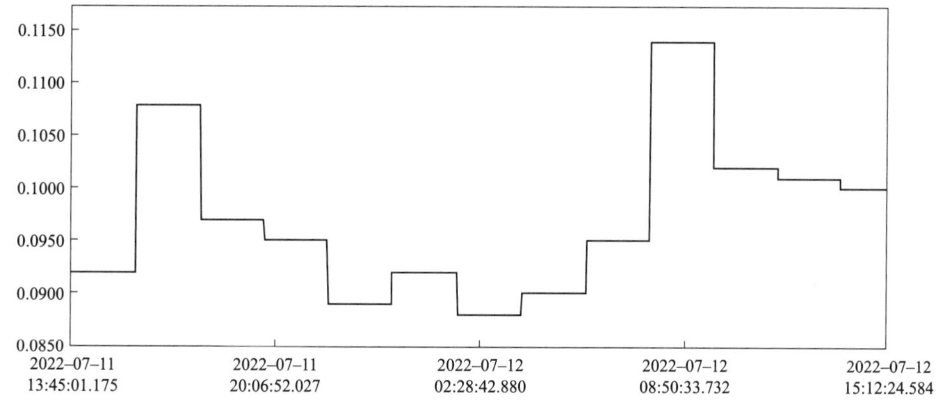

图 3－12　A 相电压长时间闪变曲线

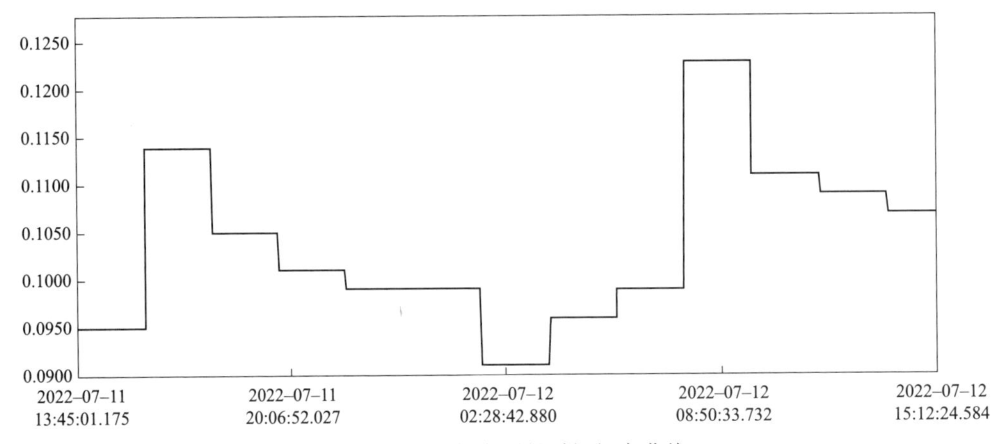

图 3–13　B 相电压长时间闪变曲线

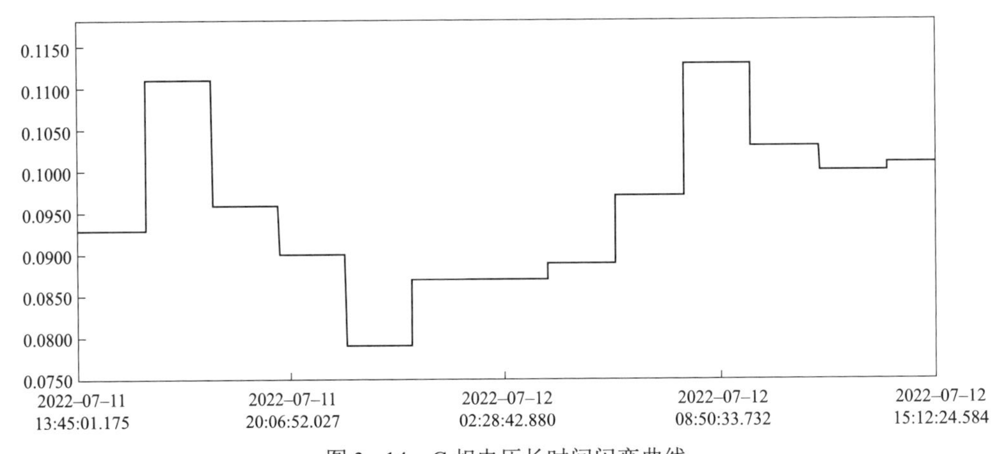

图 3–14　C 相电压长时间闪变曲线

表 3–9　长时间闪变数据

参数		最大值	平均值	95%概率值
长时间闪变	A 相	0.1140	0.0971	0.1140
	B 相	0.1230	0.1037	0.1230
	C 相	0.1130	0.0957	0.1130

分析：从表 3–9 可以看出，110kV 线路侧电压长时间闪变最大值为 0.123，小于 1 的限值。

结论：110kV 侧电压长时间闪变满足相关标准要求。

3. 110kV 侧电压不平衡测试数据及录波图

110kV 线路侧电压不平衡度变化曲线如图 3–15 所示，电压不平衡度概率曲线如图 3–16 所示。三相电压不平衡度数据见表 3–10。

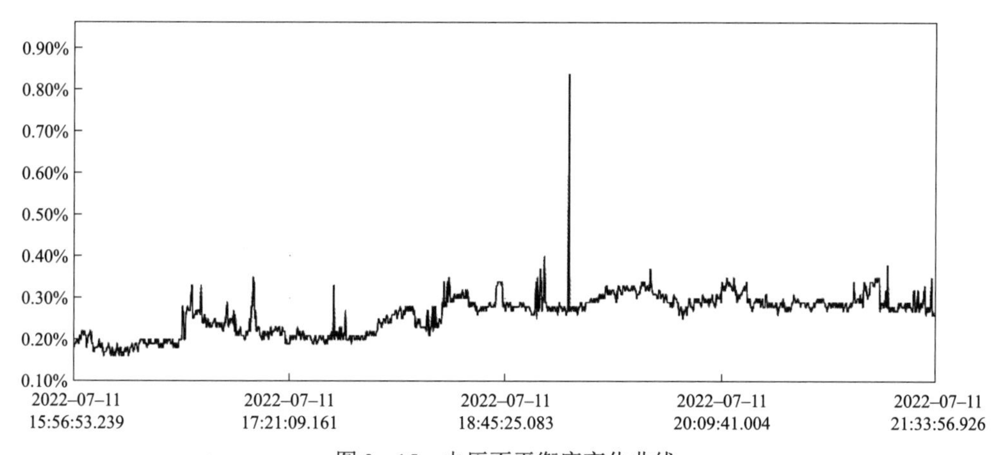

图 3-15　电压不平衡度变化曲线

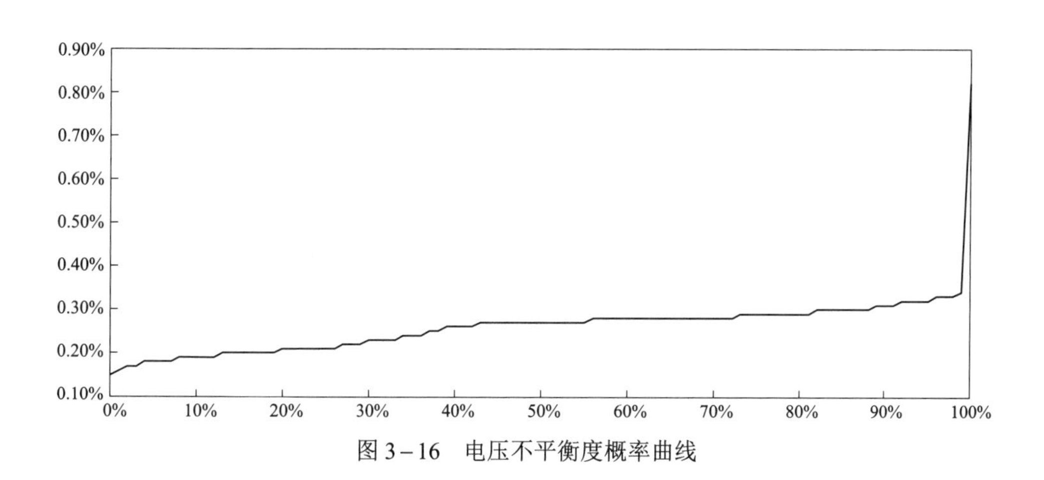

图 3-16　电压不平衡度概率曲线

表 3-10　三相电压不平衡度数据

参数	最大值	平均值	最小值	95%值
三相电压不平衡度（%）	0.84	0.26	0.15	0.32

分析：从表 3-10 可以看出，110kV 线路侧电压不平衡度最大值为 0.84%，小于 4%的限值，95%概率大值为 0.32，小于 2%的限值。

结论：110kV 侧电压不平衡度满足相关标准要求。

4. 110kV 侧谐波电压测试数据及录波图

110kV 线路侧电压谐波总畸变率如图 3-17～图 3-19 所示。

各次谐波电压含有率如图 3-20～图 3-22 所示。

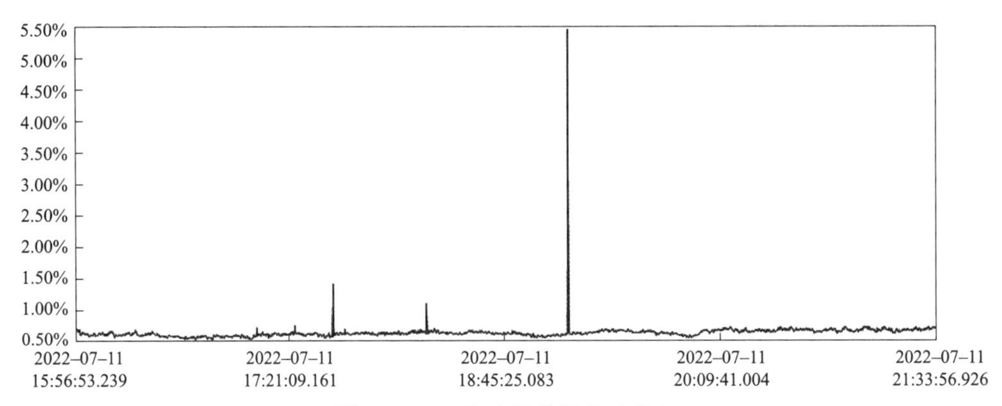

图 3－17　A 相电压谐波总畸变率

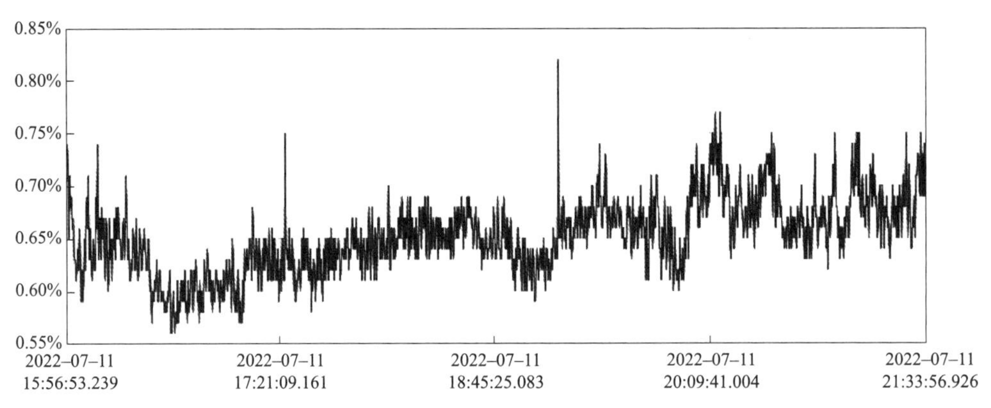

图 3－18　B 相电压谐波总畸变率

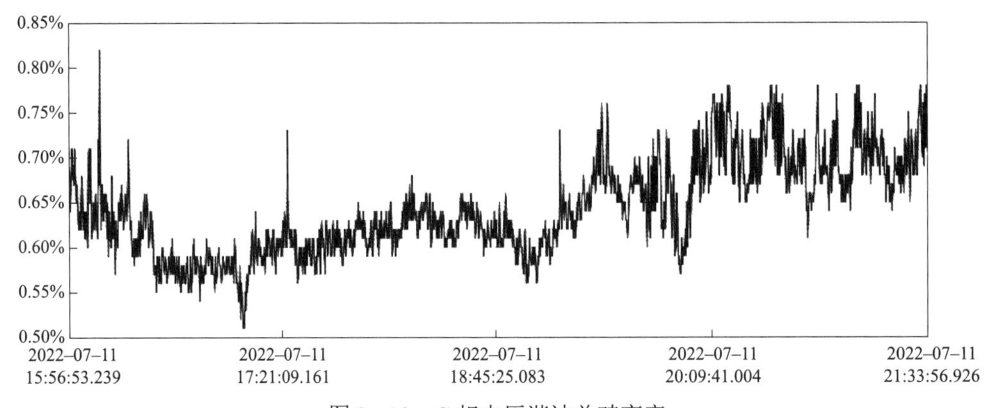

图 3－19　C 相电压谐波总畸变率

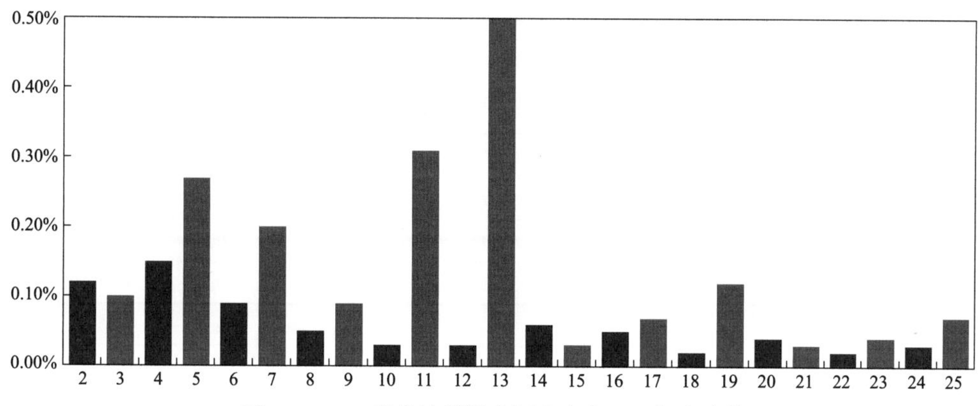

图 3-20　A 相各次谐波电压含有率 95%概率大值

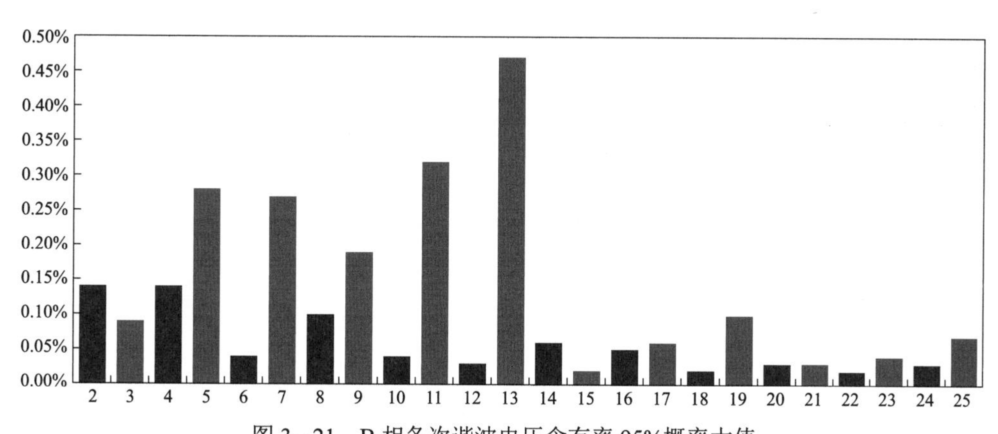

图 3-21　B 相各次谐波电压含有率 95%概率大值

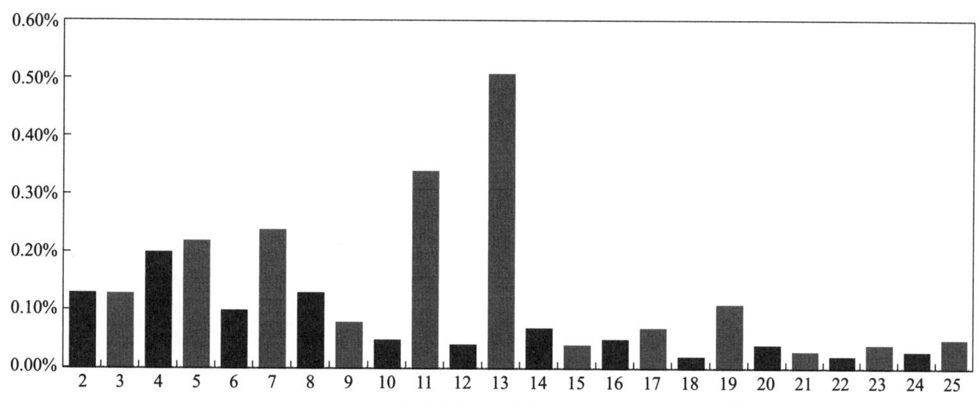

图 3-22　C 相各次谐波电压含有率 95%概率大值

各次谐波电压及电压谐波总畸变率，见表 3－11。

表 3－11　各次谐波电压及电压谐波总畸变率

参数		A 相			B 相			C 相		
		最大值	平均值	95%概率值	最大值	平均值	95%概率值	最大值	平均值	95%概率值
基波电压（kV）		67.760	66.647	66.88	67.430	66.416	66.66	67.870	66.848	67.10
2～25 次谐波电压含有率（%）	2	2.77	0.10	0.12	0.34	0.13	0.14	0.23	0.09	0.13
	3	2.55	0.07	0.10	0.19	0.07	0.09	0.27	0.11	0.13
	4	2.35	0.13	0.15	0.25	0.12	0.14	0.31	0.15	0.20
	5	1.85	0.19	0.27	0.40	0.22	0.28	0.33	0.15	0.22
	6	1.55	0.05	0.09	0.14	0.02	0.04	0.18	0.04	0.10
	7	1.16	0.12	0.20	0.42	0.19	0.27	0.38	0.17	0.24
	8	0.86	0.03	0.05	0.16	0.07	0.10	0.20	0.07	0.13
	9	0.54	0.06	0.09	0.24	0.15	0.19	0.12	0.05	0.08
	10	0.30	0.02	0.03	0.06	0.02	0.04	0.07	0.03	0.05
	11	0.42	0.27	0.31	0.37	0.27	0.32	0.38	0.29	0.34
	12	0.29	0.02	0.03	0.06	0.02	0.03	0.08	0.02	0.04
	13	0.68	0.41	0.50	0.55	0.37	0.47	0.58	0.41	0.51
	14	0.39	0.05	0.06	0.09	0.04	0.06	0.11	0.05	0.07
	15	0.42	0.02	0.03	0.06	0.01	0.02	0.07	0.03	0.04
	16	0.42	0.02	0.05	0.07	0.03	0.05	0.07	0.02	0.05
	17	0.37	0.05	0.07	0.09	0.04	0.06	0.10	0.05	0.07
	18	0.30	0.01	0.02	0.05	0.01	0.02	0.04	0.01	0.02
	19	0.22	0.08	0.12	0.16	0.07	0.10	0.18	0.07	0.11
	20	0.21	0.02	0.04	0.07	0.02	0.03	0.07	0.02	0.04
	21	0.18	0.02	0.03	0.06	0.02	0.03	0.06	0.02	0.03
	22	0.18	0.01	0.02	0.03	0.01	0.02	0.04	0.01	0.02
	23	0.21	0.03	0.04	0.07	0.03	0.04	0.07	0.03	0.04
	24	0.23	0.02	0.03	0.07	0.02	0.03	0.07	0.01	0.03
	25	0.20	0.05	0.07	0.10	0.04	0.07	0.07	0.03	0.05
电压谐波总畸变率（%）		5.48	0.61	0.66	0.82	0.63	0.69	0.82	0.63	0.72

分析：从表 3－11 可以看出，110kV 线路侧各次谐波电压含有率 95%概率值最大值小于奇次 1.6%和偶次 0.8%的限值，110kV 线路侧各相电压谐波总畸变率 95%概率值最大值为 0.72%，小于 2%的限值。

结论：110kV 侧各次谐波电压含有率满足相关标准要求，110kV 侧各相电压谐波总畸变率满足相关标准要求。

5. 110kV 侧谐波电流测试数据及录波图

110kV 线路侧电流谐波总畸变率如图 3-23～图 3-25 所示，各次谐波电流含有率如图 3-26～图 3-28 所示，各次谐波电流 95%概率大值如图 3-29～图 3-31 所示。

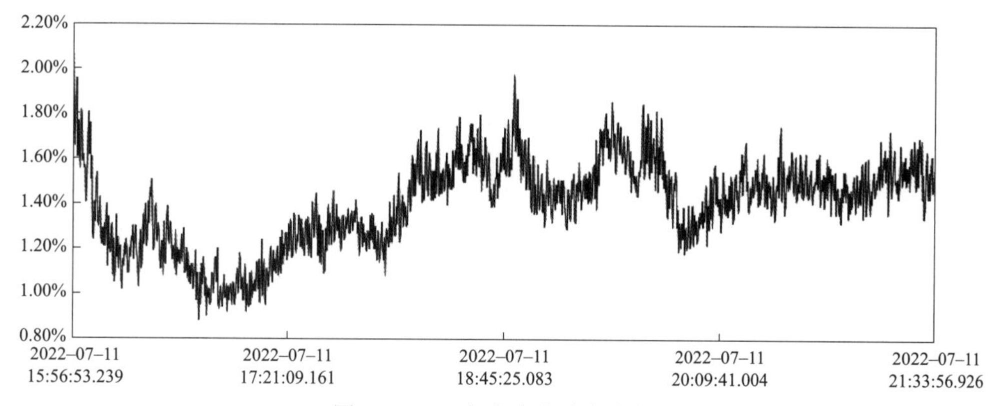

图 3-23　A 相电流谐波总畸变率

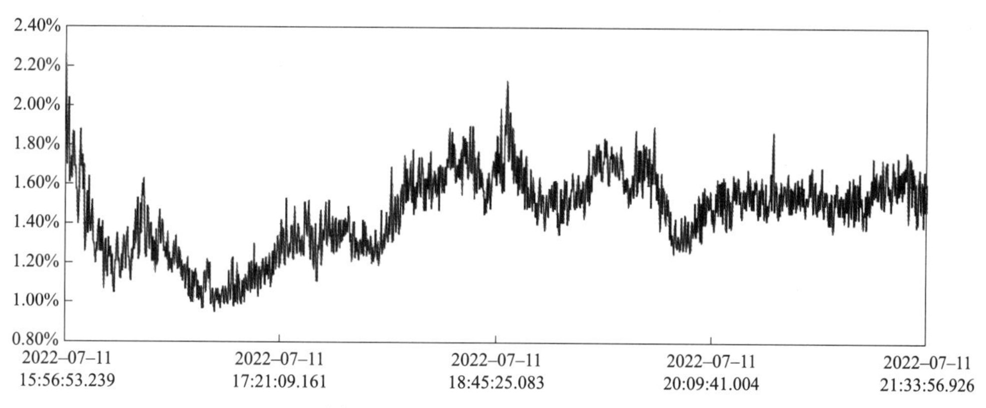

图 3-24　B 相电流谐波总畸变率

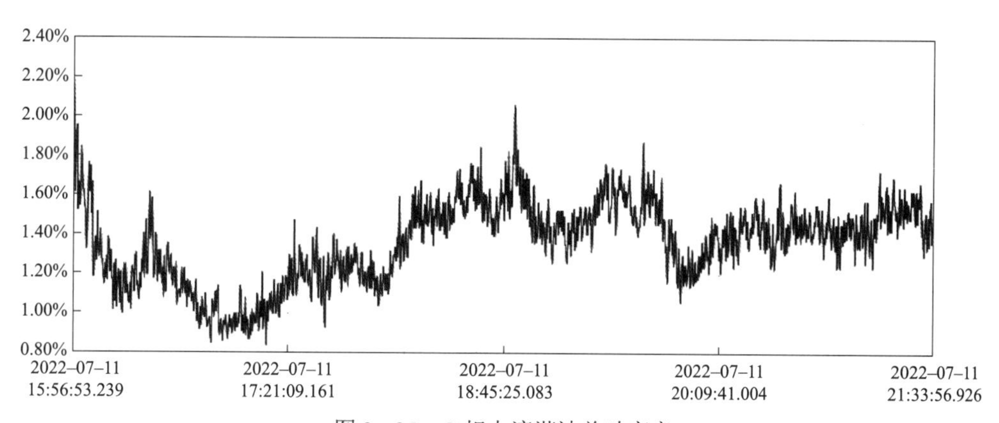

图 3-25　C 相电流谐波总畸变率

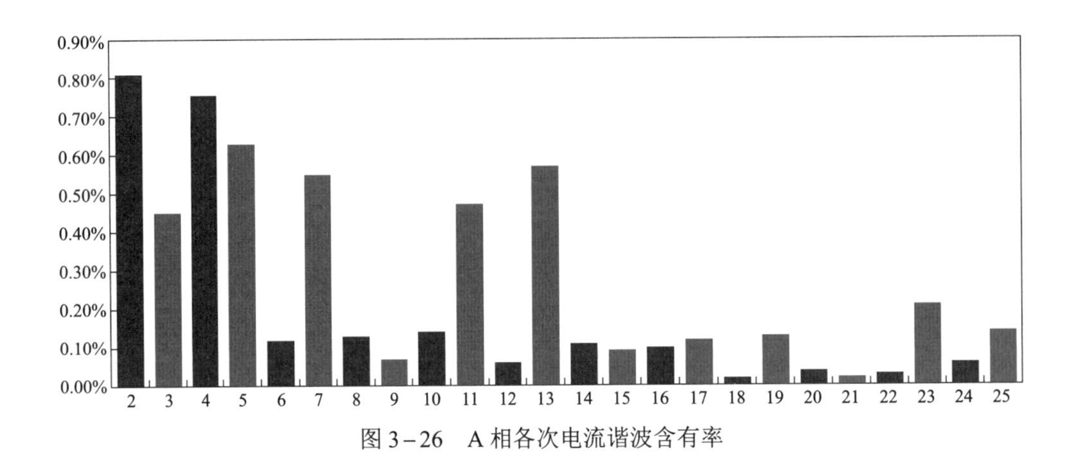

图 3-26　A 相各次电流谐波含有率

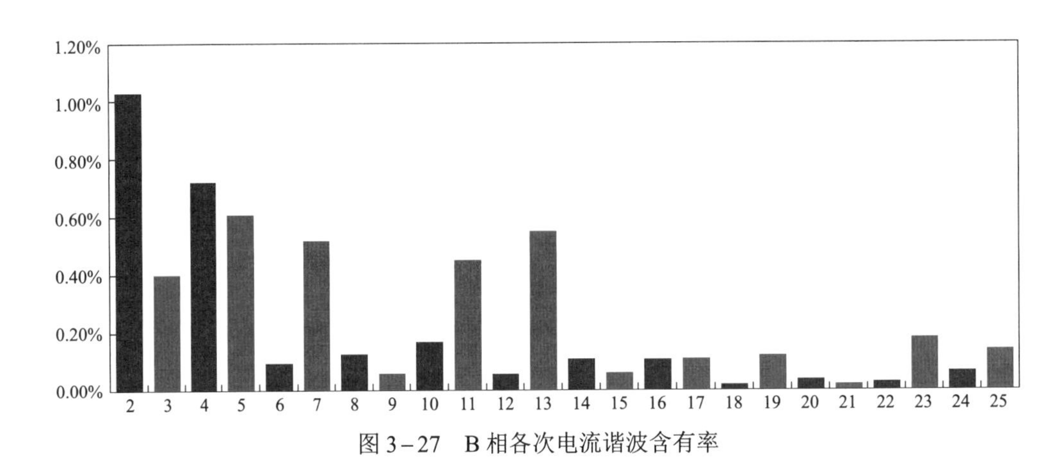

图 3-27　B 相各次电流谐波含有率

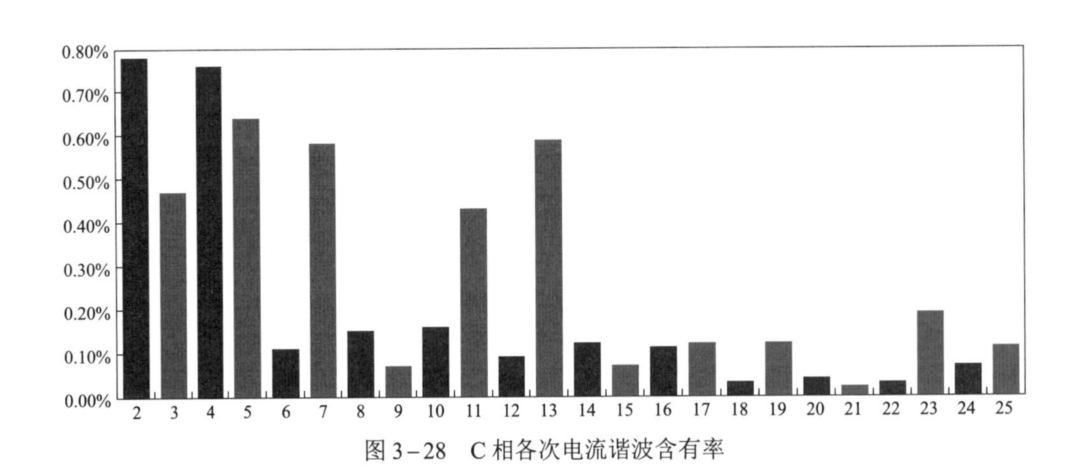

图 3-28　C 相各次电流谐波含有率

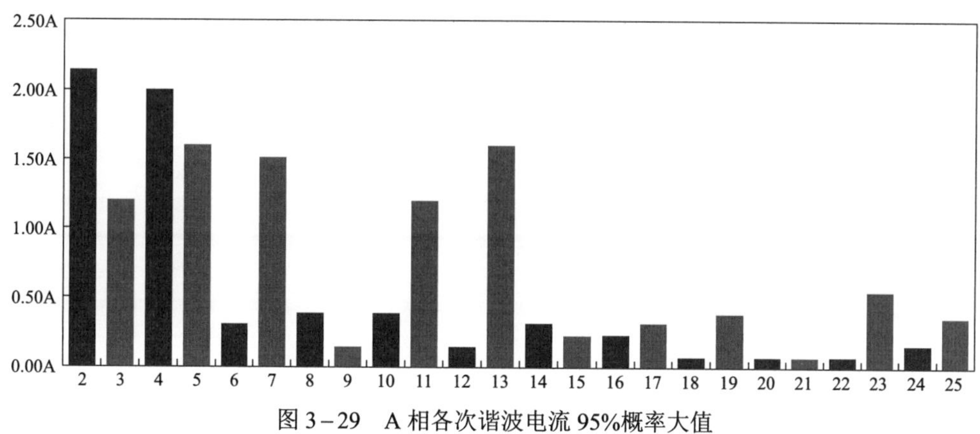

图 3－29　A 相各次谐波电流 95%概率大值

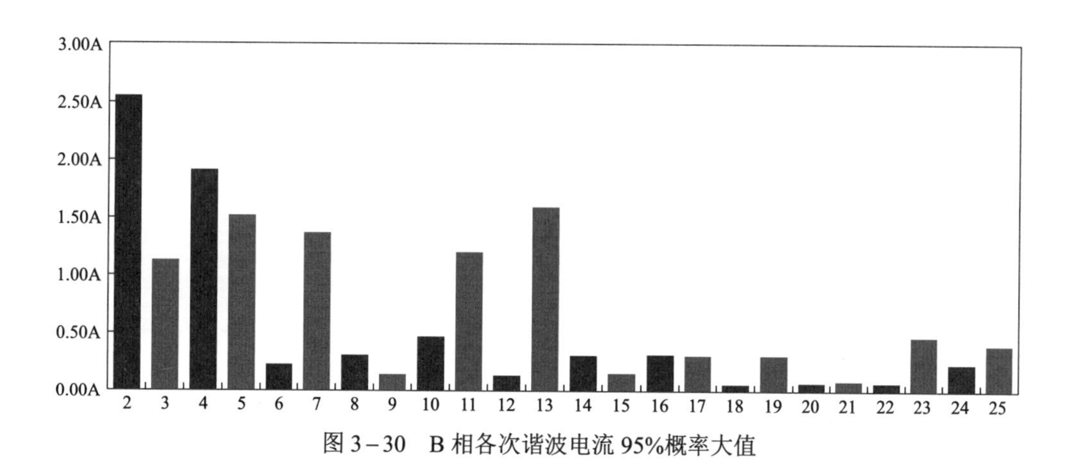

图 3－30　B 相各次谐波电流 95%概率大值

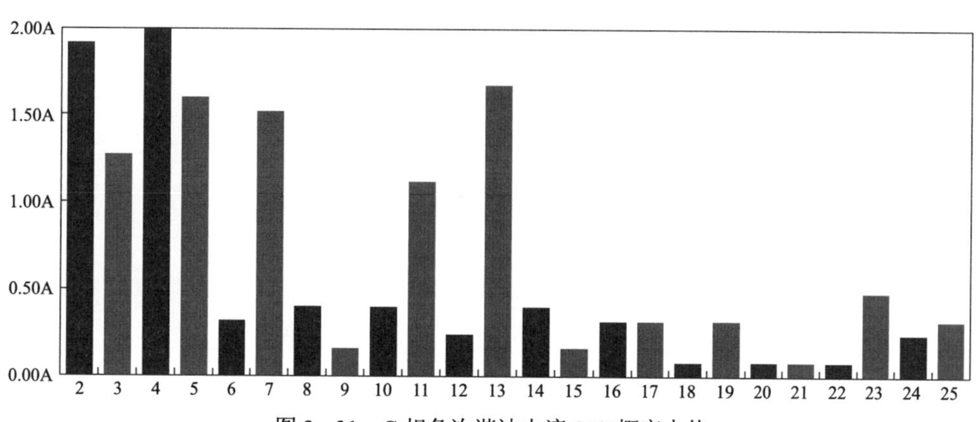

图 3－31　C 相各次谐波电流 95%概率大值

各次谐波电流数据见表 3－12。

表 3－12　各次谐波电流数据

参数		A相			B相			C相			限值
		最大值	平均值	95%概率值	最大值	平均值	95%概率值	最大值	平均值	95%概率值	
2～25次谐波电流含量（A）	2	2.800	1.873	2.16	3.120	2.360	2.56	3.280	1.693	1.92	12
	3	2.480	0.990	1.2	2.080	0.833	1.12	2.160	0.987	1.28	9.6
	4	2.480	1.815	2	2.480	1.746	1.92	2.400	1.785	2	6
	5	2.080	1.024	1.6	2.000	0.982	1.52	2.080	1.018	1.6	9.6
	6	0.640	0.189	0.32	0.560	0.184	0.24	0.720	0.160	0.32	4
	7	1.920	1.134	1.52	1.680	1.047	1.36	2.080	1.100	1.52	6.8
	8	0.640	0.290	0.4	0.560	0.269	0.32	0.640	0.319	0.4	3
	9	0.400	0.117	0.16	0.320	0.116	0.16	0.400	0.128	0.16	3.2
	10	0.560	0.325	0.4	0.640	0.401	0.48	0.560	0.338	0.4	2.4
	11	1.600	1.034	1.2	1.680	0.975	1.2	1.440	0.896	1.12	4.3
	12	0.400	0.104	0.16	0.320	0.122	0.16	0.480	0.162	0.24	2
	13	2.000	1.097	1.6	1.920	0.988	1.6	2.000	1.081	1.68	3.7
	14	0.560	0.239	0.32	0.560	0.205	0.32	0.560	0.250	0.4	1.7
	15	0.480	0.124	0.24	0.320	0.099	0.16	0.320	0.115	0.16	1.9
	16	0.400	0.181	0.24	0.400	0.212	0.32	0.400	0.205	0.32	1.5
	17	0.480	0.205	0.32	0.480	0.173	0.32	0.560	0.197	0.32	2.8
	18	0.160	0.068	0.08	0.160	0.070	0.08	0.160	0.074	0.08	1.3
	19	0.560	0.224	0.4	0.560	0.225	0.32	0.560	0.201	0.32	2.5
	20	0.240	0.078	0.08	0.240	0.077	0.08	0.240	0.082	0.08	1.2
	21	0.160	0.052	0.08	0.160	0.043	0.08	0.160	0.051	0.08	1.4
	22	0.160	0.076	0.08	0.160	0.077	0.08	0.160	0.077	0.08	1.1
	23	0.800	0.382	0.56	0.800	0.313	0.48	0.800	0.324	0.48	2.1
	24	0.480	0.127	0.16	0.480	0.142	0.24	0.560	0.139	0.24	1
	25	0.560	0.269	0.4	0.640	0.253	0.4	0.480	0.187	0.32	1.9

分析：从表 3－12 可以看出，110kV 线路侧各次谐波电流 95%概率值最大值均小于相应允许限值。

结论：110kV 侧各次谐波电流满足相关标准要求。

6. 110kV 侧频率偏差测试数据及录波图

110kV 线路侧频率变化曲线如图 3－32 所示，频率数据见表 3－13。

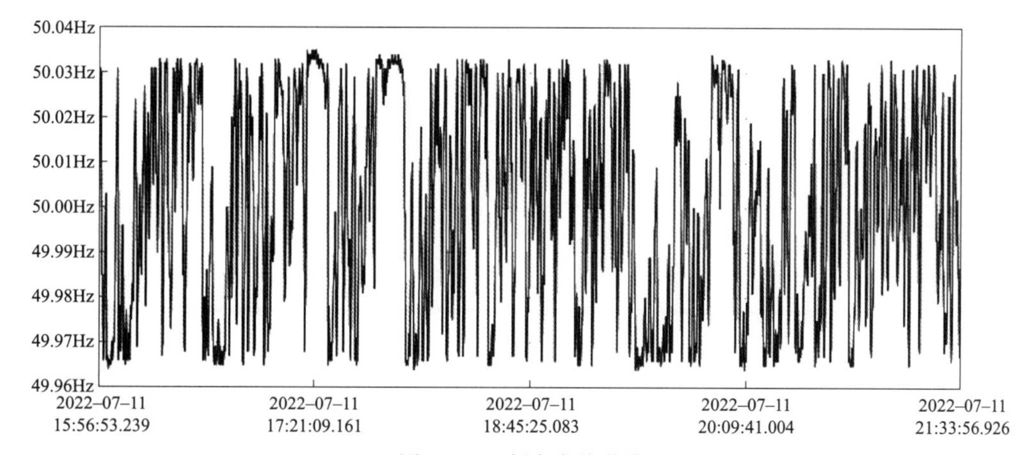

图 3-32　频率变化曲线

表 3-13　　频　率　数　据

参数	最大值	平均值	最小值
频率（Hz）	50.035	49.999	49.963

分析：从表 3-13 可以看出，110kV 线路侧频率最大上偏差值为 0.035Hz，最大下偏差值为-0.037Hz，均在±0.2Hz 的限值之内。

结论：110kV 侧频率偏差满足相关标准要求。

二、光伏电站电能质量测试案例分析

（一）光伏电站概况

某光伏电站总装机容量为 150MW。采用东方日升新能源有限公司生产的 RSE144-6-405W 组件和 RSE144-6-410W 组件，共计 368134 块，设置 40 个发电子阵，安装华为 SUN2000-196KTL-H0 型逆变器 637 台。

光伏电站 40 个光伏发电单元通过 40 台 3150kVA 的箱式变压器升压至 35kV，以 8 回 35kV 集电线路接入 220kV 升压站 35kV 母线。220kV 侧为线路-变压器组接线，主变压器容量为 150MVA，通过 1 回 220kV 线路接入上级 220kV 变电站并入电网。35kV 侧安装 1 套西安特变电工电气科技有限公司生产动态无功补偿装置，感性容量为 48Mvar，容性容量为 48Mvar。

测试期间所有光伏组件、逆变器及升压站设备正常运行，光伏电站正常并网发电，电能质量测试设备安装在电能质量监测屏的电流和电压二次回路中，采集并网点三相电压和电流。

（二）测试数据分析及结论

1. 220kV 侧电压偏差测试数据及录波图

220kV 线路侧电压变化曲线如图 3-33～图 3-35 所示，电压测试数据如表 3-14 所示。

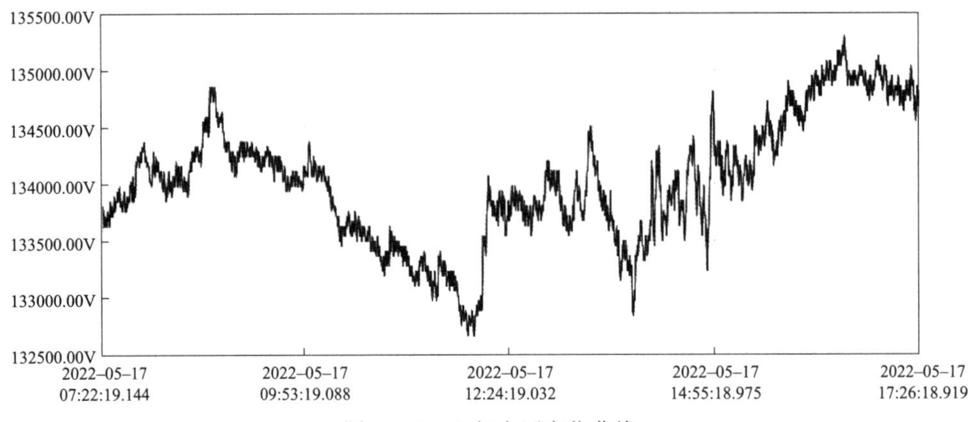

图 3–33　A 相电压变化曲线

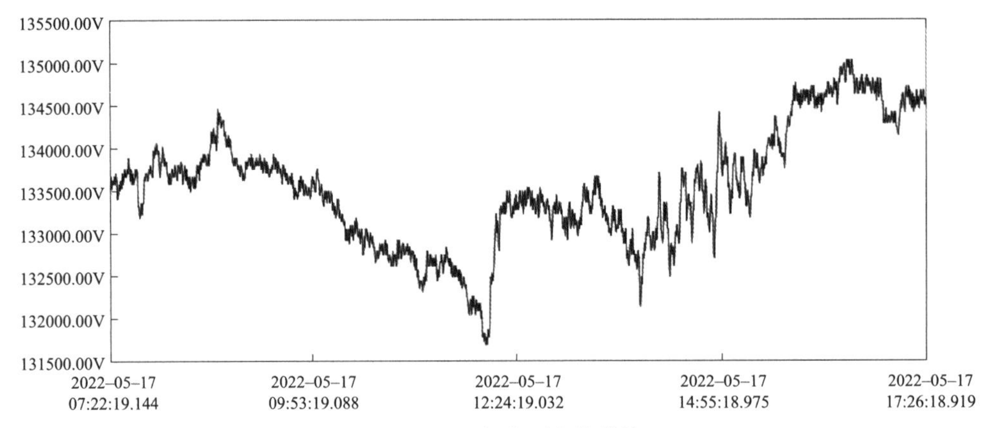

图 3–34　B 相电压变化曲线

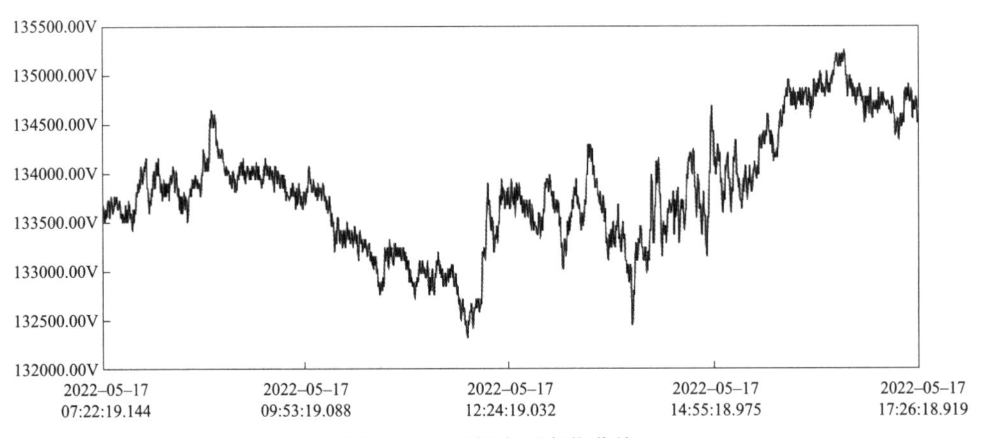

图 3–35　C 相电压变化曲线

表 3–14　电压偏差数据

参数	A 相	B 相	C 相
上偏差（%）	6.40	6.42	6.56
下偏差（%）	0	0	0

分析：从表 3-14 可以看出，220kV 线路侧三相电压最大上偏差为 6.56%，小于+10%的限值要求，最大下偏差为 0%，小于 0%的限值要求。

结论：220kV 侧电压偏差满足相关标准要求。

2. 220kV 侧电压闪变测试数据及录波图

220kV 线路侧电压短时间闪变曲线如图 3-36～图 3-38 所示，短时间闪变数据见表 3-15。

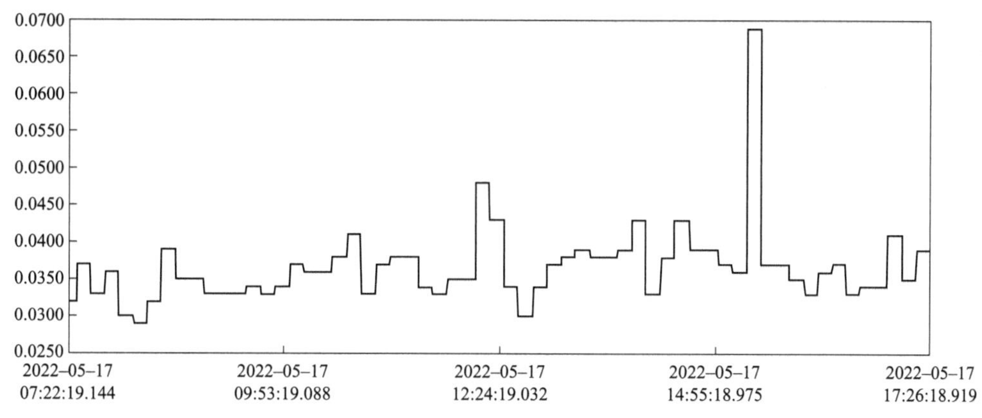

图 3-36 A 相电压短时间闪变曲线

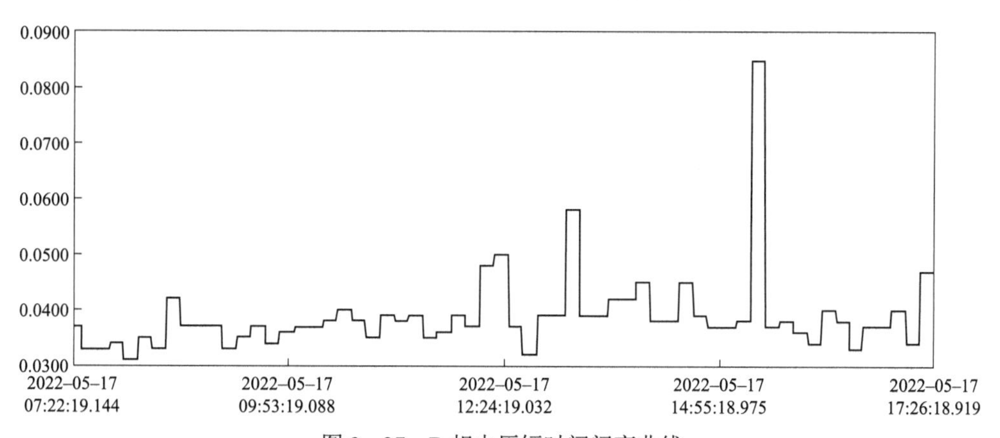

图 3-37 B 相电压短时间闪变曲线

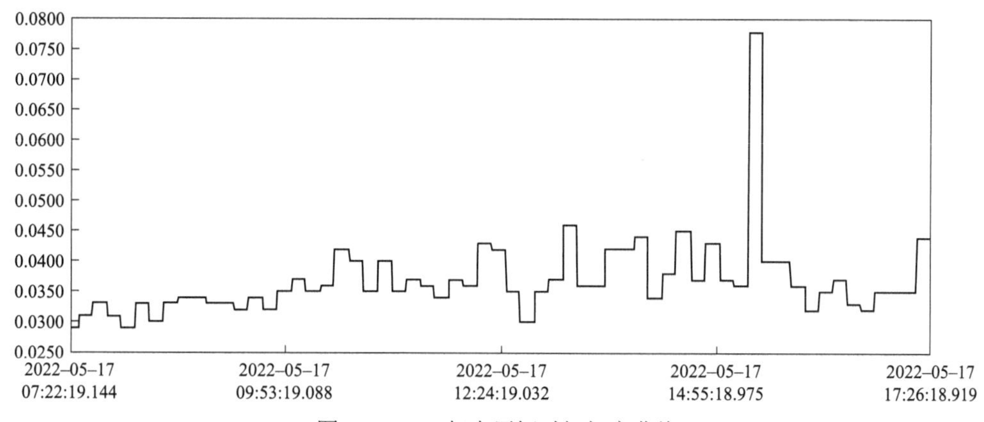

图 3-38 C 相电压短时间闪变曲线

表 3-15 短时间闪变数据

参数		最大值	平均值	95%概率值
短时间闪变	A 相	0.0690	0.0366	0.043
	B 相	0.0850	0.0388	0.048
	C 相	0.0780	0.0368	0.044

220kV 线路侧电压长时间闪变曲线如图 3-39～图 3-41 所示，长时间闪变数据见表 3-16。

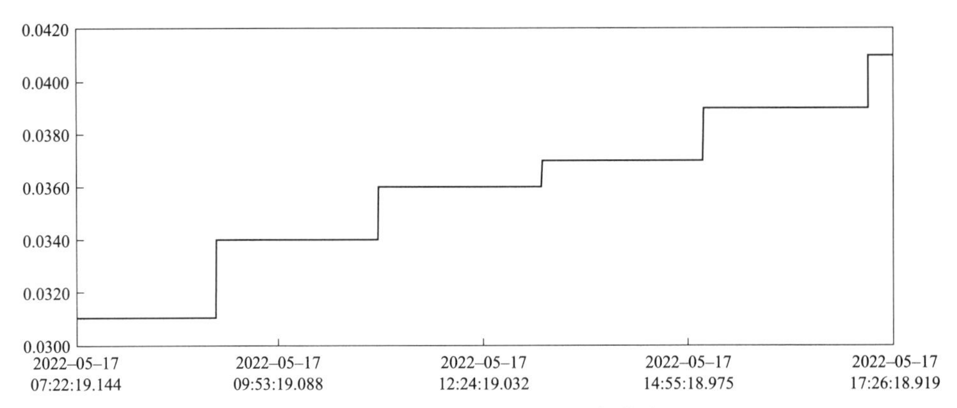

图 3-39 A 相电压长时间闪变曲线

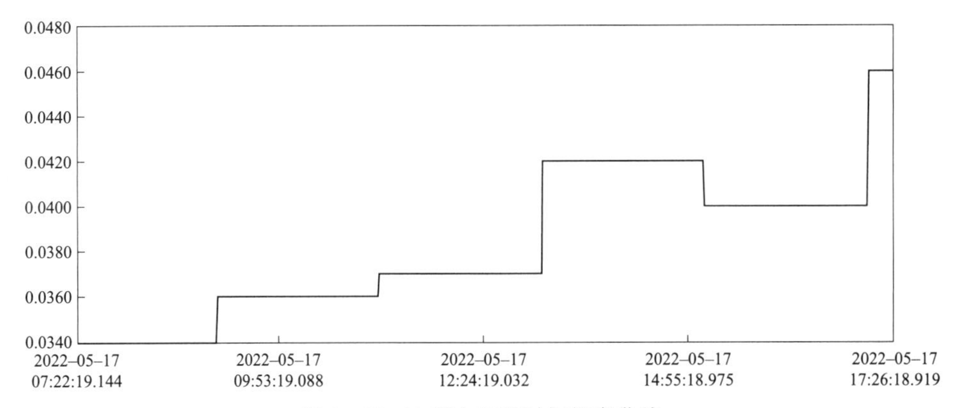

图 3-40 B 相电压长时间闪变曲线

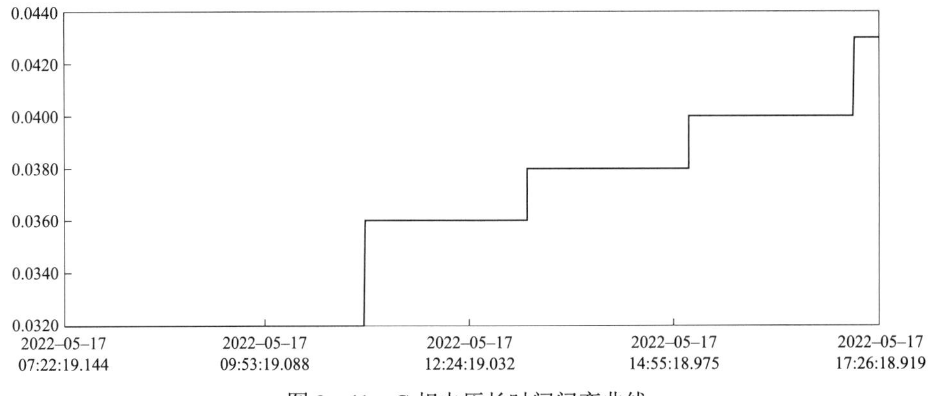

图 3-41 C 相电压长时间闪变曲线

表 3-16　　长时间闪变数据

参数		最大值	平均值	95%概率值
长时间闪变	A 相	0.0410	0.0356	0.039
	B 相	0.0460	0.0381	0.042
	C 相	0.0430	0.0359	0.040

分析：从表 3-16 可以看出，220kV 线路侧电压长时间闪变最大值为 0.046，小于 0.8 的限值。

结论：220kV 侧电压长时间闪变满足相关标准要求。

3. 220kV 侧电压不平衡测试数据及录波图

220kV 线路侧电压不平衡度变化曲线如图 3-42 所示，电压不平衡度概率曲线如图 3-43 所示，三相电压不平衡度数据见表 3-17。

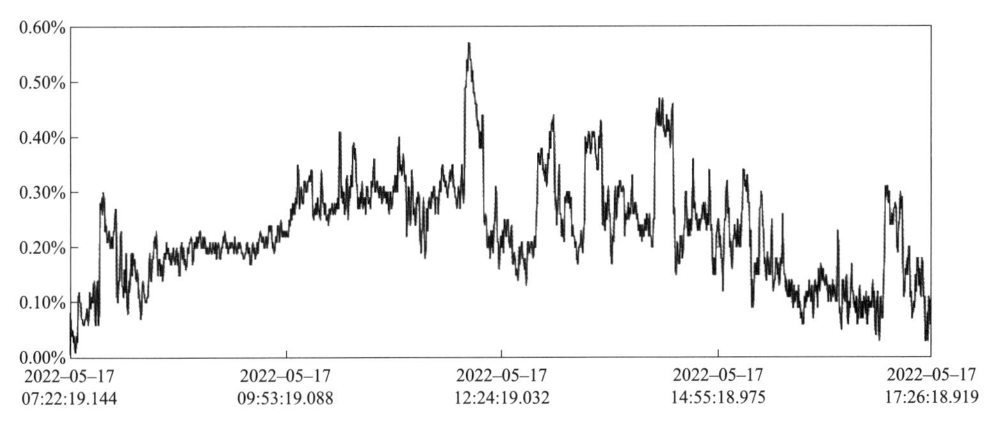

图 3-42　电压不平衡度变化曲线

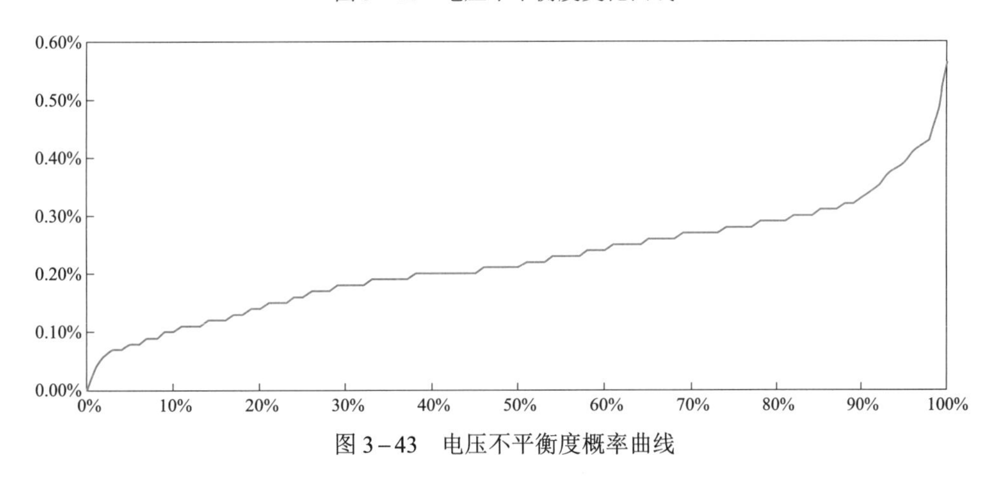

图 3-43　电压不平衡度概率曲线

表 3-17　　三相电压不平衡度数据

参数	最大值	平均值	最小值	95%值
三相电压不平衡度（%）	0.57	0.22	0.00	0.39

分析：从表 3－17 可以看出，220kV 线路侧电压不平衡度最大值为 0.57%，小于 4%的限值，95%概率大值为 0.39%，小于 2%的限值。

结论：220kV 侧电压不平衡度满足相关标准要求。

4. 220kV 侧谐波电压测试数据及录波图

220kV 线路侧电压谐波总畸变率如图 3－44～图 3－46 所示；各次谐波电压含有率如图 3－47～图 3－49 所示。

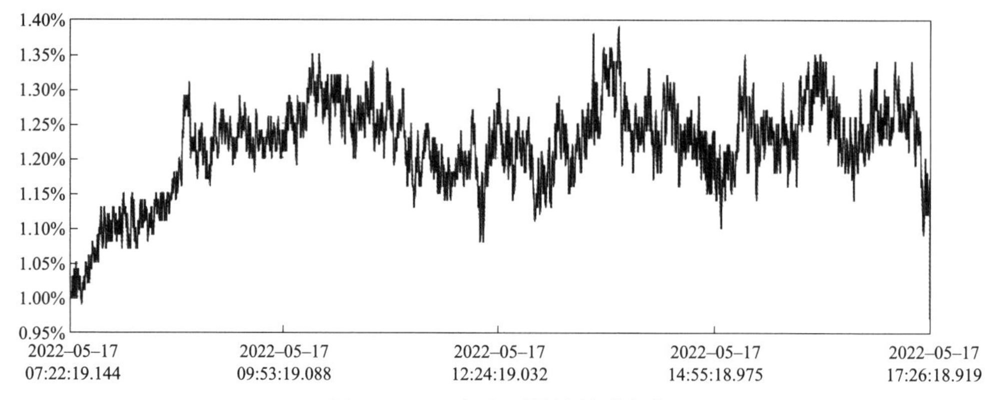

图 3－44　A 相电压谐波总畸变率

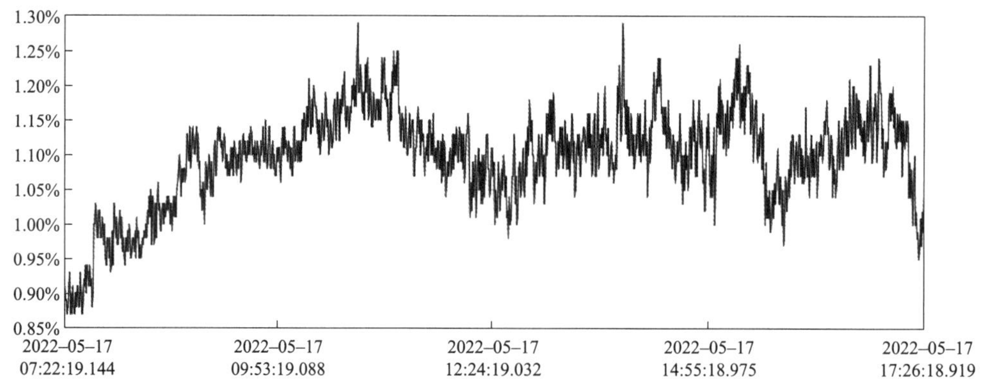

图 3－45　B 相电压谐波总畸变率

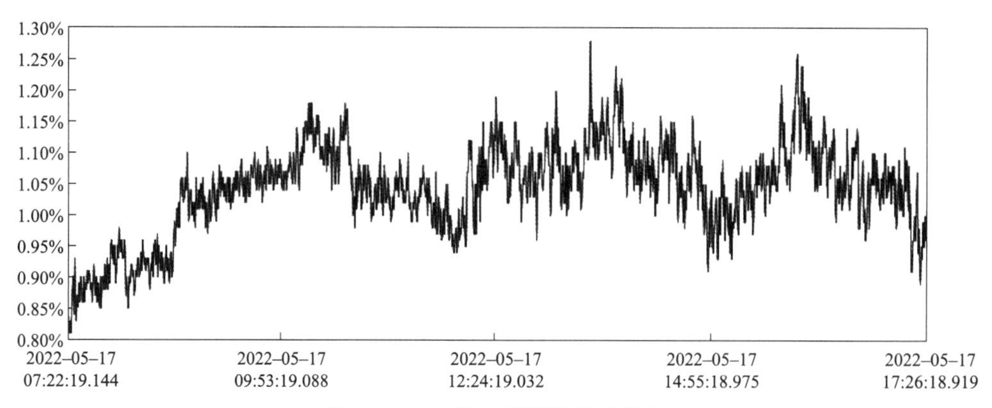

图 3－46　C 相电压谐波总畸变率

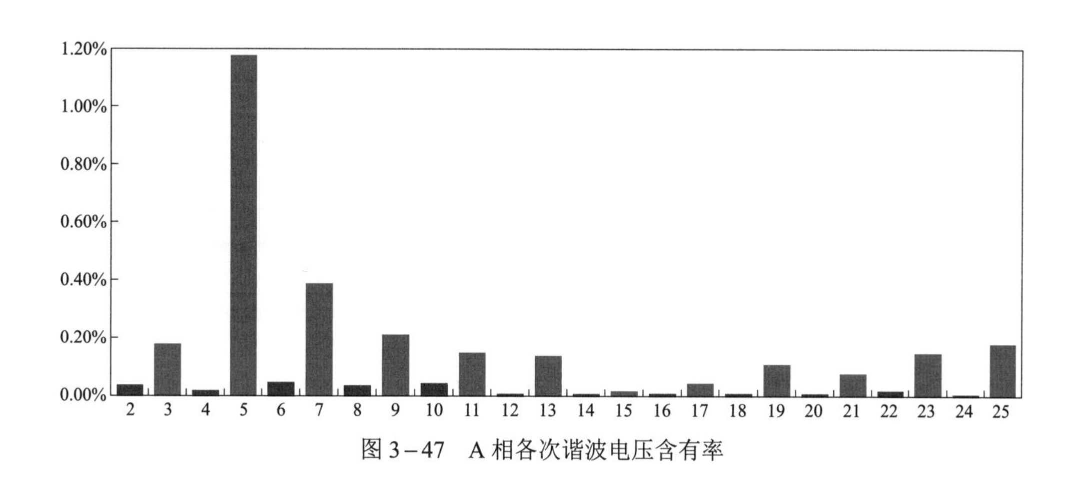

图 3-47　A 相各次谐波电压含有率

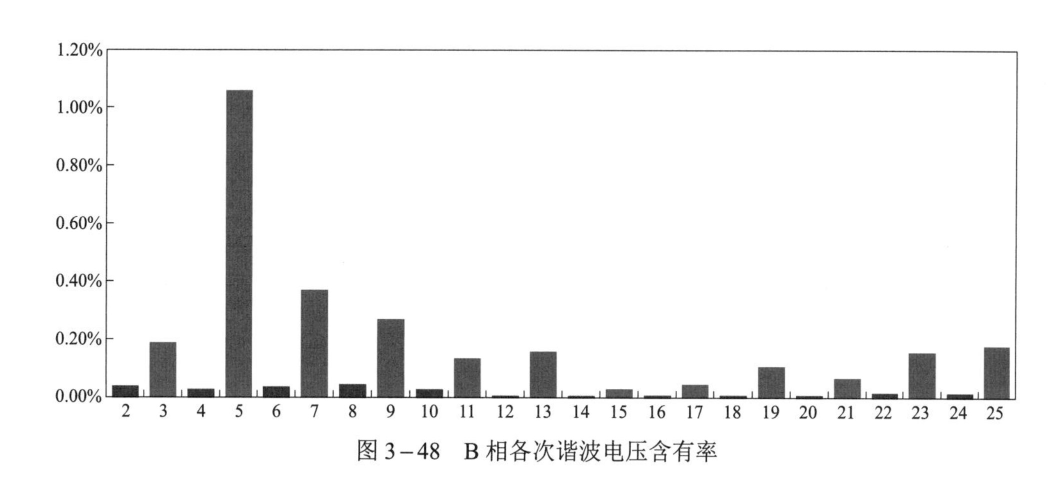

图 3-48　B 相各次谐波电压含有率

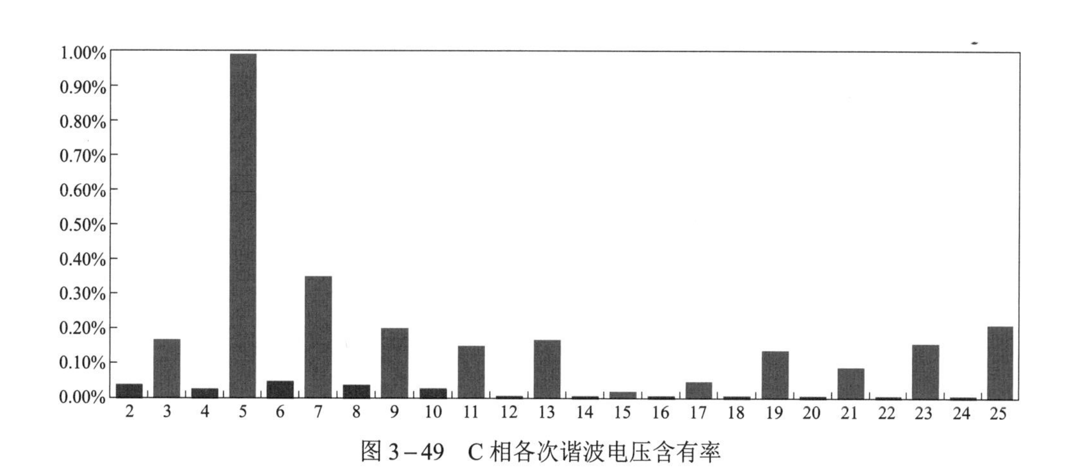

图 3-49　C 相各次谐波电压含有率

各次谐波电压及电压谐波总畸变率见表 3－18。

表 3－18　　各次谐波电压及电压谐波总畸变率

参数		A 相			B 相			C 相		
		最大值	平均值	95%概率值	最大值	平均值	95%概率值	最大值	平均值	95%概率值
基波电压（kV）		135.30	133.98	134.86	135.08	133.49	134.64	135.30	133.77	134.86
2～25 次谐波电压含有率（%）	2	0.13	0.03	0.04	0.12	0.03	0.04	0.11	0.03	0.04
	3	0.24	0.12	0.18	0.28	0.12	0.19	0.23	0.14	0.17
	4	0.09	0.01	0.02	0.08	0.02	0.03	0.08	0.02	0.03
	5	1.28	1.09	1.18	1.15	0.96	1.06	1.13	0.89	0.99
	6	0.13	0.04	0.05	0.25	0.02	0.04	0.26	0.03	0.05
	7	0.45	0.31	0.39	0.48	0.28	0.37	0.46	0.27	0.35
	8	0.11	0.02	0.04	0.09	0.03	0.05	0.06	0.02	0.04
	9	0.28	0.15	0.21	0.36	0.18	0.27	0.28	0.14	0.20
	10	0.08	0.03	0.05	0.06	0.02	0.03	0.07	0.02	0.03
	11	0.22	0.10	0.15	0.18	0.08	0.14	0.19	0.12	0.15
	12	0.01	0.00	0.01	0.02	0.00	0.01	0.02	0.00	0.01
	13	0.18	0.11	0.14	0.19	0.13	0.16	0.20	0.12	0.17
	14	0.04	0.00	0.01	0.03	0.00	0.01	0.03	0.01	0.01
	15	0.06	0.01	0.02	0.05	0.02	0.03	0.04	0.01	0.02
	16	0.02	0.01	0.01	0.02	0.01	0.01	0.02	0.01	0.01
	17	0.10	0.03	0.05	0.08	0.03	0.05	0.10	0.02	0.05
	18	0.02	0.01	0.01	0.02	0.01	0.01	0.03	0.01	0.01
	19	0.18	0.05	0.11	0.17	0.05	0.11	0.21	0.06	0.14
	20	0.03	0.01	0.01	0.02	0.01	0.01	0.03	0.01	0.01
	21	0.19	0.04	0.08	0.11	0.03	0.07	0.21	0.04	0.09
	22	0.04	0.01	0.02	0.04	0.01	0.02	0.04	0.01	0.01
	23	0.26	0.09	0.15	0.28	0.10	0.16	0.25	0.11	0.16
	24	0.04	0.01	0.01	0.04	0.01	0.02	0.04	0.01	0.01
	25	0.25	0.13	0.18	0.23	0.13	0.18	0.28	0.16	0.21
电压谐波总畸变率（%）		1.39	1.21	1.30	1.29	1.09	1.18	1.28	1.03	1.14

分析：从表 3－18 可以看出，220kV 线路侧各次谐波电压含有率 95%概率值最大值均小于奇次 1.6%和偶次 0.8%的限值，220kV 线路侧电压谐波总畸变率 95%概率值最大值为 1.30%，小于 2%的限值。

结论：220kV 侧各次谐波电压含有率满足相关标准要求，220kV 侧电压谐波总畸变率满足相关标准要求。

5. 220kV 侧谐波电流测试数据及录波图

220kV 线路侧电流谐波总畸变率如图 3－50～图 3－52 所示，各次谐波电流含有率如图 3－53～图 3－55 所示，各次谐波电流 95%概率大值如图 3－56～图 3－58 所示。

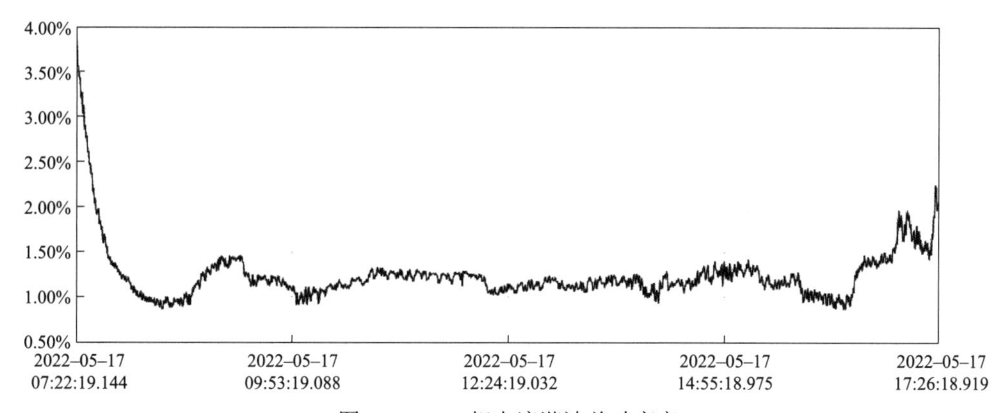

图 3－50　A 相电流谐波总畸变率

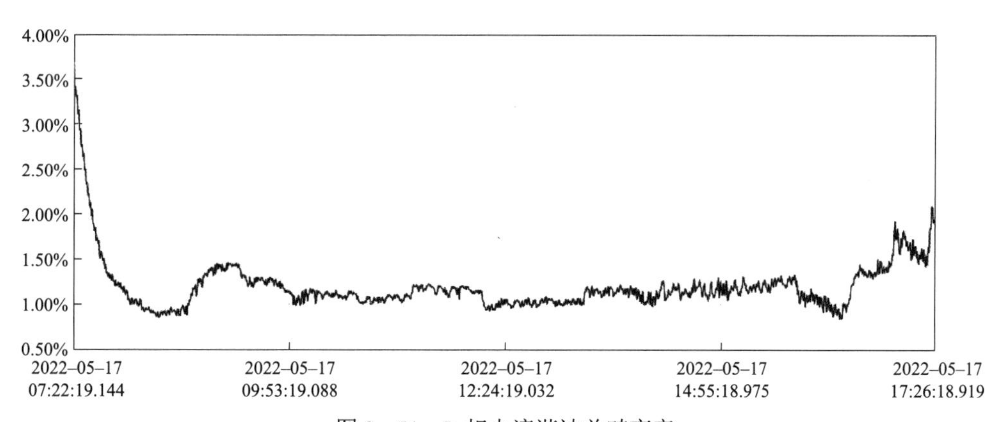

图 3－51　B 相电流谐波总畸变率

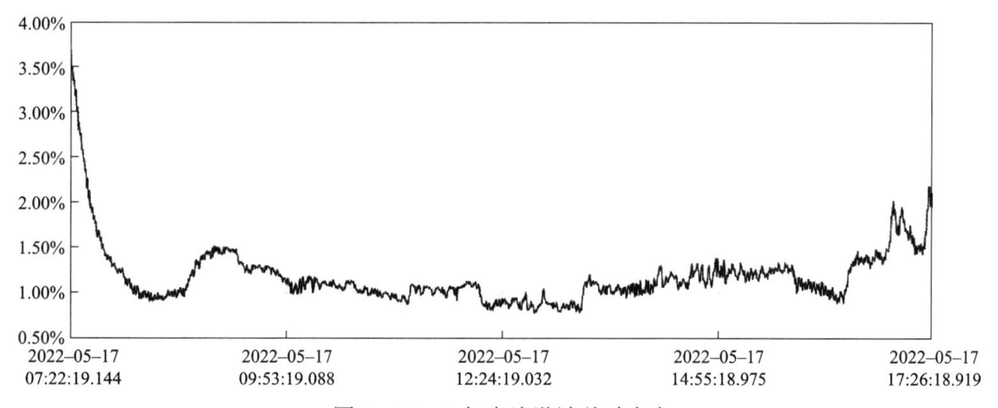

图 3－52　C 相电流谐波总畸变率

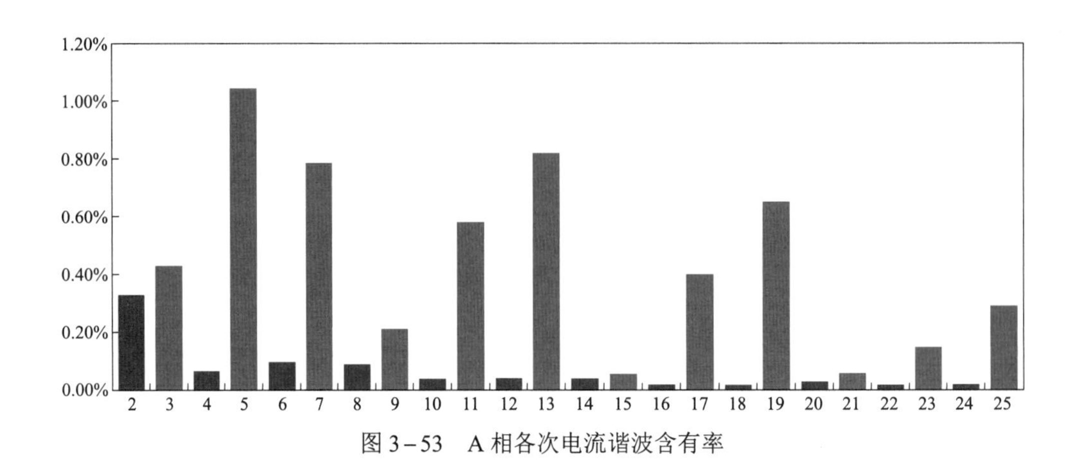

图 3-53　A 相各次电流谐波含有率

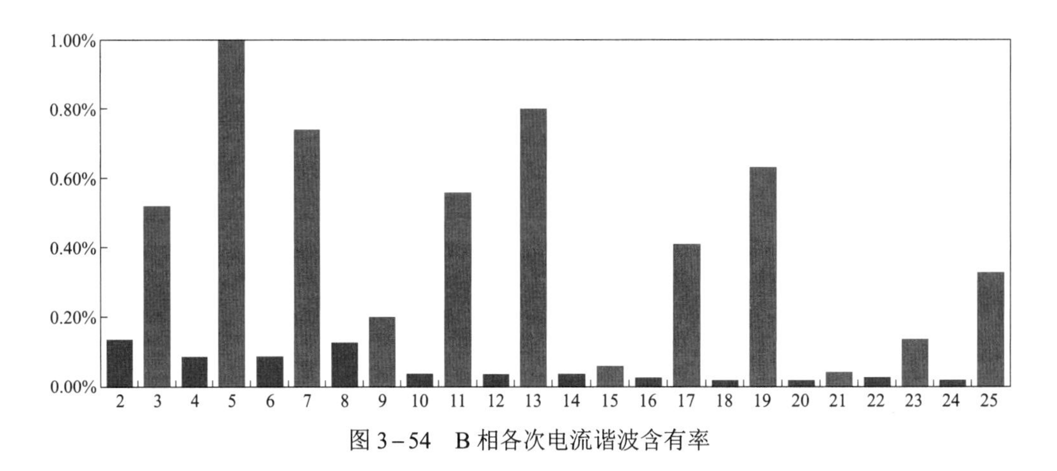

图 3-54　B 相各次电流谐波含有率

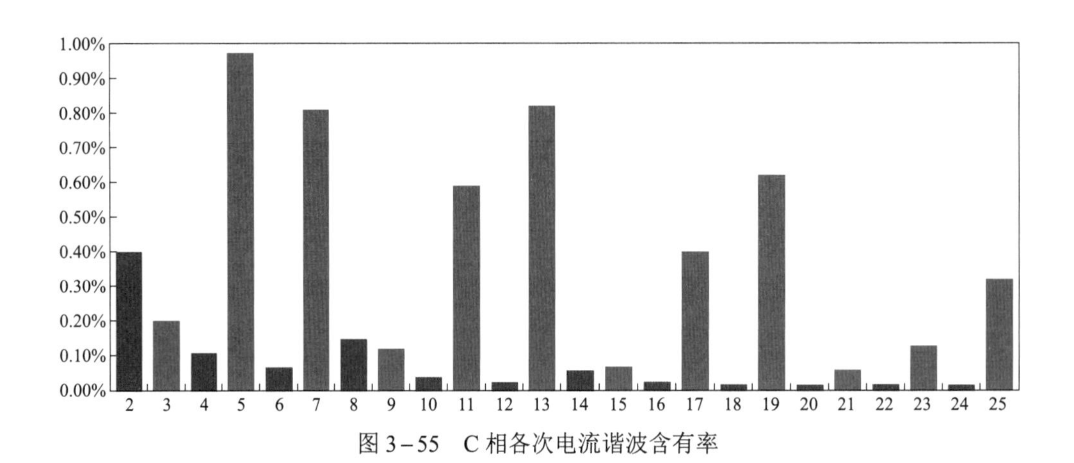

图 3-55　C 相各次电流谐波含有率

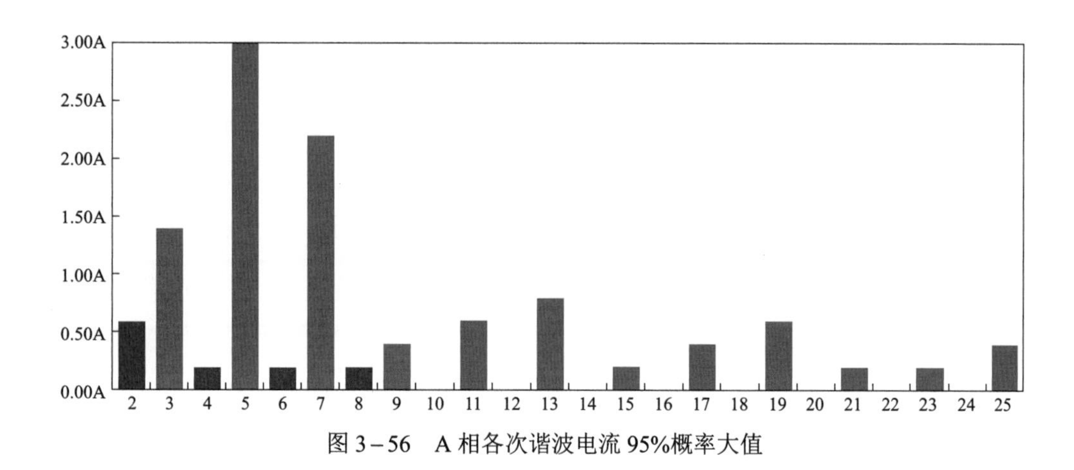

图 3－56　A 相各次谐波电流 95%概率大值

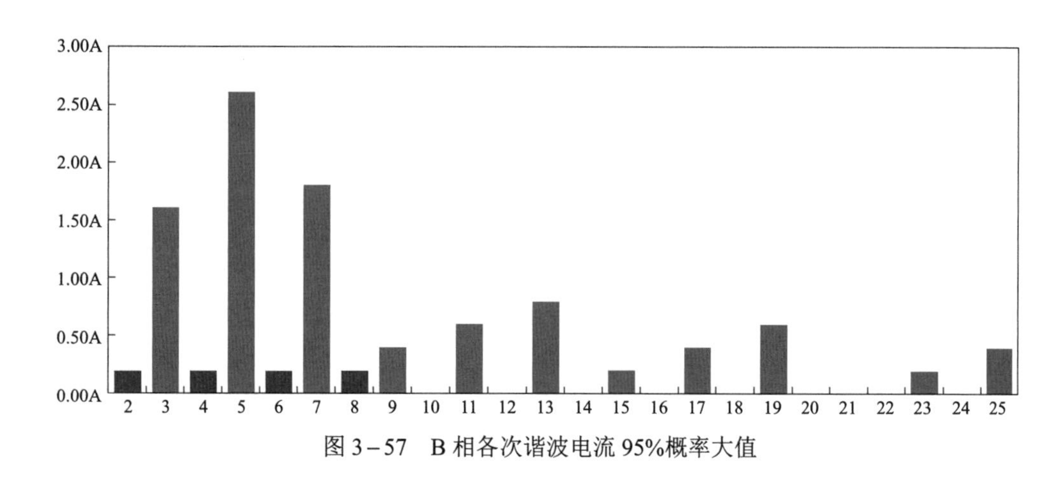

图 3－57　B 相各次谐波电流 95%概率大值

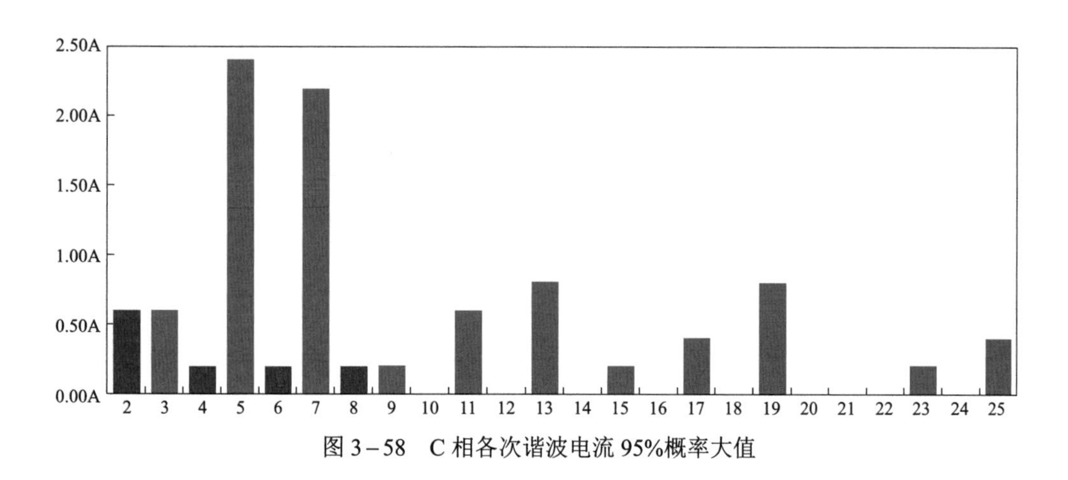

图 3－58　C 相各次谐波电流 95%概率大值

各次谐波电流数据见表 3－19。

表 3－19　各次谐波电流数据

参数		A相			B相			C相			限值
		最大值	平均值	95%概率值	最大值	平均值	95%概率值	最大值	平均值	95%概率值	
2～25次谐波电流含量（A）	2	0.80	0.45	0.6	0.40	0.14	0.2	0.80	0.47	0.6	12
	3	1.80	0.56	1.4	1.80	0.70	1.6	0.80	0.29	0.6	9.6
	4	0.20	0.09	0.2	0.40	0.17	0.2	0.40	0.18	0.2	6
	5	3.20	1.94	3	2.80	1.82	2.6	2.40	1.61	2.4	9.6
	6	0.40	0.14	0.2	0.40	0.16	0.2	0.40	0.05	0.2	4
	7	2.40	1.28	2.2	2.20	1.22	1.8	2.60	1.42	2.2	6.8
	8	0.20	0.10	0.2	0.20	0.03	0.2	0.20	0.08	0.2	3
	9	0.60	0.31	0.4	0.60	0.24	0.4	0.40	0.15	0.2	3.2
	10	0.20	0.00	0	0.20	0.00	0	0.20	0.00	0	2.4
	11	1.00	0.37	0.6	0.80	0.41	0.6	0.80	0.39	0.6	4.3
	12	0.20	0.00	0	0.00	0.00	0	0.00	0.00	0	2
	13	1.20	0.61	0.8	1.20	0.60	0.8	1.20	0.57	0.8	3.7
	14	0.20	0.00	0	0.20	0.00	0	0.20	0.00	0	1.7
	15	0.40	0.08	0.2	0.20	0.02	0.2	0.20	0.03	0.2	1.9
	16	0.00	0.00	0	0.00	0.00	0	0.00	0.00	0	1.5
	17	0.60	0.30	0.4	0.60	0.21	0.4	0.60	0.30	0.4	2.8
	18	0.00	0.00	0	0.00	0.00	0	0.00	0.00	0	1.3
	19	0.80	0.54	0.6	0.80	0.56	0.6	0.80	0.57	0.8	2.5
	20	0.00	0.00	0	0.00	0.00	0	0.00	0.00	0	1.2
	21	0.20	0.01	0.2	0.20	0.00	0	0.20	0.01	0	1.4
	22	0.00	0.00	0	0.00	0.00	0	0.00	0.00	0	1.1
	23	0.40	0.15	0.2	0.20	0.13	0.2	0.40	0.15	0.2	2.1
	24	0.00	0.00	0	0.00	0.00	0	0.00	0.00	0	1
	25	0.60	0.35	0.4	0.60	0.37	0.4	0.60	0.37	0.4	1.9

分析：从表 3－19 可以看出，220kV 线路侧各次谐波电流 95%概率值最大值均小于相应允许限值。

结论：220kV 侧各次谐波电流注入满足相关标准要求。

6. 220kV 侧频率偏差测试数据及录波图

220kV 线路侧频率变化曲线如图 3－59 所示，频率数据见表 3－20。

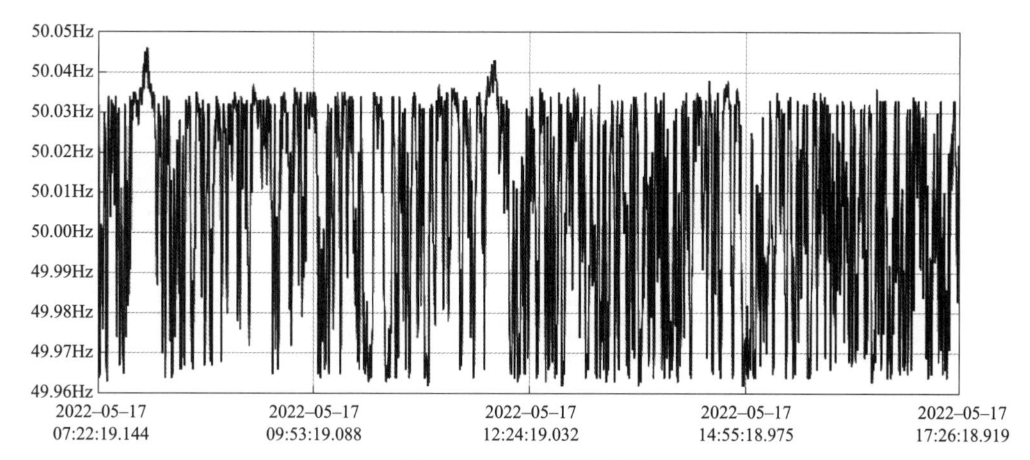

图 3－59　频率变化曲线

表 3－20　　频 率 数 据

参数	最大值	平均值	最小值
频率（Hz）	50.046	50.005	49.960

分析：从表 3－20 可以看出，220kV 线路侧频率最大上偏差值为 0.046Hz，最大下偏差值为－0.040Hz，均在±0.2Hz 的限值之内。

结论：220kV 侧频率偏差满足相关标准要求。

第四章

功率控制能力测试技术及应用

随着新能源接入内蒙古电网的规模不断增大，新能源发电正在由补充性能源向替代性能源的角色转变，新能源电源对电力系统调峰、无功功率调节及电压控制的需求不断提升，新能源场站有功功率和无功功率控制性能对电力系统的安全稳定运行影响也越来越大，电网对新能源有功功率和电压控制能力需求不断增加。目前新能源场站中有功功率和无功功率通过 AGC 和 AVC 调节，对电网有功功率控制和电压调节起到关键作用，由于 AGC 和 AVC 中对场站内风电机组、光伏逆变器及无功补偿装置进行协调控制，受控制设备性能、设备数量、站内拓扑结构、通信延时、控制场景和策略等多方面影响，新能源场站功率控制能力差异大，所以加强新能源场站的功率控制能力入网测试和评估十分必要。

本章首先针对新能源场站功率控制能力对电网调峰和调压产生的影响，然后介绍了新能源场站功率控制各指标限值要求及其详细测试方法，最后基于新能源场站功率控制能力实际测试研究和工作经验，介绍了典型风电场和光伏电站功率控制能力测试和数据分析实例。

第一节　新能源功率控制能力对电网运行影响

一、新能源对电网调峰影响

近些年，中国电网由以火电为主的电源结构逐渐向风电、光伏发电等新能源为主的电源结构快速发展，电网中火电、水电、抽水蓄能等快速调节电源所占比例逐步下降，使电网通过常规手段进行系统调频、调峰的压力不断增大。随着新能源发电渗透率的逐渐提高，其具有的随机性、间歇性、波动性等特性，以及预测的不准确性对电网安全运行产生了很大影响。中国风力发电、光伏发电主要集中在“三北”地区，电网都以火电为主，且多为供热机组，电源结构单一，互补能力不强，水电缺少，系统调峰、调频资源不足。电网仅仅依靠火电机组旋转备用容量无法克服新能源最大有功功率输出所带来的频率波动，特别是到了冬季供暖期，火电旋转备用容量下降后，电网调峰将面临更大的困难。在新能源负荷较低的时候，其发电负荷的波动对电网调峰的影响较低，但当新能源接负荷提升到一定比例时，电网需要针对新能源有功功率输出波动采取预控措施。尤其当负荷实际曲线明显高于预测曲线、伴随新能源功率实际曲线明显低于预测曲线时，净负荷将出现持续性幅值的预测偏差，电网必须进行更快、更深的频率调节。

电网侧调度通过合理安排电网运行方式，优化实时控制策略，实现新能源与常规能源在大范围电网内的协调和优化运行，以有效缓解电网面临的断面、调峰困难。新能源场站端通过不断提高新能源机组的控制技术，提高场站自身的可控能力，减小新能源功率波动对电网的影响。目前，电网通过调度和新能源场站构建一整套新能源发电调度自动控制系统，实现了电网对新能源负荷的可控、可调、可预测。

电网调度配置的新能源有功功率自动控制系统（调度 AGC 主站），可实时接收和处理新能源场站端 AGC 子站的相关实时数据（遥测和遥信）及其他辅助控制数据，包括新能源场站实时有功功率、调节上下限值、预测有功功率、指令反馈值及发电计划曲线等运行状态数据，结合电网调度控制策略，向 AGC 子站发送 AGC 调节指令，并转发给新能源发电设备监控系统执行，同时主站一般集成功率预测系统，能够将新能源场站本地的功率预测系统的功率预测结果上传到主站作为控制参考。新能源场站端也安装一套有功功率自动控制系统（场站端 AGC 子站），能够实现根据调度指令或优化曲线，基于功率预测系统和各发电设备测量信息，动态调节新能源场站的有功功率，并及时上送相关功率数据供调度主站应用。整套新能源有功功率自动控制功能能够根据电网新能源发电调度运行现状，结合预测提供的新能源场站发电能力，在保证电网运行安全前提下，实现了新能源的自动协调发电，提高新能源发电利用率，在电网紧急情况下，也可实现新能源发电辅助火电机组参与调节，提高新能源 AGC 的合理性、灵活性。

随着新型电力系统的构建，新能源频率主动支撑能力的提升，电网将不断提高新能源在电网中调节能力挖掘和调控策略的优化。在常规电源调节容量不足时，调用新能源可调资源参与电网有功功率调节，在保证系统新能源接入重要断面稳定裕度前提下，以最大消纳新能源为原则，优化各新能源场站的有功功率输出目标，协调大容量新能源基地内部多场站间调节资源的合理利用，提升新能源场站可调能力，缓解新能源电源对电网调峰带来的影响。

新能源场站中有功功率自动控制系统（AGC）控制对象为新能源场站的各风电机组、光伏逆变器，对调度指令执行的好坏取决于场站内各机组、逆变器功率分配策略及单机有功功率控制能力。一般 AGC 控制目标要求主要包括有功功率控制偏差允许范围、上下调节速率、调节死区、降低风电机组或光伏逆变器启停次数等。AGC 控制模式包括但不限于限值模式、定值模式、斜率模式、差值模式、调频模式等，各种控制模式可单独投入也可组合投入，同时 AGC 具有远方和就地两种控制方式，在远方控制方式下，实时响应调度机构下发的控制目标，在就地控制方式下，按照预先给定的新能源场站有功功率计划曲线进行控制，正常运行情况下，AGC 应运行在远方控制方式下，特殊情况需要切换到就地运行方式下应与调度机构进行协调，一般调度机构要求新能源场站 AGC 投运率不小于 99.9%，跟踪电力系统调度机构下发的有功功率指令的有功功率调节合格率不低于 99%。

单个风电机组和光伏逆变器的有功功率控制能力一般经过型式试验认证，满足相关标准要求，所以现场整站有功功率控制水平主要受到 AGC 控制策略及参数设置的影响。

比如新能源场站的有功功率变化率主要与场站 AGC 中设置的功率变化速率有关。新能源场站 AGC 未按照要求正确设置正常启机、停机及运行过程中的变化率限值，新能源场站有功功率变化快，造成越限问题，同时不同装机容量的风电场功率变化要求也不同，应根据容量正确设置变化参数。另外，AGC 未对调度有功功率指令和自由发电运行两种方式下的功率变化率进行区分，AGC 在接受调度指令后仍按照功率变化率要求调节有功功率输出，造成有功功率控制调节时间不满足要求。又如新能源场站有功功率控制能力与 AGC 中设置的有功功率调节速率、调节死区、新能源机组有功功率控制能力及控制策略有关。新能源 AGC 调节系统中上调和下调速率调节步长设置不正确，调节时间将不满足要求，场站有功功率调节死区设置值若超过标准要求的有功功率控制精度，场站有功功率调节精度将不满足要求。风电场能量管理平台中风电机群有功功率控制策略、功率调节速率、死区、调节周期、机组启停机功率阈值设置不合理，都将造成整站有功功率调节时间和精度不满足要求。AGC 在和新能源场站风电和光伏发电能量管理平台联调过程中，若没有考虑内部线损或设置系数不准确，将造成整站有功功率偏离 AGC 指令目标值较大的问题。

二、新能源对电网调压影响

随着风电、光伏发电装机规模在电网比例不断增长，由于新能源电源的不稳定性，新能源场站内无功功率调节能力不足，新能源功率大幅波动将会导致电网电压波动幅度增大，新能源并网点电压峰谷差会保持较大水平，增加了电网调压难度。尤其在高比例新能源汇集地区，输送线路长、就地用电负荷小，电网网架薄弱缺乏无功功率调节手段的地方，电压变化较大，波动强，经常会发生电压越限的情况，为电网的安全稳定运行带来风险，也制约着新能源的安全消纳。新能源场站在功率波动较大时对电网电压调整及稳定运行的影响较为突出，新能源接入点电压波动幅度偏大的主要原因包括新能源无功补偿容量配置不合理、动态无功补偿装置整体投运情况差、AVC 子站调节合格率低等问题，加上新能源接入后汇集变电站的无功补偿容量并未及时优化和提升无功功率调节能力，造成新能源汇集区电压调整难度增加。

随着新能源发电的接入规模越来越大带来的发电不稳定性，区域电网无功功率控制也会变得更加的复杂困难，电压平衡稳定性也受到了一定的影响。目前电网调度通过电压自动控制主站 AVC 来完成各地区的电压的自动控制，该技术已经非常成熟，应用广泛。AVC 能够通过对电网各个节点数据的采集，进行全网的实时数据分析，保证电网的稳定运行，在这样的前提下，以全网的功率损耗最小作为目标，针对无功设备进行自动投切，有效地实现全网的无功功率协调控制。

中国目前的 AVC 一般采取的都是两级或者是三级控制，主要是由省 AVC 和地区 AVC 子站共同构成的，地区的 AVC 主系统主要负责的是各个节点的电压优化控制，在 AVC 闭环系统当中，变电站是不设置子系统的。主变压器分接头挡位、无功设备直接受 AVC 的控制来进行电压调整，接入地区电网的风电场以及光伏电站都配置了相应的 AVC 子站系统，能够有效地实现电压的综合控制。但就目前实际应用看，国内有大部分的风电场以及光伏电站，并未参与到全网调压当中，所以说其控制目标可能跟 AVC 存在着一定的冲突，导致调压的时候可能出现相互矛盾的情况，最终影响电压的无功功率优化。尤其在大规模新能源并网的新能源汇集区，新能源场站间存在由于无功设备投运策略不合理造成的无功功率环流、无功功率内耗等问题。

电网侧 AVC 主站应结合新能源接入区域电网分布特点，进行全局优化分析，结合本地控制策略实现对所辖电网电压运行状态的自动调整。新能源场站端 AVC 子站系统除了能够支持接收和执行中调主站和地调主站下发的 AVC 控制指令外，本地也应不断优化和开发电压自动控制系统策略和功能，合理安排新能源机组、动态无功补偿装置及主变压器分接头挡位利用，进一步提升局部电网无功电压安全运行水平。

新能源场站中无功功率和电压控制对象主要包括新能源场站的风电机组、光伏逆变器、无功补偿装置及主变压器分接头。新能源场站无功功率容量要求按照分层和分区原则进行配置，并满足检修备用要求，风电机组和光伏逆变器应具备功率因数超前 0.95 至滞后 0.95 的范围内动态可调。同时，在新能源机组的无功功率容量和调节能力的基础上，根据接入系统的无功功率专题研究，为满足新能源场站电压调节需要，应配置集中的无功补偿装置。另外，场站主变压器宜采用有载调压变压器，分接头选择、调压范围及每挡调压值，能够满足场站对母线电压的控制。新能源无功功率和电压控制通过电压自动控制系统 AVC 协调控制新能源机组、集中无功补偿装置及场站升压变压器分接头位置实现场站无功功率与电压调节，对调度指令执行的好坏取决于场站内各机组、逆变器无功功率分配策略及无功源控制能力。一般 AVC 控制目标要求主要包括无功功率和电压控制偏差允许范围、上下调节速率、调节死区等。AVC 控制模式主要包括恒无功功率控制模式、恒功率因数控制模式、恒电压控制模式、无功电压下垂控制模式等。AVC 具有远方和就地两种控制方式，在远方控制方式下，实时响应调度机构下发的控制目标，在就地控制方式下，按照预先给定的新能源场站无功功率或电压值进行控制，正常运行情况下，AVC 应运行在远方控制方式下，跟踪调度机构 AVC 主站的电压目标值，运行在恒电压控制模式下，特殊情况需要切换到就地运行方式下应与调度机构进行协调，一般调度机构要求新能源场站 AVC 投运率不小于 99%，跟踪电力系统调度机构下发的电压指令的调节合格率不低于 99%。

单个风电机组和光伏逆变器的无功功率控制能力也同样经过型式试验认证，符合标准要求，所以整站无功功率控制水平主要受到 AVC 控制策略及参数设置的影响。比如新能源场站无功功率控制能力与 AVC 的无功功率调节步长，以及新能源机组无功补偿、无功功率控制能力及协调控制策略有关。若 AVC 中无功功率调节步长设置小，无功功率控制需要经过多次调节才能调节到位，响应时间不能满足要求，电压调节速率受限。AVC 对新能源单机无功功率控制中功率因数调节范围的设置保守，没有按照±0.95 可调范围的要求设置，则新能源无功功率输出受限，整站无功功率和电压调节范围受限，调节容量不满足无功功率配置要求。新能源场站机组多，常存在无功功率协调控制时间长、控制精度不满足要求的情况；新能源机组和无功补偿优先设置不合理，造成对无功功率精度和响应性能的影响；无功功率补偿装置的性能和协调控制策略有待提升和优化；主变压器分接头挡位设置不合理。

第二节 功率控制能力指标及标准要求

一、有功功率变化

有功功率变化是指一定时间间隔内，新能源场站的有功功率最大值和最小值之差。风电场有功功率变化包括 1min 有功功率变化和 10min 有功功率变化，光伏电站只评估 1min 有功功率变化。新能源场站有功功率变化应满足 GB/T 19963.1—2021《风电场接入电力系统技术规定　第 1 部分：陆上风电》和 GB/T 19964—2012《光伏发电站接入电力系统技术规定》的规定。

新能源场站有功功率变化限值要求如下：

1. 风电场有功功率变化限值要求

在风电场并网、正常停机以及风速增长过程中，风电场有功功率变化应满足电力系统安全稳定运行的要求，风电场有功功率变化限值见表 4－1。允许出现因风速降低或风速超出切出风速而引起的风电场有功功率变化超出有功功率变化最大限值的情况。

表 4－1　　有功功率变化限值

风电场装机容量 P_N（MW）	10min 有功功率变化最大限值（MW）	1min 有功功率变化最大限值（MW）
P_N<30	10	3
30≤P_N≤150	P_N/3	P_N/10
P_N>150	50	15

2. 光伏电站有功功率变化限值要求

在光伏电站并网、正常停机以及太阳能辐照度增长过程中，光伏电站有功功率变化应满足电力系统安全稳定运行的要求，光伏电站有功功率变化速率应不超过 10%光伏电站额定装机容量/min，允许出现因辐照度降低而引起的光伏电站有功功率变化超出有功功率变化速率的情况。

二、有功功率控制能力

新能源场站 AGC 接收、执行电力系统调度机构的有功功率控制指令，并向电力系统调度机构反馈信息，保障新能源发电机组能够提供一定调节速率的可调容量，以满足系统频率稳定的调节要求。有功功率控制能力是指新能源场站正常运行时，电力系统调度机构通过调度端 AGC 主站下发有功功率控制目标指令，新能源场站通过 AGC 子站接收设定值控制全场站机组，实现有功功率自动跟踪。新能源场站有功功率控制能力评估指标包括超调量、调节时间和控制精度。新能源场站有功功率控制应满足 NB/T 31078—2016《风电场并网性能评价方法》、GB/T 31365—2015《光伏发电站接入电网检测规程》和 NB/T 32026—2015《光伏发电站并网性能测试与评价方法》的规定。

新能源场站有功功率控制限值要求如下：

1. 风电场有功功率控制限值要求

风电场有功功率设定值控制允许的最大偏差不超过风电场装机容量的 3%；风电场有功功率控制响应时间不超过 120s；有功功率控制超调量 σ 不超过风电场装机容量的 10%，风电场设定值控制限值应按照图 4－1 中的有功功率允许范围。

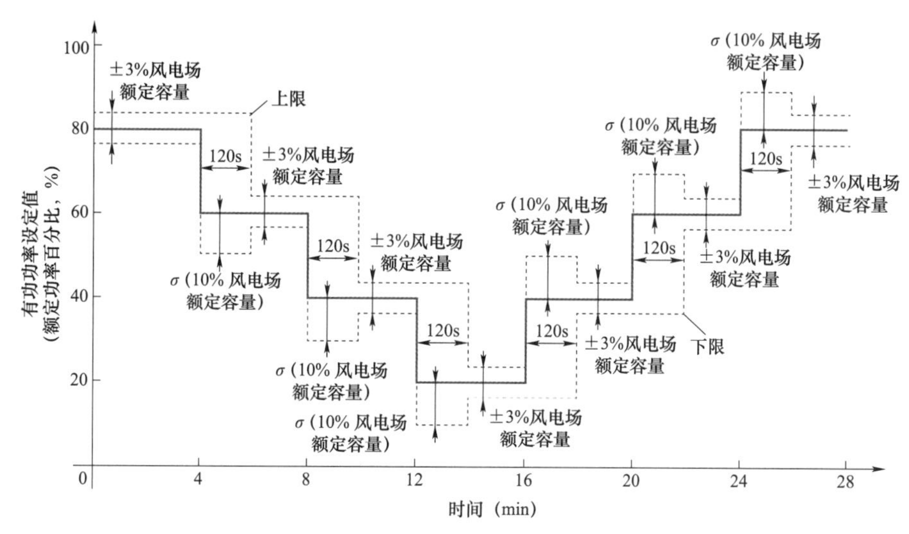

图 4－1　风电场设定值控制有功功率允许范围

2. 光伏电站有功功率控制限值要求

光伏电站有功功率设定值控制允许的最大偏差不超过光伏电站装机容量的 5%；光伏电站有功功率控制响应时间不超过 60s；光伏电站有功功率控制超调量 σ 不超过光伏电站装机容量的 10%，光伏电站设定值控制限值应满足图 4－2 中的有功功率允许范围。

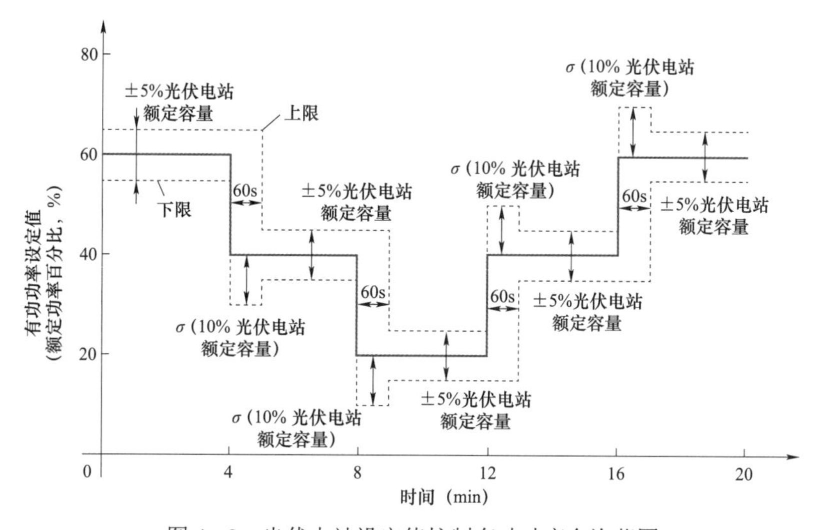

图 4－2　光伏电站设定值控制有功功率允许范围

三、无功功率输出能力

无功功率输出能力是新能源场站并网点的无功功率输出最大值。通过对风电场和光伏电站在并网后不同有功功率运行情况下的容性和感性无功功率输出最大能力的测试，可以评估新能源场站对电网无功功率支撑和电压调节能力。新能源场站配置的风电机组、光伏逆变器、无功补偿装置的无功功率调节容量应满足GB/T 19963.1—2021《风电场接入电力系统技术规定　第1部分：陆上风电》和GB/T 19964—2012《光伏发电站接入电力系统技术规定》的规定。

四、无功功率控制能力

新能源场站AVC接收、执行电力系统调度机构的无功功率或电压控制指令，并向电力系统调度机构反馈信息，保障新能源发电机组能够提供一定调节速率的可调容量，以满足系统电压稳定的调节要求。无功电压控制能力是指新能源场站正常运行时，电力系统调度机构通过调度端AVC主站下发无功功率或电压控制目标指令，新能源场站通过AVC子站接收设定值控制全场站机组，实现无功功率或电压自动跟踪。新能源场站无功电压控制能力主要评估无功功率和电压稳态控制响应时间，控制精度不做要求。新能源场站无功电压控制应满足NB/T 31078—2016《风电场并网性能评价方法》、GB/T 31365—2015《光伏发电站接入电网检测规程》和NB/T 32026—2015《光伏发电站并网性能测试与评价方法》的规定。

新能源场站无功电压控制限值要求：风电场和光伏电站无功电压稳态控制的响应时间一般应不超过30s，实际根据地区调度机构的限制要求。

第三节　功率控制能力测试内容及方法

按照GB/T 19963.1—2021《风电场接入电力系统技术规定　第1部分：陆上风电》、GB/T 19964—2012《光伏发电站接入电力系统技术规定》的要求，新能源场站应在并网运行后6个月内开展入网功率控制能力测试工作，并提供新能源场站功率控制能力测试评估报告，新能源场站新建、扩建后应重新开展测试评估，同时新能源场站改建更换机组、无功补偿装置等设备应重新开展测试评估。

新能源场站功率控制能力测试内容包括有功功率变化、有功功率控制能力、无功功率输出能力和无功功率控制能力指标。风电场电能质量测试应按照NB/T 31078—2016《风电场并网性能评价方法》执行，光伏电站电能质量测试应按照NB/T 32026—2015《光伏发电站并网性能测试与评价方法》执行。测试条件及设备要求如下：

风电场测试应选择风速较大、比较稳定、功率输出波动较小的情况，光伏电站应选择晴天少云、功率输出波动较小的情况，测试期间，新能源场站实际运行容量应大于额定容量的90%。功率控制能力测试所需的三相电压和三相电流数据应在新能源场站并网点的电流互感器和电压互感器的二次回路中采集。

测试使用的电压互感器的准确度等级至少为 0.5 级，执行标准为 GB/T 20840.3—2013《互感器　第 3 部分：电磁式电压互感器的补充技术要求》，电流互感器的准确度等级至少为 0.5 级，执行标准为 GB/T 20840.2—2014《互感器　第 2 部分：电流互感器的补充技术要求》。用来采集、存储、计算数据的功率控制能力测试分析设备，数据采集装置带宽不低于 10MHz。功率控制能力测试分析设备应接在被测新能源场站的并网点，如图 4－3 所示。

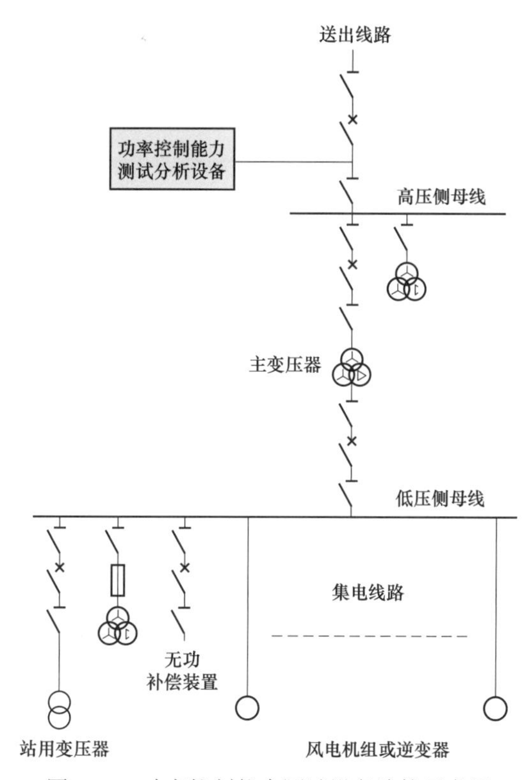

图 4－3　功率控制能力测试设备连接示意图

一、有功功率变化测试方法

风电场和光伏电站有功功率变化测试，应包括正常运行、启机和停机三种工况，测试应在新能源场站连续运行情况下进行，新能源场站 AGC 应运行在就地控制方式。

风电场和光伏电站最大功率变化测试方法如下：

按照 NB/T 31078—2016《风电场并网性能评价方法》的要求，风电场正常运行测试方法为：在并网点二次侧采集记录三相电压、三相电流，输出功率从 0 至 100%P_N，以 10%P_N 为区间，每个功率区间至少应采集风电场并网点 5 个 10min 序列瞬时电压和瞬时电流的测量值，通过计算得到所有功率区间的风电场有功功率的 0.2s 平均值。以测试开始为零时刻，计算 0～60s 时间段内风电场输出功率最大值和最小值，两者之差为 1min 有功功率变化；同样计算 0.2～60.2s 时间段内风电场输出功率最大值和最小值，得出 1min 有功功率变化，依次类推，计算出 1min 有功功率变化曲线。10min 有功功率变化的计算方法与 1min 有功功率变化的计算方法相同。按照式（4－1）计算获得 10min 和 1min 功率变化

$$\Delta P = P_{max} - P_{min} \tag{4-1}$$

式中 ΔP——新能源场站 10min 或 1min 有功功率变化值；

P_{max}——10min 或 1min 内新能源场站有功功率最大值；

P_{min}——10min 或 1min 内新能源场站有功功率最小值。

风电场并网的有功功率变化测试方法为：当风电场的输出功率达到或超过 75%P_N时，通过 AGC 切除全部运行风电机组，之后风电场重新并网，此时为测试开始零时刻，计算 0～60s 时间段内风电场输出功率最大值和最小值，两者之差为 1min 有功功率变化；同样计算 0.2～60.2s 时间段内风电场输出功率最大值和最小值，得出 1min 有功功率变化，依此类推，计算出 1min 有功功率变化。10min 有功功率变化的计算方法与 1min 有功功率变化的计算方法相同。

风电场正常停机的有功功率变化测试方法为：当风电场的输出功率达到或超过 75%P_N时，通过 AGC 切除全部运行风电机组，此时为测试开始零时刻，参照风电场并网的 10min 与 1min 有功功率变化的计算方法。

取风电场正常运行、并网和停机测试段内 10min 和 1min 功率变化的最大值，作为判断功率变化是否超过允许值的依据。

光伏电站最大功率变化测试方法与风电场测试方法基本一致，按照 GB/T 31365—2015《光伏发电站接入电网检测规程》和 NB/T 32026—2015《光伏发电站并网性能测试与评价方法》执行。

二、有功功率控制能力测试方法

风电场和光伏电站有功功率控制能力测试，测试期间新能源场站连续运行且输出功率不低于 90%装机额定容量，新能源场站 AGC 应运行在就地控制方式，通过设定值指令测试评估控制过程的控制精度、调节时间及超调量，见图 4－4。

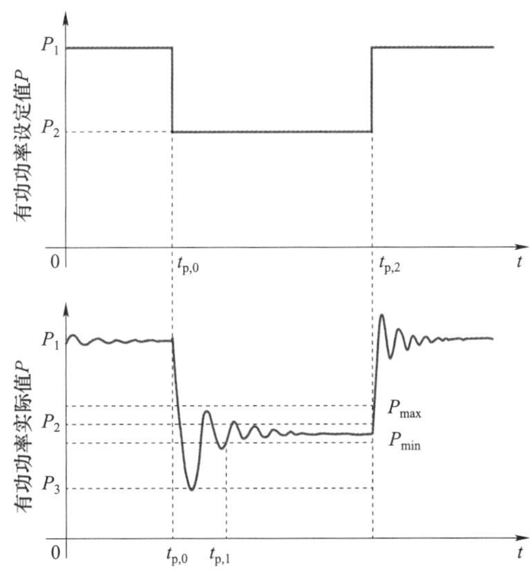

图 4－4　有功功率设定值控制性能判定示意图

设定值控制期间有功功率设定值控制精度计算见式（4－2）

$$P_{deviation} = \max\left(\frac{|P_{max} - P_2|}{P_N}, \frac{|P_{min} - P_2|}{P_N}\right) \tag{4-2}$$

式中 P_{max}——新能源场站有功功率设定值控制最大有功功率值；

P_{min}——新能源场站有功功率设定值控制最小有功功率值；

P_2——新能源场站有功功率控制目标值；

$P_{deviation}$——新能源场站有功功率设定值控制最大偏差。

有功功率设定值控制超调量计算见式（4－3）

$$\sigma = |P_3 - P_2| \tag{4-3}$$

式中　σ——设定值控制期间新能源场站有功功率超调值；

P_3——设定值控制期间新能源场站有功功率偏离控制目标的最大运行值。

有功功率设定值控制调节时间计算见式（4－4）

$$t_{p,\mathrm{reg}} = t_{p,1} - t_{p,0} \tag{4-4}$$

式中　$t_{p,\mathrm{reg}}$——新能源场站有功功率设定值控制调节时间；

$t_{p,0}$——新能源场站有功功率设定值控制开始时间；

$t_{p,1}$——新能源场站有功功率设定值控制到目标值允许范围内的开始时间。

风电场和光伏电站有功功率设定值控制能力测试方法如下：

按照 NB/T 31078—2016《风电场并网性能评价方法》的要求，测试期间 AGC 控制指令可通过开关量或通信协议接入测试记录设备，在风电场并网点采集三相电压、三相电流。当风电场输出功率达到或超过 90%P_N时，通过功率自动控制系统按照图 4－5 有功功率目标值和时间，设置风电场有功功率输出控制曲线，计算风电场输出有功功率随时间变化数据，并记录输出 0.2s 平均值的有功功率。以时间为横坐标，有功功率为纵坐标，绘制出风电场输出有功功率跟踪设定值变化的曲线，计算控制精度、调节时间及超调量。风电场有功功率控制能力评估应判定每次功率设定值控制测试的控制精度、调节时间及超调量是否在图 4－1 的允许范围内。

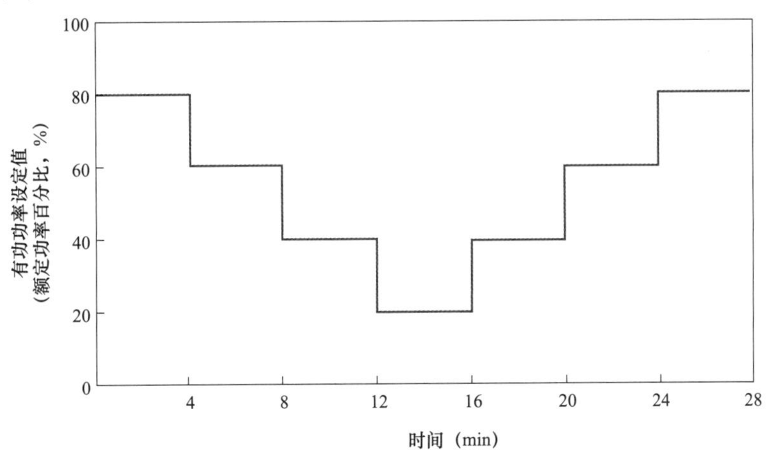

图 4－5　风电场有功功率设定值控制目标曲线

光伏电站有功功率设定值控制能力测试方法与风电场测试方法基本一致，按照 NB/T 32026—2015《光伏发电站并网性能测试与评价方法》执行。光伏电站有功功率控制能力评估应判定每次功率设定值控制测试的控制精度、调节时间及超调量是否在图 4－1 的允许范围内。

三、无功功率输出能力测试方法

风电场和光伏电站无功功率输出能力测试，测试期间新能源场站连续运行且输出功率不低于 90%装机额定容量，新能源场站 AGC 和 AVC 应运行在就地控制方式。

风电场和光伏电站无功功率输出能力测试方法如下：

按照 NB/T 31078—2016《风电场并网性能评价方法》的要求，测试期间确保无功补偿装置、风电机组能够接收 AVC 指令正常调节无功功率，AVC 应运行在就地恒无功功率控制方式。从风电场持续正常运行的最小功率开始，通过 AGC 调节有功功率以每 10%P_N 作为一个区间进行测试。按 AVC 步长调节风电场输出的感性无功功率至风电场感性无功功率限值（该限值为风电场输出感性无功最大值和电网调度部门允许并网点电压下限的感性无功最大值两者之间的最小值），测量记录至少包括 2min 的感性无功功率和有功功率数据。按步长调节风电场输出的容性无功功率至风电场容性无功功率限值（该限值为风电场输出容性无功最大值和电网调度部门允许并网点电压上限的容性无功最大值两者之间的最小值），测量记录至少包括 2min 容性无功功率和有功功率数据。从 0～100%P_N 范围内，每个 10%P_N 功率段重复以上感性和容性无功功率输出步骤，测量记录无功功率和有功功率数据。以有功功率为横坐标，无功功率为纵坐标，绘制无功功率输出特性曲线。测试过程中调节无功功率要监测场站内高压和低压侧母线电压运行水平，每次按照补偿调节后待电压稳定后再进行下一次调节，防止出现无功功率调节导致的场站内母线电压越限和大幅波动。

光伏电站无功功率输出能力测试方法与风电场测试方法基本一致，按照 NB/T 32026—2015《光伏发电站并网性能测试与评价方法》执行。

四、无功电压控制能力测试方法

风电场和光伏电站无功电压控制能力测试，测试期间新能源场站通过 AGC 调节场站输出有功功率稳定至 50%P_N 连续运行，新能源场站 AVC 应运行在就地恒无功功率和恒电压控制方式，通过设定值指令测试评估无功功率和电压控制过程的控制精度、响应时间。

风电场和光伏电站无功功率和电压控制能力测试方法如下：

按照 NB/T 31078—2016《风电场并网性能评价方法》的要求，测试期间确保无功补偿装置、风电机组能够接收 AVC 指令正常调节无功功率。AVC 控制指令可通过开关量或通信协议接入测试记录设备，在风电场并网点采集三相电压、三相电流。AVC 如未设置无功功率调节步长，设定 Q_L 和 Q_C（Q_L 和 Q_C 为无功功率控制系统中设定的感性无功功率阶跃允许值和容性无功功率阶跃允许值，该允许值为风电场输出容性或感性无功最大值和电网调度部门允许的容性或感性无功最大值两者之间的最小）为风电场无功功率输出跳变限值，通过 AVC 设置风电场无功功率按最大调节步长从 0 调节至 Q_C，从 Q_C 调节至 Q_L，再从 Q_L 调节至 0，如图 4－6 所示。计算风电场输出无功功率随时间变化数据，并记录输出 0.2s 平均值的无功功率。以时间为横坐标，无功功率为纵坐标，绘制出风电场输出无功功率跟踪设定值变化的曲线，计算控制精度、响应时间。风电场无功功率控制能力评估应判定每次功率设定值控制测试的响应时间是否满足 30s 限值要求。

AVC 如设置无功功率调节步长，无功功率设定按步长从 0 调节至 Q_C（风电场最大容性无功输出允许值），再从 Q_C 按调节步长调节至 Q_L（风电场最大感性无功输出允许值），

最后从 Q_L 按调节步长调节至 0，如图 4－7 所示。计算风电场输出无功功率随时间变化数据，并记录输出 0.2s 平均值的无功功率。以时间为横坐标，无功功率为纵坐标，绘制出风电场输出无功功率跟踪设定值变化的曲线，计算风电场每次无功功率调节控制精度、响应时间。电压控制能力测试方法与无功功率测试方法相同，按照电压调节步长进行电压设定值控制，计算风电场每次电压调节控制精度、响应时间。

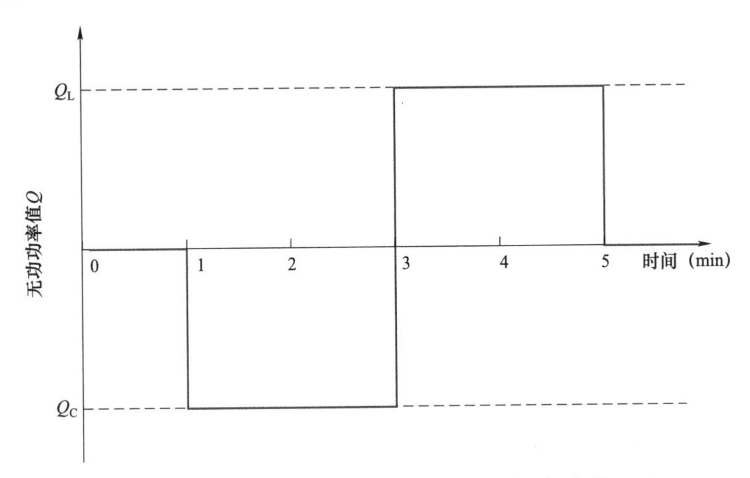

图 4－6　风电场无功功率设定值控制目标曲线

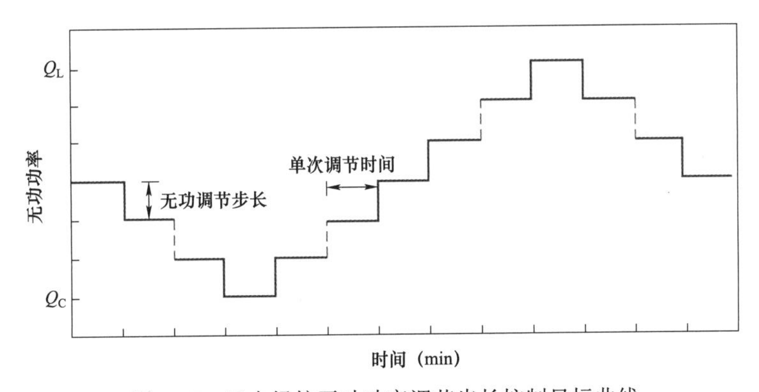

图 4－7　风电场按无功功率调节步长控制目标曲线

光伏电站无功功率和电压控制能力测试方法与风电场测试方法基本一致，按照 NB/T 32026—2015《光伏发电站并网性能测试与评价方法》执行。光伏电站无功功率控制能力评估应判定每次无功功率和电压设定值控制测试的响应时间是否满足 30s 限值要求。

第四节　工程案例应用分析

一、风电场功率控制能力测试案例分析

（一）风电场概况

某风电场总装机容量为 50MW，共安装 WTGS－3000A 型风力发电机组 17 台，单机

容量 3MW，其中 1 台风电机组按照 2MW 限功率运行。

风电场内风电机组经 35kV 箱式变压器升压后以 2 回 35kV 集电线路接入 110kV 风电场升压站内 35kV 侧，通过一台容量为 50MVA 主变压器升压至 110kV，经单回 110kV 线路接入上级 110kV 变电站的 110kV 侧。风电场升压站内 35kV 母线采用 SVG 无功补偿装置 1 套，无功补偿容量为±2.7Mvar。

测试期间所有风电机组及升压站设备正常运行，风电场正常并网发电，最大风速为 11.5m/s，风电场有功功率最大为 42MW；AGC 采用就地控制模式，上调速率为 10MW/min，下调速率为 20MW/min，调节死区为 0.5MW。AVC 采用就地控制模式，恒无功功率控制单次调节步长 6Mvar，恒电压控制单次调节步长 1kV，风电机组恒功率因数为 1 运行，不参与 AVC 无功功率和电压调节。

功率控制数据采集设备安装在 AGC/AVC 屏的电流和电压二次回路中，采集并网点三相电压和电流。

（二）测试数据分析及结论

1. 风电场有功功率变化测试数据及录波图

风电场正常运行期间有功功率变化测试结果见表 4－2，录波数据见图 4－8～图 4－10。

表 4－2　风电场正常运行有功功率变化测试结果

测试内容	测试结果（MW）
1min 有功功率变化最大值	4.14
10min 有功功率变化最大值	8.44

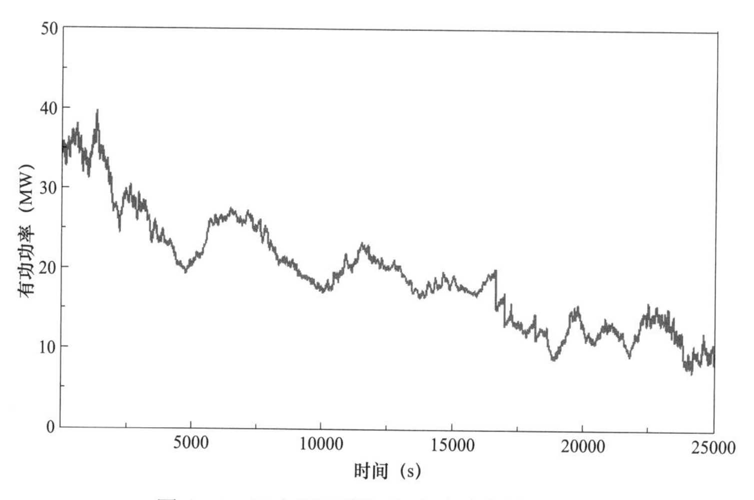

图 4－8　风电场正常运行有功功率输出曲线

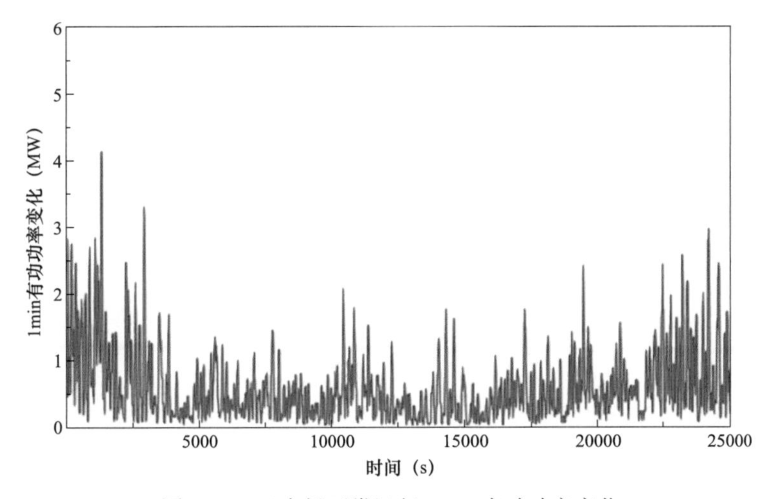

图 4-9　风电场正常运行 1min 有功功率变化

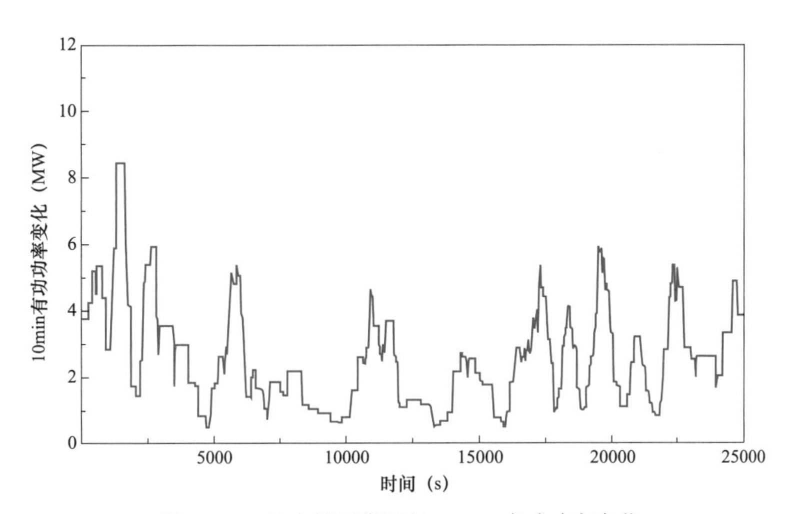

图 4-10　风电场正常运行 10min 有功功率变化

根据测试结果，风电场在正常运行过程中，1min 有功功率变化最大值为 4.14MW，小于风电场装机容量/10（即 5MW）的限值，10min 有功功率变化最大值为 8.44MW，小于风电场装机容量/3（即 16.67MW）的限值。

风电场正常启机期间有功功率变化测试结果见表 4-3，录波数据见图 4-11～图 4-13。

表 4-3　　风电场正常启机有功功率变化测试结果

测试内容	测试结果（MW）
1min 有功功率变化最大值	2.17
10min 有功功率变化最大值	7.18

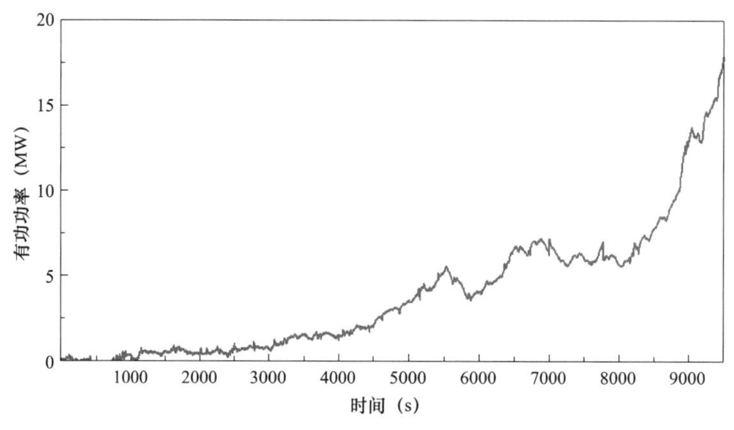

图 4-11　风电场正常启机有功功率输出曲线

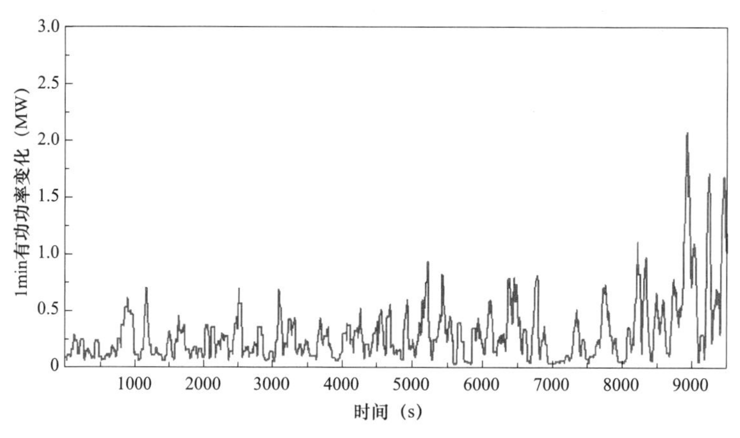

图 4-12　风电场正常启机 1min 有功功率变化

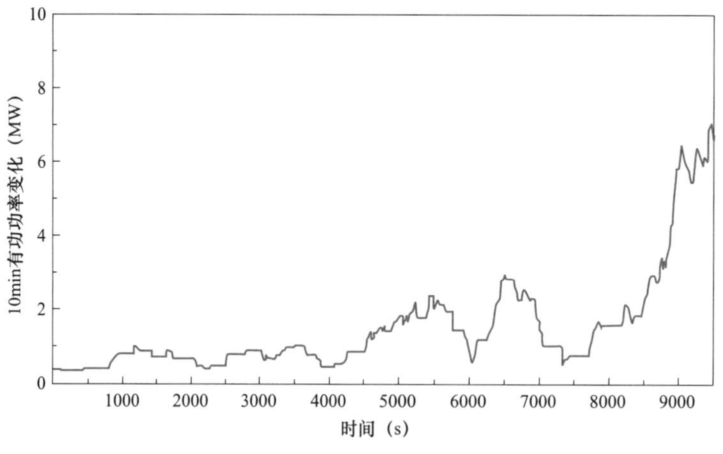

图 4-13　风电场正常启机 10min 有功功率变化

根据测试结果，风电场在正常启机过程中，1min 有功功率变化最大值为 2.17MW，小于风电场装机容量/10（即 5MW）的限值，10min 有功功率变化最大值为 7.18MW，小于风电场装机容量/3（即 16.67MW）的限值。

风电场正常停机期间有功功率变化测试结果见表 4–4，录波数据见图 4–14～图 4–16。

表 4–4　　风电场正常停机有功功率变化测试结果

测试内容	测试结果（MW）
1min 有功功率变化最大值	4.55
10min 有功功率变化最大值	7.11

根据测试结果，风电场在正常停机过程中，1min 有功功率变化最大值为 4.55MW，小于风电场装机容量/10（即 5MW）的限值，10min 有功功率变化最大值为 7.11MW，小于风电场装机容量/3（即 16.67MW）的限值。

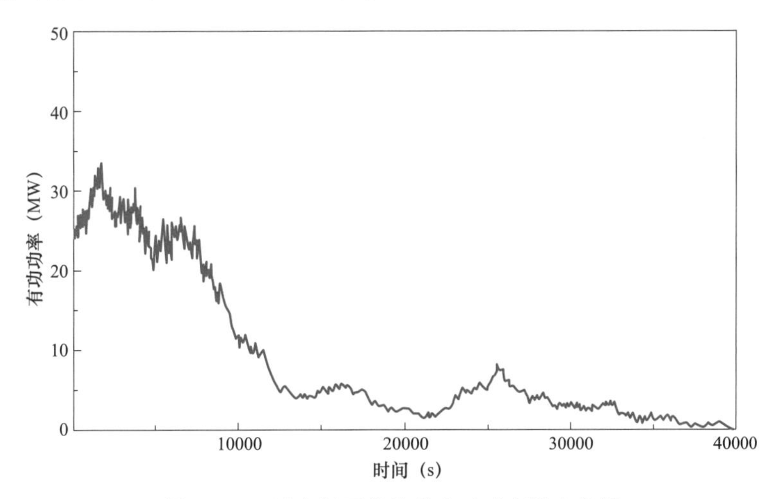

图 4–14　风电场正常停机有功功率输出曲线

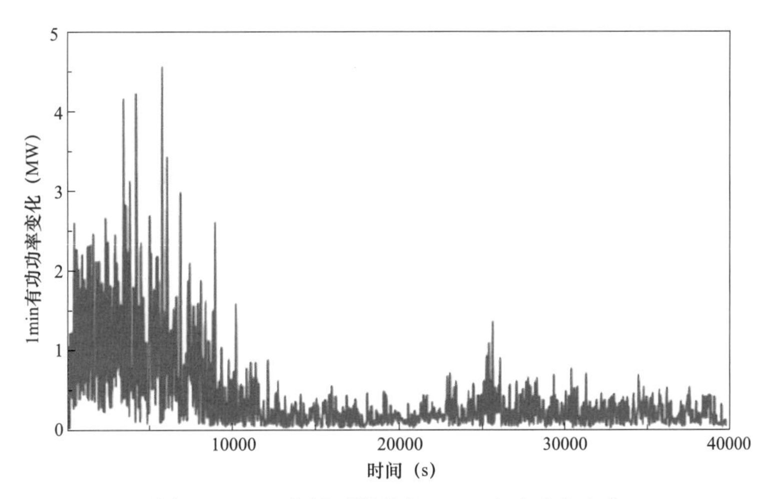

图 4–15　风电场正常停机 1min 有功功率变化

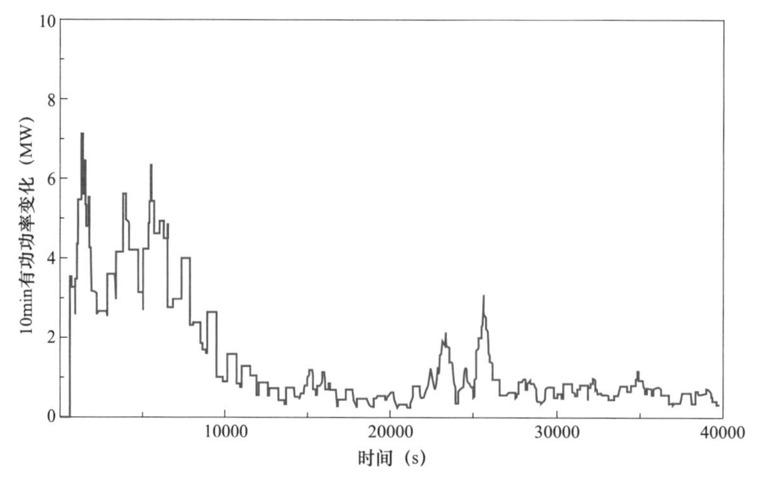

图 4－16　风电场正常停机 10min 有功功率变化

结论：风电场在正常运行、启机和停机过程有功功率变化满足相关标准要求。

2. 风电场有功功率控制能力测试数据及录波图

风电场有功功率控制能力测试期间，风电场最大有功功率为 42MW，选取 80%P_N 为调节起始有功功率，通过 AGC 以 20%P_N 为调节步长进行有功功率设定值下调控制，再从 20%P_N 以 20%P_N 为调节步长进行有功功率设定值上调控制，控制能力测试结果见表 4－5 和图 4－17。

表 4－5　　风电场有功功率控制能力测试结果

有功功率设定值调节（MW）	超调量（%）	调节精度（%）	响应时间（s）	调节时间（s）
40 调节到 30	1.20	0.38	14.12	14.83
30 调节到 20	0.46	0.58	13.99	15.13
20 调节到 10	0.54	1.09	12.81	15.29
10 调节到 20	1.20	0.58	39.97	105.41
20 调节到 30	1.43	0.42	32.48	53.33
30 调节到 40	1.95	0.59	22.52	38.83

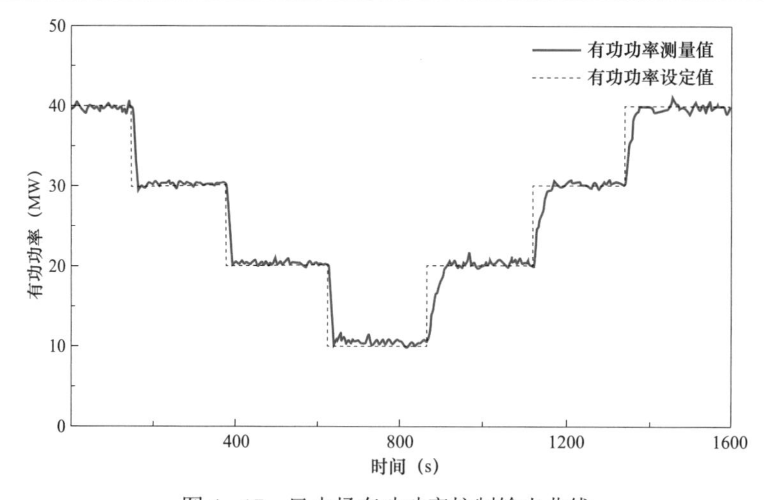

图 4－17　风电场有功功率控制输出曲线

根据测试结果，风电场有功功率控制系统能够按照设定目标指令进行控制，超调量最大值为1.95%，小于10%的限值；调节精度最大值为1.09%，小于3%的限值；有功功率调节时间最大值为105.41s，小于120s的限值。

结论：风电场有功功率控制能力满足相关标准要求。

3. 风电场无功功率输出能力测试数据及录波图

风电场无功功率输出能力测试期间，风电场运行最大有功功率约为84%P_N，在（0～84%）P_N有功功率运行区间下，保证并网点电压在（97%～107%）U_N范围内，按无功调节步长调节风电场无功功率输出感性和容性最大值。无功功率输出能力测试结果如表4－6所示，无功功率在风电场不同有功功率运行区间下的输出能力如图4－18所示。

表4－6　　风电场无功功率输出能力测试结果

有功功率运行区间平均值（MW）	无功功率实测值	110kV并网点电压（kV）		
	感性（Mvar）	A相	B相	C相
42.03	－5.07	66.43	66.52	66.37
39.44	－4.72	66.40	66.58	66.34
34.38	－4.66	66.28	66.32	66.24
29.11	－3.86	66.54	66.50	66.44
24.26	－3.37	66.55	66.76	66.60
19.50	－3.14	66.62	66.78	66.68
14.45	－2.05	66.79	66.87	66.73
9.49	－1.81	66.74	66.85	66.69
6.33	－1.67	66.75	66.94	66.78
有功功率运行区间平均值（MW）	无功功率实测值	110kV并网点电压（kV）		
	容性（Mvar）	A相	B相	C相
42.16	0.78	66.64	66.83	66.73
38.92	1.14	66.74	66.87	66.78
34.76	1.89	66.66	66.79	66.63
30.03	2.24	66.52	66.75	66.60
23.63	2.84	66.74	66.85	66.72
19.38	3.47	66.83	66.92	66.77
14.32	3.80	66.92	67.08	66.88
9.49	3.96	66.97	67.06	66.89
6.16	4.06	67.04	67.15	66.95

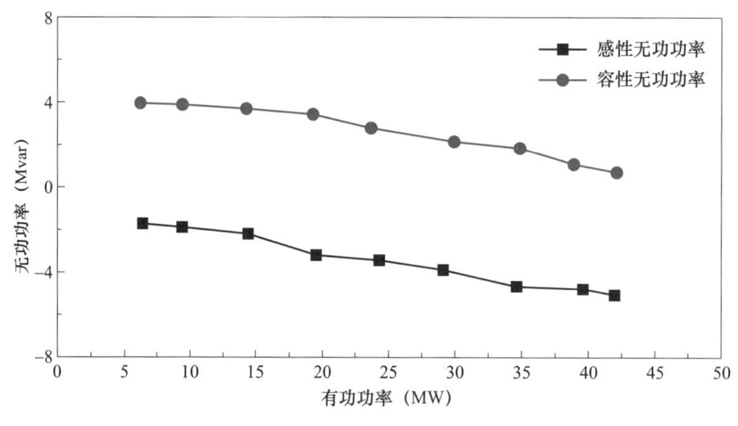

图 4－18　风电场无功功率输出能力曲线

4. 风电场无功功率控制能力测试数据及录波图

风电场无功功率控制能力测试期间，风电场有功功率设置为 50%P_N，保证并网点电压运行在（97%～107%）U_N 范围内，通过 AVC 设置风电场并网点无功功率按最大调节步长（6Mvar）从 0 调节至 Q_L（感性增闭锁的最大无功功率），从 Q_L 调节至 Q_C（容性增闭锁的最大无功功率），再从 Q_C 调节至 0。风电场无功功率控制能力测试结果如表 4－7 和图 4－19 所示。由于现场风电机组以恒功率因数运行，风电场 AVC 中恒无功功率指令控制只能对 SVG 进行无功功率控制，不能对风电机组进行无功功率控制，本次无功功率控制能力测试结果只针对 AVC 对 SVG 的无功功率控制能力。

表 4－7　　　　　50%P_N 下风电场无功功率控制能力测试结果

无功功率初始值（Mvar）	无功功率设定值（Mvar）	无功功率实测值（Mvar）	调节精度（%）	响应时间（s）
−0.95	−3.65	−3.55	3.53	3.58
−3.55	1.85	2.13	5.93	5.41
2.13	−0.57	−0.92	0.79	6.79

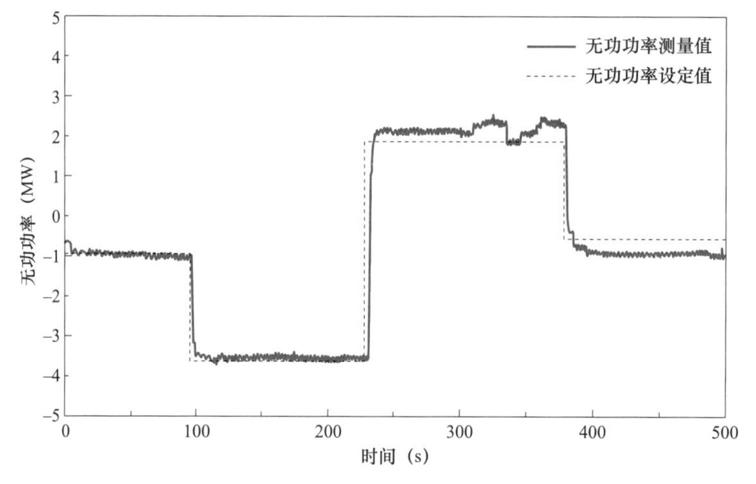

图 4－19　风电场恒无功功率控制输出曲线

根据测试结果，风电场无功功率控制系统能够按照设定目标指令进行控制，无功功率控制指令响应时间最大值为6.79s，小于30s的限值。

结论：风电场无功功率控制能力满足相关要求。

二、光伏电站功率控制能力测试案例分析

（一）光伏电站概况

某光伏电站总装机容量20MW，共安装多晶硅300W光伏组件69120块，采用组串式并网逆变器768台，单机容量28kW。

光伏发电站工程的接入系统方案为：光伏发电区主要包括16个1.25MW的光伏方阵，每个光伏方阵设置240个组串，48台逆变器，8台汇流箱。每个方阵经35kV箱式变压器升压到35kV，通过4回集电线汇集到35kV母线，35kV母线为单母接线方式，通过1条35kV线路送至上级变电站35kV侧，并入电网。无功补偿装置采用SVG，感性无功容量3Mvar，容性无功容量3Mvar。

测试期间所有光伏组件、逆变器及站内设备正常运行，光伏电站正常并网发电，辐照度最大值为960W/m^2，光伏电站有功功率最大为19.1MW；AGC采用就地控制模式，上调速率为3.5MW/min，下调速率为2.5MW/min，调节死区为0.6MW。AVC采用就地控制模式，恒无功功率控制单次调节步长3Mvar，恒电压控制单次调节步长1kV，光伏逆变器功率因数为±0.95运行，AVC无功功率和电压调节策略为优先调节SVG，后调节逆变器。

功率控制数据采集设备安装在AGC/AVC屏的电流和电压二次回路中，采集并网点三相电压和电流。

（二）测试数据分析及结论

1. 光伏电站有功功率变化测试数据及录波图

光伏电站正常运行期间有功功率变化测试结果见表4-8，录波数据见图4-20和图4-21。

表4-8　　光伏电站正常运行有功功率变化测试结果

测试内容	测试结果（MW）
1min有功功率变化最大值	1.63

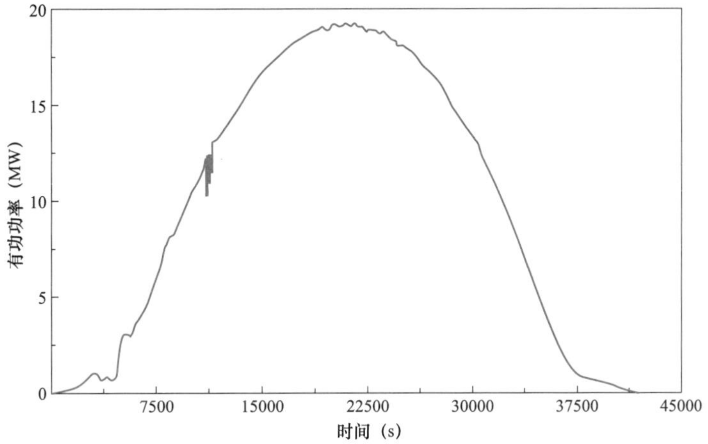

图4-20　光伏电站正常运行有功功率输出曲线

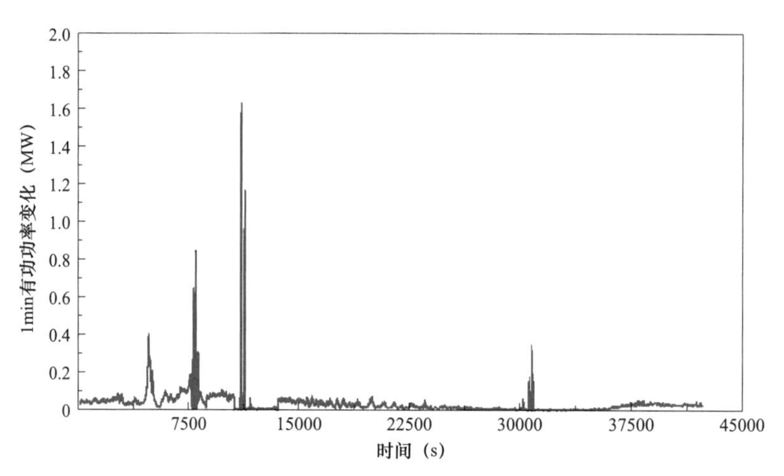

图 4-21　光伏电站正常运行 1min 有功功率变化

根据测试结果，光伏电站在正常运行过程中，1min 有功功率变化最大值为 1.62MW，小于光伏电站装机容量/10（即 2MW）的限值。

光伏电站正常启机期间有功功率变化测试结果见表 4-9，录波数据见图 4-22 和图 4-23。

表 4-9　　光伏电站正常启机有功功率变化测试结果

测试内容	测试结果（MW）
1min 有功功率变化最大值	0.08

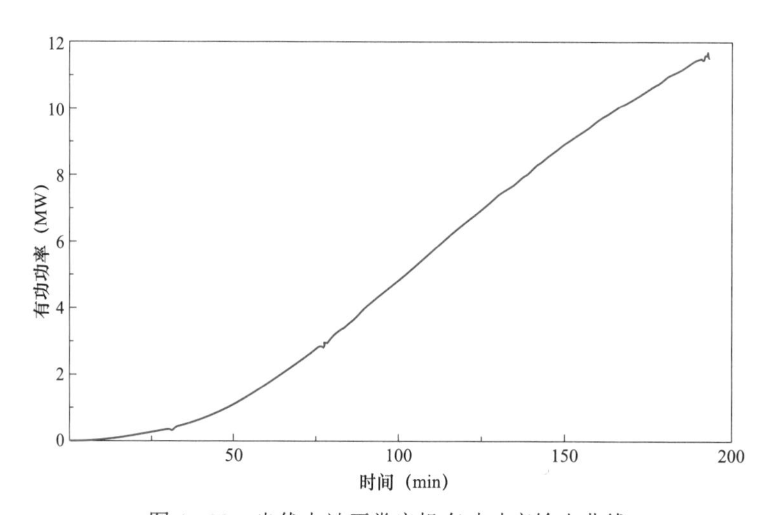

图 4-22　光伏电站正常启机有功功率输出曲线

根据测试结果，光伏电站在正常启机过程中，1min 有功功率变化最大值为 0.08MW，小于光伏电站装机容量/10（即 2MW）的限值。

光伏电站正常停机期间有功功率变化测试结果见表 4-10，录波数据见图 4-24 和图 4-25。

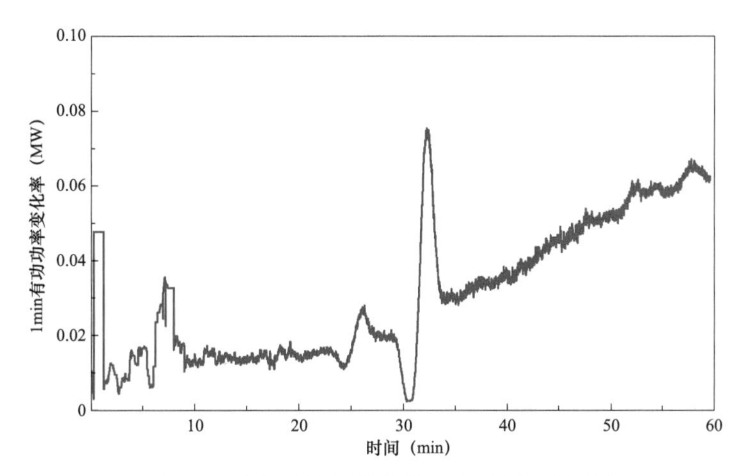

图 4－23 光伏电站正常启机 1min 有功功率变化

表 4－10 光伏电站正常停机有功功率变化测试结果

测试内容	测试结果（MW）
1min 有功功率变化最大值	1.13

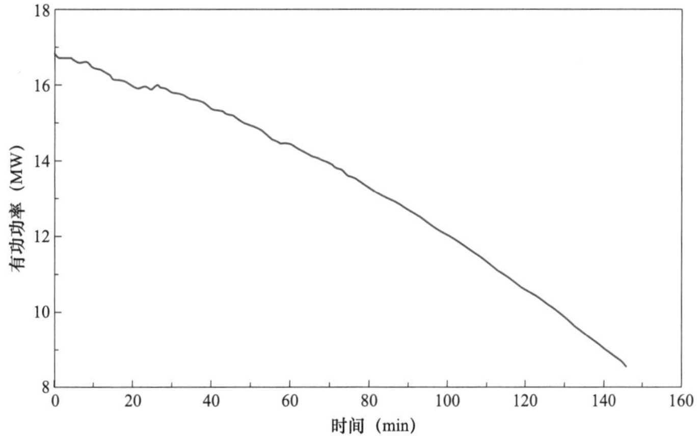

图 4－24 光伏电站正常停机有功功率输出曲线

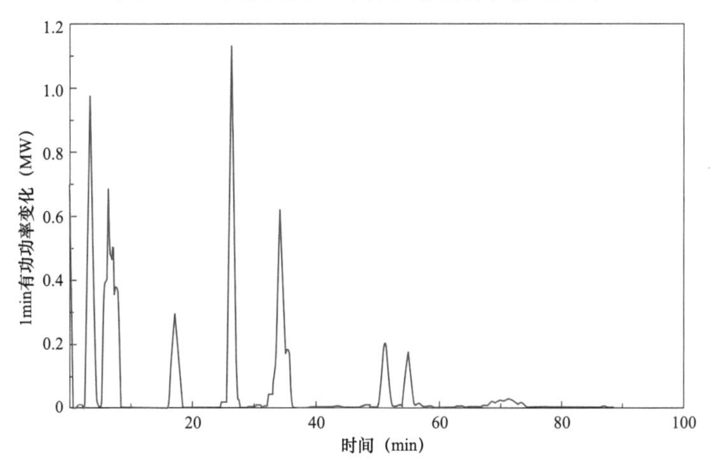

图 4－25 光伏电站正常停机 1min 有功功率变化

根据测试结果，光伏电站在正常停机过程中，1min 有功功率变化最大值为 1.13MW，小于光伏电站装机容量/10（即 2MW）的限值。

结论：光伏电站在正常运行、启机和停机过程有功功率变化满足相关标准要求。

2. 光伏电站有功功率控制能力测试数据及录波图

光伏电站有功功率控制能力测试期间，光伏电站最大有功功率为 19.1MW，选取 80%P_N 为调节起始有功功率，通过 AGC 以 20%P_N 为调节步长进行有功功率设定值下调控制，再从 20%P_N 以 20%P_N 为调节步长进行有功功率设定值上调控制，控制能力测试结果见表 4－11 和图 4－26。

表 4－11　光伏电站有功功率控制能力测试结果

有功功率设定值调节（MW）	超调量（%）	调节精度（%）	响应时间（s）	调节时间（s）
16 调节到 12	0	1.53	3.71	4.16
12 调节到 8	0.21	0.17	2.57	3.40
8 调节到 4	2.22	2.19	2.44	6.61
4 调节到 8	0.14	0.23	4.47	5.16
8 调节到 12	0.08	0.18	3.56	4.28
12 调节到 16	0.07	0.41	3.83	4.34

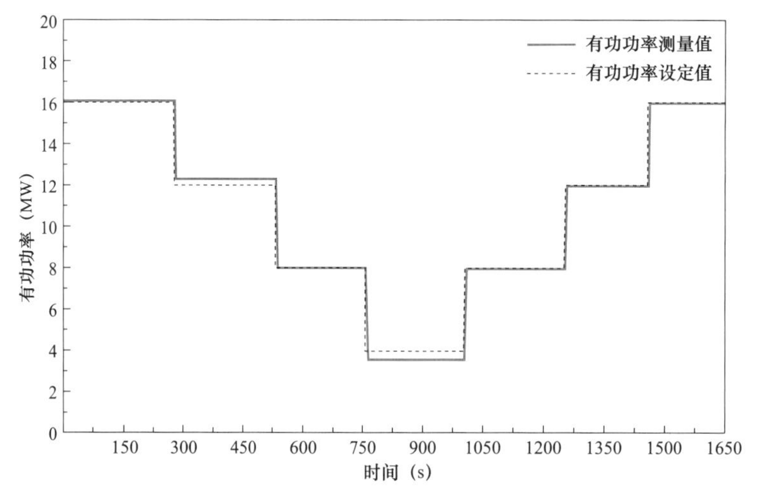

图 4－26　光伏电站有功功率控制输出曲线

根据测试结果，光伏电站有功功率控制系统能够按照设定目标指令进行控制，超调量最大值为 2.22%，小于 10%的限值；调节精度最大值为 2.19%，小于 5%的限值；有功功率调节时间最大值为 6.61s，小于 60s 的限值。

结论：光伏电站有功功率控制能力满足相关标准要求。

3. 光伏电站无功功率输出能力测试数据及录波图

光伏电站无功功率输出能力测试期间，光伏电站运行最大有功功率约为 85%P_N，在

（0～95%）P_N 有功功率运行区间下，保证并网点电压在（90%～110%）U_N 范围内，按AVC无功功率调节步长调节光伏电站无功功率输出感性和容性最大值。无功功率输出能力测试结果如表 4－12 所示，并网点无功功率在光伏电站不同有功功率运行区间下的输出能力如图 4－27 所示。

表 4－12　　　　光伏电站无功功率输出能力测试结果

有功功率运行区间平均值（MW）	无功功率实测值	35kV 并网点电压（kV）		
	感性（Mvar）	A 相	B 相	C 相
18.73	－14.238	20.526	20.343	20.082
16.90	－13.485	20.482	20.299	20.031
14.85	－12.883	20.43	20.241	20.005
12.43	－12.166	20.394	20.211	20.023
10.47	－11.749	20.38	20.202	20.037
8.31	－11.239	20.326	20.153	20.008
6.35	－11.040	20.396	20.218	20.064
4.17	－10.760	20.283	20.091	19.978
2.05	－10.293	20.158	19.96	19.891
有功功率运行区间平均值（MW）	无功功率实测值	35kV 并网点电压（kV）		
	容性（Mvar）	A 相	B 相	C 相
18.95	0.230	22.163	21.976	21.773
16.56	1.022	22.151	21.952	21.722
14.87	1.518	22.131	21.928	21.716
12.44	2.232	22.184	21.979	21.800
9.72	2.794	22.122	21.911	21.772
8.32	2.982	22.065	21.885	21.760
6.33	3.284	22.081	21.896	21.772
3.59	3.520	21.906	21.692	21.629
2.07	3.539	21.853	21.639	21.596

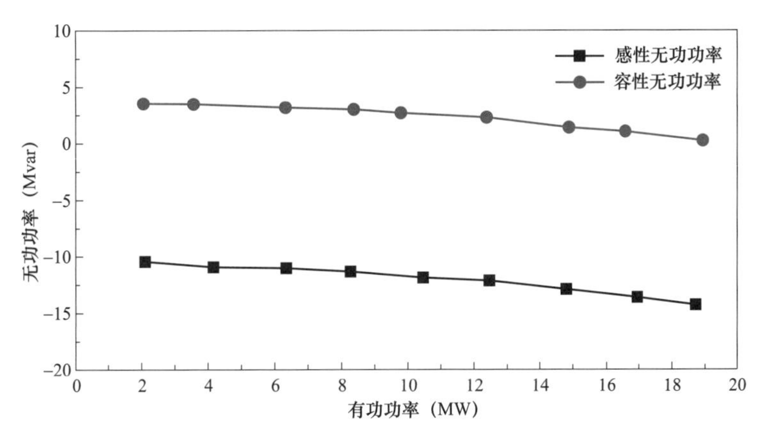

图 4－27　光伏电站无功功率输出能力曲线

4. 光伏电站无功功率控制能力测试数据及录波图

光伏电站无功功率控制能力测试期间，光伏电站有功功率设置为 50%P_N，保证并网点电压运行在（90%～110%）U_N 范围内，通过 AVC 设置光伏电站并网点无功功率按最大调节步长（3Mvar）从 0 调节至 Q_L（感性增闭锁的最大无功功率），从 Q_L 调节至 Q_C（容性增闭锁的最大无功功率），从 Q_C 调节至 074。光伏电站无功功率控制能力测试结果如表 4－13 和图 4－28 所示。

表 4－13　　50%P_N 下光伏电站无功功率控制能力测试结果

无功功率初始值（Mvar）	无功功率设定值（Mvar）	无功功率实测值（Mvar）	调节精度（%）	响应时间（s）
－4.31	－7.3	－7.42	4.03	2.48
－7.42	－10.3	－10.54	7.83	3.42
－10.54	－7.3	－7.23	2.34	3.15
－7.23	－4.3	－4.28	0.67	2.86
－4.28	－1.3	－1.36	2.13	2.61
－1.36	2.3	2.42	3.96	4.26
2.42	5.3	5.38	2.73	3.05
5.38	2.3	2.26	1.34	3.43
2.26	－1.3	－1.27	2.83	2.84
－1.28	－4.3	－4.33	1.07	2.63

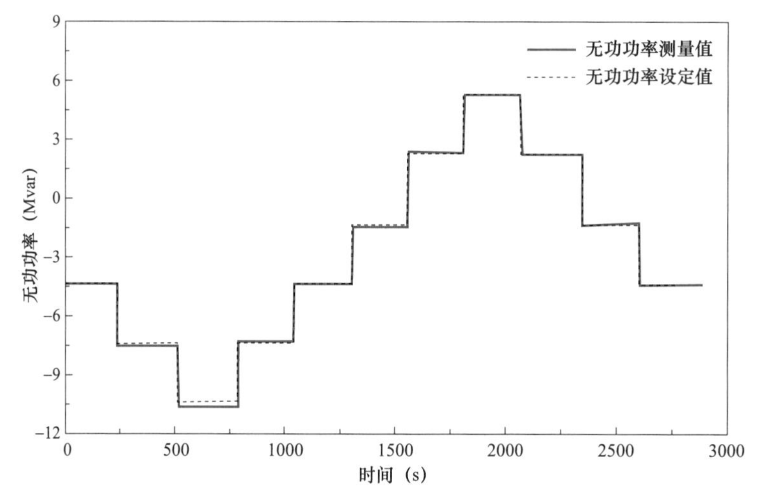

图 4－28　光伏电站恒无功功率控制输出曲线

根据测试结果，光伏电站无功功率控制系统能够按照设定目标指令进行控制，无功功率控制指令响应时间最大值为 4.26s，小于 30s 的限值。

结论：光伏电站无功功率控制能力满足相关要求。

第五章

故障穿越测试技术及应用

大规模新能源接入电力系统后，电网故障带来的新能源端低电压和过电压问题，已成为制约新能源并网规模和特高压直流极限输电功率的重要因素。目前电力系统调度运行要求新能源并网具备故障穿越能力，在电网运行发生故障引起新能源场站端电压波动时，具备一定的不脱网运行能力，同时要求风电机组和光伏逆变器在电网故障时不仅不能够解列，还需在电网故障期间对电网形成支撑作用，帮助电网在故障恢复过程中频率和电压稳定，所以新能源场站具备故障穿越能力对电网安全稳定运行具有重要作用，因此新能源场站并网运行后开展故障穿越能力测试，加强新能源场站的入网评估管理十分必要。

本章简要介绍了新能源场站故障电压穿越能力对电网的影响，针对新能源场站故障电压穿越能力测试指标、标准要求以及测试方法进行了简要的分析，基于新能源场站故障电压穿越能力研究和实测工作，给出了风电机组和光伏逆变器故障电压穿越能力典型测试实例。

第一节　新能源场站故障电压穿越能力对电网的影响

随着新能源在电网中所占比例的不断提高，新能源对电网的影响已变得不容忽略，电网故障会导致新能源场站并网点电压的跌落或抬升，有时候也会引起新能源场站并网点频率异常，风电机组、光伏逆变器或无功补偿等电气设备将发生一系列的暂态过程，如过电流、低电压、过电压等。新能源机组设备如不具备故障穿越能力或能力不满足标准要求，设备因自身安全原因，一般都会自动与电网解列。在新能源比例较高的局部电网，如大规模新能源汇集交流送出或特高压直流集中送端电网中，若新能源机组不具备合格的故障穿越能力，一旦遇到电网故障就会发生新能源大面积脱网的自动解列事故，增加局部电网故障的恢复难度，恶化电网稳定性，甚至会加剧故障并导致系统崩溃。

新能源机组/场站故障穿越能力是指当电力系统事故或扰动引起并网点电压跌落或升高时，在一定的电压跌落或升高范围和时间间隔内，新能源机组/场站能够保证不脱网连续运行，其故障类型包括电网对称故障和不对称故障。新能源故障穿越能力主要受风电机组和光伏逆变器设备的能力影响，下面从风力发电和光伏发电两个方面详细介绍。

一、风力发电故障电压穿越能力对电网的影响

电力系统在新能源起步发展时期，风电场装机容量小，并网功率占比不大，且单个风电场相互距离很远，对于电力系统来说风电并网与否影响非常小，在电力系统接入分析时可以将其忽略，风力发电不是电网的主要供应电源。随着风电场在电网的装机容量占比不断增大，大规模风电场群集中汇集送出大大增加了电网稳定运行的风险，在风电场发生故障时极易引起电网电压较大的故障，从而造成风电机组从电力系统中脱网，导致局部地区的电网瓦解，甚至发生严重的停电事故，所以在充分考虑电力系统稳定性和运行安全的同时，应不断加强风电机组本身的技术能力和故障下可靠性、支撑性，提高风力发电对电网的主动支撑能力。对于风电机组或风电场接入电力系统，全球各地电力系统对风电并网的高/低电压穿越能力作了详细规定。

早在2003年前后，德国、丹麦等国家就根据自己电网的运行特性，出台了风电场和风电机组低电压穿越技术要求，制定了电压跌落故障的幅值及其对应的持续时间曲线，要求风电机组在该曲线规定的故障时间范围内，不能发生脱网故障，各国电网标准对风电机组低电压穿越能力的要求如表5－1所示。

表5－1　　不同国家风电机组的低电压穿越能力要求

国家	低电压穿越能力要求		
	低电压持续时间	最低跌落电压	故障恢复时间
中国	625ms	20%U_n	2s后90%U_n
德国	150ms	0%U_n	1.5s后90%U_n
北欧	250ms	0%U_n	0.75s后90%U_n
丹麦	100ms	25%U_n	1.5s后90%U_n
美国	625ms	15%U_n	3s后90%U_n
爱尔兰	625ms	15%U_n	3s后90%U_n

注　U_n为标称电压。

风电机组电压跌落最大深度指故障引起的并网点高/低电压有效值离并网点电压标称值的偏移量百分比，其中德国是最早规定风电机组具备零电压穿越能力的国家，要求零电压持续150ms，目前最严格的标准是芬兰等北欧国家标准，要求风电机组具备零电压穿越能力，持续250ms。爱尔兰、美国等国家均要求风电机组承受的最低电压为0.15倍标称电压。IEEE 1547—2018 *IEEE Standard for Interconnection and Interoperability of Distributed Energy Resources with Associated Electric Power Systems Interfaces*为应对电网中自动重合闸失败造成连续跌落，提出接入电网的新能源机组需具备连续故障穿越能力。早期大多数国家对此并无明确要求，只有丹麦标准要求风电机组要在2min之内至少具备两次低电压故障穿越的能力。中国在GB/T 36995—2018《风力发电机组　故障电压穿越

能力测试规程》中首次提出电压联锁故障，即电力系统中某点电压有效值暂时降低至标称电压 0.9 倍以下，并在短暂过程后快速升高至标称电压的 1.1 倍以上，或者电压有效值升高至标称电压的 1.1 倍以上，并在短暂过程后快速降低至标称电压的 0.9 倍以下的现象，要求风电机组具备如表 5－2 和表 5－3 所示的能力。

表 5－2　　低、高电压联锁故障（一）

电压跌落		电压升高		电压跌落－电压升高间隔时间（ms）	联锁故障波形
电压跌落幅值（标幺值）	持续时间（ms）	电压升高幅值（标幺值）	持续时间（ms）		
0.2±0.05	625±20	1.30±0.03	500±20	0+10	

表 5－3　　高、低电压联锁故障（二）

电压跌落		电压升高		电压升高－电压跌落间隔时间（ms）	联锁故障波形
电压升高幅值（标幺值）	持续时间（ms）	电压跌落幅值（标幺值）	持续时间（ms）		
1.30±0.03	500±20	0.20±0.05	625±20	0+10	

电网出现高电压故障均为三相同时发生，各标准中高电压穿越故障主要考核三相故障。国际上，澳大利亚最早提出风电机组在电网高电压穿越的要求，当电网电压骤升至 1.3 倍额定电压时，在 60ms 时间段内风电机组应连续运行不脱网，并向电网吸收支持电压恢复的无功电流，各国电网标准对风电机组高电压穿越能力的要求如表 5－4 所示。中国在 GB/T 36995—2018《风力发电机组　故障电压穿越能力测试规程》中首次提出风电机组高电压穿越要求，规定了电网电压大于 1.1 倍标称电压时，风电机组进入高电压穿越状态，电网电压大于 1.3 倍标称电压时允许风电机组退出运行，并且在高电压穿越期间，风电机组应具备有功功率连续调节能力，对无功支撑也给出详细要求。

表 5－4　　不同国家的并网风电机组的高电压穿越能力要求

国家	高电压穿越能力要求	
	最高升高电压	高电压持续时间（ms）
中国	130%标称电压	500
德国	120%标称电压	100
澳大利亚	130%标称电压	60
丹麦	130%标称电压	100
美国	120%标称电压	1000

为了帮助电网将电压恢复到正常范围内，大部分标准还提出了低电压穿越期间风电机组应发出无功功率，高电压穿越期间风电机组应吸收无功功率的要求，这也对风电机

组在故障穿越期间提供支撑的能力进行了更高和更细致的要求。

2011 年 1～4 月，酒泉各风电场发生大规模风电机组脱网事故四起，分别导致大规模风电场的风电机组脱网。以一次甘肃酒泉新能源大规模脱网事故为例，事故造成 598 台风机脱网，损失有功功率达 840.43 MW，西北主网频率最低至 49.854 Hz。事故由于某风电场一条集电线路 35kV 开关电缆故障，造成三相短路，35kV 开关跳闸，一条集电线路风机切除，造成风场变电站 35kV 侧电压下跌，该风电场风电机组全部脱网，馈线故障造成风电场变电站 330kV 侧电压下跌，周边风电场风机感受到电压下跌发生联锁脱网，风电场 SVC 为手动固定投切，电压跌落事故后，无功功率过剩出现过电压，风电机组继续脱网，最后通过手动切除 SVC 和投入系统的 66kV 低压电抗器后，电压得到稳定。这是国内影响比较大的新能源脱网事故，风电机组集中脱网严重影响了电网电压和频率的稳定，造成短时间内局部电网指标大幅波动，直接威胁到电网整体安全稳定运行。酒泉某风电场 6 台完成低电压穿越能力改造的 1.5MW 风电机组经受了后续故障的考验，说明了低电压和高电压穿越能力对电网安全运行的重要性。

风电机组不具备故障穿越能力、风电机组主控参数和变流器定值与故障穿越能力失配、风电机组现场故障穿越能力与型式试验不符、现场老旧机组故障穿越能力改造后未经过检测认证等情况都会对电网安全运行造成潜在风险。风电场应开展风电机组的故障穿越能力改造、检测、认证、评估工作，保障电网安全。

二、光伏发电故障电压穿越能力对电网的影响

光伏电站故障穿越能力与风力发电相同，也包括低电压穿越和高电压穿越能力。对于光伏逆变器或光伏电站接入电力系统，全球各地电力系统也都规定了高/低电压穿越能力。

早在 2008 年前后，德国、西班牙等新能源发电起步较早的国家就出台了光伏电站和逆变器故障穿越技术要求。各个国家根据自己电网的运行特性，制定了电压跌落故障的幅值及其对应的持续时间曲线，要求光伏电站在该曲线规定的故障时间范围内，不能发生脱网故障，各国故障穿越要求见图 5－1。

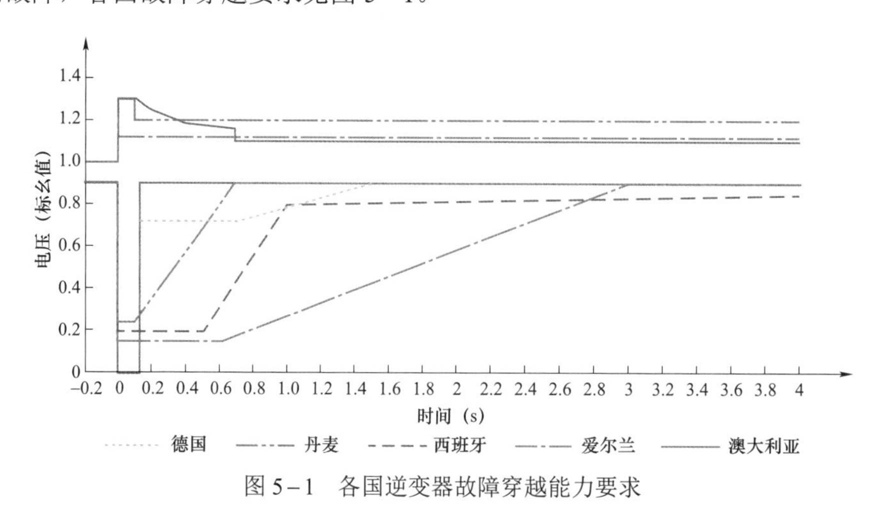

图 5－1　各国逆变器故障穿越能力要求

德国、澳大利亚、中国要求光伏逆变器具备零电压穿越能力，持续 150ms 不脱网，爱尔兰等国家要求光伏逆变器承受的最低电压为 0.15～0.2 倍标称电压。

澳大利亚、丹麦、德国提出光伏发电承受的最高电压为 1.3 倍标称电压，国家电网公司企业标准 Q/GDW 1617—2015《光伏发电站接入电网技术规定》在国内首次对光伏发电站提出高电压穿越要求，规定了电网电压在 1.1～1.3 倍标称电压时光伏电站应具备一定时间不脱网运行的能力，且在高电压穿越期间，光伏电站应具备有功功率连续调节能力，但是没有对无功支撑给出要求。为了帮助电网将电压恢复到正常范围内，在 GB/T 37408—2019《光伏发电并网逆变器技术要求》中，提出了低电压穿越期间逆变器应向电网发出无功功率，高电压穿越期间逆变器应吸收无功功率的要求。

第二节　故障穿越能力测试指标及标准要求

一、低电压穿越能力

（一）风电机组低电压穿越能力

风电机组低电压穿越能力是指当电网故障或扰动引起电压跌落时，在一定的电压跌落范围和时间间隔内，风电机组保证不脱网连续运行，并且给予电网一定的无功支撑能力，帮助电网电压恢复。GB/T 19963.1—2021《风电场接入电力系统技术规定　第 1 部分：陆上风电》中风电机组的低电压穿越能力基本要求如下：

（1）风电机组并网点电压跌落至标称电压的 20%时，风电场内的风电机组应保证不脱网连续运行 625ms。

（2）风电机组并网点电压在发生跌落后 2s 内能够恢复到标称电压的 90%时，风电场内的风电机组应保证不脱网连续运行；在风电机组电压跌落在标称电压 20%～90%之间，不脱网连续运行时间如图 5－2 所示。低电压轮廓线反映的是风电机组在电压下跌到不同深度下，需要保持不同时间的并网运行能力，风电机组在电压轮廓线以上不允许脱网，风电机组在电压轮廓线以下允许脱网。

（3）风电机组并网点电压跌落至标称电压的 80%及以上时，风电机组应能保持正常运行时的有功、无功电流控制模式。

（4）对称故障时的动态无功支撑能力。

1）当电力系统发生三相短路故障，并网点电压正序分量低于标称电压的 80%时，风电机组应具有动态无功支撑能力。

2）风电机组动态无功电流增量应响应并网点电压变化，并满足式（5－1）

$$\Delta I_t = K_1 \times (0.9 - U_t) \times I_n \quad (0.2 \leqslant U_t \leqslant 0.9) \tag{5-1}$$

式中　ΔI_t——风电机组注入的动态无功电流增量，A；

K_1——风电机组动态无功电流比例系数，$1.5 \leqslant K_1 \leqslant 3$；

U_t——风电机组并网点电压标幺值；

I_n——风电机组额定电流，A。

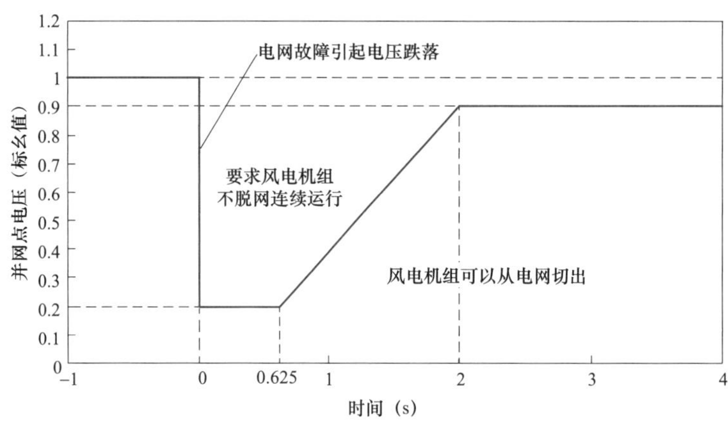

图 5−2 风电机组低电压穿越要求

3）电压跌落期间，风电机组向电力系统输出无功电流应为电压跌落前正常运行时的输出无功电流 I_0 与动态无功电流增量 ΔI_t 之和，风电机组无功电流的最大输出能力应不低于风电机组额定电流的 1.05 倍。

4）自并网点电压跌落出现的时刻起，风电机组动态无功电流上升时间不大于 60ms。自并网点电压恢复至标称电压 90%以上的时刻起，风电机组应在 40ms 内退出动态无功电流增量。

（5）不对称故障时的动态无功支撑能力。

1）当电力系统发生不对称短路故障时，风电机组在低电压穿越过程中应具有动态无功支撑能力。

2）当并网点电压正序分量为标称电压的 60%～80%时，风电机组应能向电网注入正序动态无功电流支撑正序电压恢复，从电网吸收负序动态无功电流抑制负序电压升高。风电机组动态无功电流增量应响应并网点电压变化，并满足式（5−2）

$$\begin{cases}\Delta I_t^+ = K_2^+ \times (0.9 - U_t^+) \times I_N \\ \Delta I_t^- = K_2^- \times U_t^- \times I_N\end{cases} \quad (0.6 \leqslant U_t^+ \leqslant 0.9) \tag{5-2}$$

式中 ΔI_t^+——风电机组注入的正序动态无功电流增量，A；

ΔI_t^-——风电机组吸收的负序动态无功电流增量，A；

K_2^+——风电机组动态正序无功电流比例系数，$K_2^+ \geqslant 1.0$；

K_2^-——风电机组动态负序无功电流比例系数，$K_2^- \geqslant 1.0$；

U_t^+——风电机组并网点电压正序分量标幺值；

U_t^-——风电机组并网点电压负序分量标幺值；

I_N——风电机组额定电流，A。

若并网点电压正序分量小于标称电压的 60%，风电机组应根据其实际控制能力以及风电场所接入电网的实际条件，在不助增并网点电压不平衡度的前提下，向电网注入合适的正序动态无功电流及从电网吸收合适的负序动态无功电流。

3）电压跌落期间，风电机组向电力系统输出正序无功电流应为电压跌落前输出无功电流 I_0 与正序动态无功电流增量 ΔI_t^+ 之和，风电机组无功电流的最大输出能力应不低于风电机组额定电流的 1.05 倍，宜通过减少 ΔI_t^+ 和 ΔI_t^-，来满足无功电流最大输出能力的限制。

（6）有功功率恢复能力。对电力系统故障期间没有切出的风电机组，其有功功率在故障清除后应快速恢复，自故障清除时刻开始，以至少 20% P_N / s的功率变化率恢复至故障前的值。

（二）光伏逆变器低电压穿越能力

光伏逆变器低电压穿越能力是指当电力系统事故或扰动引起逆变器交流出口侧电压跌落时，在一定的电压跌落范围和时间间隔内，逆变器能够保证不脱网连续运行的能力。GB/T 19964—2012《光伏发电站接入电力系统技术规定》中规定光伏逆变器的低电压穿越能力基本要求如下：

（1）光伏逆变器并网点电压跌至 0 时，光伏逆变器应能不脱网连续运行 0.15s；光伏逆变器并网点电压跌至电压轮廓线以下时，光伏逆变器可以从电网切出，如图 5－3 所示。

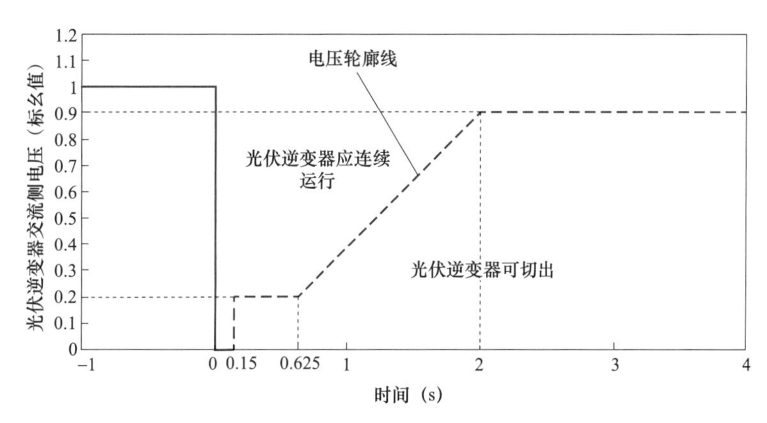

图 5－3　光伏逆变器低电压穿越能力要求

（2）有功功率要求。低电压穿越期间未脱网的逆变器，自故障清除时刻开始，以至少 30% P_N / s的功率变化率平滑地恢复至故障前的值。故障期间有功功率变化率小于 10% P_N 时，可不控制有功功率恢复速度。

（3）动态无功能力要求。

1）自逆变器交流侧电压异常时刻起（$U_T < 0.9$），动态无功电流的响应时间不大于 60ms，最大超调量不大于 20%，调节时间不大于 150ms。

2）自动态无功电流响应起直到电压恢复至正常范围（$0.9 \leqslant U_T \leqslant 1.1$）期间，逆变器输出的动态无功电流 I_T 应实时跟踪并网点电压变化，并应满足式（5－3）

$$I_T = K_1 \times (0.9 - U_T) \times I_N \qquad (U_T < 0.9) \tag{5-3}$$

式中 I_T ——逆变器输出动态无功电流有效值，数值为正代表输出感性无功，数值为负代表输出容性无功；

K_1 ——逆变器输出动态无功电流与电压变化比例值，可设置，取值范围应为1.5～2.5；

U_T ——逆变器交流侧实际电压与额定电压的比值；

I_N ——逆变器交流侧额定输出电流值。

3）对称故障时，动态无功电流的最大有效值不宜超过 1.05 I_N；不对称故障时，动态无功电流的最大有效值不宜超过 0.4 I_N。

4）动态无功电流控制误差不应大于±5% I_N。

二、高电压穿越能力

（一）风电机组高电压穿越能力

风电机组高电压穿越能力是指当电网故障或扰动引起电压升高时，在一定的电压升高范围和时间间隔内，风电机组保证不脱网连续运行的能力。风电机组的高电压穿越能力基本要求如下，如图5-4所示。

（1）风电场并网点电压升高至标称电压的 125%～130%时，风电场内的风电机组应保证不脱网连续运行 500ms；风电场并网点电压升高至标称电压的 120%～125%时，风电场内的风电机组应保证不脱网连续运行 1s；风电场并网点电压升高至标称电压的110%～120%时，风电场内的风电机组应保证不脱网连续运行 10s；风电场并网点电压升高至电压轮廓线以上时，风电机组可以从电网切出。

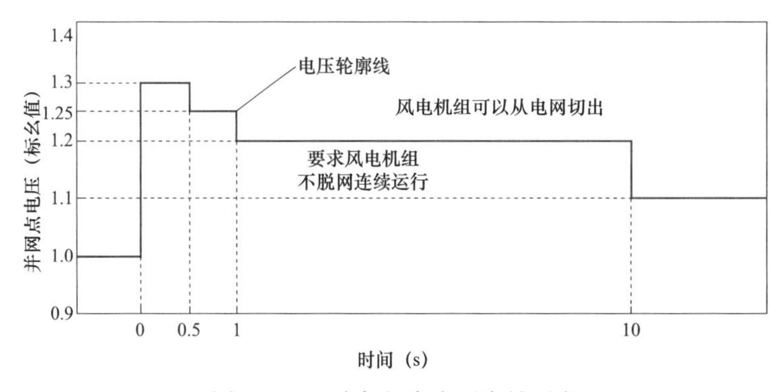

图5-4 风电机组高电压穿越要求

（2）动态无功支撑能力。

1）当并网点电压正序分量在标称电压的110%～130%时，风电机组应能够通过从电力系统主动吸收动态无功电流支撑电压恢复。风电机组吸收的动态无功电流增量应响应并网点电压变化，并应满足式（5-4）

$$\Delta I_t = K_3 \times (U_t - 1.1) \times I_N \quad (1.1 \leqslant U_t \leqslant 1.3) \tag{5-4}$$

式中 ΔI_t ——风电机组吸入的动态无功电流增量，A；

K_3 ——风电机组动态无功电流比例系数，K_3 的取值范围应大于1.5；

U_t ——风电机组并网点电压标幺值；

I_N ——风电机组额定电流，A。

2）并网点电压升高期间，风电机组向电力系统输出无功电流应为并网点电压升高前输出无功电流 I_0 与动态无功电流增量 ΔI_t 之差，风电机组无功电流的最大输出能力应不低于风电机组额定电流的 1.05 倍。

3）自并网点电压跌落出现的时刻起，风电机组动态无功电流上升时间不大于 40ms。自并网点电压恢复至标称电压 110%以下的时刻起，风电机组应在 40ms 内退出主动提供的动态无功电流增量。

（3）有功功率控制能力。风电机组并网点电压升高期间，在满足动态无功电流支撑能力的前提下，风电场应具备有功功率控制能力。风电机组输出有功功率应结合当前风速情况执行当前的电力系统调度机构指令，若无调度指令，输出实际风况对应的有功功率。风电机组最大输出电流能力应不低于风电机组额定电流的 1.05 倍。

（二）光伏逆变器高电压穿越能力

光伏逆变器高电压穿越能力是指当电力系统事故或扰动引起逆变器交流出口侧电压升高时，在一定的电压升高范围和时间间隔内，逆变器能够保证不脱网连续运行的能力。光伏逆变器的高电压穿越能力基本要求如图 5－5 所示。

（1）光伏逆变器并网点电压升高至标称电压的 1.3 倍时，光伏逆变器应能不脱网连续运行 0.5s；光伏逆变器并网点电压升高至标称电压的 1.2 倍时，光伏逆变器应能不脱网连续运行 10s；光伏逆变器并网点电压升高至电压轮廓线以上时，光伏逆变器可以从电网切出。

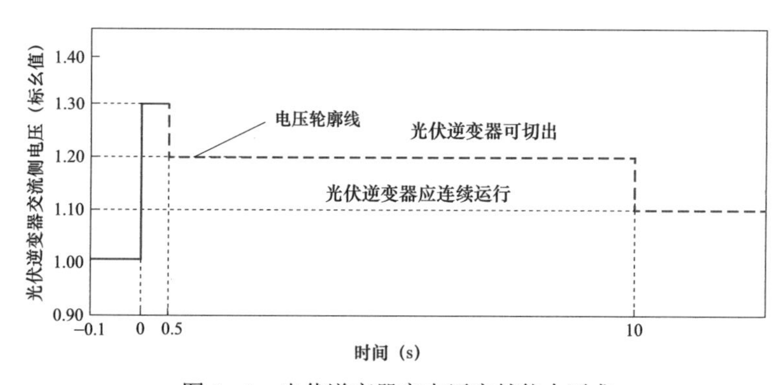

图 5－5　光伏逆变器高电压穿越能力要求

（2）有功功率要求。高电压穿越期间未脱网的逆变器，其电网故障期间输出的有功功率应保持与故障前输出的有功功率相同，允许误差不应超过 10% P_N 。

（3）动态无功能力要求。

1）自逆变器交流侧电压异常时刻起（ $U_T > 1.1$ ），动态无功电流的响应时间不大于 60ms，最大超调量不大于 20%，调节时间不大于 150ms。

2）自动态无功电流响应起直到电压恢复至正常范围（ $0.9 \leqslant U_T \leqslant 1.1$ ）期间，逆变器输出的动态无功电流 I_T 应实时跟踪并网点电压变化，并应满足式（5－5）

$$I_T = K_2 \times (1.1 - U_T) \times I_N \qquad (U_T > 1.1) \tag{5-5}$$

式中 I_T——逆变器输出动态无功电流有效值，数值为正代表输出感性无功，数值为负代表输出容性无功；

K_2——逆变器输出动态无功电流与电压变化比例值，可设置，取值范围应为0～1.5；

U_T——逆变器交流侧实际电压与额定电压的比值；

I_N——逆变器交流侧额定输出电流值。

3）对称故障时，动态无功电流的最大有效值不宜超过 $1.05I_N$；不对称故障时，动态无功电流的最大有效值不宜超过 $0.4I_N$。

4）动态无功电流控制误差不应大于±5% I_N。

第三节 故障电压穿越能力测试内容及方法

一、风电机组故障电压穿越测试

根据GB/T 19963.1—2021《风电场接入电力系统技术规定　第1部分：陆上风电》的要求，风电场应在全部机组并网调试运行后6个月内向电力系统调度机构提供并网运行风电机组故障电压穿越能力测试报告，包括风电机组高、低电压穿越测试报告，同时电力系统调度机构要求风电机组各部件软件版本信息、涉网保护定值及关键控制技术参数更改后，需向调控中心提供正式的故障穿越能力一致性技术分析及说明资料。

风电机组故障电压穿越能力测试包括低电压穿越能力测试和高电压穿越能力测试，测试内容和方法应按照GB/T 36995—2018《风力发电机组　故障电压穿越能力测试规程》的要求。

（一）测试内容

风电机组低电压穿越测试和高电压穿越测试主要对风电机组在的电压跌落或升高不同工况下风电机组的保持运行时间、无功支撑、有功功率等指标进行测试分析，评估风电机组在故障穿越过程中是否满足标准要求。

表5-5中规定的电压跌落为低电压穿越测试点的电压跌落工况要求，表5-6中规定的电压升高为高电压穿越测试点的电压跌落工况要求。

表5-5　电压跌落测试电压规格

序号	电压跌落幅值 U_T（标幺值）	电压跌落持续时间（ms）	电压跌落波形
1	0.90－0.05	2000±20	‾‾|__|‾‾
2	0.75±0.05	1705±20	‾‾|__|‾‾
3	0.50±0.05	1214±20	‾‾|__|‾‾
4	0.35±0.05	920±20	‾‾|__|‾‾
5	0.20±0.05	625±20	‾‾|__|‾‾

表 5-6 电压升高测试电压规格

序号	电压升高幅值 U_T（标幺值）	电压升高持续时间（ms）	电压升高波形
1	1.20±0.03	10000±20	⎍
2	1.25±0.03	1000±20	⎍
3	1.30±0.03	500±20	⎍

对表 5-5 和表 5-6 中列出的各种电压故障，分别在三相对称电压故障和三相不对称电压故障情况下测试，同时，风电机组有功功率要求输出分别在大功率输出和小功率输出范围内时，测试风电机组对电压故障时的响应特性。风电机组大功率指输出功率 $P>90\% P_N$，小功率输出指输出功率 P 在 $10\% P_N \sim 30\% P_N$ 范围内。

（二）测试原理及要求

测试所需的低电压和高电压工况，需要通过故障电压发生装置进行真实模拟。风电机组低电压穿越测试发生装置原理如图 5-6 所示，风电机组高电压穿越测试发生装置原理如图 5-7 所示，对于通过 35kV 及以下电压等级变压器与电网相连接的风电机组，电压故障发生装置串联接入风电机组升压变压器高压侧进行故障电压穿越测试。

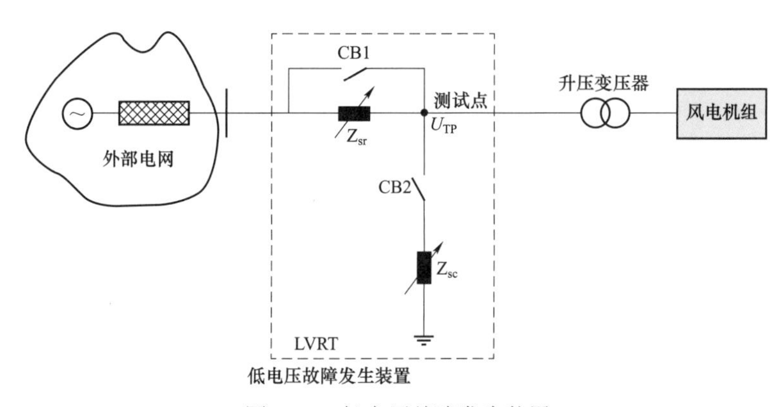

图 5-6 低电压故障发生装置

图 5-6 中 Z_{sr} 为限流阻抗，用于限制故障电压对电网及风电场内其他运行风电机组的影响。在电压故障发生前后，限流阻抗可利用旁路开关 CB1 短接，风电机组正常并网运行，测试开始时风电机组通过 CB1 开关正常并网运行，开始测试后，先打开 CB1，测试系统接入，闭合短路开关 CB2，将短路阻抗三相或两相连接在一起，可在测试点产生测试要求的电压跌落，并保持相应低电压要求保持的时间后，打开 CB2、闭合 CB1，机组重新正常并网运行。

高电压故障发生装置原理与低电压发生装置相似，装置把短路阻抗换为升压容抗，图 5-7 中 C_L 为升压支路电容，R_d 为升压支路电阻，闭合短路开关 CB3 将升压阻容三相或两相连接在一起，可在测试点产生测试要求的高电压。

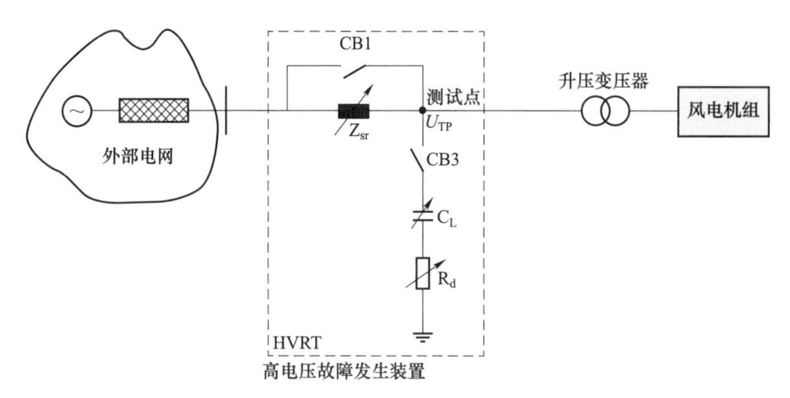

图 5-7　高电压故障发生装置

测试要求如下：

（1）测试点的短路容量至少应为风电机组额定容量的 3 倍。

（2）风电机组故障电压穿越能力测试的测试点位于机组升压变压器的高压侧。

（3）电压故障造成的设备接入点母线电压偏差应在当地电网允许的电压偏差范围内。

（4）风电故障穿越测试前，要先进行空载试验，断开风电机组负载，通过选择合适的测试装置配置方式，调节出满足故障电压和持续时间允许误差范围内的电压曲线。利用电压故障发生装置进行空载测试时，产生的电压跌落、升高的电压允许误差分别见图 5-8 和图 5-9。

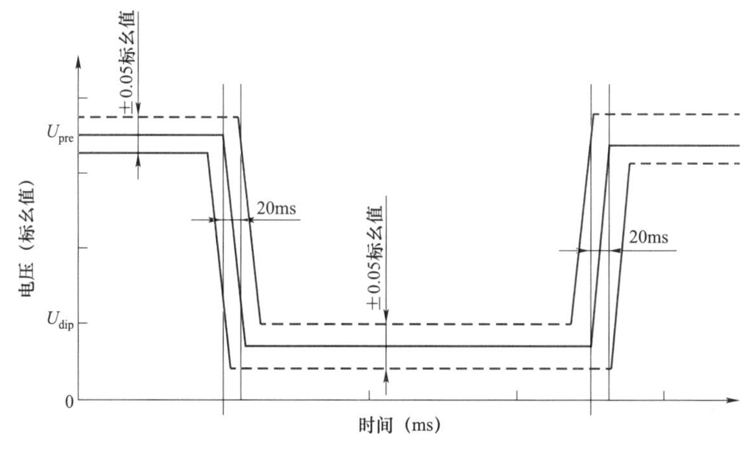

图 5-8　低电压空载测试时电压跌落允许误差

（5）测试设备精度要求如表 5-7 所示。

表 5-7　　测量设备的精度要求

设备	精度要求
电压传感器	0.2 级
电流传感器	0.5 级
电压电流数据采集系统	0.2 级

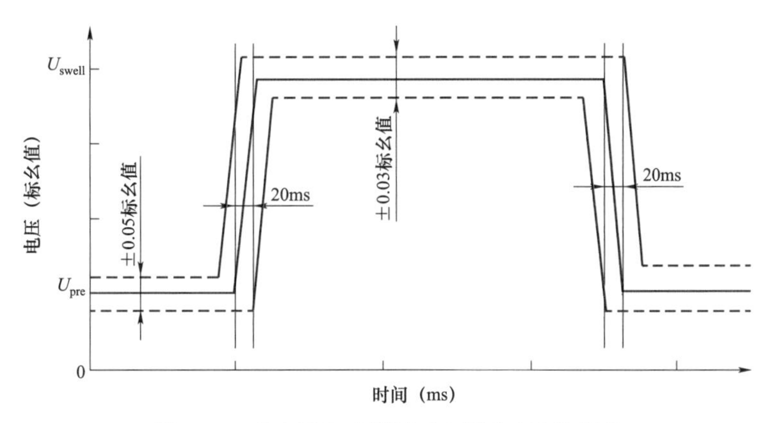

图 5－9 高电压空载测试时电压升高允许误差

（三）测试流程

1. 低电压穿越测试流程

（1）空载测试。在风电机组与电网断开的情况下，根据图 5－6 所示，按照以下步骤进行空载测试：

1）断开风电机组升压变压器与故障电压发生装置的连接开关。

2）断开旁路开关 CB1，投入限流阻抗。

3）闭合短路开关 CB2，投入短路阻抗，在测试点产生电压跌落。

4）断开短路开关 CB2，退出短路阻抗。

5）闭合旁路开关 CB1，退出限流阻抗，电网电压恢复正常。

电压跌落持续时间为短路开关闭合、断开之间的间隔时间，测试时按照表 5－5 设置电压跌落幅值及持续时间。空载测试时电压跌落应满足图 5－8 所示允许误差的要求。

（2）负载测试。负载测试时按照表 5－5 设置电压跌落幅值及持续时间，负载测试的限流阻抗及短路阻抗阻值应与空载测试保持一致。在风电机组处于并网运行时，根据图 5－6 所示，按照以下步骤进行负载测试：

1）断开旁路开关 CB1，投入限流阻抗。

2）闭合短路开关 CB2，投入短路阻抗，在测试点产生电压跌落。

3）断开短路开关 CB2，退出短路阻抗。

4）闭合旁路开关 CB1，退出限流阻抗，电网电压恢复正常。

2. 高电压穿越测试流程

（1）空载测试。在风电机组与电网断开的情况下，根据图 5－7 所示，按照以下步骤进行空载测试：

1）断开风电机组升压变压器与故障电压发生装置的连接开关。

2）断开旁路开关 CB1，投入限流阻抗。

3）闭合短路开关 CB3，投入升压阻容，使测试点电压升高。

4）断开短路开关 CB3，退出升压阻容。

5）闭合旁路开关 CB1，退出限流阻抗，电网电压恢复正常。

电压升高持续时间为升压开关闭合、断开之间的间隔时间，测试时按照表 5－6 设置电压升高幅值及持续时间。空载测试时电压升高应满足图 5－9 所示允许误差的要求。

（2）负载测试。负载测试时按照表 5－6 设置电压升高幅值及持续时间，负载测试的限流阻抗及升压阻容应与空载测试时保持一致。在风电机组处于并网运行时，根据图 5－7 所示，按照以下步骤进行负载测试：

1）断开旁路开关 CB1，投入限流阻抗。

2）闭合短路开关 CB3，投入升压阻容，在测试点产生电压升高。

3）断开短路开关 CB3，退出升压阻容。

4）闭合旁路开关 CB1，退出限流阻抗，电网电压恢复正常。

（四）结果判定

风电机组故障电压穿越测试时测试结果判定原则如下：

（1）对表 5－5 和表 5－6 中规定的每种电压故障，风电机组应连续通过两次负载测试。

（2）测试时风电机组故障电压穿越能力的判定内容为风电机组的有功功率恢复和无功电流注入情况。

（3）风电机组故障电压穿越测试的功率恢复和无功电流注入判定的考核点为测试点。

（4）风电机组低电压穿越测试的功率恢复按照本章第二节的要求判断。

（5）风电机组故障电压穿越测试的有功功率、无功功率和电压的计算方法如下：

测量电压及电流的基波正序分量时需要高采样速率的多通道数据记录仪。为防止出现相位误差，所有输入电压及电流模拟抗混叠滤波器（低通滤波器）应具有相同的频率响应。此外，基波频率下由抗混叠滤波器引起的幅值误差可忽略不计。

测量相电压及相电流后，首先计算一个基波周期内基波分量的傅里叶系数。这里仅给出 a 相电压 u 的计算公式［见式（5－6）和式（5－7）］，其他相电压及电流的计算方法与之相同。

$$u_{\mathrm{a,cos}}=\frac{2}{T}\int_{t-T}^{t}u_{\mathrm{a}}(t)\cos(2\pi f_1 t)\,\mathrm{d}t \tag{5-6}$$

$$u_{\mathrm{a,sin}}=\frac{2}{T}\int_{t-T}^{t}u_{\mathrm{a}}(t)\sin(2\pi f_1 t)\,\mathrm{d}t \tag{5-7}$$

式中 f_1——基波频率；

$u_{\mathrm{a,cos}}$——a 相电压基波余弦分量；

$u_{\mathrm{a,sin}}$——a 相电压基波正弦分量；

u_{a}——a 相电压；

T——基波周期。

其基波相电压有效值为

$$U_{a1}=\sqrt{\frac{u_{a,\cos}^2+u_{a,\sin}^2}{2}} \tag{5-8}$$

计算基波正序分量的电压及电流矢量分量，即

$$u_{1+,\cos}=\frac{1}{6}[2u_{a,\cos}-u_{b,\cos}-u_{c,\cos}-\sqrt{3}(u_{c,\sin}-u_{b,\sin})] \tag{5-9}$$

$$u_{1+,\sin}=\frac{1}{6}[2u_{a,\sin}-u_{b,\sin}-u_{c,\sin}-\sqrt{3}(u_{b,\cos}-u_{c,\cos})] \tag{5-10}$$

$$i_{1+,\cos}=\frac{1}{6}[2i_{a,\cos}-i_{b,\cos}-i_{c,\cos}-\sqrt{3}(i_{c,\sin}-i_{b,\sin})] \tag{5-11}$$

$$i_{1+,\sin}=\frac{1}{6}[2i_{a,\sin}-i_{b,\sin}-i_{c,\sin}-\sqrt{3}(i_{b,\cos}-i_{c,\cos})] \tag{5-12}$$

式中　$u_{1+,\cos}$——基波电压正序的余弦分量；

$u_{1+,\sin}$——基波电压正序的正弦分量；

$i_{1+,\cos}$——基波电流正序的余弦分量；

$i_{1+,\sin}$——基波电流正序的正弦分量。

基波正序分量的有功功率和无功功率为

$$P_{1+}=\frac{3}{2}(u_{1+,\cos}i_{1+,\cos}+u_{1+,\sin}i_{1+,\sin}) \tag{5-13}$$

$$Q_{1+}=\frac{3}{2}(u_{1+,\cos}i_{1+,\sin}-u_{1+,\sin}i_{1+,\cos}) \tag{5-14}$$

基波正序分量的线电压有效值为

$$U_{1+}=\sqrt{\frac{3}{2}(u_{1+,\sin}^2+u_{1+,\cos}^2)} \tag{5-15}$$

基波正序分量的有功电流及无功电流有效值为

$$I_{P1+}=\frac{P_{1+}}{\sqrt{3}U_{1+}} \tag{5-16}$$

$$I_{Q1+}=\frac{Q_{1+}}{\sqrt{3}U_{1+}} \tag{5-17}$$

基波正序分量的功率因数为

$$\cos\varphi_{1+}=\frac{P_{1+}}{\sqrt{P_{1+}^2+Q_{1+}^2}} \tag{5-18}$$

电压跌落或升高期间风电机组感性或容性无功电流注入时间的判定及计算方法如图 5－10 所示。

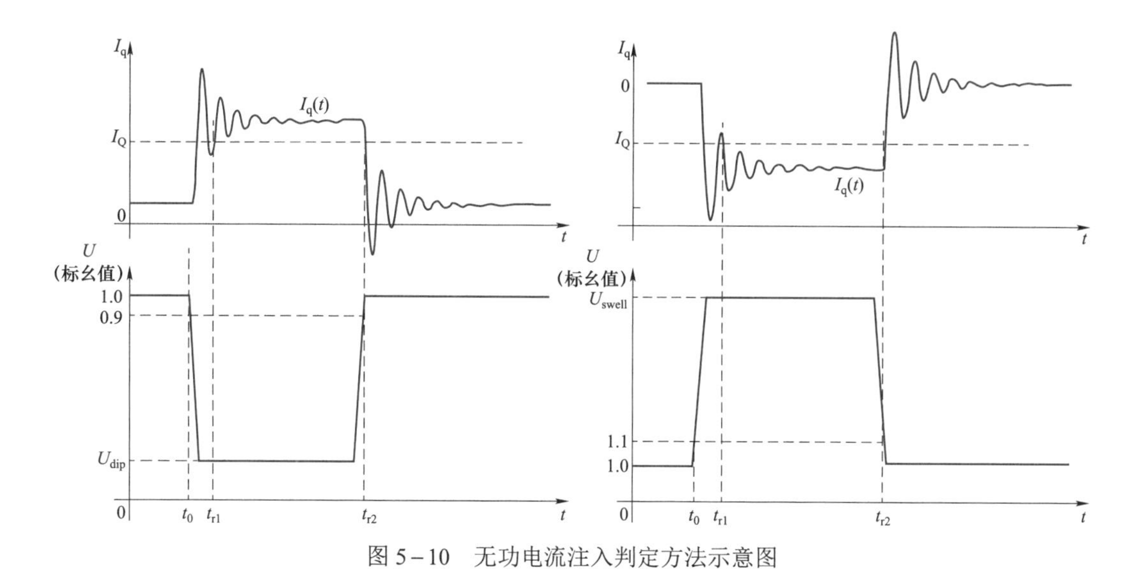

图 5-10　无功电流注入判定方法示意图

根据上图得出电压故障期间风电机组无功电流注入响应时间为

$$t_{res} = t_{r1} - t_0 \tag{5-19}$$

无功电流持续注入时间为

$$t_{last} = t_{r2} - t_{r1} \tag{5-20}$$

无功电流注入平均值为

$$I_q = \frac{\int_{t_{r1}}^{t_{r2}} I_q(t)\,dt}{t_{r2} - t_{r1}} \tag{5-21}$$

（6）风电机组连续通过表 5-5 和表 5-6 中规定的所有故障电压负载测试时，判定风电机组具备要求的低电压穿越及高电压穿越能力。

（7）故障电压穿越测试过程中，更换发电机、变流器、主控制系统、变桨控制系统和叶片等风电机组关键零部件或更改控制系统软件及参数如对测试结果产生影响，已完成的测试项目无效，风电机组应重新检测。

二、光伏逆变器故障电压穿越测试

根据 GB/T 19964—2012《光伏发电站接入电力系统技术规定》的要求，光伏发电站应在全部光伏部件并网调试运行后 6 个月内向电网调度机构提供有关光伏发电站运行特性的检测报告，即光伏发电站应向电力系统调度机构提供并网运行光伏逆变器故障电压穿越能力测试报告，包括光伏逆变器高、低电压穿越测试报告，同时电力系统调度机构要求光伏逆变器各部件软件版本信息、涉网保护定值及关键控制技术参数更改后，需向调控中心提供正式的故障穿越能力一致性技术分析及说明资料。

光伏逆变器故障电压穿越能力测试包括低电压穿越能力测试和高电压穿越能力测试，

现场对光伏发电单元进行测试时应按照 NB/T 32005—2013《光伏发电站低电压穿越检测技术规程》和 NB/T 10324—2019《光伏发电站高电压穿越检测技术规程》的要求进行测试。

（一）测试设备要求

1. 低电压穿越能力测试装置基本要求

光伏逆变器低电压穿越能力测试装置工作原理与风电机组低电压穿越能力测试装置相同，测试装置应安装在被检光伏发电单元和站内汇集母线之间，原理如图 5－11 所示。

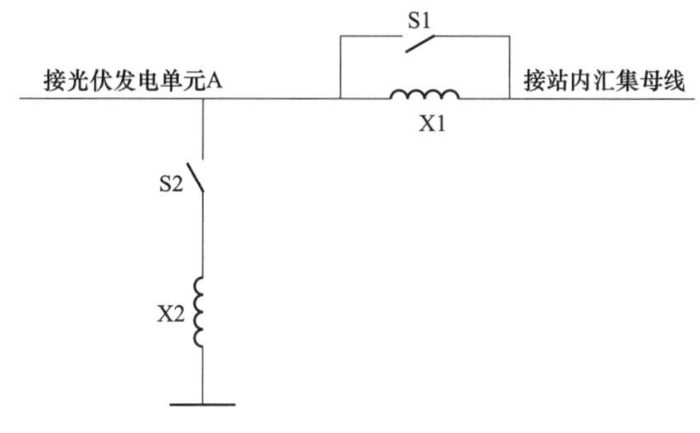

图 5－11　电压跌落发生装置示意图

（1）装置应能模拟三相对称电压跌落、相间电压跌落和单相电压跌落。

（2）限流电抗器 X1 和短路电抗器 X2 均应可调，装置应能在 A 点产生不同深度的电压跌落。

（3）电抗值与电阻值之比（X/R）应至少大于 10。

（4）三相对称短路容量应为被测光伏发电单元所配逆变器总额定功率的 3 倍以上。

（5）开关 S1、S2 应使用机械断路器或电力电子开关。

（6）电压跌落时间与恢复时间应小于 20ms。

（7）检测数据采集设备精度应至少满足表 5－8 的要求，电压互感器应满足 GB/T 20840.3—2013《互感器　第 3 部分：电磁式电压互感器的补充技术要求》的要求，电流互感器应满足 GB/T 20840.2—2014《互感器　第 2 部分：电流互感器的补充技术要求》的要求，数据采集装置的带宽应不小于 10MHz。

表 5－8　　　　测量设备仪器准确度等级要求

设备	准确度等级
电压传感器	0.5 级
电流传感器	0.5 级
数据采集系统	0.2 级

2. 高电压穿越能力测试装置基本要求

光伏逆变器高电压穿越能力测试装置工作原理与风电机组高电压穿越能力测试装置相同，测试装置应安装在被检光伏发电单元和站内汇集母线之间，原理如图 5－12 所示。

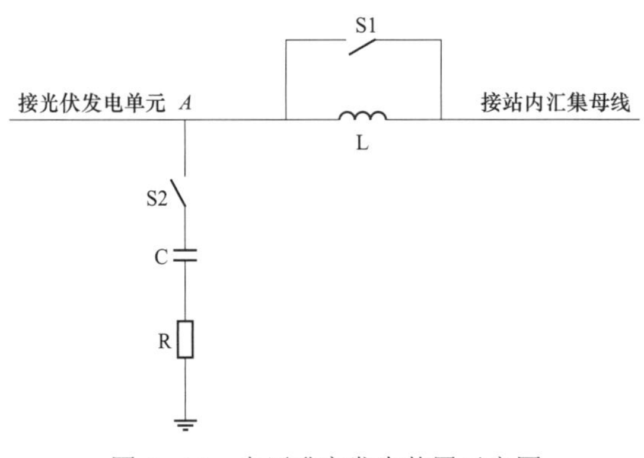

图 5－12　电压升高发生装置示意图

（1）限流电抗和升压电容应至少有一个可调，装置应能产生不同幅度的三相对称电压升高。

（2）限流电抗的电抗值与电阻值之比不应小于 10。

（3）限流电抗接入后测试点 A 的短路容量应不小于被测光伏发电单元额定容量的 3 倍。

（4）升压开关应能精确控制所有三相电路中升压电容和阻尼电阻的投入及切除时间，产生的高电压持续时间误差应小于 20ms，电压升高幅值误差应小于 2%，如图 5－13 所示。

（5）装置所产生的电压阶跃时间应小于 20ms，电压超调量应小于 0.1%。

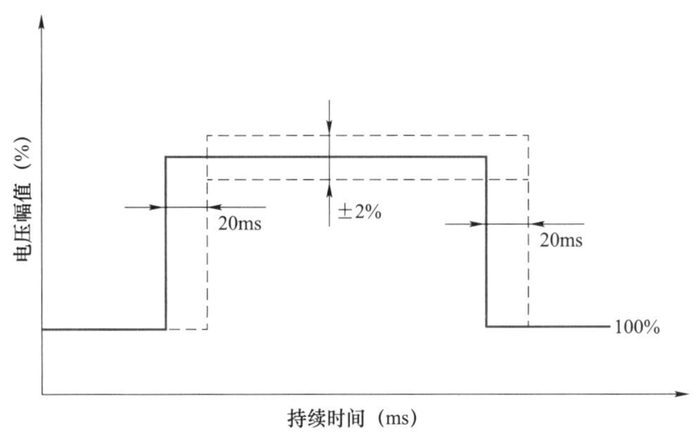

图 5－13　电压升高误差

（6）测量仪器准确度等级应满足表 5－9 的要求，电压互感器应满足 GB/T 20840.3—2013《互感器　第 3 部分：电磁式电压互感器的补充技术要求》的要求，电流互感器应满足 GB/T 20840.2—2014《互感器　第 2 部分：电流互感器的补充技术要求》的要求，数据采集装置带宽不应小于 10kHz。

表 5-9　　测量设备仪器准确度等级要求

设备仪器	准确度等级要求
电压传感器	0.5 级
电流传感器	0.5 级
数据采集系统	0.2 级

（二）测试内容及方法

1. 低电压穿越能力测试

（1）检测前准备。开展低电压穿越测试前，光伏发电单元的逆变器应工作在与实际投入运行时一致的控制模式下，按照图 5-14 所示，连接光伏发电单元、电压跌落发生装置以及其他相关设备。

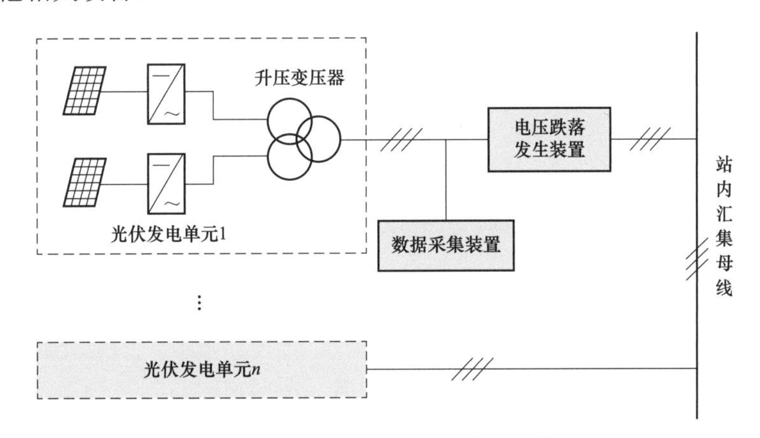

图 5-14　低电压穿越能力检测示意图

检测应至少选取 5 个跌落点，其中应包含 $0\%U_n$（U_n 为光伏发电站内汇集母线标称电压）和 $20\%U_n$ 跌落点，其他各跌落点应在（20%～50%）U_n、（50%～75%）U_n、（75%～90%）U_n 三个区间内均有分布，并按照图 5-3 的曲线要求选取跌落时间。

（2）空载测试。光伏发电单元投入运行前应先进行空载测试，检测应首先确定被测光伏发电单元逆变器处于停运状态，调节电压跌落发生装置，模拟线路三相对称短路故障，电压跌落点应满足 5 个检测跌落点的要求。调节电压跌落发生装置，随机模拟表 5-10 中的一种线路不对称短路故障，电压跌落点也应满足 5 个检测跌落点的要求。测量并调整检测装置参数，使得电压跌落幅值和跌落时间满足图 5-15 的容差要求。

表 5-10　　线路不对称短路故障类型

故障类型	故障相		
单相接地故障	A 相接地短路	B 相接地短路	C 相接地短路
两相相间故障	AB 相间短路	BC 相间短路	CA 相间短路
两相接地故障	AB 相间短路	BC 相间短路	CA 相间短路

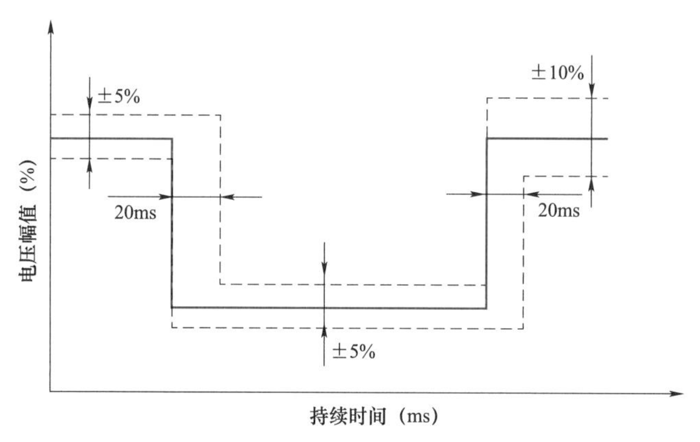

图 5－15　电压跌落容差

（3）负载测试。负载测试应在空载测试结果满足要求的情况下进行。负载测试时电抗器参数配置、不对称故障模拟工况的选择以及电压跌落时间选取应与空载测试保持一致。测试应将光伏发电单元投入运行，调节光伏发电单元输出功率为 10%P_N～30%P_N，控制电压跌落发生装置进行三相对称电压跌落，在升压变压器高压侧或低压侧分别通过数据采集装置记录被测光伏发电单元电压和电流的波形，应至少记录电压跌落前 10s 到电压恢复正常后 6s 之间的数据。然后控制电压跌落发生装置进行不对称电压跌落，在升压变压器高压侧或低压侧分别通过数据采集装置记录被测光伏发电单元电压和电流的波形，应至少记录电压跌落前 10s 到电压恢复正常后 6s 之间的数据。调节光伏发电单元输出功率不小于 70%P_N，重复上述测试步骤，P_N 为被测光伏发电单元所配逆变器总额定功率。

（4）数据处理。空载检测及负载检测结束后，按照风电机组故障电压穿越测试数据处理方法对检测数据进行处理。对于空载测试，应记录光伏发电单元升压变压器高压侧或低压侧电压曲线。对于负载测试，经过分析处理后应得到光伏发电单元升压变压器高压侧或低压侧线电压基波正序分量曲线、光伏发电单元升压变压器高压侧或低压侧无功电流基波正序分量曲线、光伏发电单元升压变压器高压侧或低压侧基波正序分量的有功功率曲线、光伏发电单元升压变压器高压侧或低压侧基波正序分量的无功功率曲线。

2. 高电压穿越能力测试

（1）检测前准备。高电压穿越测试前，被测光伏发电单元的逆变器应工作在与实际投入运行时一致的控制模式下，将电压升高发生装置串联在光伏发电单元和站内汇集母线之间，如图 5－16 所示。

检测应至少选取 2 个电压升高点，其中应包含在 110%U_n＜U≤120%U_n 以及 120%U_n＜U≤130%U_n 两个电压范围内选取 2 个电压升高点，并按图 5－5 的要求选取跌落时间，其中 U_n 为光伏发电站内汇集母线标称电压，检测应分别在被测逆变器运行在 10%P_N～30%P_N 和不小于 70%P_N 两种工况下进行测试。

（2）负载测试。如图 5－16 所示，空载测试首先断开被测光伏发电单元升压变压器与电压升高发生装置的连接开关 S1，调节电压升高发生装置，模拟三相对称故障，使电压升高点满足电压升高检测点的要求，调节每个测试点的电压升高幅值和持续时间，使电压满足图 5－13 的误差要求。

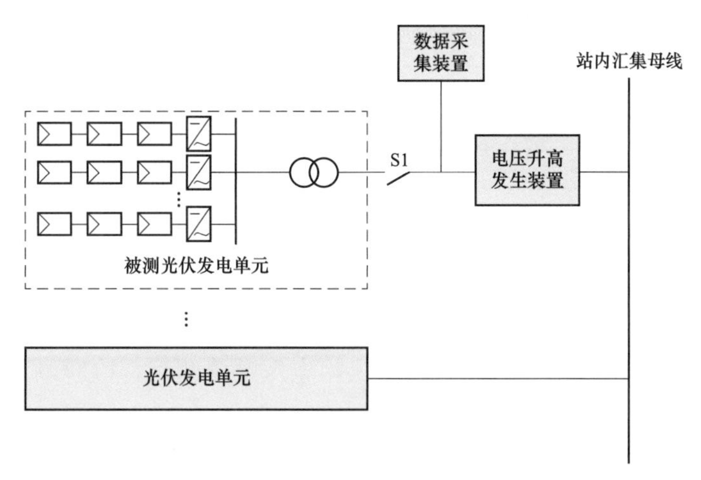

图 5－16　高电压穿越能力测试示意图

（3）负载测试。光伏发电单元应分别在 10%P_N～30%P_N 和不小于 70%P_N 两种工况下进行高电压穿越测试，测试时电压升高发生装置的参数应与空载测试时保持一致，所有测试点应连续测试 2 次，闭合被测光伏发电单元升压变压器与电压升高发生装置的连接开关 S1，确定被测光伏发电单元逆变器处于并网运行状态，控制电压升高发生装置模拟三相对称电压升高，在升压变压器高压侧通过数据采集装置记录被测光伏发电单元电压和电流的数据，记录至少从电压升高前 10s 到电压恢复正常后 6s 之间的数据。

（4）数据处理。空载检测及负载检测结束后，按照风电机组故障电压穿越测试数据处理方法对检测数据进行处理。空载测试和负载测试应记录和分析处理后的数据与光伏发电单元低电压穿越能力测试数据内容一致。

第四节　工程案例应用分析

一、风电机组故障穿越能力测试案例分析

（一）风电机组参数

风电机组为双馈型风电机组，参数如表 5－11 所示。

表 5－11　　风电机组参数

序号	项目	参数
1	风电机类型	三叶片、水平轴、上风向、变桨、变速、双馈
2	轮毂高度	65m
3	风轮直径	77.1m
4	额定功率 P_N	1500kW
5	额定视在功率 S_N	1632kVA
6	额定无功功率 Q_N	640kvar
7	额定电压 U_N	690V

续表

序号	项目	参数
8	额定电流 I_N	1255A
9	额定频率 f_N	50Hz
10	额定风速 v_N	11.5m/s

（二）测试项目

1. 风电机组低电压穿越测试内容

（1）风电机组空载测试。进行两相、三相电压跌落测试，检验测试设备跌落配置情况。

（2）风电机组小功率（$10\%P_N \leqslant P \leqslant 30\%P_N$）。进行两相、三相电压跌落测试，测试点电压跌落幅值、持续时间见表5－12。

（3）风电机组大功率（$P>90\%P_N$）。进行两相、三相电压跌落测试，测试点电压跌落幅值、持续时间见表5－12。

表5－12　测试项目表

运行工况	电压跌落幅值（标幺值）	跌落持续时间（ms）
$10\%P_N \leqslant P \leqslant 30\%P_N$	0.90－0.05	2000±20
	0.75±0.05	1705±20
	0.50±0.05	1214±20
	0.35±0.05	920±20
	0.20±0.05	625±20
$P>90\%P_N$	0.90－0.05	2000±20
	0.75±0.05	1705±20
	0.50±0.05	1214±20
	0.35±0.05	920±20
	0.20±0.05	625±20

2. 风电机组高电压穿越测试内容

（1）风电机组空载测试。进行三相、两相电压升高测试，检验测试设备电压升高配置情况。

（2）风电机组小功率（$10\%P_N \leqslant P \leqslant 30\%P_N$）。进行三相、两相电压升高测试，测试点电压升高幅值、持续时间见表5－13。

（3）风电机组大功率（$P>90\%P_N$）。进行三相、两相电压升高测试，测试点电压升高幅值、持续时间见表5－13。

表5－13　测试项目表

运行工况	电压升高幅值（标幺值）	升高持续时间（ms）
$10\%P_N \leqslant P \leqslant 30\%P_N$	1.30±0.03	500±20
	1.25±0.03	1000±20
	1.20±0.03	10000±20

续表

运行工况	电压升高幅值（标幺值）	升高持续时间（ms）
$P>90\%P_N$	1.30±0.03	500±20
	1.25±0.03	1000±20
	1.20±0.03	10000±20

（三）测试数据分析

测试数据均以标幺值标注，基准值分别取为风电机组侧电压 $U_r=36.75$kV、风电机组侧电流 $I_r=23.57$A、风电机组额定功率 $P_r=1500$kW。

1. 风电机组低电压穿越测试数据分析

以风电机组电压跌落至 75%U_n 和 20%U_n 时低电压穿越运行特性举例。

（1）电压跌落至 75%U_n 的风电机组低电压穿越测试数据。图 5－17 所示为空载、三相电压跌落测试时的线电压波形，低电压空载测试时电压跌落允许误差满足要求；图 5－18 和图 5－19 所示为风电机组小功率、三相电压跌落时的风电机组特性；图 5－20 和图 5－21 所示为风电机组大功率、三相电压跌落时的风电机组特性；图 5－22 所示为空载、两相电压跌落测试时的线电压波形，低电压空载测试时电压跌落允许误差满足要求；图 5－23 和图 5－24 所示为风电机组小功率、两相电压跌落时的风电机组特性；图 5－25 和图 5－26 所示为风电机组大功率、两相电压跌落时的风电机组特性。

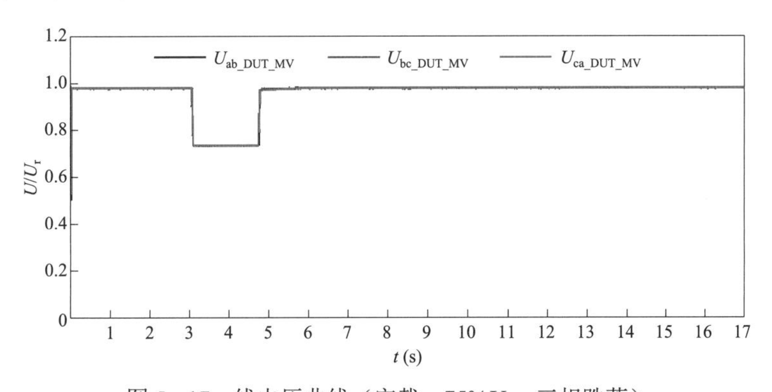

图 5－17　线电压曲线（空载、75%U_n、三相跌落）

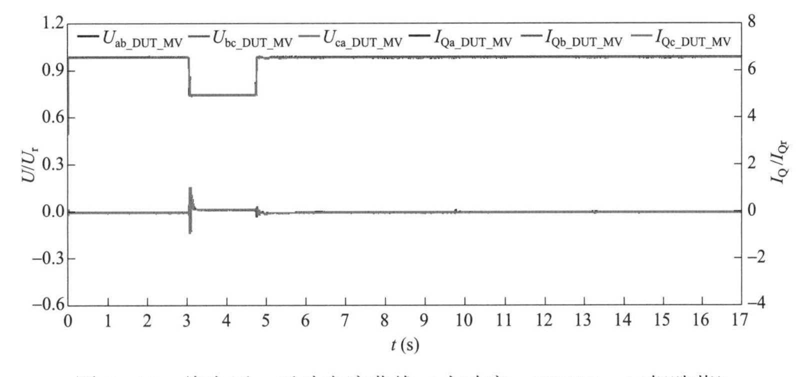

图 5－18　线电压、无功电流曲线（小功率、75%U_n、三相跌落）

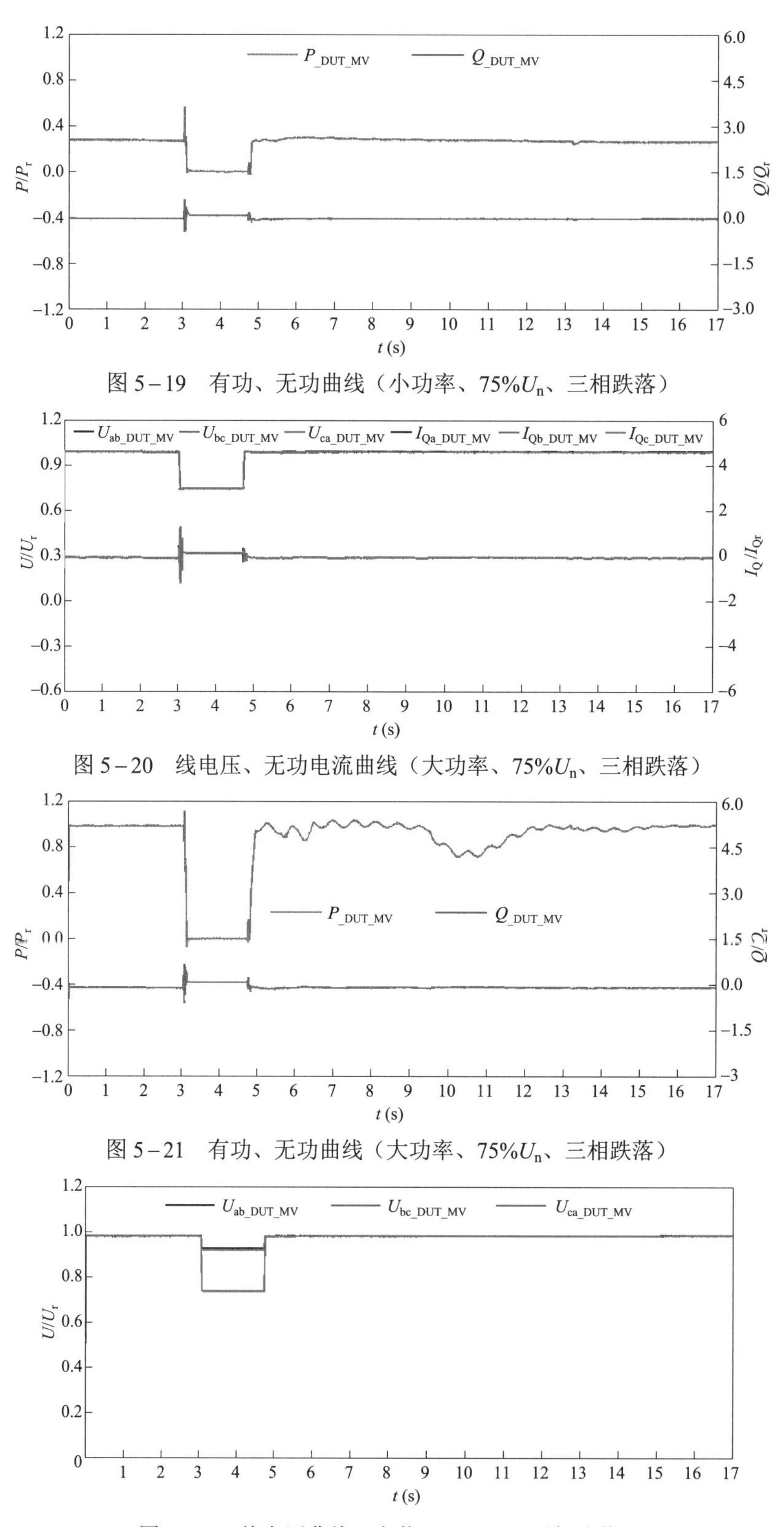

图 5-19 有功、无功曲线（小功率、75%U_n、三相跌落）

图 5-20 线电压、无功电流曲线（大功率、75%U_n、三相跌落）

图 5-21 有功、无功曲线（大功率、75%U_n、三相跌落）

图 5-22 线电压曲线（空载、75%U_n、两相跌落）

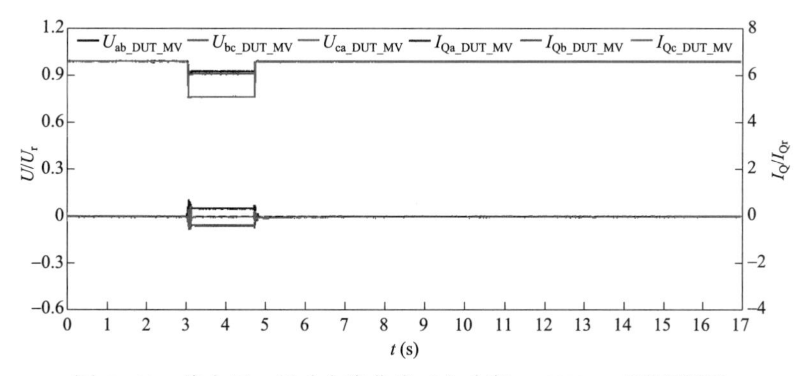

图 5-23 线电压、无功电流曲线（小功率、75%U_n、两相跌落）

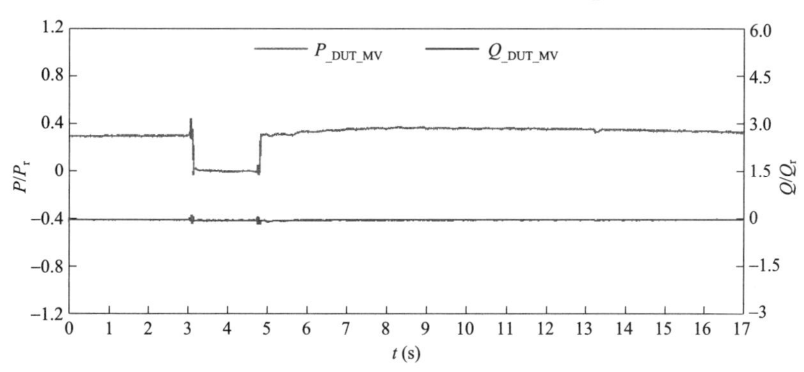

图 5-24 有功、无功曲线（小功率、75%U_n、两相跌落）

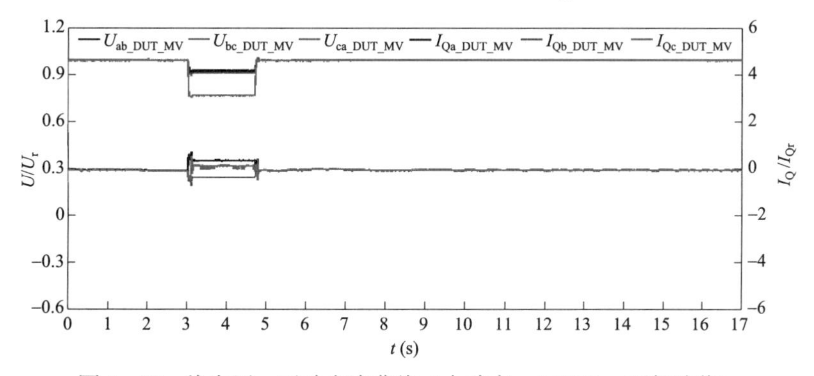

图 5-25 线电压、无功电流曲线（大功率、75%U_n、两相跌落）

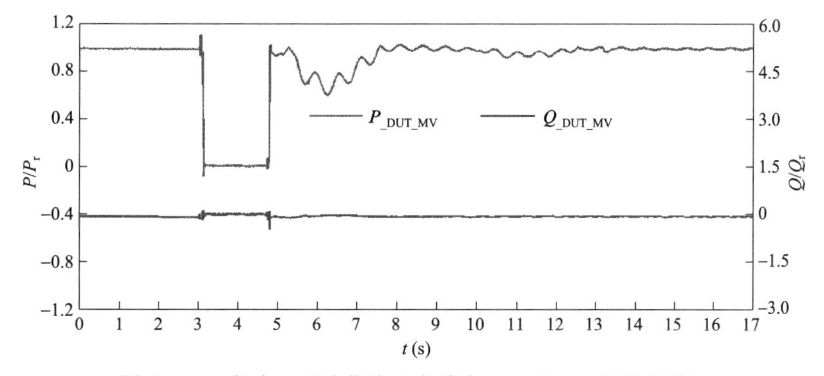

图 5-26 有功、无功曲线（大功率、75%U_n、两相跌落）

（2）电压跌落至 20%U_n 的风电机组低电压穿越测试数据。图 5-27 所示为空载、三相电压跌落时的线电压波形，低电压空载测试时电压跌落允许误差满足要求；图 5-28 和图 5-29 所示为风电机组小功率、三相电压跌落时的风电机组特性；图 5-30 和图 5-31 所示为风电机组大功率、三相电压跌落时的风电机组特性；图 5-32 所示为空载、两相电压跌落时的线电压波形，低电压空载测试时电压跌落允许误差满足要求；图 5-33 和图 5-34 所示为风电机组小功率、两相电压跌落时的风电机组特性；图 5-35 和图 5-36 所示为风电机组大功率、两相电压跌落时的风电机组特性。

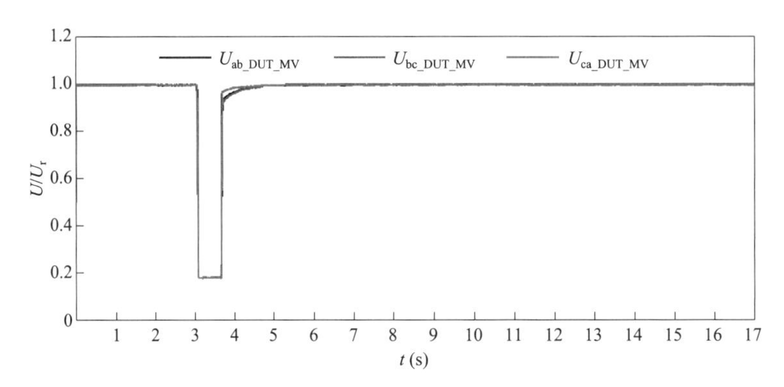

图 5-27　线电压曲线（空载、20%U_n、三相跌落）

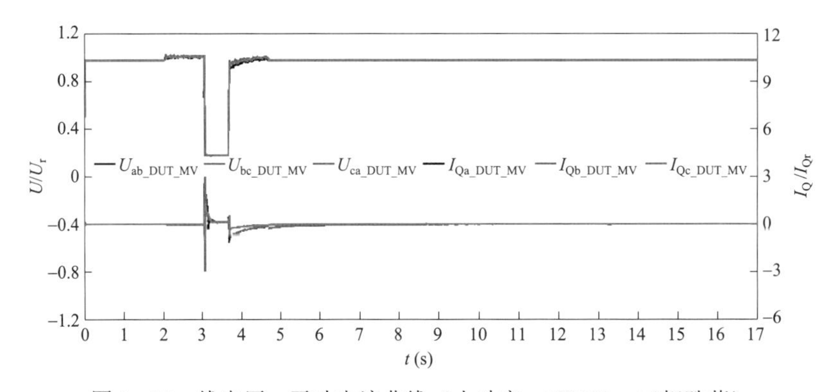

图 5-28　线电压、无功电流曲线（小功率、20%U_n、三相跌落）

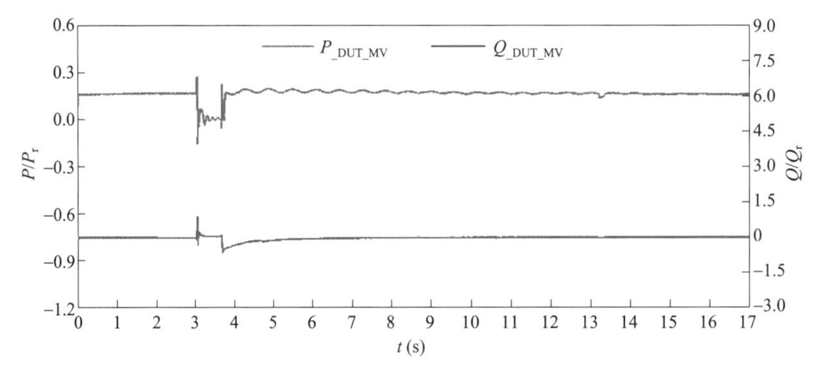

图 5-29　有功、无功曲线（小功率、20%U_n、三相跌落）

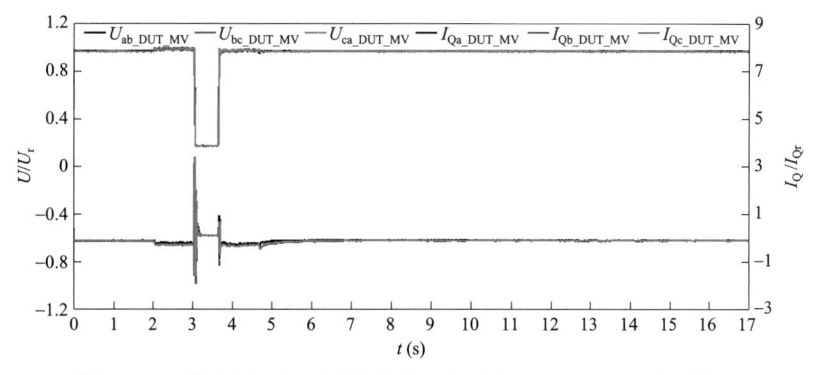

图 5-30　线电压、无功电流曲线（大功率、20%U_n、三相跌落）

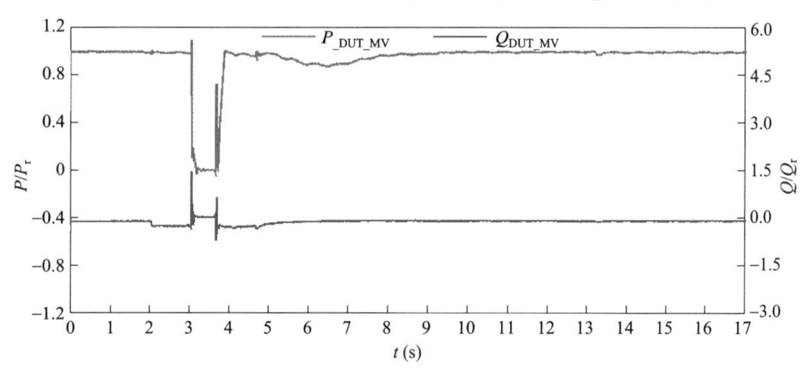

图 5-31　有功、无功曲线（大功率、20%U_n、三相跌落）

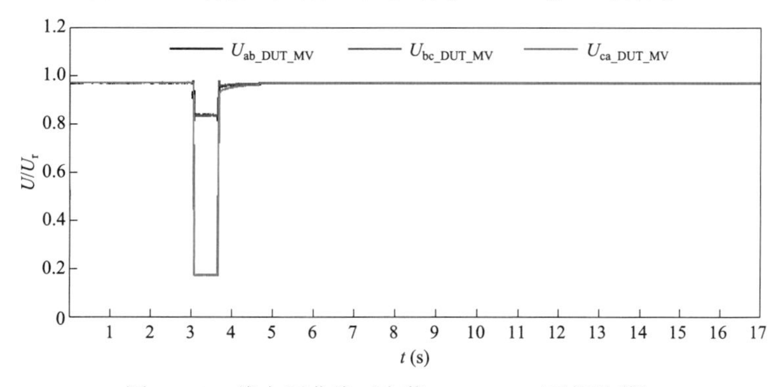

图 5-32　线电压曲线（空载、20%U_n、两相跌落）

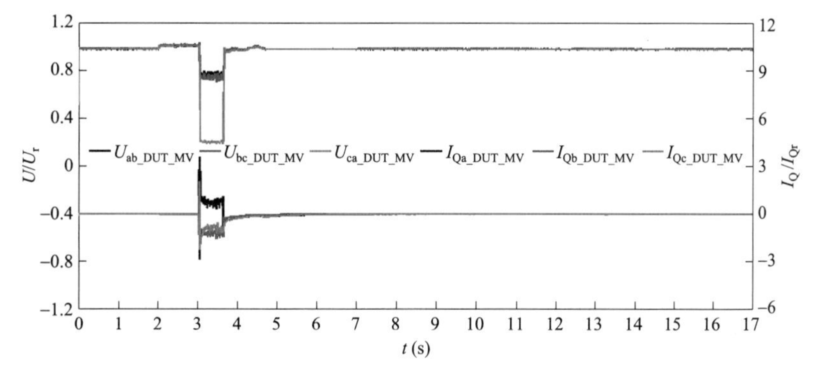

图 5-33　线电压、无功电流曲线（小功率、20%U_n、两相跌落）

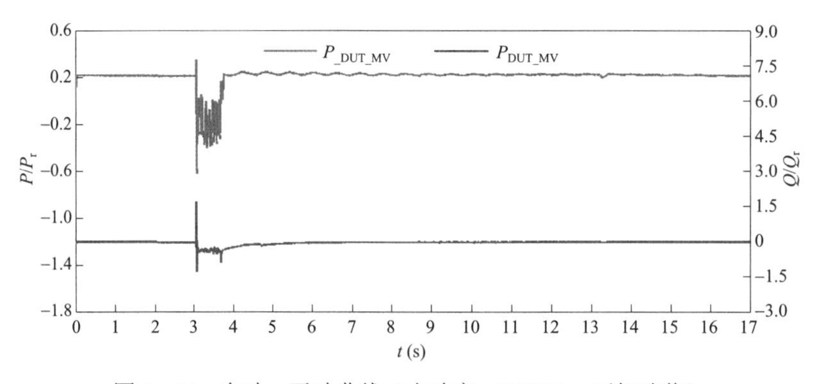

图 5-34　有功、无功曲线（小功率、20%U_n、两相跌落）

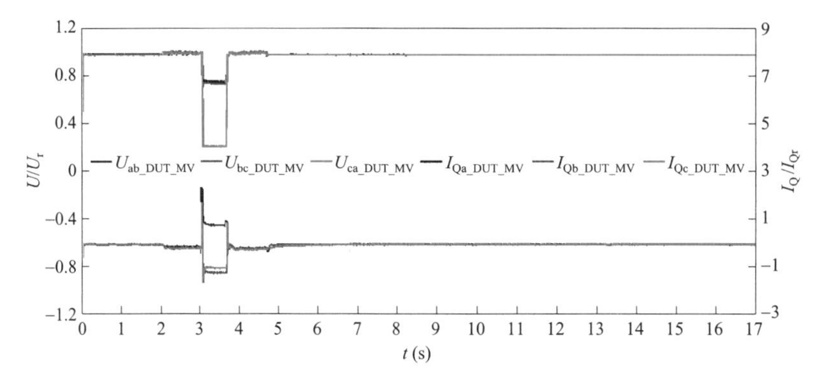

图 5-35　线电压、无功电流曲线（大功率、20%U_n、两相跌落）

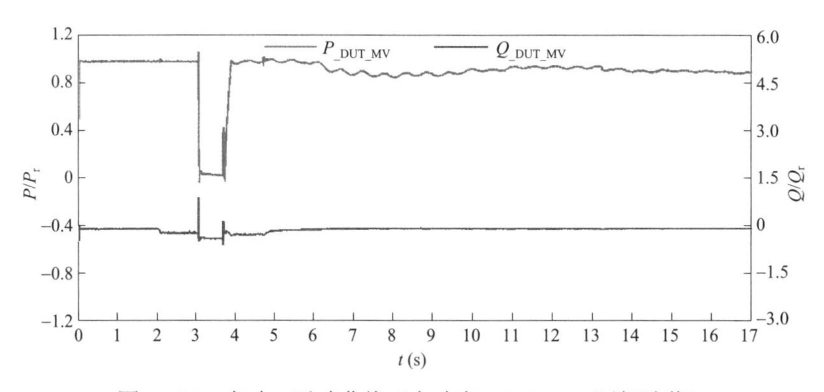

图 5-36　有功、无功曲线（大功率、20%U_n、两相跌落）

2. 风电机组高电压穿越测试数据分析

测试数据分析以风电机组电压升高至 130%U_n 时高电压穿越运行特性举例。图 5-37 所示为空载、三相电压升高时的线电压波形，高电压空载测试时电压升高允许误差满足要求；图 5-38 和图 5-39 所示为风电机组小功率、三相电压升高时的风电机组特性；图 5-40 和图 5-41 所示为风电机组大功率、三相电压升高时的风电机组特性；图 5-42 所示为风电机组空载、两相电压升高时的线电压波形，高电压空载测试时电压升高允许误差满足要求；图 5-43 和图 5-44 所示为风电机组小功率、两相电压升高时的风电机组特性；图 5-45 和图 5-46 所示为风电机组大功率、两相电压升高时的风电机组特性。

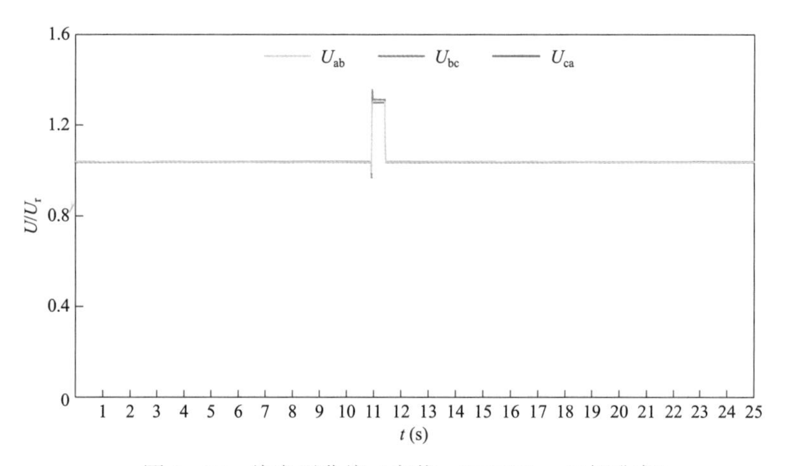

图 5－37　线电压曲线（空载、130%U_n、三相升高）

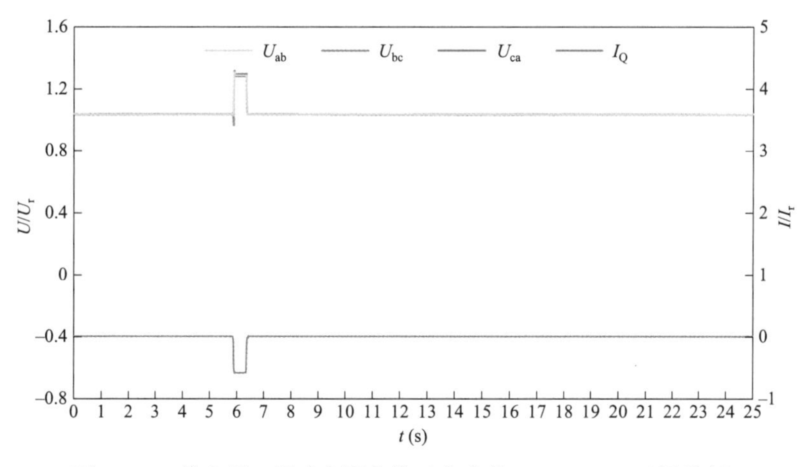

图 5－38　线电压、无功电流曲线（小功率、130%U_n、三相升高）

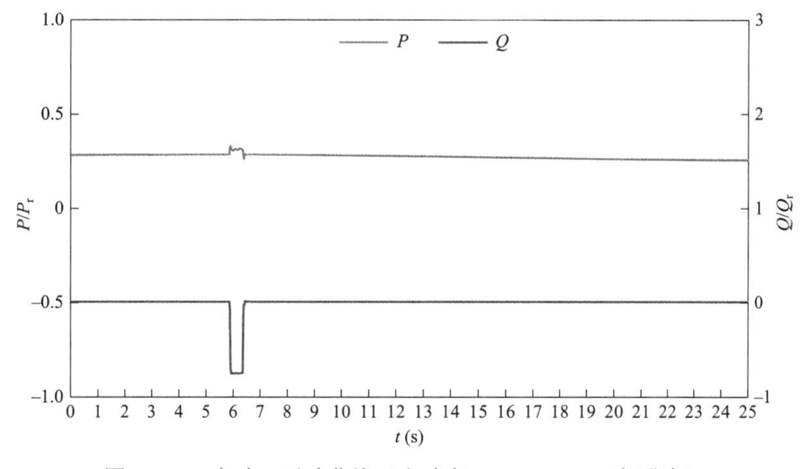

图 5－39　有功、无功曲线（小功率、130%U_n、三相升高）

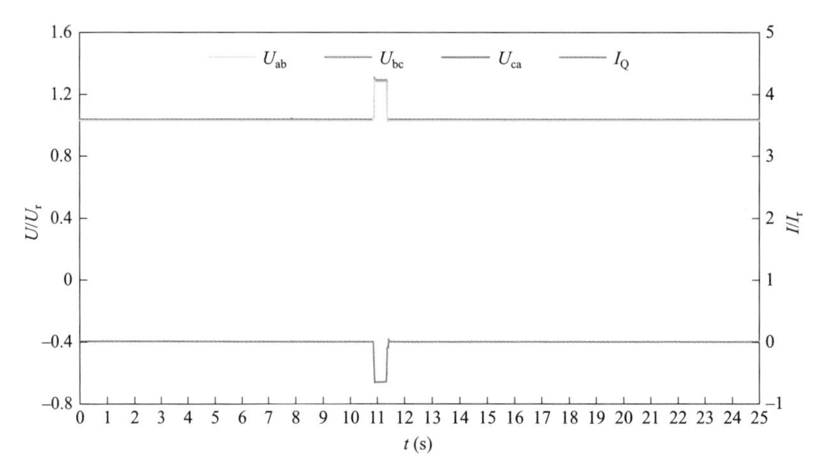

图 5－40　线电压、无功电流曲线（大功率、130%U_n、三相升高）

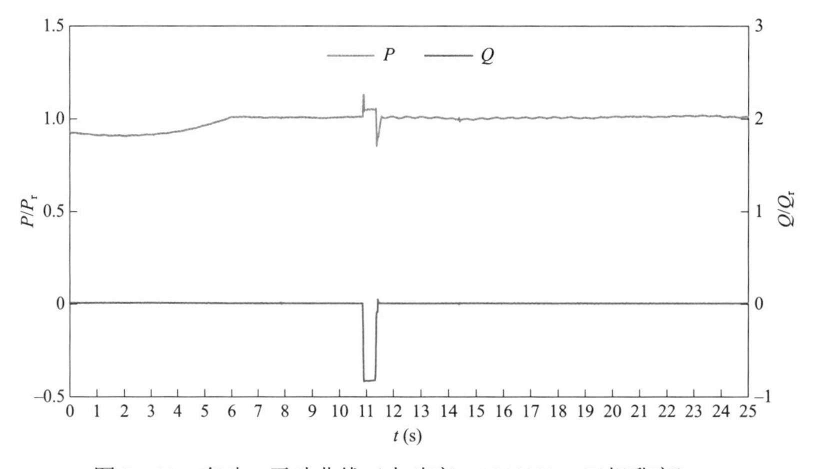

图 5－41　有功、无功曲线（大功率、130%U_n、三相升高）

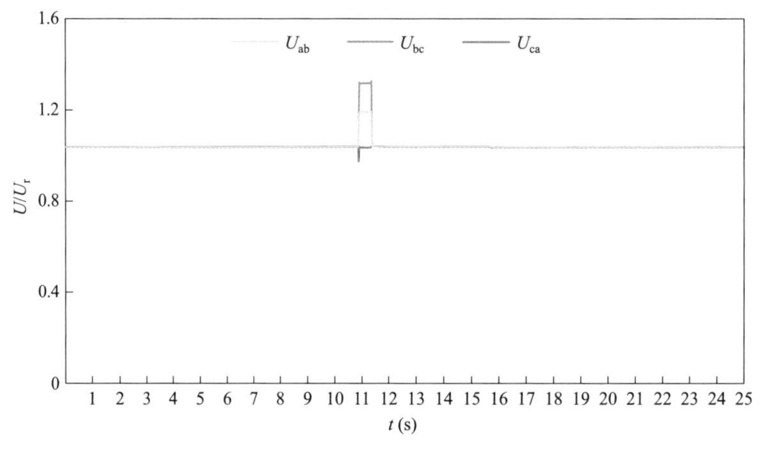

图 5－42　线电压曲线（空载、130%U_n、两相升高）

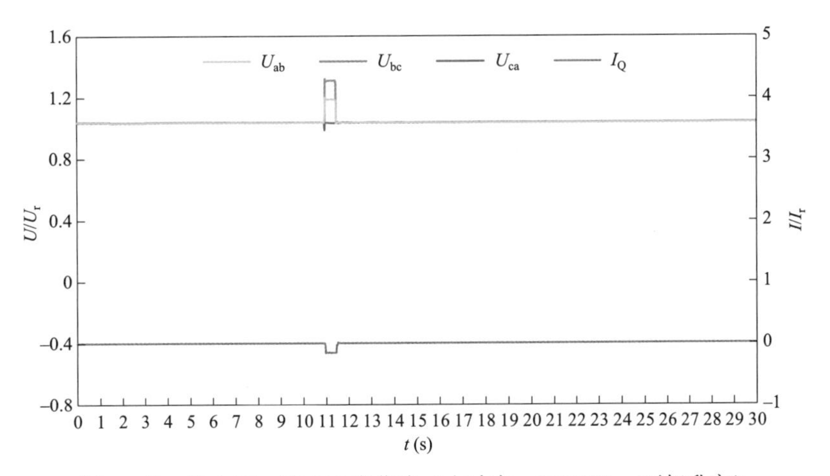

图 5-43 线电压、无功电流曲线（小功率、130%U_n、两相升高）

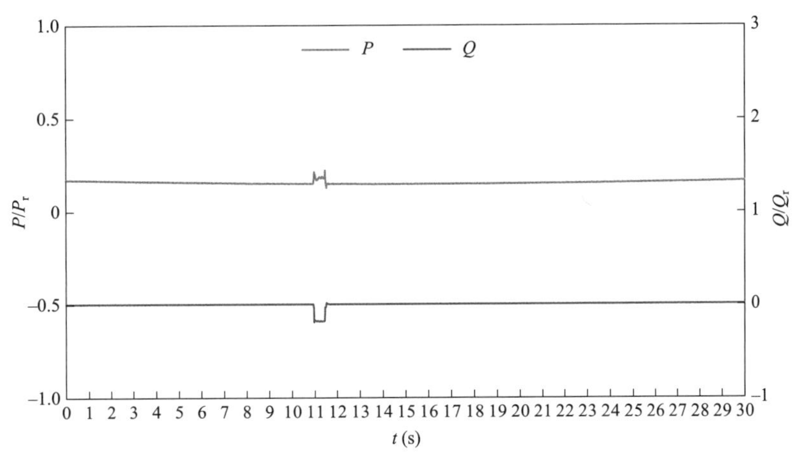

图 5-44 有功、无功曲线（小功率、130%U_n、两相升高）

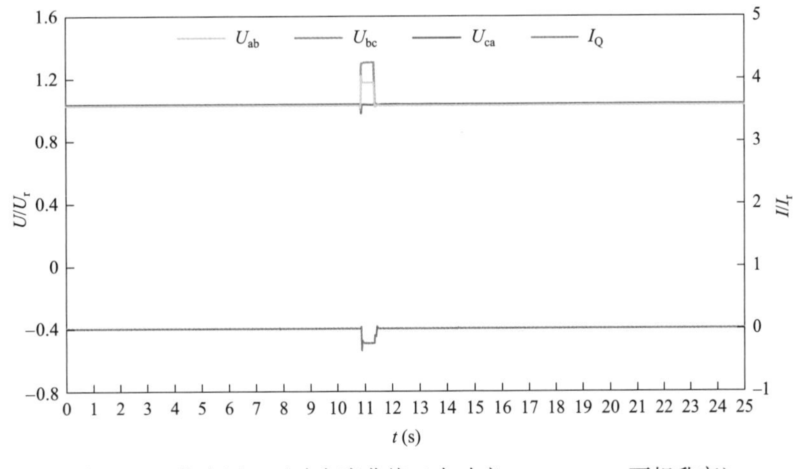

图 5-45 线电压、无功电流曲线（大功率、130%U_n、两相升高）

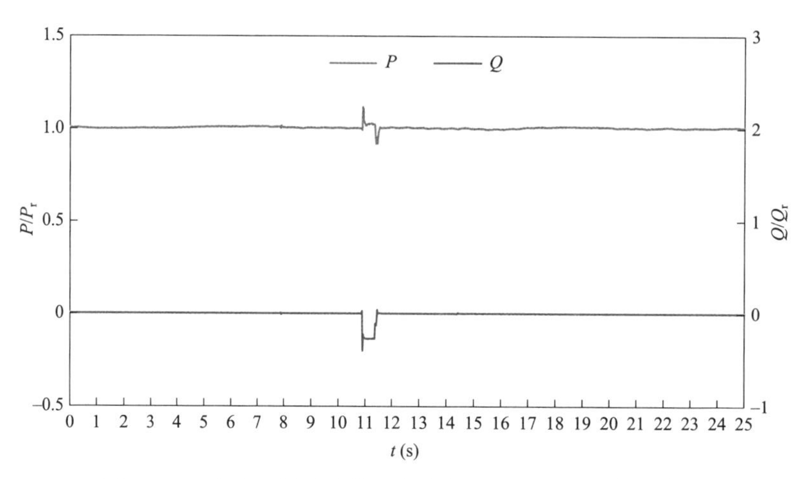

图 5-46 有功、无功曲线（大功率、130%U_n、两相升高）

二、光伏发电故障穿越能力测试案例分析

（一）光伏逆变器参数

故障穿越测试的光伏逆变器为集中式光伏逆变器，参数如表 5-14 所示。

表 5-14 光伏逆变器参数

序号	项目	参数
1	直流侧最大直流电压	1000V
2	直流侧最低电压	460V
3	最大输入直流	2440A
4	电网侧额定输出功率	1000kW
5	电网侧最大交流输出电流	2016A
6	额定电网电压	315V
7	额定电网频率	50Hz

（二）测试项目

1. 光伏逆变器低电压穿越测试内容

（1）光伏发电单元未投入运行空载测试。进行两相、三相电压跌落测试，检验测试设备电压跌落配置情况。

（2）光伏发电单元小功率（$10\%P_N \leqslant P \leqslant 30\%P_N$）。进行两相、三相电压跌落测试，测试点电压跌落幅值、跌落持续时间见表 5-15。

（3）光伏发电单元大功率（$P \geqslant 70\%P_N$）。进行两相、三相电压跌落测试，测试点电压跌落幅值、跌落持续时间见表 5-15。

表 5-15　　测试项目表

运行工况	电压跌落幅值（标幺值）	跌落持续时间（ms）
$10\%P_N \leqslant P \leqslant 30\%P_N$	0.90−0.05	2000±20
	0.60±0.05	1411±20
	0.35±0.05	920±20
	0.20±0.05	625±20
	0.00+0.05	150±20
$P \geqslant 70\%P_N$	0.90−0.05	2000±20
	0.60±0.05	1411±20
	0.35±0.05	920±20
	0.20±0.05	625±20
	0.00+0.05	150±20

2. 光伏逆变器高电压穿越测试内容

（1）光伏发电单元未投入运行空载测试。进行两相、三相电压跌落测试，检验测试设备电压跌落配置情况。

（2）光伏发电单元小功率（$10\%P_N \leqslant P \leqslant 30\%P_N$）。进行两相、三相电压升高测试，测试点电压跌落幅值、跌落持续时间见表 5-16。

（3）光伏发电单元大功率（$P \geqslant 70\%P_N$）。进行两相、三相电压升高测试，测试点电压跌落幅值、跌落持续时间见表 5-16。

表 5-16　　测试项目表

运行工况	电压升高幅值（标幺值）	升高持续时间（ms）
$10\%P_N \leqslant P \leqslant 30\%P_N$	1.20±0.02	10000±20
	1.30±0.02	500±20
$P \geqslant 70\%P_N$	1.20±0.02	10000±20
	1.30±0.02	500±20

（三）测试数据

测试数据均以标幺值标注，基准值分别取为光伏发电单元侧电压 $U_r=36.75$kV、光伏发电单元侧电流 $I_r=15.71$A、光伏发电单元额定功率 $P_r=1000$kW。

1. 光伏逆变器低电压穿越测试数据分析

测试数据分析以光伏发电单元电压跌落至 $60\%U_n$ 和 $0\%U_n$ 时低电压穿越运行特性举例。

（1）电压跌落至 $60\%U_n$ 的光伏逆变器低电压穿越测试数据。图 5-47 所示为空载、三相电压跌落时的线电压波形，低电压空载测试时电压跌落允许误差满足要求；图 5－48 和图 5－49 所示为光伏逆变器小功率、三相电压跌落时的光伏逆变器特性；图 5－50 和图 5－51 所示为光伏逆变器大功率、三相电压跌落时的光伏逆变器特性；图 5－52 所示为空载、两相电压跌落时的线电压波形，低电压空载测试时电压跌落允许误差满足要求；图 5－53 和图 5－54 所示为光伏逆变器小功率、两相电压跌落时的光伏逆变器特性；图 5－55 和图 5－56 所示为光伏逆变器大功率、两相电压跌落时的光伏逆变器特性。

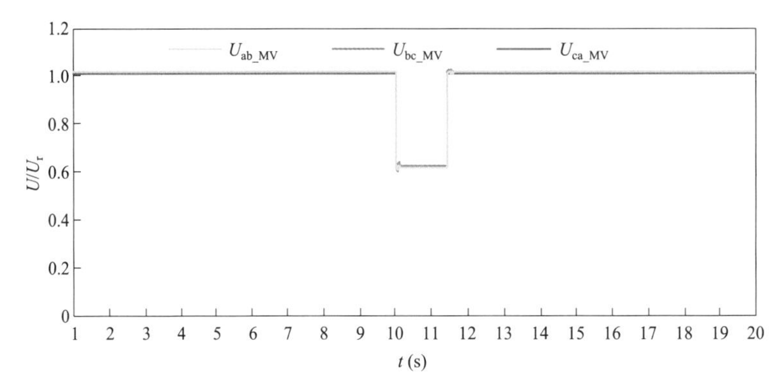

图 5－47　线电压曲线（空载、60%U_n、三相跌落）

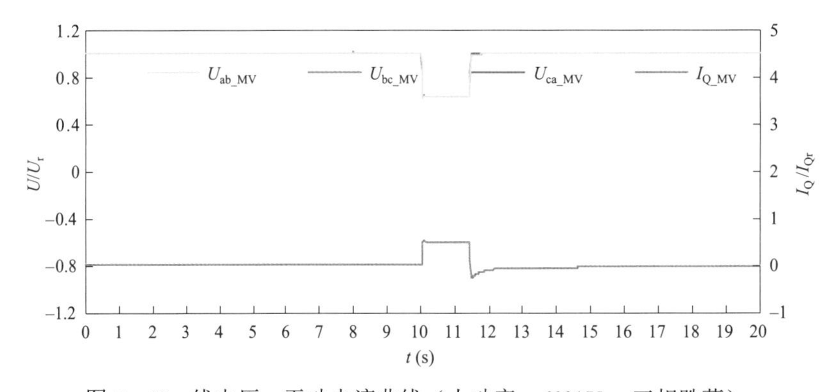

图 5－48　线电压、无功电流曲线（小功率、60%U_n、三相跌落）

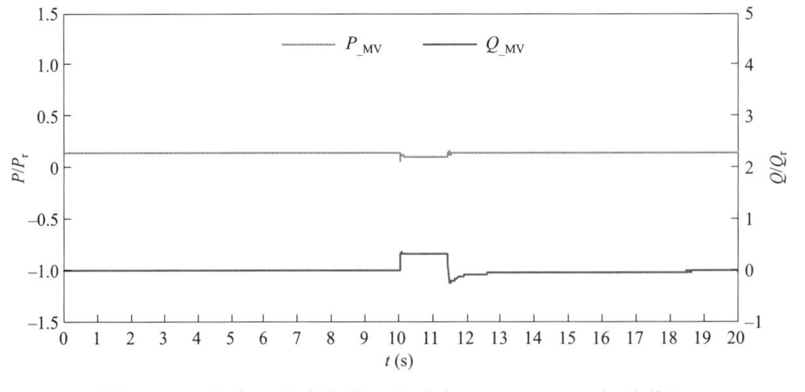

图 5－49　有功、无功曲线（小功率、60%U_n、三相跌落）

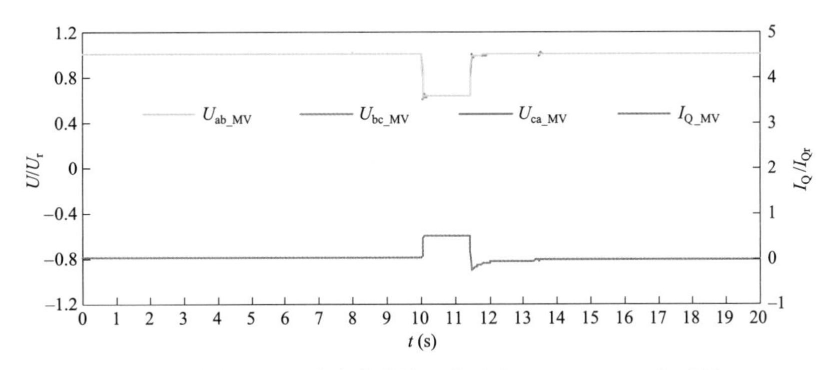

图 5－50　线电压、无功电流曲线（大功率、60%U_n、三相跌落）

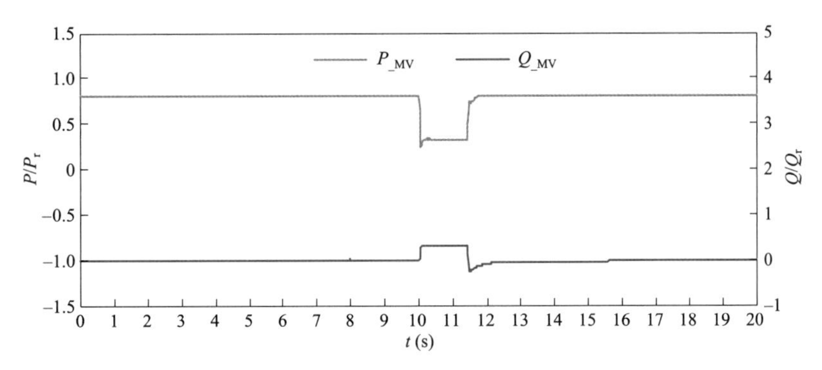

图 5－51　有功、无功曲线（大功率、60%U_n、三相跌落）

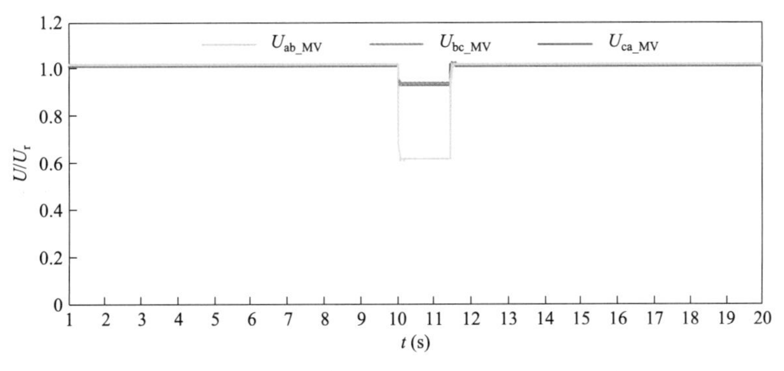

图 5－52　线电压曲线（空载、60%U_n、两相跌落）

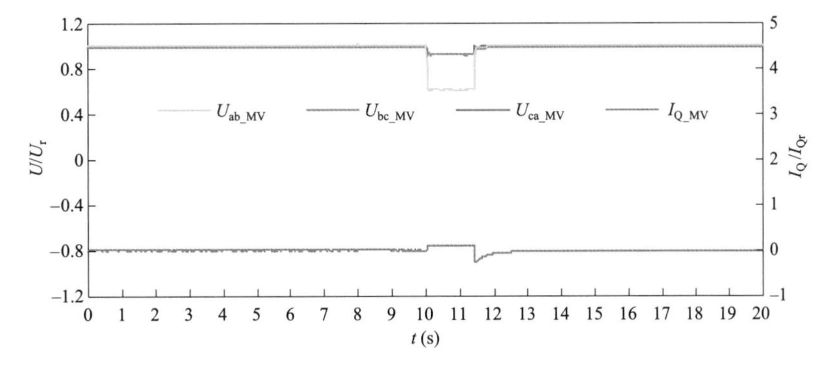

图 5－53　线电压、无功电流曲线（小功率、60%U_n、两相跌落）

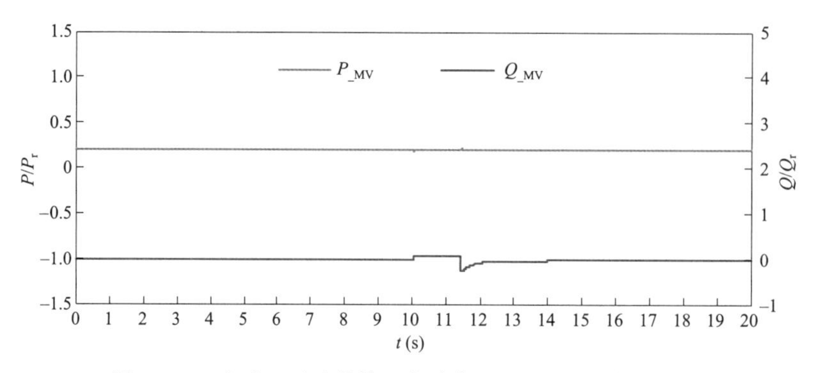

图 5-54　有功、无功曲线（小功率、60%U_n、两相跌落）

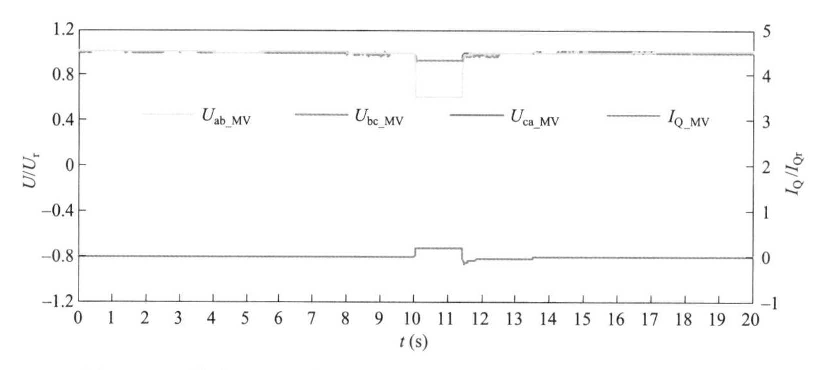

图 5-55　线电压、无功电流曲线（大功率、60%U_n、两相跌落）

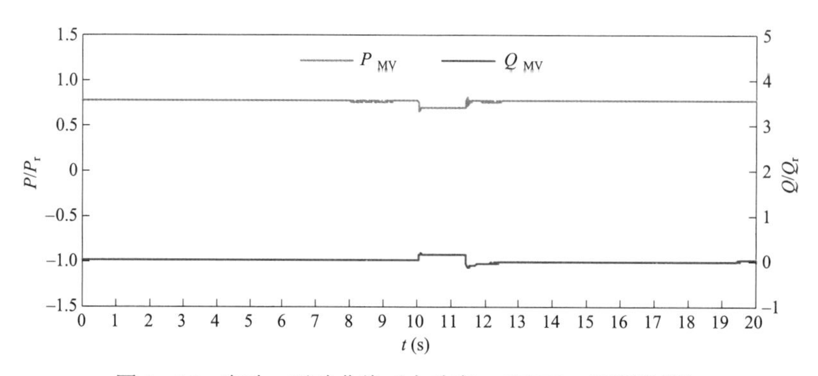

图 5-56　有功、无功曲线（大功率、60%U_n、两相跌落）

（2）电压跌落至 0%U_n 的光伏逆变器低电压穿越测试数据。图 5-57 所示为空载、三相跌落时线电压波形，低电压空载测试时电压跌落允许误差满足要求；图 5-58 和图 5-59 所示为光伏逆变器小功率、三相电压跌落时的光伏逆变器特性；图 5-60 和图 5-61 所示为光伏逆变器大功率、三相电压跌落时的光伏逆变器特性；图 5-62 所示为空载、两相跌落时线电压波形，低电压空载测试时电压跌落允许误差满足要求；图 5-63 和图 5-64 所示为光伏逆变器小功率、两相电压跌落时的光伏逆变器特性；图 5-65 和图 5-66 所示为光伏逆变器大功率、两相电压跌落时的光伏逆变器特性。

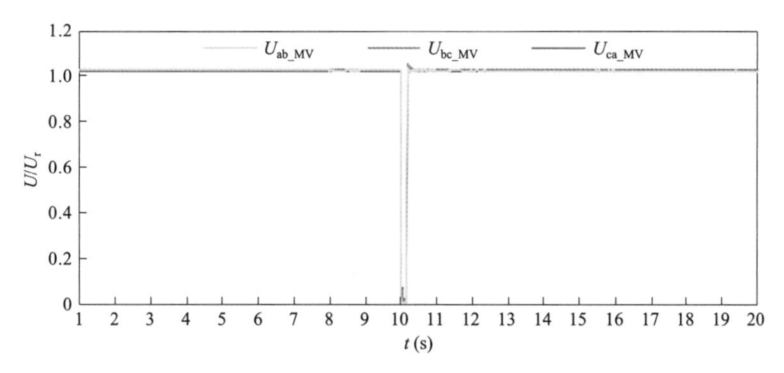

图 5-57 线电压曲线（空载、0%U_n、三相跌落）

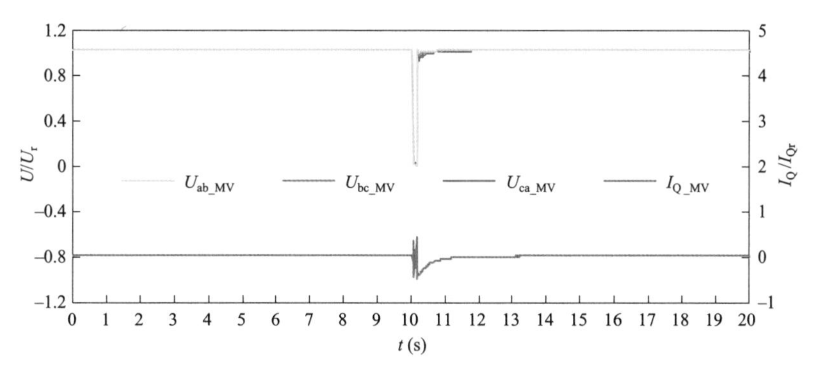

图 5-58 线电压、无功电流曲线（小功率、0%U_n、三相跌落）

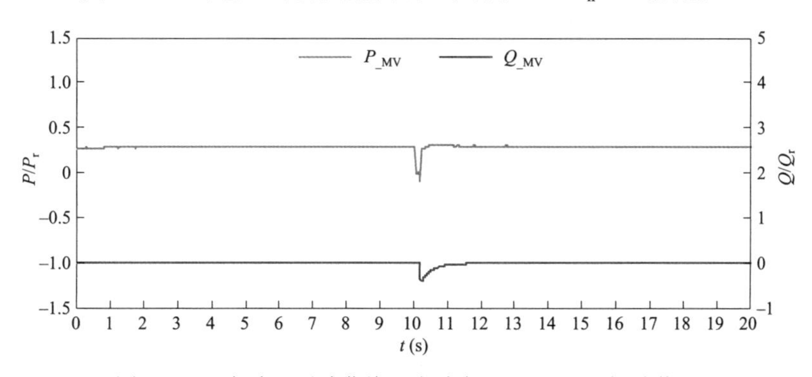

图 5-59 有功、无功曲线（小功率、0%U_n、三相跌落）

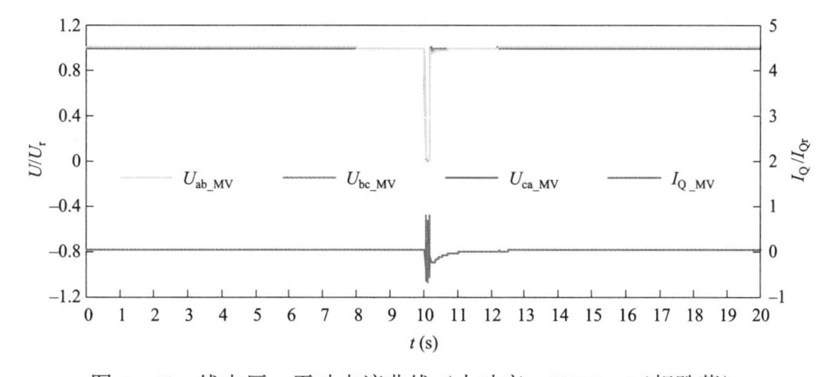

图 5-60 线电压、无功电流曲线（大功率、0%U_n、三相跌落）

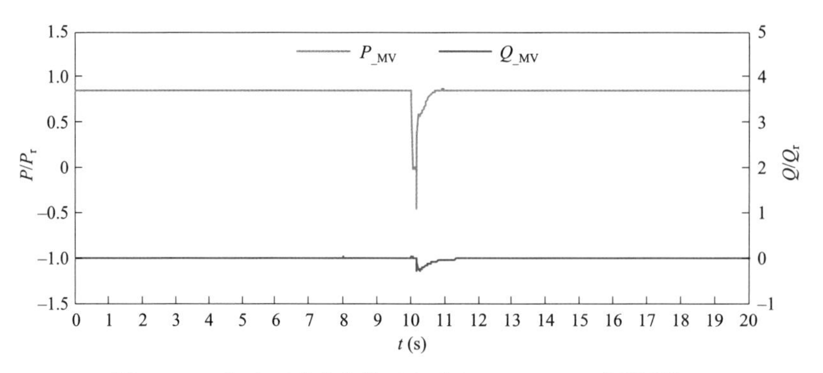

图 5-61　有功、无功曲线（大功率、0%U_n、三相跌落）

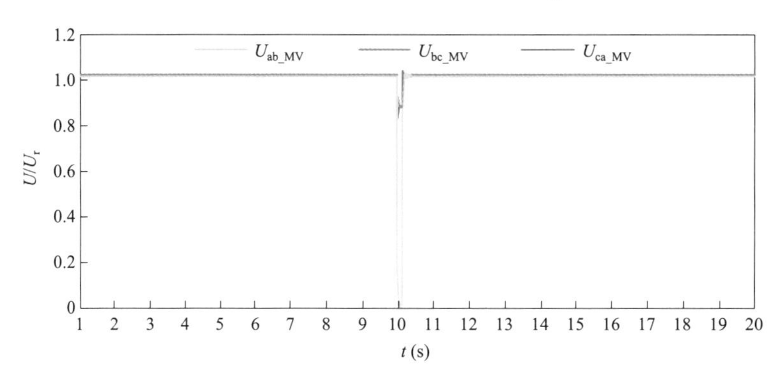

图 5-62　线电压曲线（空载、0%U_n、两相跌落）

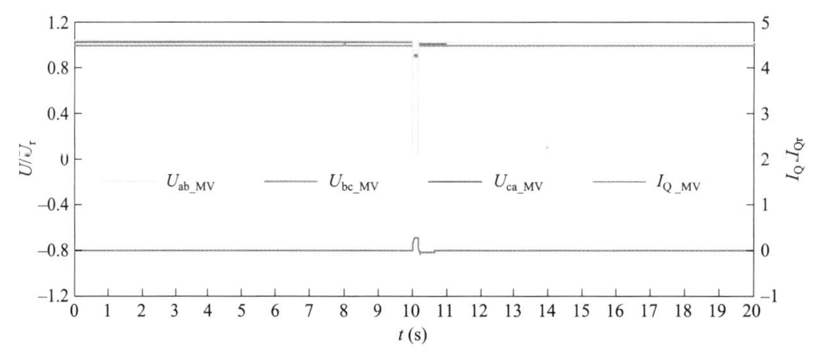

图 5-63　线电压、无功电流曲线（小功率、0%U_n、两相跌落）

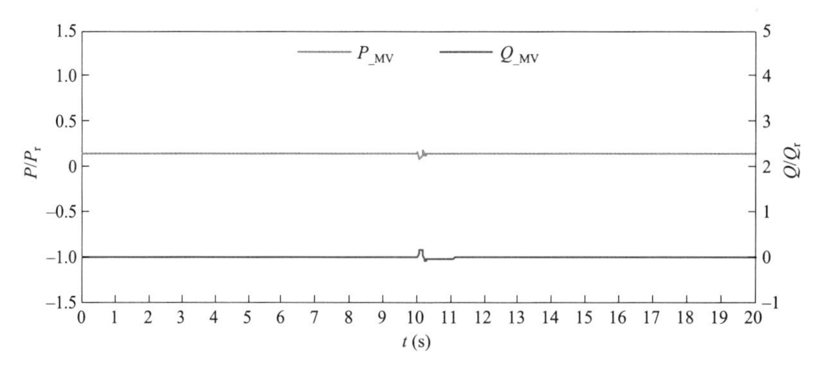

图 5-64　有功、无功曲线（小功率、0%U_n、两相跌落）

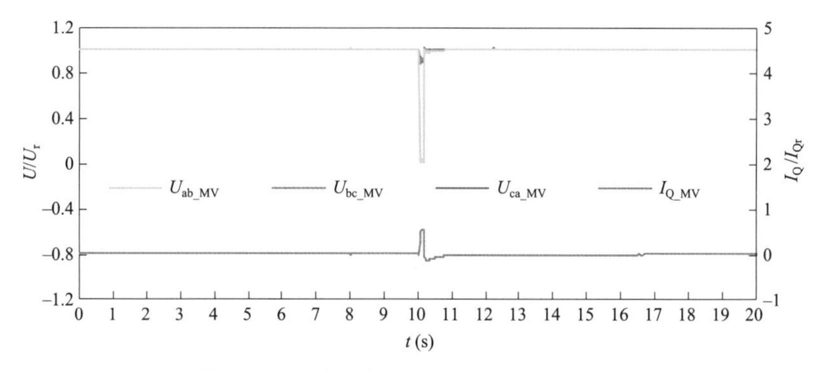

图 5-65　线电压、无功电流曲线（大功率、0%U_n、两相跌落）

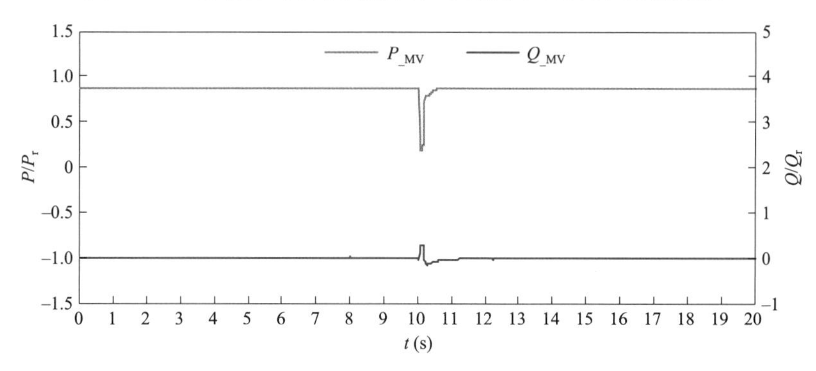

图 5-66　有功、无功曲线（大功率、0%U_n、两相跌落）

2. 光伏逆变器高电压穿越测试数据分析

测试数据分析以光伏发电单元电压升高至130%U_n时高电压穿越运行特性举例。图5-67所示为空载、三相电压升高时线电压波形，高电压空载测试时电压升高允许误差满足要求；图5-68和图5-69所示为光伏逆变器小功率、三相电压升高时的光伏逆变器特性；图5-70和图5-71所示为光伏逆变器大功率、三相电压升高时的光伏逆变器特性；图5-72和图5-73所示为光伏逆变器小功率、两相电压升高时的光伏逆变器特性；图5-74和图5-75所示为光伏逆变器大功率、两相电压升高时的光伏逆变器特性。

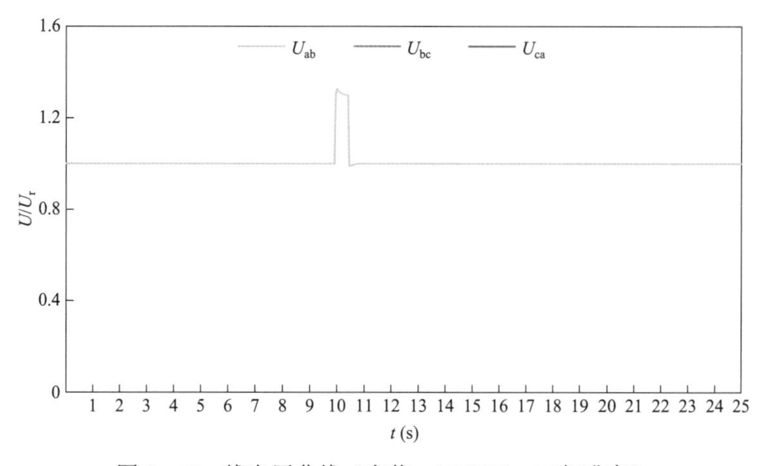

图 5-67　线电压曲线（空载、130%U_n、三相升高）

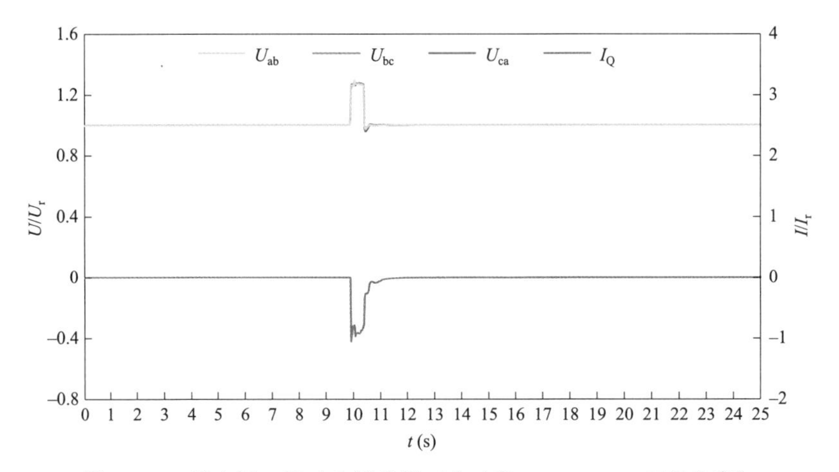

图 5－68　线电压、无功电流曲线（小功率、130%U_n、三相升高）

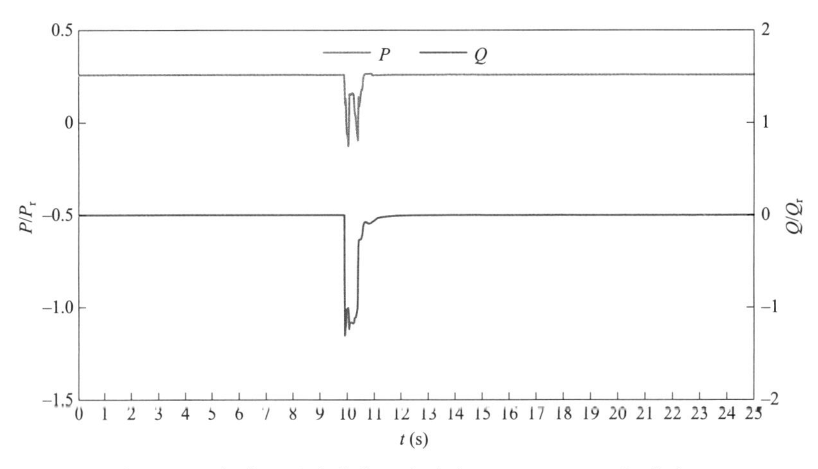

图 5－69　有功、无功曲线（小功率、130%U_n、三相升高）

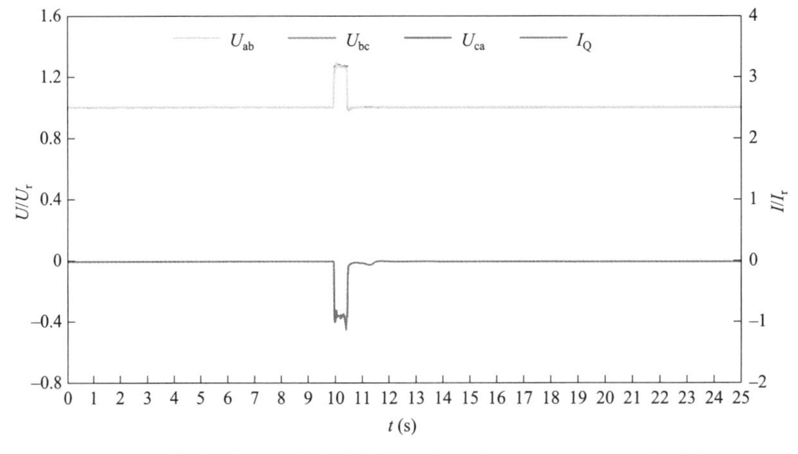

图 5－70　线电压、无功电流曲线（大功率、130%U_n、三相升高）

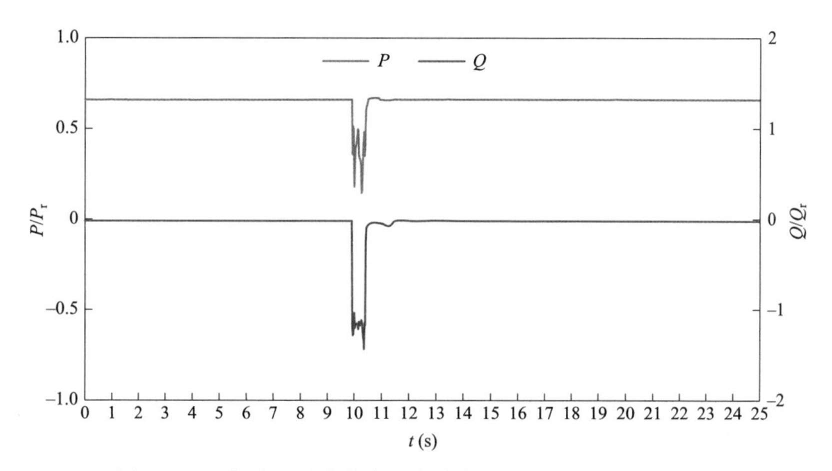

图 5－71　有功、无功曲线（大功率、130%U_n、三相升高）

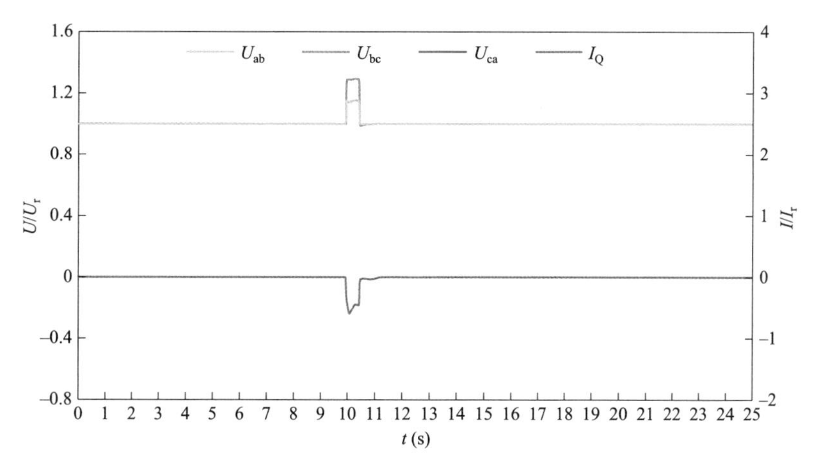

图 5－72　线电压、无功电流曲线（小功率、130%U_n、两相升高）

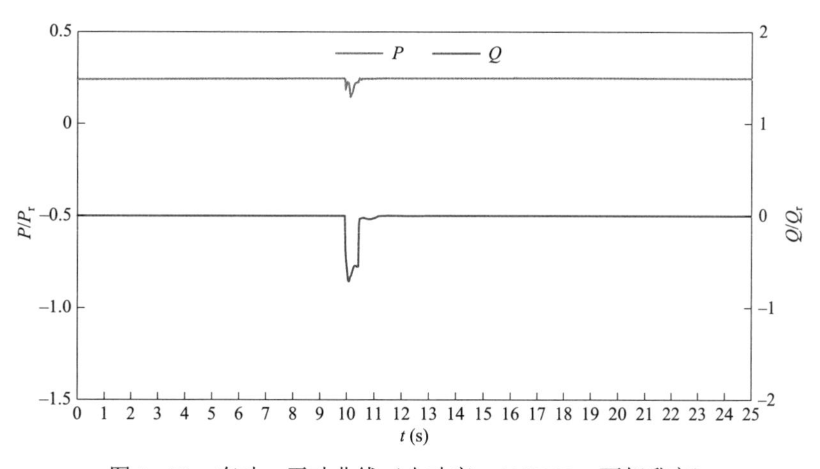

图 5－73　有功、无功曲线（小功率、130%U_n、两相升高）

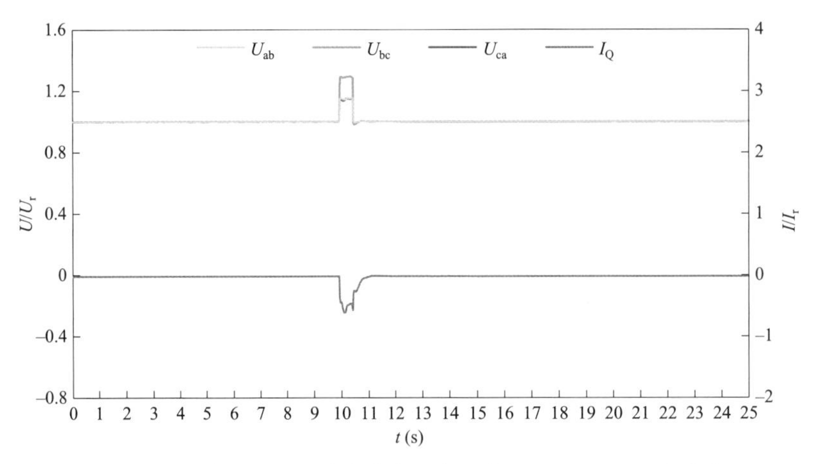

图 5－74　线电压、无功电流曲线（大功率、130%U_n、两相升高）

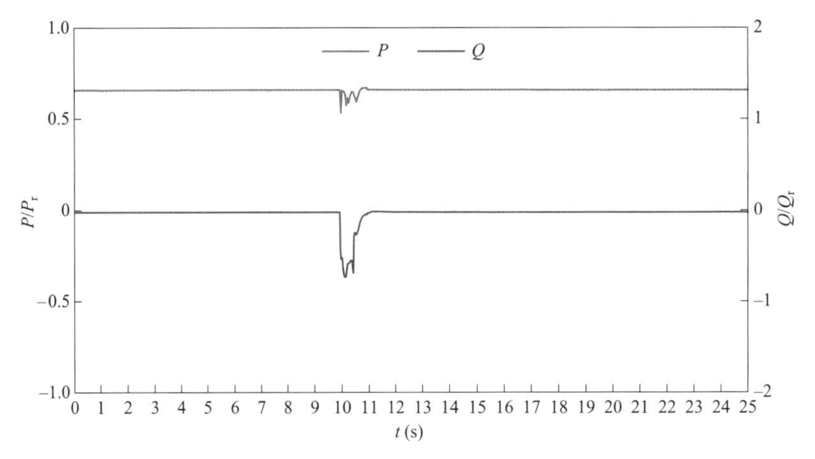

图 5－75　有功、无功曲线（小功率、130%U_n、两相升高）

第六章 电网适应性测试技术及应用

由于新能源发电设备采用大量电力电子元器件，其固有的弱支撑性和低抗扰性造成了电力系统的频率、电压稳定性呈现下降趋势，当电力系统发生扰动引起新能源场站端发生电压、频率、三相不平衡、闪变及谐波等指标扰动时，如果新能源发电设备不能具有一定的耐受扰动能力，直接脱网，将加剧电网的电压和频率的恶化，严重影响电力系统运行的安全稳定性。新能源的故障穿越能力及电网适应性会直接影响故障的联锁发展过程，尤其在西北地区大规模新能源汇集送出区域发生故障时，电压和频率的较大扰动造成大量新能源场站的突然脱网会进一步恶化电网运行指标，带来更加严重的后果，所以新能源按照相应国家标准要求应具备一定的电压、频率、三相电压不平衡、闪变与谐波扰动的耐受能力。通过开展风电机组和光伏逆变器电网适应性测试，可客观评估新能源发电设备对电网扰动的适应能力，保障电力系统的安全稳定运行。

本章简要介绍了新能源场站电网适应性能力测试指标、标准要求以及测试方法，基于新能源场站电网适应性能力研究和实测工作，给出了风电机组和光伏逆变器电网适应性能力典型测试实例。

第一节 电网适应性指标及标准要求

一、风力发电电网适应性

GB/T 19963.1—2021《风电场接入电力系统技术规定　第 1 部分：陆上风电》对接入 110kV 电压等级及以上的集中式风电场的电网适应性作了明确的技术要求，110kV 电压等级以下的风电场参照该标准要求，具体根据地方调度机构的要求执行。评价性能的指标主要包括电压、频率、三相电压不平衡、电压闪变、谐波电压共 5 种电网扰动下的适应性能。

（一）电压适应性

当风电场并网点电压为标称电压的 90%～110%时，风电机组应能正常连续稳定运行，当风电场并网点电压低于标称电压的 90%或超过标称电压的 110%时，风电机组应能按照标准规定的低电压和高电压穿越的要求运行，具体要求详见第五章第二节中对风电机组低电压和高电压穿越的详细要求。

（二）频率适应性

GB/T 19963.1—2021《风电场接入电力系统技术规定　第 1 部分：陆上风电》对风电场在不同电力系统频率范围内的运行进行了规定，具体规定如表 6－1 所示。

表 6－1　　风电场在不同电力系统频率范围内的运行规定

电力系统频率范围	要求
f<46.5Hz	根据风电场内风电机组允许运行的最低频率而定
46.5Hz≤f<47.0Hz	每次频率低于 47.0Hz 高于 46.5Hz 时，要求风电场具有至少运行 5s 的能力
47.0Hz≤f<47.5Hz	每次频率低于 47.5Hz 高于 47.0Hz 时，要求风电场具有至少运行 20s 的能力
47.5Hz≤f<48.0Hz	每次频率低于 48.0Hz 高于 47.5Hz 时，要求风电场具有至少运行 60s 的能力
48.0Hz≤f<48.5Hz	每次频率低于 48.5Hz 高于 48.0Hz 时，要求风电场具有至少运行 30min 的能力
48.5Hz≤f≤50.5Hz	连续运行
50.5Hz<f≤51.0Hz	每次频率高于 50.5Hz 低于 51.0Hz 时，要求风电场具有至少运行 3min 的能力，并执行电力系统调度机构下达的降低功率或高周切机策略，不允许停机状态的风电机组并网
51.0Hz<f≤51.5Hz	每次频率高于 51.0Hz 低于 51.5Hz 时，要求风电场具有至少运行 30s 的能力并执行电力系统调度机构下达的降低功率或高周切机策略，不允许停机状态的风电机组并网
f>51.5Hz	根据风电场内风电机组允许运行的最高频率而定

（三）其他电能质量指标适应性

当风电场并网点的闪变值满足 GB/T 12326　2008《电能质量　电压波动和闪变》的规定，谐波值满足 GB/T 14549—1993《电能质量　公用电网谐波》的规定，三相不平衡满足 GB/T 15543—2008《电能质量　三相电压不平衡》的规定时，风电场的风电机组应能正常连续稳定运行。

二、光伏发电电网适应性

GB/T 19964—2012《光伏发电站接入电力系统技术规定》对接入 35kV 电压等级及 10kV 专线接入的集中式光伏电站的电网适应性作了明确的技术要求，评价性能的指标主要包括电压、频率、三相电压不平衡、电压闪变、谐波电压共 5 种电网扰动下的适应性能。

（一）电压适应性

当光伏电站并网点电压为标称电压的 90%～110%时，光伏逆变器应能正常连续稳定运行，当光伏电站并网点电压低于标称电压的 90%或超过标称电压的 110%时，光伏逆变器应能按照标准规定的低电压和高电压穿越的要求运行，具体要求详见第五章第二节中对光伏逆变器低电压和高电压穿越的详细要求。

（二）频率适应性

GB/T 37408—2019《光伏发电并网逆变器技术要求》中对光伏逆变器的频率适应性提出要求，具体规定如表 6-2 所示。

表 6-2　　光伏逆变器在不同电力系统频率范围内的运行规定

频率范围	运行要求
f<46.5Hz	根据逆变器允许运行的最低频率而定
46.5Hz≤f<47.0Hz	每次频率低于 47.0Hz 高于 46.5Hz 时，逆变器应能至少运行 5s
47.0Hz≤f<47.5Hz	每次频率低于 47.5Hz 高于 47.0Hz 时，逆变器应能至少运行 20s
47.5Hz≤f<48.0Hz	每次频率低于 48.0Hz 高于 47.5Hz 时，逆变器应能至少运行 1min
48.0Hz≤f<48.5Hz	每次频率低于 48.5Hz 高于 48.0Hz 时，逆变器应能至少运行 5min
48.5Hz≤f≤50.5Hz	连续运行
50.5Hz≤f≤51.0Hz	每次频率高于 50.5Hz 低于 51.0Hz 时，逆变器应能至少运行 3min
51.0Hz<f≤51.5Hz	每次频率高于 51.0Hz 低于 51.5Hz 时，逆变器应能至少运行 30s
f>51.5Hz	根据逆变器允许运行的最高频率而定

（三）其他电能质量指标适应性

当光伏电站并网点的闪变值满足 GB/T 12326—2008《电能质量　电压波动和闪变》的规定，谐波值满足 GB/T 14549—1993《电能质量　公用电网谐波》的规定，三相不平衡满足 GB/T 15543—2008《电能质量　三相电压不平衡》的规定时，光伏电站的光伏逆变器应能正常连续稳定运行。

第二节　电网适应性测试内容及方法

一、风电机组电网适应性测试内容及方法

根据 GB/T 19963.1—2021《风电场接入电力系统技术规定　第 1 部分：陆上风电》的要求，风电场应在全部机组并网调试运行后 6 个月内向电力系统调度机构提供有关风电场运行特性的测试和评价报告，即风电场应向电力系统调度机构提供并网运行风电机组电网适应性测试报告，同时电力系统调度机构要求风电机组各部件软件版本信息、涉网保护定值及关键控制技术参数更改后，需向调控中心提供正式的电网适应性一致性技术分析及说明资料。

风电机组电网适应性能力测试应按照 GB/T 36994—2018《风力发电机组　电网适应性测试规程》的要求进行测试。

（一）测试内容

1. 电压偏差适应性

利用测试装置在测试点产生要求的电压偏差，当测试点的供电电压偏差在 GB/T 12325—2008《电能质量　供电电压偏差》规定的限值范围内时，风电机组应能正常运行。风电机组电压偏差适应性测试内容如表 6－3 所示。

表 6－3　　风电机组电压偏差适应性测试内容

电压设定值（标幺值）	持续时间（min）
0.90	30
1.10	30

2. 频率偏差适应性

风电机组正常运行且不参与系统调频时，利用测试装置在测试点产生要求的频率偏差，当测试点的频率在 46.5～51.5Hz 范围内，风电机组应能正常运行。风电机组频率耐受能力测试内容如表 6－4 所示。

表 6－4　　风电机组频率耐受能力测试内容

频率范围（Hz）	频率设定值（Hz）	持续时间
46.5～51.5	46.5	5s
	47	20s
	47.5	60s
	48	30min
	48.5	正常运行
	50.5	正常运行
	51	3min
	51.5	30s

GB/T 36994—2018《风力发电机组　电网适应性测试规程》中对风电机组频率耐受能力测试内容如表 6－5 所示，相较于与 GB/T 19963.1—2021《风电场接入电力系统技术规定　第 1 部分：陆上风电》在频率为 51.5Hz 时要求更为严格，持续运行时间为 30min。

表 6－5　　风电机组频率耐受能力测试内容

频率范围（Hz）	频率设定值（Hz）	持续时间（min）
48～51.5	48	30
	51.5	30

3. 三相电压不平衡适应性

三相电压不平衡为负序电压不平衡，利用测试装置在测试点产生要求的三相电压不平衡，当测试点的三相电压不平衡度在GB/T 15543—2008《电能质量　三相电压不平衡》规定的限值范围内时，风电机组应能正常运行。风电机组三相电压不平衡适应性测试内容如表6-6所示，风电机组有功功率输出大于50%P_N时，测试过程中电流不平衡度应小于5%。

表6-6　　风电机组三相电压不平衡适应性测试内容

三相电压不平衡度设定值（%）	持续时间（min）
2.0	30
4.0	1

4. 闪变适应性

利用测试装置在测试点产生要求的电压波动和闪变，当测试点的闪变值在GB/T 12326—2008《电能质量　电压波动和闪变》规定的限值范围内时，风电机组应能正常运行。风电机组闪变适应性测试内容应符合GB/T 12326—2008《电能质量　电压波动和闪变》的规定，当测试点标称电压不大于110kV时，确保测试点长时间闪变值不小于1；当测试点标称电压大于110kV时，确保测试点长时间闪变值不小于0.8。风电机组闪变适应性测试内容如表6-7所示。

表6-7　　风电机组闪变适应性测试内容

电压等级（kV）	长时间闪变值	持续时间（min）
≤110	1.0	30
＞110	0.8	1

5. 谐波电压适应性

（1）利用测试装置在测试点产生要求的间谐波、谐波，当测试点的间谐波、谐波电压分别在GB/T 14549—1993《电能质量　公用电网谐波》和GB/T 24337—2009《电能质量　公用电网间谐波》规定的限值范围内时，风电机组应能正常运行。

（2）风电机组间谐波电压适应性测试内容应符合GB/T 24337—2009《电能质量　公用电网间谐波》的规定，以各间谐波电压含有率进行考核；分别以频率为5n Hz（n为整数，且1≤n≤19）的间谐波电压含有率考核，利用测试装置设置各间谐波电压含有率，各间谐波电压下测试时间至少持续2min。

（3）风电机组谐波电压适应性测试内容应符合GB/T 14549—1993《电能质量　公用电网谐波》的规定，以各次谐波电压含有率进行考核：利用测试装置设置奇次谐波含有率，各次谐波下测试时间至少持续2min，利用测试装置设置偶次谐波含有率，各次谐波下测试时间至少持续2min。

（二）测试设备要求

风电机组电网适应性测试的测试点位于风电机组升压变压器的高压侧，利用电网扰动装置在测试点产生电压偏差、频率偏差、频率变化率、三相电压不平衡、电压波动和闪变、谐波电压，为电网适应性测试提供电网扰动条件，测试时推荐采用如图 6－1 所示的测试装置，该装置主要由低频扰动装置和高频扰动装置组成，其中低频扰动装置可产生测试要求的电压偏差、频率偏差、三相电压不平衡、电压波动和闪变，高频扰动装置可产生测试要求的间谐波、谐波电压。

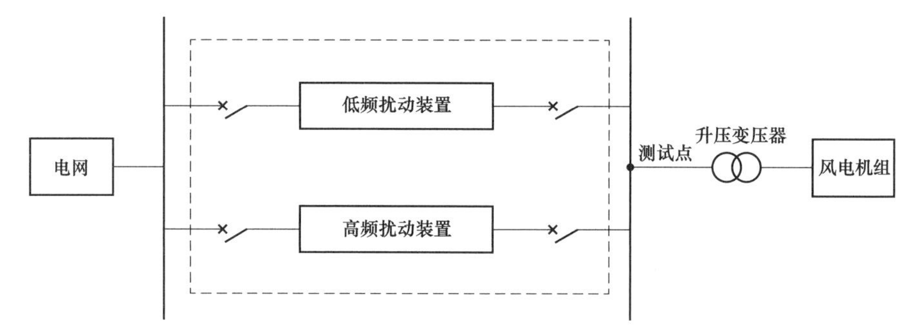

图 6－1　推荐电网适应性测试装置示意图

测试装置要求如下：

（1）测试装置的额定容量不小于被测风电机组的额定容量。

（2）测试装置接入电网产生的影响应在 GB/T 12325—2008《电能质量　供电电压偏差》、GB/T 12326—2008《电能质量　电压波动和闪变》、GB/T 14549—1993《电能质量　公用电网谐波》、GB/T 24337—2009《电能质量　公用电网间谐波》、GB/T 15543—2008《电能质量　三相电压不平衡》允许的范围内。

（3）测试装置空载测试时输出的电压偏差、频率偏差、频率变化率、三相电压不平衡、电压波动和闪变及谐波电压等性能指标与负载测试时的最大允许偏差见表 6－8。

表 6－8　风电机组电网适应性测试装置性能指标与负载测试输出性能指标最大允许偏差

序号	测试内容	性能指标	最大允许偏差
1	电压偏差适应性	线电压有效值	±1%U_n
2	频率偏差适应性	频率偏差	±0.1Hz
		频率变化率	±0.1Hz/s
3	三相电压不平衡适应性	三相电压不平衡度	±0.5%
4	闪变适应性	短时间闪变值	±0.5
5	谐波电压适应性	电压谐波畸变率	±0.5%

（4）电压偏差调节范围不小于本节电压偏差适应性规定的电压偏差范围，电压输出步长不大于 1%U_n。

（5）频率偏差及变化率调节范围不小于本节频率偏差适应性规定的变化范围，频率输出步长不大于 0.1Hz。

（6）三相电压不平衡度不小于本节规定的三相电压不平衡度范围。且幅值或相位可调，三相电压不平衡度输出步长不大于 0.1%。

（7）电压闪变输出能力应覆盖本节电压闪变适应性规定的测试内容。

（8）谐波电压输出能力应覆盖本节电压谐波适应性规定的测试内容。

测量设备包括电压互感器、电流互感器、数据采集系统等设备。数据采集系统用于测试数据的记录、计算及保存。测量设备每个通道采样率最小为 6.4kHz，分辨率至少为 16bit。表 6－9 为测量设备精度的最低要求。

表 6－9　　　　风电机组电网适应性测试中测量设备精度要求

测量设备	准确度等级
电压互感器	0.2 级
电流互感器	0.5 级
数据采集系统	0.2 级

（三）测试流程

1. 空载测试

（1）电压偏差适应性。在风电机组与电网断开的情况下，调节测试装置输出电压从 0.9 倍额定电压至 1.1 倍额定电压，电压调整的步长为额定电压的 1%，每个步长应至少持续 5s，记录每次调整时电压实测值和对应的调整参数。

（2）频率偏差适应性。在风电机组与电网断开的情况下，调节测试装置输出频率为 48～51.5Hz，频率调整的步长为 0.1Hz，每个步长应至少持续 5s，记录每次调整时频率实测值和对应的调整参数。

（3）三相电压不平衡适应性。在风电机组与电网断开的情况下，通过调整电压幅值或相位使三相电压不平衡度至指定值，符合本节三相电压不平衡适应性测试内容要求，记录每次调整时三相电压不平衡度实测值和对应的调整参数。

（4）闪变适应性。在风电机组与电网断开的情况下，调节测试装置输出闪变值至指定值，符合本节闪变适应性测试内容要求，记录每次调整时短时间闪变值的实测值和对应的调整参数。

（5）谐波电压适应性。在风电机组与电网断开的情况下，调节测试装置输出各间谐波电压含有率、各次谐波电压含有率至指定值，符合本节谐波电压适应性测试内容要求，分别记录每次调整时各间谐波电压含有率、各次谐波电压含有率实测值和对应的调整参数。

2. 负载测试

（1）电压偏差适应性。测试时各电压设定值对应的调整参数应与空载测试时保持一致。风电机组设定为单位功率因数控制，测试过程中风电机组有功功率输出应在额定功率的 10%以上。测试时采用以下步骤：

1）在额定频率条件下保持风电机组正常运行，调节测试装置从额定电压开始以额定电压的 1%为步长逐步升高电压，每个步长应至少持续 20s，当电压升至 1.10 额定电压时，该点测试持续时间应不小于 30min。测试过程中，若风电机组脱网，记录测试持续时间和风电机组脱网时间。

2）在额定频率条件下保持风电机组正常运行，调节测试装置从额定电压开始以额定电压的 1%为步长逐步降低电压，每个步长应至少持续 20s，当电压降至 0.90 额定电压时，该点测试持续时间应不小于 30min。测试过程中，若风电机组脱网，记录测试持续时间和风电机组脱网时间。

（2）频率偏差适应性。测试时各频率设定值对应的调整参数应与空载测试时保持一致，风电机组应设定为单位功率因数控制。风电机组正常运行且不参与系统调频，测试过程中风电机组有功功率输出应在额定功率的 10%以上，测试采用以下步骤：

1）在额定电压条件下保持风电机组正常运行，调节测试装置从额定频率开始以 0.1Hz 为步长逐步升高频率，每个步长应至少持续 20s，当频率升至 51.5Hz 时，该点测试持续时间应不小于 30min。测试过程中，若风电机组脱网记录测试持续时间和风电机组脱网时间；

2）在额定电压条件下保持风电机组正常运行，调节测试装置从额定频率开始以 0.1Hz 为步长逐步降低频率，每个步长应至少持续 20s，当频率降至 48Hz 时，该点测试持续时间应不小于 30min。测试过程中，若风电机组脱网记录测试持续时间和风电机组脱网时间。

（3）三相电压不平衡适应性。测试时三相电压不平衡度设定值对应的调整参数应与空载测试时保持一致。风电机组设定为单位功率因数控制，测试过程中风电机组有功功率输出应在额定功率的 50%以上。测试时采用以下步骤：

额定电压和额定频率条件下保持风电机组正常运行，调节测试装置使其输出负序电压不平衡度为 2.0%，该点测试持续时间不小于 30min；继续调节测试装置使其输出负序电压不平衡度为 4.0%，该点测试持续时间不小于 1min。测试过程中，若风电机组脱网，记录测试持续时间和风电机组脱网时间。

（4）闪变适应性。测试时闪变设定值对应的调整参数应与空载测试时保持一致。风电机组设定为单位功率因数控制，测试过程中风电机组有功功率输出应在额定功率的 30%以上。测试时采用以下步骤：

在额定电压和额定频率条件下保持机组正常运行，设定与空载测试时相同的调整参数，持续 10min 后若风电机组未脱网则停止测试；若风电机组脱网，记录测试持续时间和风电机组脱网时间。

（5）谐波电压适应性。测试时各间谐波电压含有率、各次谐波电压含有率对应的调整参数应与空载测试时保持一致。风电机组设定为单位功率因数控制，测试过程中风电机组有功功率输出应在额定功率的30%以上。测试时采用以下步骤：

1）额定电压和额定频率条件下保持机组正常运行。

2）设定调整参数为空载测试时5Hz间谐波电压含有率设定值所对应的调整参数，持续2min后若风电机组未脱网则停止测试；若风电机组脱网，记录测试持续时间和风电机组脱网时间。

3）间谐波电压适应性测试方法与步骤2）相同。

4）恢复电压和频率为额定条件并保持机组正常运行，设置调整参数为空载测试时第3次谐波含有率设定值所对应的调整参数，持续2min后若风电机组未脱网则停止测试；若风电机组脱网，记录测试持续时间和风电机组脱网时间。

5）奇次谐波电压适应性测试方法与步骤4）相同。

6）恢复电压和频率为额定条件并保持机组正常运行，设置调整参数为空载测试时第2次谐波含有率设定值所对应的调整参数，持续2min后若风电机组未脱网则停止测试；若风电机组脱网，记录测试持续时间和风电机组脱网时间。

7）偶次谐波电压适应性测试方法与步骤6）相同。

二、光伏逆变器电网适应性测试方法

根据GB/T 19964—2012《光伏发电站接入电力系统技术规定》的要求，光伏发电站应在全部光伏部件并网调试运行后6个月内向电网调度机构提供有关光伏发电站运行特性的检测报告，即光伏发电站应向电力系统调度机构提供并网运行光伏逆变器电网适应性能力测试报告，同时电力系统调度机构要求光伏逆变器各部件软件版本信息、涉网保护定值及关键控制技术参数更改后，需向调控中心提供正式的电网适应性一致性技术分析及说明资料。

光伏逆变器电网适应性能力测试是在现场对光伏发电单元进行测试时应按照GB/T 31365—2015《光伏发电站接入电网检测规程》和GB/T 37409—2019《光伏发电并网逆变器检测技术规范》的要求进行测试。

（一）测试内容及流程

光伏逆变器电网适应性测试的测试点位于光伏发电单元升压变压器的高压侧，利用电网模拟装置在测试点产生电压偏差和频率偏差，为电网适应性测试提供电网扰动条件，测试装置如图6－2所示。

1. 电压偏差适应性

应选取光伏发电站的典型光伏发电单元进行测试，按照如下步骤进行：

（1）在标称频率条件下，调节电网模拟装置，使输出电压从额定值分别阶跃至91%U_n、99%U_n和91%U_n～99%U_n之间的任意值保持至少20min后恢复到额定值。记录光伏发电单元运行时间或脱网跳闸时间。

（2）在标称频率条件下，调节电网模拟装置，使输出电压从额定值分别阶跃至101%U_n、109%U_n和101%U_n～109%U_n之间的任意值保持至少20min后恢复到额定值。

记录光伏发电单元运行时间或脱网跳闸时间。

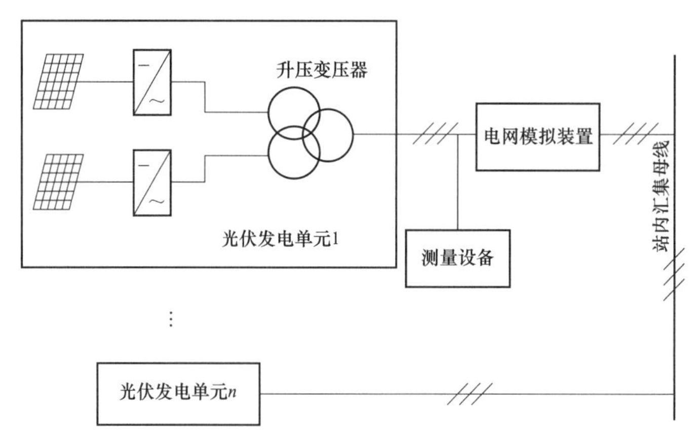

图 6-2　运行适应性检测示意图

2. 频率偏差适应性

应选取光伏发电站的典型光伏发电单元进行测试，按照如下步骤进行：

（1）在标称电压条件下，调节电网模拟装置，使输出频率从额定值分别阶跃至 46.55Hz、46.95Hz 和 46.55～46.95Hz 之间的任意值保持至少 5s 后恢复到额定值。

（2）在标称电压条件下，调节电网模拟装置，使输出频率从额定值分别阶跃至 47.05Hz、47.45Hz 和 47.05～47.45Hz 之间的任意值保持至少 20s 后恢复到额定值。

（3）在标称电压条件下，调节电网模拟装置，使输出频率从额定值分别阶跃至 47.55Hz、47.95Hz 和 47.55～47.95Hz 之间的任意值保持至少 1min 后恢复到额定值。

（4）在标称电压条件下，调节电网模拟装置，使输出频率从额定值分别阶跃至 48.05Hz、48.45Hz 和 48.05～48.45Hz 之间的任意值保持至少 5min 后恢复到额定值。

（5）在标称电压条件下，调节电网模拟装置，使输出频率从额定值分别阶跃至 48.55Hz、50.45Hz 和 48.55～50.45Hz 之间的任意值保持至少 20min 后恢复到额定值。

（6）在标称电压条件下，调节电网模拟装置，使输出频率从额定值分别阶跃至 50.55Hz、50.95Hz 和 50.55～50.95Hz 之间的任意值保持 3min 后恢复到额定值。

（7）在标称电压条件下，调节电网模拟装置，使输出频率从额定值分别阶跃至 51.05Hz、51.45Hz 和 51.05～51.45Hz 之间的任意值保持 30s 后恢复到额定值。

（二）测试设备

电网适应性测试使用电网模拟装置，其技术指标应符合如下要求：

（1）与光伏发电单元连接侧的电压谐波应小于 GB/T 14549—1993《电能质量　公用电网谐波》中谐波允许值的 50%。

（2）具备电能双向流动的能力，不应对电网的安全性造成影响，向电网注入的电流谐波应小于 GB/T 14549—1993《电能质量　公用电网谐波》中谐波允许值的 50%。

（3）正常运行时，电网模拟装置的输出电压基波偏差值应小于 0.5%。

（4）正常运行时，电网模拟装置的输出频率偏差值应小于 0.01Hz，可调节步长至少为 0.05Hz。

（5）电网模拟装置的响应时间应小于 0.02s。正常运行时，三相电压不平衡度应小于 1%，相位偏差应小于 1%。

（6）装置能向并网点输出三相不平衡电压、叠加电压谐波和电压间谐波，电压谐波至少能叠加 3、5、7、9 次谐波。

第三节　工程案例应用分析

一、风电机组电网适应性测试案例分析

（一）风电机组参数

该案例试验测试的风电机组为直驱式风电机组，机组参数如表 6－10 所示。

表 6－10　风电机组参数

序号	项目	参数
1	风电机类型	三叶片、水平轴、上风向、变桨、变速、永磁直驱
2	轮毂高度	90m
3	风轮直径	150m
4	额定功率 P_N	3000kW
5	额定视在功率 S_N	3158kVA
6	额定电压 U_N	690V
7	额定频率 f_N	50Hz
8	额定风速 v_N	10.5m/s

（二）测试数据分析

本节中各测试量均以标幺值标注，基准值分别取为电压 $U_b=35kV$，功率 $S_b=3.0MVA$。

1. 电压偏差适应性

表 6－11 列出风电机组在不同电压偏差下的运行情况，测试期间风电机组升压变压器高压侧电压、有功功率和无功功率随时间变化曲线如图 6－3 所示。

表 6－11　风电机组电压偏差适应能力

电压幅值设定值（标幺值）	电压幅值测量值（标幺值）	实际运行时间（min）	要求运行时间（min）	风电机组是否连续并网运行
0.90	0.901	34	≥30	是
1.10	1.102	34	≥30	是

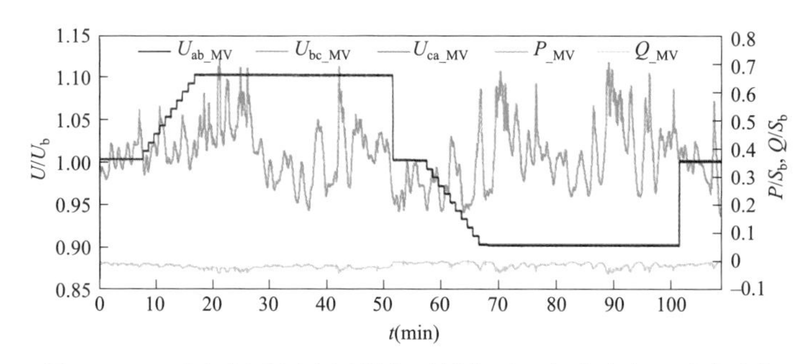

图 6－3　风电机组升压变压器高压侧电压、有功功率、无功功率

2. 频率偏差适应性

表 6－12 列出风电机组正常运行且不参与系统调频时，不同频率偏差下的运行情况，测试期间风电机组升压变压器高压侧频率、有功功率和无功功率随时间变化曲线如图 6－4 所示。

表 6－12　　风电机组频率耐受能力

频率范围（Hz）	频率设定值（Hz）	频率测量值（Hz）	实际运行时间（min）	要求运行时间（min）	风电机组是否连续并网运行
48.0	48.0	48.001	34	≥30	是
51.5	51.5	51.497	34	≥30	是

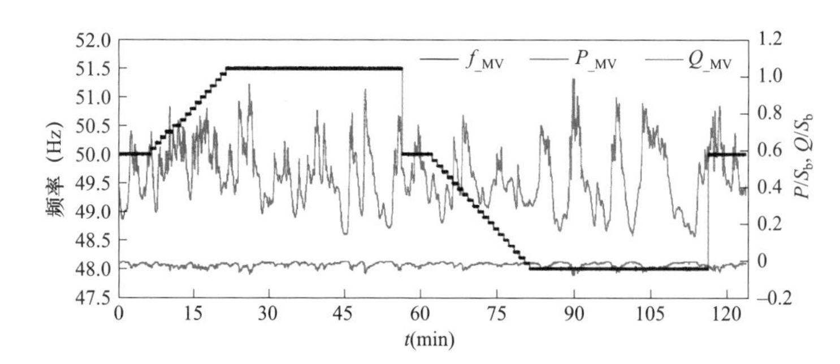

图 6－4　风电机组升压变压器高压侧频率、有功功率、无功功率

3. 三相电压不平衡适应性

表 6－13 列出风电机组在不同电压不平衡度下的运行情况，测试期间风电机组升压变压器高压侧三相负序电压不平衡度、三相负序电流不平衡度、有功功率和无功功率随时间变化曲线如图 6－5 所示。

表 6－13　　风电机组三相电压不平衡适应性

三相负序电压不平衡度设定值（%）	三相负序电压不平衡度测量值（%）	实际运行时间（min）	要求运行时间（min）	三相负序电流不平衡度测量值（%）	风电机组是否连续并网运行
2.0	2.09	36	≥30	1.04	是
4.0	4.08	7	≥1	1.32	是

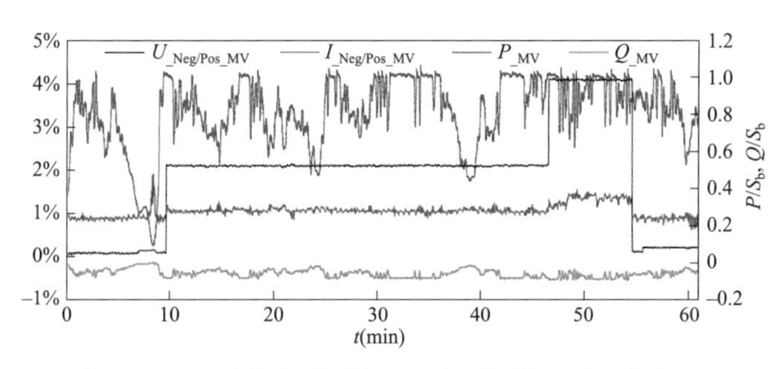

图 6−5 风电机组升压变压器高压侧电压不平衡度、电流不平衡度、有功功率、无功功率

4. 闪变适应性

表 6−14 列出风电机组在不同电压闪变值下的运行情况，测试期间风电机组升压变压器高压侧的短时间闪变值、有功功率和无功功率随时间变化曲线如图 6−6 所示。

表 6−14 风电机组闪变适应性

电压波动幅值设定值（%）	电压波动幅值设定值（次/min）	短时间闪变测量值	实际运行时间（min）	要求运行时间（min）	风电机组是否连续并网运行
6	12	1.31	14	≥10	是
6	60	3.92	14	≥10	是
10	60	6.59	14	≥10	是

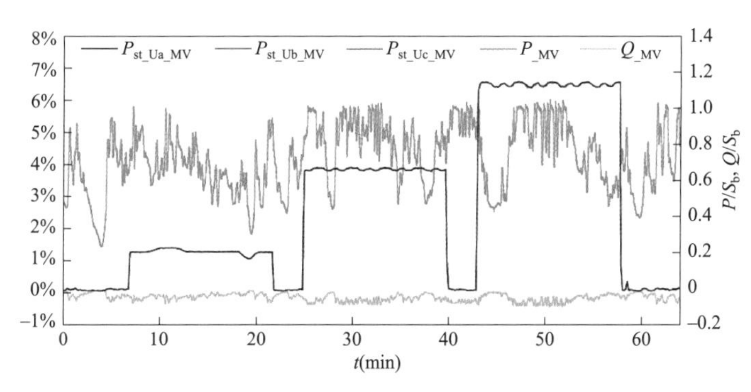

图 6−6 风电机组升压变压器高压侧短时间闪变值、有功功率、无功功率

5. 谐波电压适应性

表 6−15 列出风电机组在间谐波电压含有率下的运行情况，表 6−16 列出风电机组在奇次谐波电压含有率下的运行情况，表 6−17 列出风电机组在电压偶次谐波电压含有率下的运行情况。

表 6－15　　风电机组间谐波电压适应性

谐波频率（Hz）	间谐波电压含有率设定值（%）	间谐波含有率测量值（%）	实际运行时间（min）	要求运行时间（min）	风电机组是否连续并网运行
5	0.16	0.176	2	≥2	是
10	0.16	0.170	2	≥2	是
15	0.16	0.174	2	≥2	是
20	0.16	0.177	2	≥2	是
25	0.16	0.176	2	≥2	是
30	0.16	0.180	2	≥2	是
35	0.16	0.181	2	≥2	是
40	0.16	0.183	2	≥2	是
45	0.16	0.193	2	≥2	是
55	0.16	0.200	2	≥2	是
60	0.16	0.187	2	≥2	是
65	0.16	0.186	2	≥2	是
70	0.16	0.184	2	≥2	是
75	0.16	0.180	2	≥2	是
80	0.16	0.180	2	≥2	是
85	0.16	0.180	2	≥2	是
90	0.16	0.179	2	≥2	是
95	0.16	0.178	2	≥2	是

表 6－16　　风电机组奇次谐波电压适应性

谐波次数	谐波含有率设定值（%）	谐波含有率测量值（%）	实际运行时间（min）	要求运行时间（min）	风电机组是否连续并网运行
5	2.4	2.68	2	≥2	是
7	2.4	2.13	2	≥2	是
11	2.4	1.82	2	≥2	是
13	2.4	1.65	2	≥2	是
17	2.4	2.16	2	≥2	是
19	2.4	1.87	2	≥2	是
23	2.4	0.97	2	≥2	是
25	2.4	1.57	2	≥2	是

表 6-17　　风电机组偶次谐波电压适应性

谐波次数	谐波含有率设定值（%）	谐波含有率测量值（%）	实际运行时间（min）	要求运行时间（min）	风电机组是否连续并网运行
2	1.2	1.29	2	≥2	是
4	1.2	1.25	2	≥2	是
8	1.2	1.46	2	≥2	是
10	1.2	1.10	2	≥2	是
14	1.2	0.76	2	≥2	是
16	1.2	0.87	2	≥2	是
20	1.2	0.03	2	≥2	是
22	1.2	0.02	2	≥2	是

二、光伏逆变器电网适应性测试案例分析

（一）光伏逆变器参数

电网适应性测试的光伏逆变器为集中式光伏逆变器，参数如表 6-18 所示。

表 6-18　　光伏逆变器参数

序号	项目	参数
1	直流侧最大直流电压	1000V
2	直流侧最低电压	460V
3	最大输入直流	2440A
4	电网侧额定输出功率	1000kW
5	电网侧最大交流输出电流	2016A
6	额定电网电压	315V
7	额定电网频率	50Hz

（二）测试内容

光伏逆变器电压适应性检测项目见表 6-19，频率适应性测试项目见表 6-20。

表 6-19　　电压适应性测试项目

运行工况	电压升高幅值（标幺值）	升高持续时间（s）
$P>0$	0.91	1200
	0.99	1200
	1.01	1200

续表

运行工况	电压升高幅值（标幺值）	升高持续时间（s）
$P>0$	1.09	1200
	1.11	10
	1.15	10
	1.19	10
	1.21	0.5
	1.25	0.5
	1.29	0.5

表 6-20　　频率适应性测试项目

运行工况	电力系统频率（Hz）	持续时间（s）
$P>0$	46.55	5
	46.75	5
	46.95	5
	47.05	20
	47.25	20
	47.45	20
	47.55	60
	47.75	60
	47.95	60
	48.05	600
	48.25	600
	48.45	600
	48.55	1200
	49.5	1200
	50.45	1200
	50.55	180
	50.75	180
	50.95	180
	51.05	30
	51.25	30
	51.45	30

（三）测试数据分析

1. 电压适应性测试数据

测试数据均以标幺值标注，基准值分别取为 $U_n=35kV$，额定功率 $P_N=1000kW$。图 6-7 和图 6-8 所示为光伏逆变器大功率、三相电压升高至 1.09 倍额定电压时的光伏发电单元线电压、无功电流、有功、无功曲线；图 6-9 和图 6-10 所示为光伏逆变器大功率、三相电压升高至 1.01 倍额定电压时的光伏发电单元线电压、无功电流、有功、无功曲线；图 6-11 和图 6-12 所示为光伏逆变器大功率、三相电压跌落至 0.99 倍额定电压时的光伏发电单元线电压、无功电流、有功、无功曲线；图 6-13 和图 6-14 所示为光伏逆变器大功率、三相电压跌落至 0.91 倍额定电压时的光伏发电单元线电压、无功电流、有功、无功曲线。

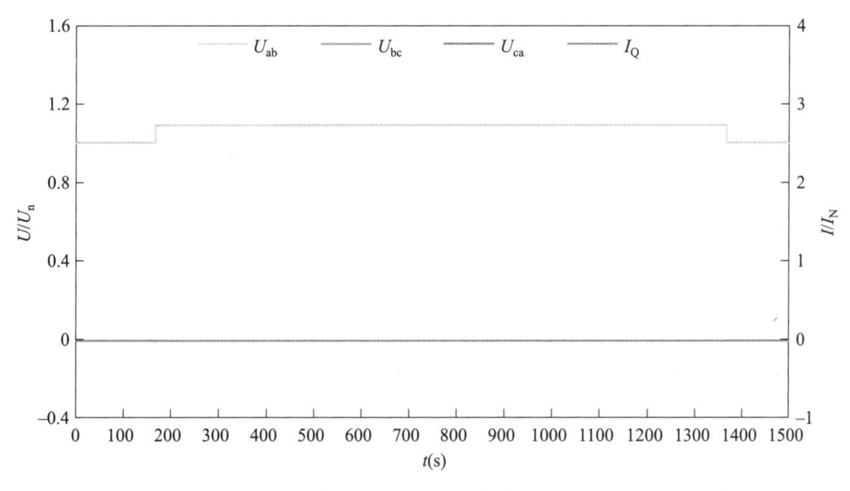

图 6-7 线电压、无功电流曲线（大功率、109%U_n、三相升高）

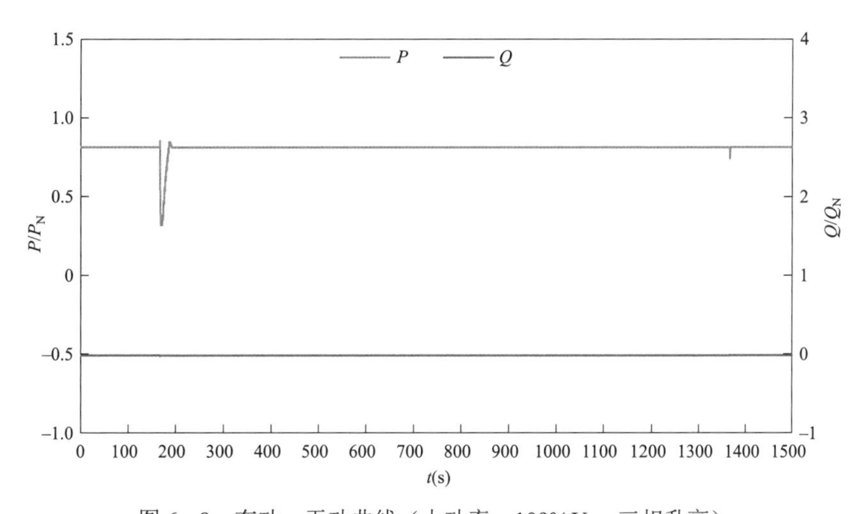

图 6-8 有功、无功曲线（大功率、109%U_n、三相升高）

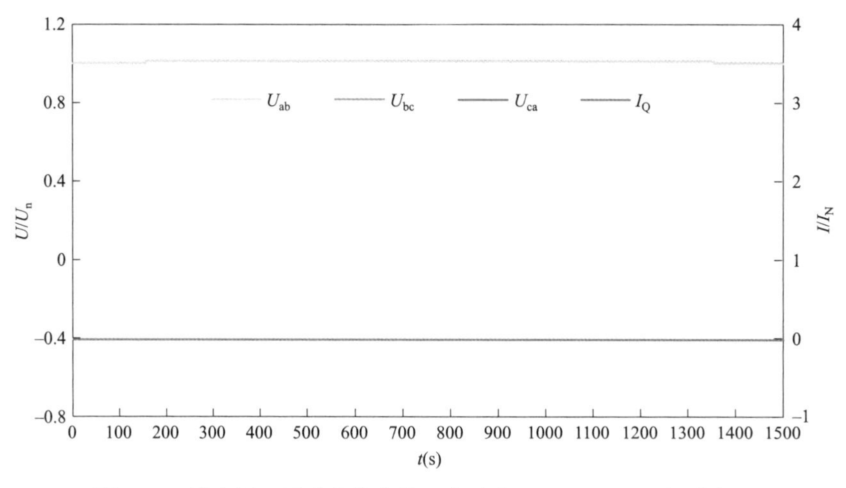

图 6-9　线电压、无功电流曲线（大功率、101%U_n、三相升高）

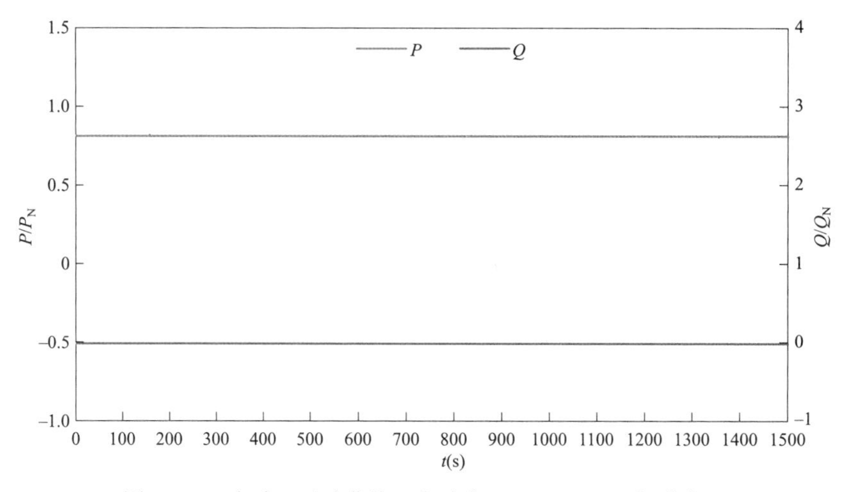

图 6-10　有功、无功曲线（大功率、101%U_n、三相升高）

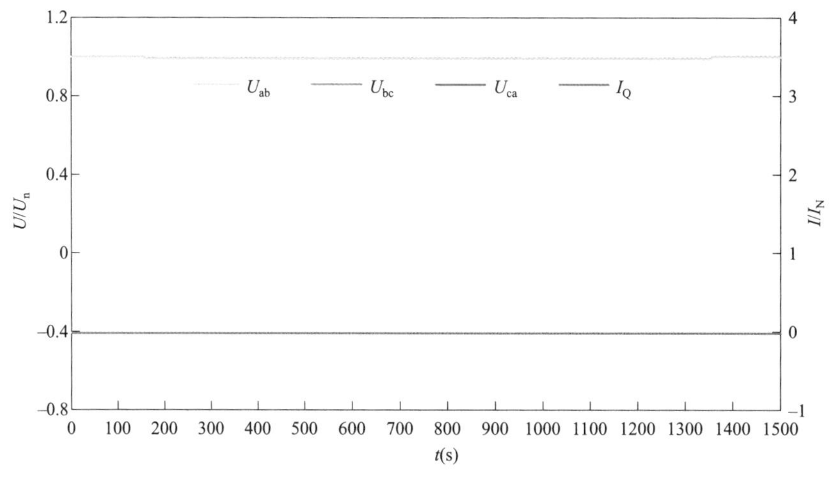

图 6-11　线电压、无功电流曲线（大功率、99%U_n、三相跌落）

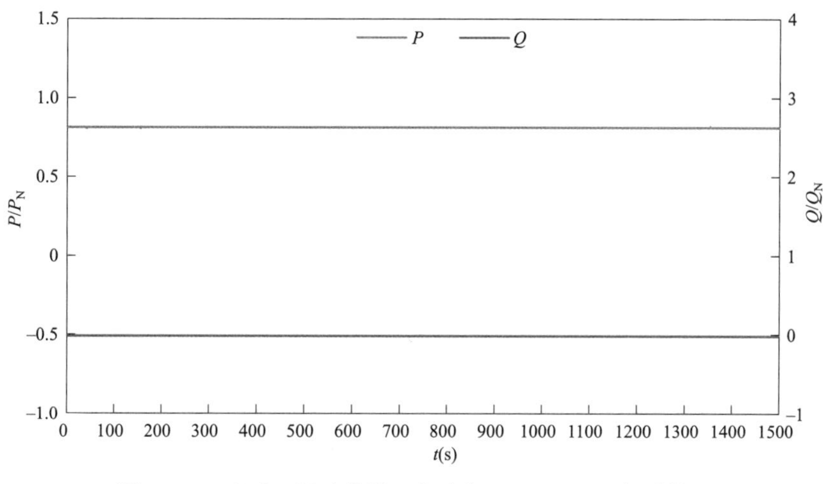

图 6-12　有功、无功曲线（大功率、99%U_n、三相跌落）

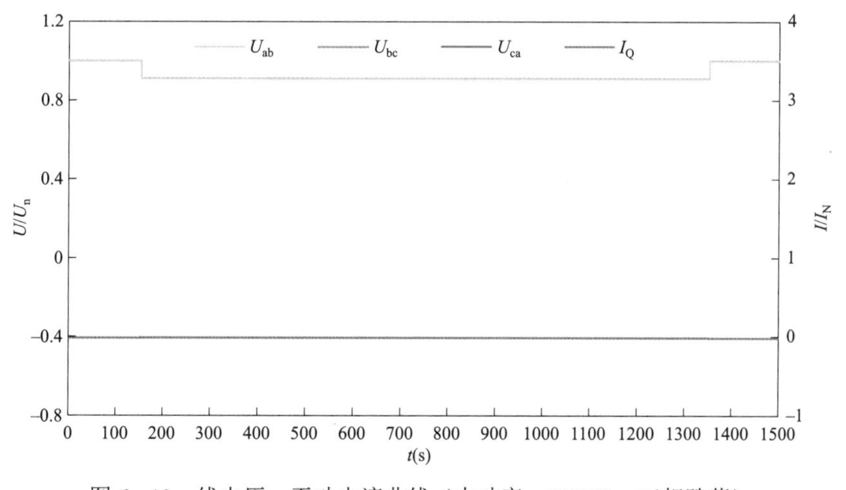

图 6-13　线电压、无功电流曲线（大功率、91%U_n、三相跌落）

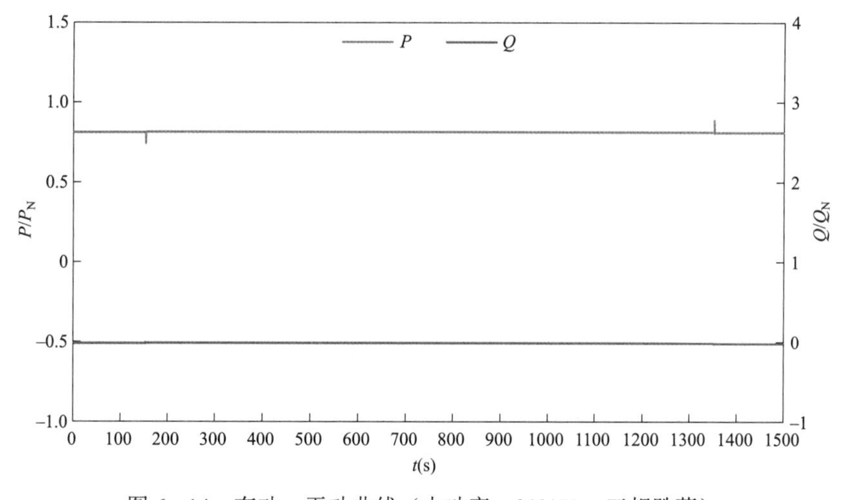

图 6-14　有功、无功曲线（大功率、91%U_n、三相跌落）

2. 频率适应性

测试数据均以标幺值标注，基准值取为额定功率 $P_N = 1000kW$。图 6－15 所示为频率跌落至 46.55Hz 时的光伏发电系统频率、有功曲线；图 6－16 所示为频率跌落至 46.75Hz 时的光伏发电系统频率、有功曲线；图 6－17 所示为频率跌落至 46.95Hz 时的光伏发电系统频率、有功曲线；图 6－18 所示为频率跌落至 47.05Hz 时的光伏发电系统频率、有功曲线；图 6－19 所示为频率跌落至 47.25Hz 时的光伏发电系统频率、有功曲线；图 6－20 所示为频率跌落至 47.45Hz 时的光伏发电系统频率、有功曲线；图 6－21 所示为频率跌落至 47.55Hz 时的光伏发电系统频率、有功曲线；图 6－22 所示为频率跌落至 47.75Hz 时的光伏发电系统频率、有功曲线；图 6－23 所示为频率跌落至 47.95Hz 时的光伏发电系统频率、有功曲线；图 6－24 所示为频率跌落至 48.05Hz 时的光伏发电系统频率、有功曲线；图 6－25 所示为频率跌落至 48.25Hz 时的光伏发电系统频率、有功曲线；图 6－26 所示为频率跌落至 48.45Hz 时的光伏发电系统频率、有功曲线；图 6－27 所示为频率跌落至 48.55Hz 时的光伏发电系统频率、有功曲线；图 6－28 所示为频率跌落至 49.5Hz 时的光伏发电系统频率、有功曲线；图 6－29 所示为频率升高至 50.45Hz 时的光伏发电系统频率、有功曲线；图 6－30 所示为频率升高至 50.55Hz 时的光伏发电系统频率、有功曲线；图 6－31 所示为频率升高至 50.75Hz 时的光伏发电系统频率、有功曲线；图 6－32 所示为频率升高至 50.95Hz 时的光伏发电系统频率、有功曲线；图 6－33 所示为频率升高至 51.05Hz 时的光伏发电系统频率、有功曲线；图 6－34 所示为频率升高至 51.25Hz 时的光伏发电系统频率、有功曲线；图 6－35 所示为频率升高至 51.45Hz 时的光伏发电系统频率、有功曲线。

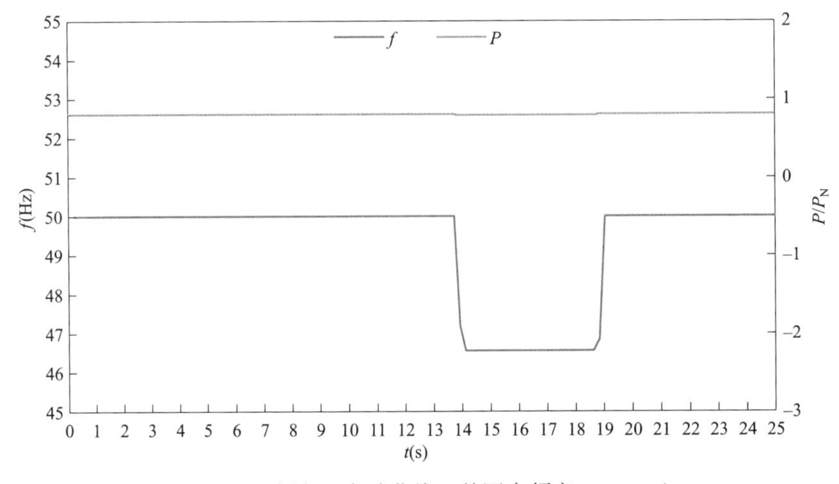

图 6－15　频率、有功曲线（并网点频率 46.55Hz）

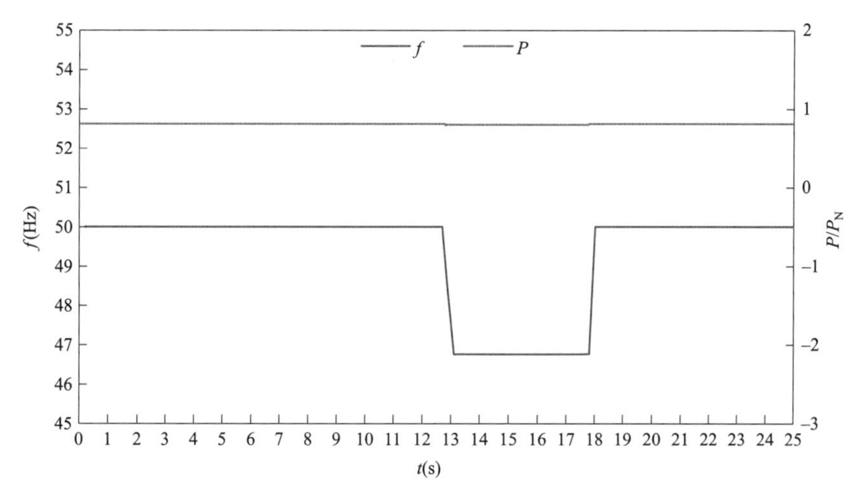

图 6－16　频率、有功曲线（设定频率 46.75Hz）

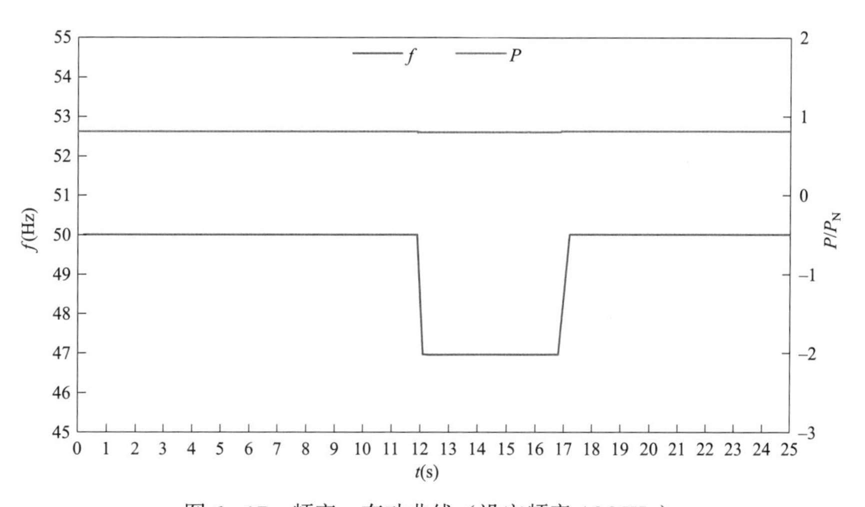

图 6－17　频率、有功曲线（设定频率 46.95Hz）

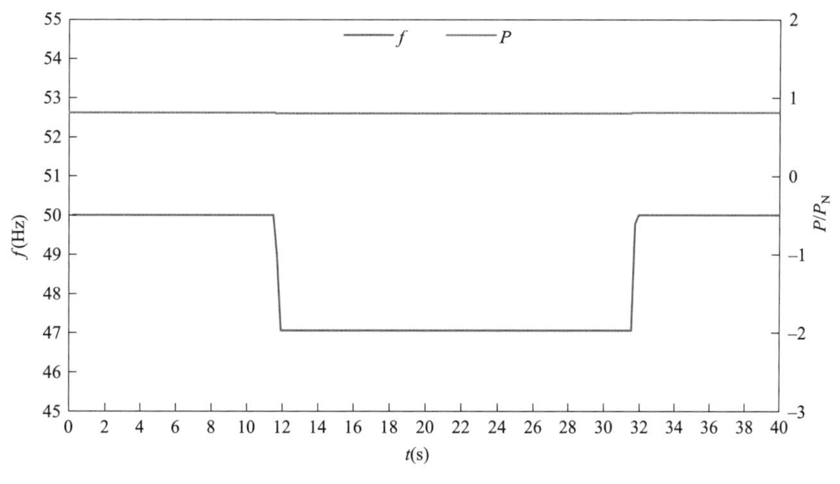

图 6－18　频率、有功曲线（设定频率 47.05Hz）

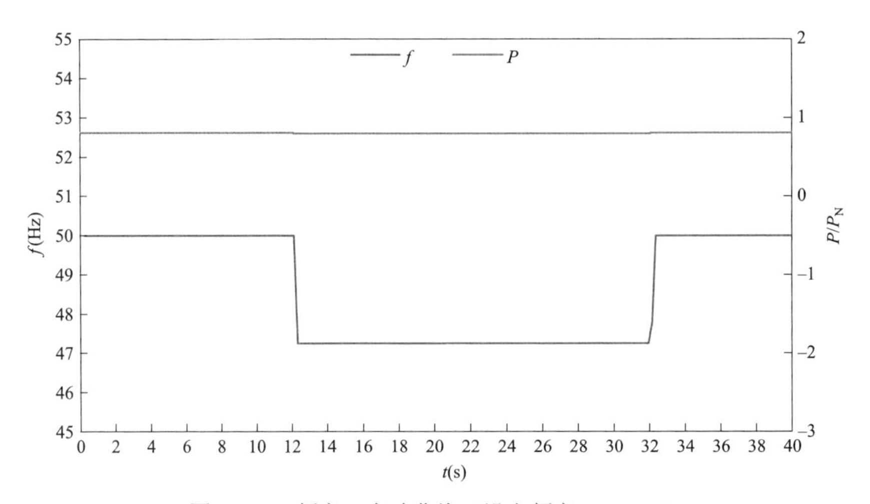

图 6－19　频率、有功曲线（设定频率 47.25Hz）

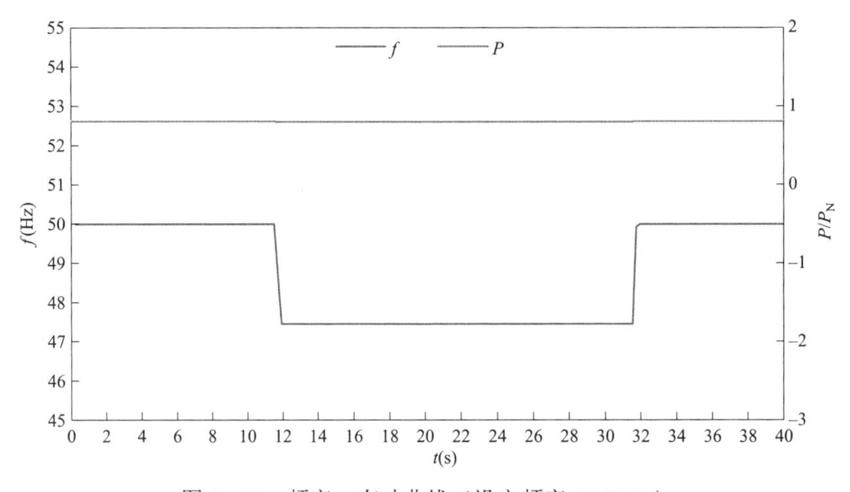

图 6－20　频率、有功曲线（设定频率 47.45Hz）

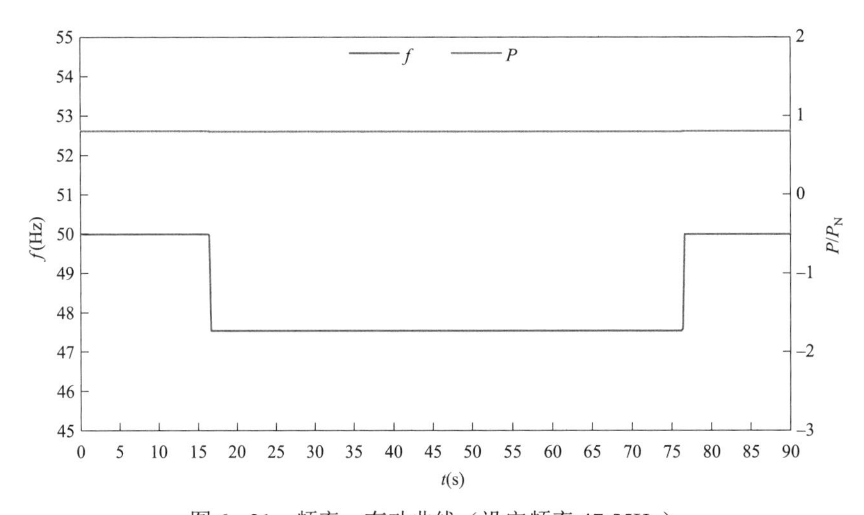

图 6－21　频率、有功曲线（设定频率 47.55Hz）

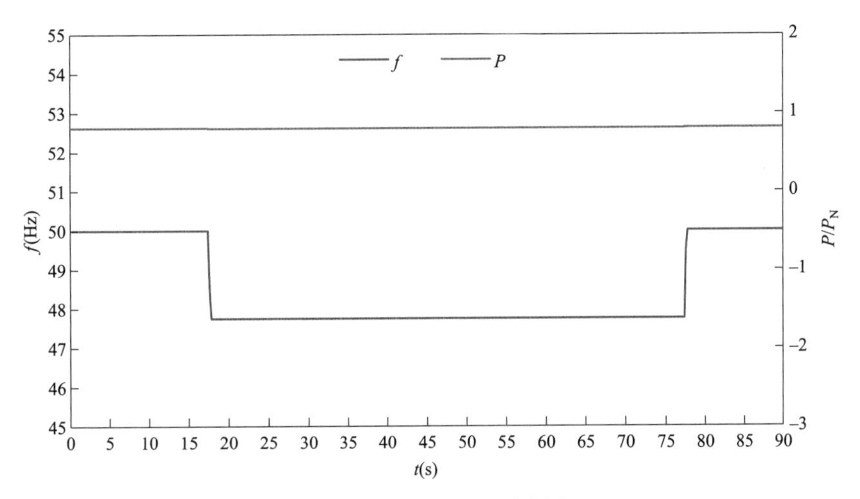

图 6－22　频率、有功曲线（设定频率 47.75Hz）

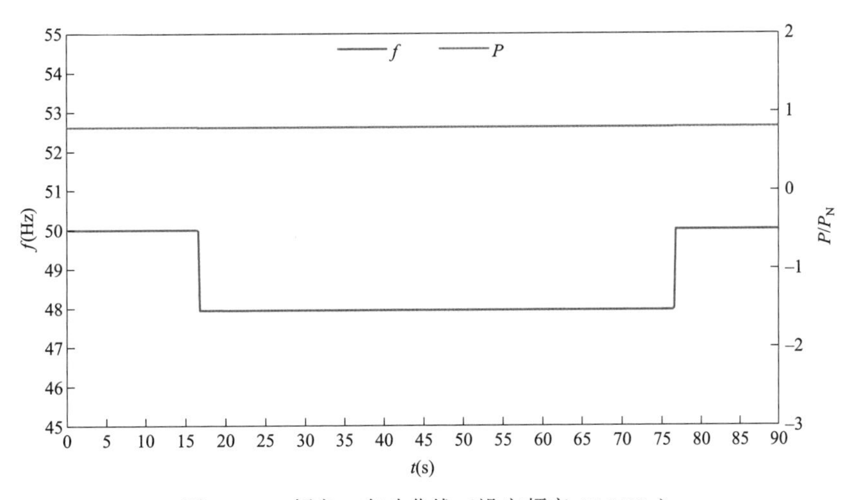

图 6－23　频率、有功曲线（设定频率 47.95Hz）

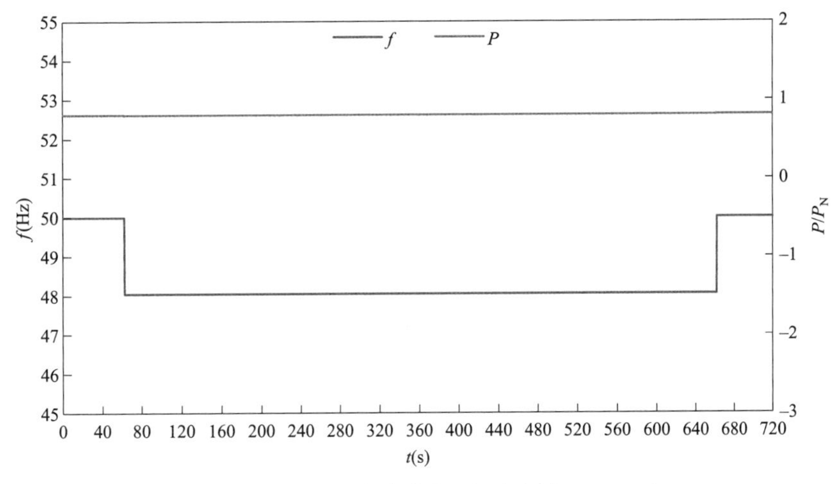

图 6－24　频率、有功曲线（设定频率 48.05Hz）

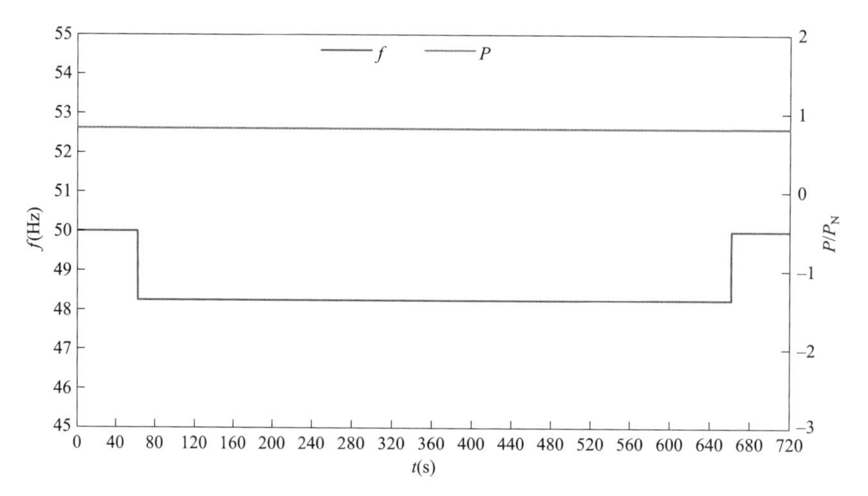

图 6-25　频率、有功曲线（设定频率 48.25Hz）

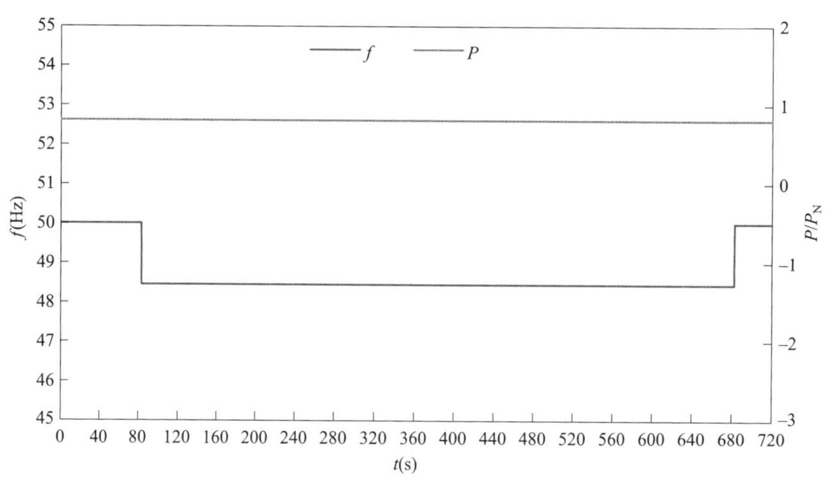

图 6-26　频率、有功曲线（设定频率 48.45Hz）

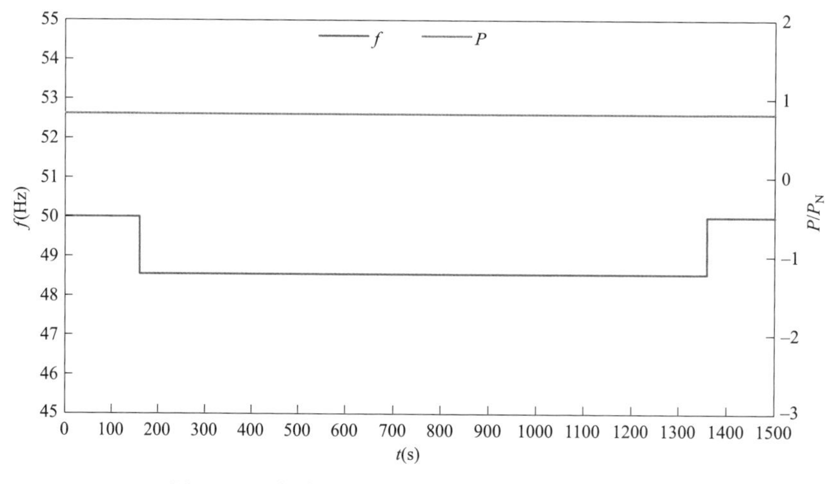

图 6-27　频率、有功曲线（设定频率 48.55Hz）

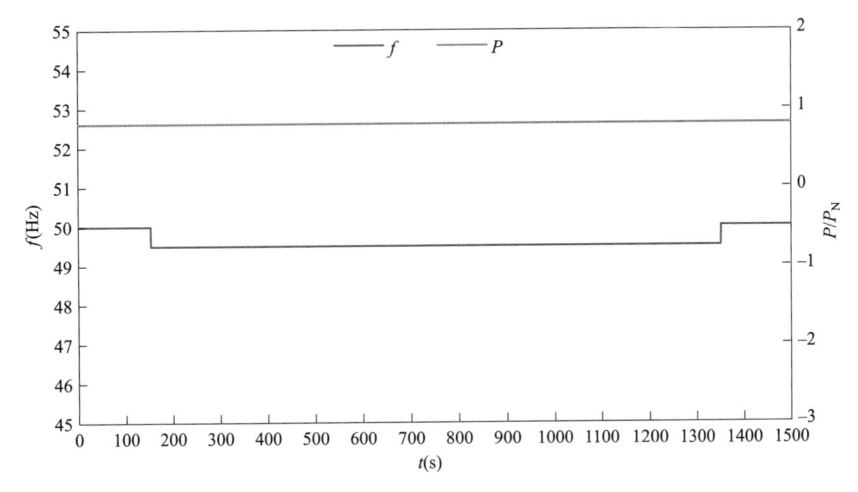

图 6－28 频率、有功曲线（设定频率 49.5Hz）

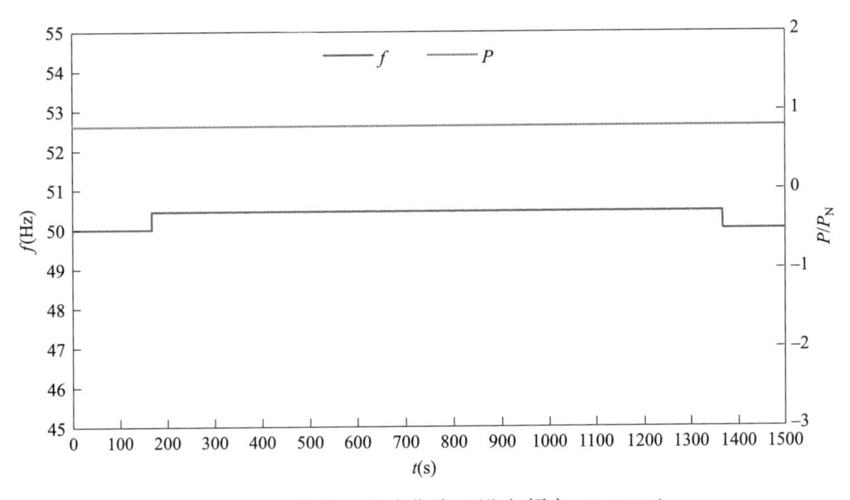

图 6－29 频率、有功曲线（设定频率 50.45Hz）

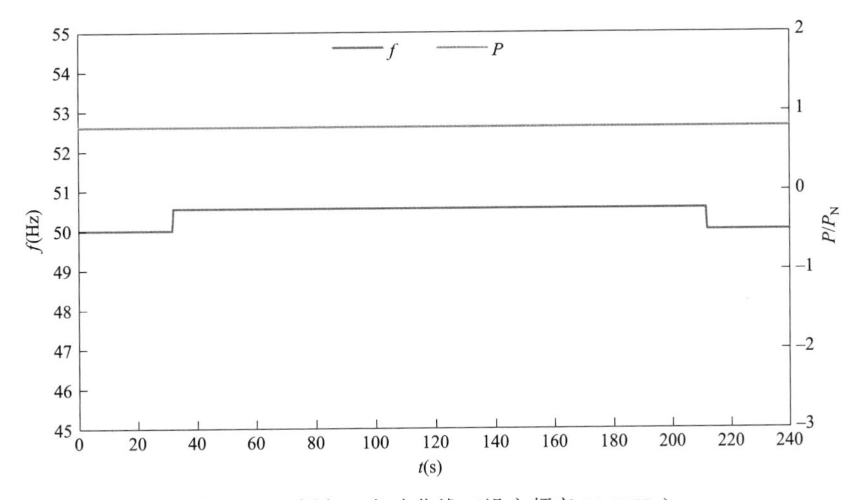

图 6－30 频率、有功曲线（设定频率 50.55Hz）

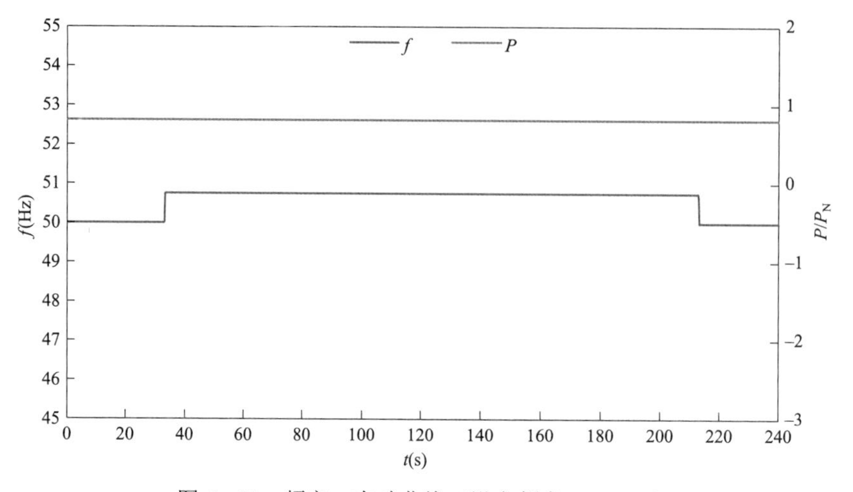

图 6-31 频率、有功曲线（设定频率 50.75Hz）

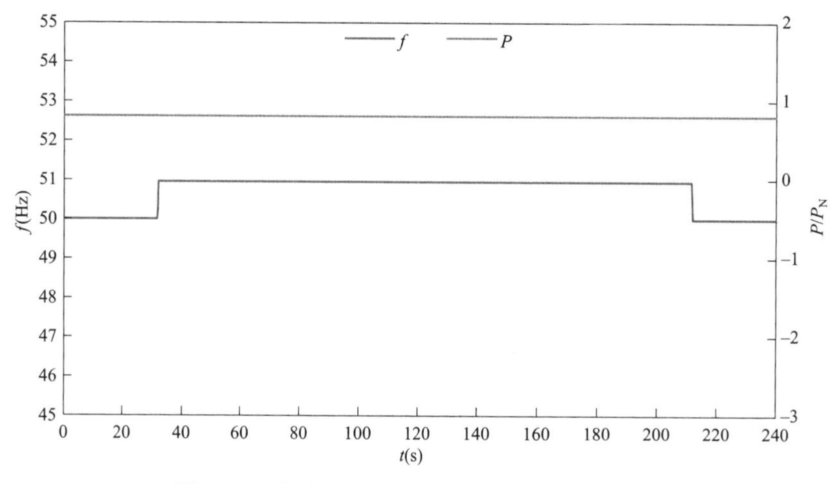

图 6-32 频率、有功曲线（设定频率 50.95Hz）

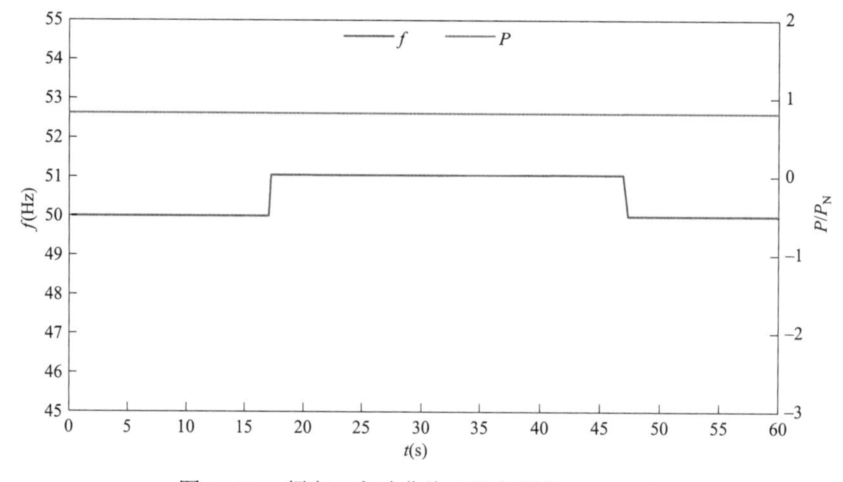

图 6-33 频率、有功曲线（设定频率 51.05Hz）

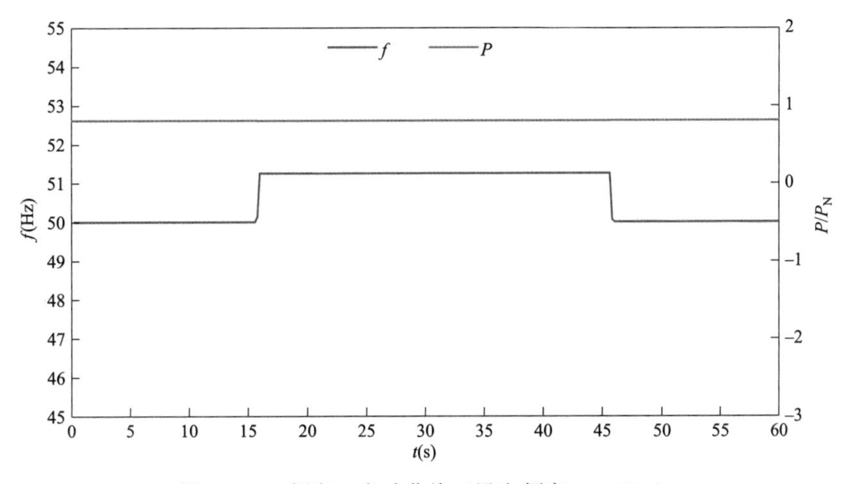

图 6-34 频率、有功曲线（设定频率 51.25Hz）

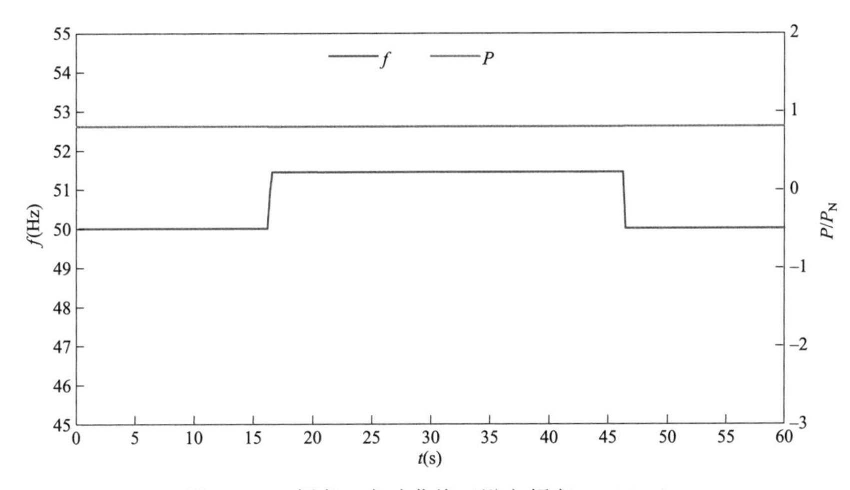

图 6-35 频率、有功曲线（设定频率 51.45Hz）

第七章

一次调频测试技术及应用

随着新能源在电网的容量越来越大，风力发电和光伏发电逐渐成为电网主力电源。目前大部分风电场和光伏电站还未对一次调频功能进行改造，不具备调频功能，随着电网进一步促进新能源消纳，网内火电、水电等传统同步机组有功功率输出持续降低，在特定时段内，火电机组大部分处于深度调峰状态，无法提供向下一次调频能力，导致电网可用的一次调频资源逐步减少，频率安全风险逐步加大。因此，新能源场站参与电网一次调频已经成为电力行业研究热点之一，同时也是新能源网源协调的一项重点工作，备受关注。

本章首先简要介绍新能源接入对电网频率产生的影响以及新能源参与电网一次调频各指标要求，然后详细分析了影响新能源机组一次调频的安全约束条件，接着介绍了新能源参与电网一次调频详细测试方法，最后基于新能源参与电网一次调频实际测试研究和工作经验，给出了典型风电场和光伏电站参与电网一次调频测试和数据分析实例。

第一节　新能源对电网频率的影响及一次调频标准要求

一、新能源对电网调频的影响

频率稳定是电力系统安全稳定运行的重要因素。频率作为交流电力系统运行的一项重要指标，反映了有功发电与负荷的平衡情况。对于传统互联电网系统，有功功率备用充足，系统抗扰动能力强，一般能够保证频率稳定。然而，随着新能源穿透功率不断增大，常规同步机组占比逐渐下降，电网惯量及一次调频能力不断弱化，对高比例风电系统的安全稳定运行构成极大威胁。

风光等新能源场站对电网频率的影响主要来源于风能和光能的随机性和波动性。大量具有波动性和随机性的风光功率注入电网，会造成电网内发电机组有功功率的波动性，而电网用电负荷又存在一定不确定性，结果导致电网频率容易出现在一定范围内的波动。例如当网内用电负荷处于高峰期，由于风光资源不可控性，可能出现风光有功功率输出较小甚至降为零的极端情况；而当电网处于用电负荷低谷时，则可能出现风光资源充沛情况。这些情况都会导致电网有功功率供需不平衡，进而导致电网产生较大波动。为此，网内机组需要进行频率调节。目前，针对风光功率波动对区域电网系统频率稳定性影响的研究分析主要体现在以下两方面：

（1）新能源场站接入电网增大了电网系统的调频需求。风光等新能源发电机组与传统意义上的水电和火电机组有功功率输出特性有着本质的区别，风光有功功率输出受自然因素影响很大，风速、光照快速变化能够导致风光发电功率出现较大波动，进而加剧电网系统功率的不平衡程度，致使电网在原有负荷波动预留的调频备用容量的基础上需要增加额外的备用容量来应对此时的风光功率波动，即增加了电网系统的调频需求。

（2）新能源场站接入电网提高了电网一次调频的响应指标。对于高比例新能源电力系统，新能源场站的接入占据了传统水、火发电机组的容量，降低了原有系统中的可控有功调频机组比例，并且由于变速风电机组的控制差异使其发电转子转速与电网系统频率彻底解耦，无法响应电网频率的波动，导致电网系统调频能力受到严峻挑战，而更容易频繁发生电网系统频率失稳的问题。因此，对于含高比例新能源的电力系统，需要调频机组有功功率响应速度更快、有功功率调节幅度更大。

二、一次调频技术指标及标准要求

对于新能源场站参与电网一次调频的技术指标和要求，应参照 GB/T 19963.1—2021《风电场接入电力系统技术规定　第 1 部分：陆上风电》、GB/T 40595—2021《并网电源一次调频技术规定及试验导则》等标准的要求执行，各网省公司依据上述标准进一步制定适合自身新能源一次调频的标准。

（一）一次调频参数要求

一次调频控制装置判断新能源场站并网点的频率波动，根据预设的一次调频曲线，通过协调控制全场的有功功率输出来实现新能源场站的一次调频控制，控制曲线如图 7－1 所示，新能源场站通过给定的有功—频率下垂特性曲线，实现新能源场站一次调频功能，具体见式（7－1）

$$P = P_0 - P_N \frac{(f - f_d)}{f_N} \frac{1}{\delta} \tag{7-1}$$

式中　f——电网实际频率，Hz；

P——一次调频动作目标功率，MW；

P_N——额定功率，MW；

P_0——功率初值，MW；

f_d——一次调频死区，Hz；

f_N——额定频率，Hz；

δ——新能源场站一次调频调差率，%。

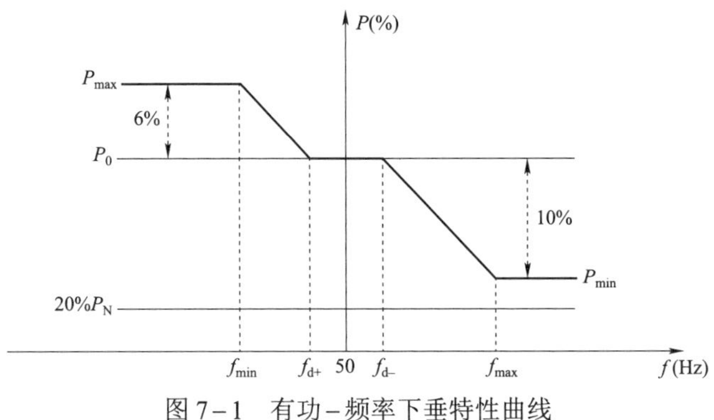

图 7－1　有功－频率下垂特性曲线

（1）新能源场站输出功率大于 20%有功功率额定值时，启动一次调频功能。

（2）当系统频率低于额定频率时，新能源场站应根据一次调频曲线增加有功功率输出，响应限幅不应小于新能源场站额定有功功率的 6%；当系统频率高于额定频率时，新能源场站应根据一次调频曲线减少有功功率输出，响应限幅不应小于新能源场站额定有功功率的 10%。

（3）一次调频死区 f_d。风电场一次调频的死区设置推荐在±0.03～±0.1Hz 范围内，光伏电站一次调频的死区设置推荐在±0.02～±0.06Hz 范围内，实际应根据当地电网调度要求确定。

（4）新能源场站一次调频调差率 δ 为新能源场站一次调频有差调节斜率的倒数，即考虑一次调频死区的单位频率变化调节功率的倒数，推荐为 2%～10%，根据当地电网调度要求确定。

（5）新能源场站一次调频响应功能应与 AGC 相协调，即新能源场站有功功率控制目标值应考虑 AGC 指令值与一次调频有功功率指令值之间的闭锁/叠加逻辑。新能源场站有功功率的控制目标应为 AGC 指令值与快速频率响应调节量代数和，且当电网频率超出（50±0.1）Hz 时，新能源场站一次调频功能应闭锁 AGC 反向调节指令。

（6）一次调频功能的投入不应限制新能源有功功率输出，新能源电站应根据实际运行工况参与电网一次调频。

（二）一次调频响应性能要求

频率阶跃扰动，如图 7－2 所示，一次调频响应过程应满足以下要求：

（1）响应滞后时间 t_{hx}。自频率越过新能源场站调频死区开始到有功功率输出可靠的向调频方向开始变化（达到 10%目标变化量）所需的时间。风力发电、光伏发电、风光互补均不超过 2s。

（2）响应时间 $t_{0.9}$。自频率超出调频死区开始，至有功功率调节量达到调频目标值与初始功率之差的 90%所需时间。风力发电和风光互补应不超过 9s、光伏发电应不超过 5s。

（3）调节时间 t_s。自频率超出调频死区开始，至有功功率达到稳定（功率波动不超过额定有功功率±1%）的最短时间，如图 7－2 所示。风力发电、光伏发电、风光互补均不超过 15s。

（4）调频控制偏差。风力发电、光伏发电、风光互补有功功率均应控制在额定有功功率的±1%以内。

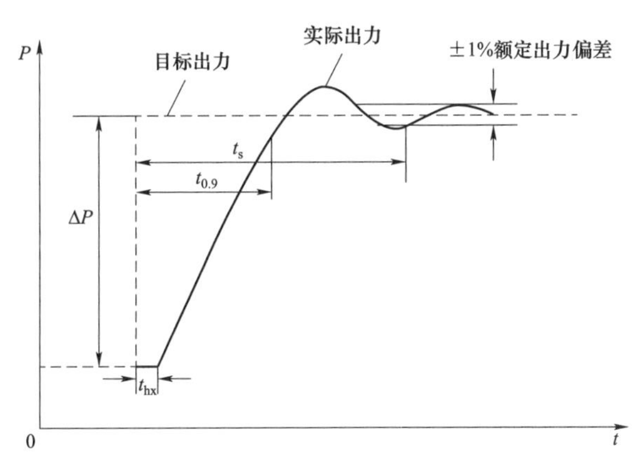

图 7-2　新能源场站一次调频响应频率阶跃扰动过程调节示意图

第二节　新能源系统参与电网一次调频安全约束

本节基于典型的风电机组（包含双馈和直驱两种类型）和光伏系统详细电磁暂态模型研究了新能源系统参与电网一次调频的安全约束，综合考虑一次调频不同死区、调节幅度、响应速率等参数指标研究新能源场站参与电网一次调频时的限制条件。

一、风电电磁暂态模型

典型风力发电系统模型框图，如图 7-3 所示，主要包含空气动力、变桨、机械、发电机、变流器和风电机组控制等系统模型。其中，空气动力系统模型主要根据流向桨叶的气流获得风电机组机械转矩，表征叶轮捕获风功率的多少；风电机组变桨系统根据输入的桨距角指令值计算实际输出的桨距角，通过控制所有桨叶或者分别独立变桨，使输出到机械系统的功率与目标值一致；风电机组机械系统从风轮获得一定功率，带动发电机转子转动，并在风电机组控制系统的控制下经功率变换系统将电能注入电网。

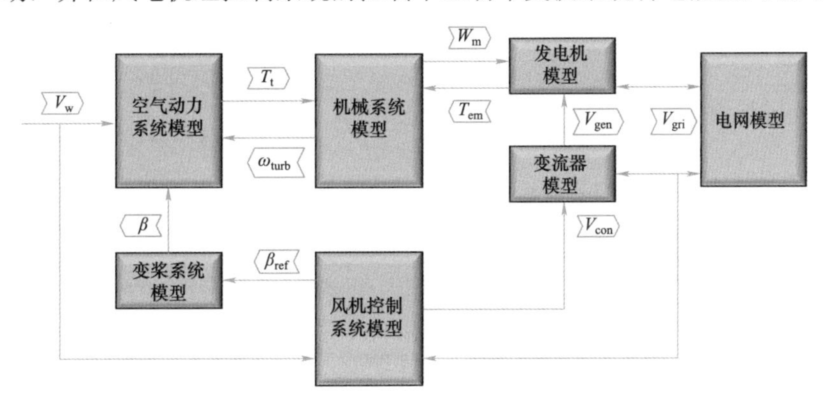

图 7-3　典型风力发电系统模型框图

（一）风电机组空气动力、变桨和机械系统模型

双馈风电机组和直驱风电机组的空气动力、变桨和机械的系统模型类似，下面分别介绍。

1. 空气动力系统模型

主要根据流向桨叶的气流计算风电机组机械转矩。假设风速为作用到桨叶扫风面上的平均风速，考虑作用在低速轴上的平均转矩，则风速与输出机械功率之间的关系满足

$$P=\frac{\rho}{2}\times A_{\mathrm{r}}\times v_{\mathrm{w}}^{3}\times C_{\mathrm{p}}(\lambda,\theta) \tag{7-2}$$

式中 P——输出机械功率，W；

ρ——空气密度，kg/m^3；

A_{r}——叶片扫风面积，m^2；

v_{w}——风速，m/s；

λ——叶尖速率比；

θ——桨距角，rad；

C_{p}——风能转换效率系数，为叶尖速率比λ和桨距角θ的函数。

在稳态时，叶尖速率比计算公式为

$$\lambda=\frac{\omega_{\mathrm{turb}}R}{v_{\mathrm{w}}} \tag{7-3}$$

式中 ω_{turb}——叶片角速度，rad/s；

R——叶片扫风半径，m。

风能转换效率系数 C_{p} 与桨距角和叶尖速率比的关系曲线一般由厂家提供。

2. 变桨系统模型

变桨涉及很多转矩和作用力，建模时需要考虑桨距角的变化率和控制系统执行器的惯性环节。变桨系统根据风速大小有两个运行区间：当风速小于额定风速时，通过控制桨距角实现机械功率输出的最大化；当风速超过额定风速时，通过控制桨距角降低叶片有效面积，从而限制机械功率的输出，使其不超过额定值。

3. 机械系统模型

风力机是实现风能转换的旋转机械，其主要功能是从可用风力中提取最大功率且不超过设备的额定值，在某些特定情况下必须运行在零功率工况，例如当风速低于 4m/s 时或高于 25m/s 时。机械系统模型根据风力机转矩 T_{t} 和发电机转矩 T_{em} 求解风力机和发电机的角速度，并将发电机转速输出到发电机模型。

（二）风电机组发电机、功率变换和控制系统模型

双馈风力发电机组和直驱风力发电机组的空气动力、变桨和机械的系统模型类似，然而，在发电机、功率变换和控制等系统模型方面存在较大差异，下面分别介绍。

1. 双馈风电机组电磁暂态模型

典型双馈风力发电机组主要由发电机、撬棒（Crowbar）电路、机侧（转子侧）变流器、机侧（转子侧）滤波器、直流母线、斩波（Chopper）电路、网侧变流器和网侧滤波

器等组成，典型双馈风力发电机组结构示意图如图 7－4 所示，机侧变流器经机侧滤波器与发电机转子相连，并且通过直流母线与网侧变流器连接。机侧变流器装设 Crowbar 电路，以保护机侧变流器安全；直流母线装设 Chopper 电路，防止直流母线过压。网侧变流器通过滤波器与电网相连，在控制系统的控制下按照相关指令将电能注入电网。

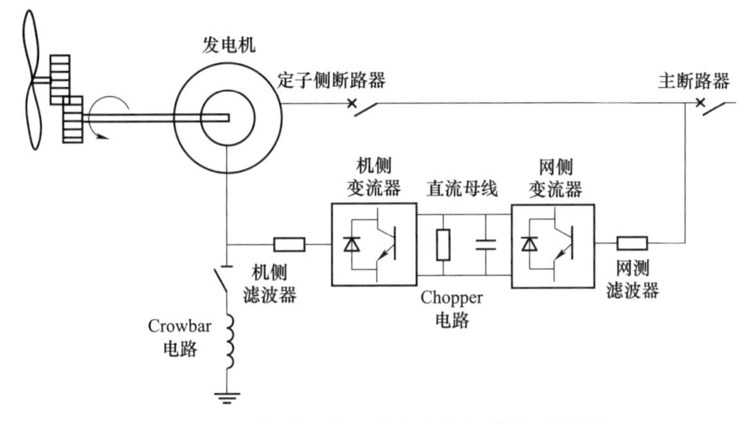

图 7－4　典型双馈风力发电机组结构示意图

（1）双馈风力发电机模型。双馈风力发电机是一种绕线式感应发电机，定子绕组直接与电网相连，转子绕组通过变流器与电网相连，定子和转子都可以向电网传送功率。转子绕组电压、频率、幅值和相位按照运行要求由变流器自动调节，机组可以在不同转速下实现恒频发电，满足负荷和并网要求。

双馈风力发电机采用绕线式异步电机，其输入信号包含 W、S 和 TL，双馈发电机模型如图 7－5 所示，其输入参数如下：

1）W 为输入转速，即发电机运行在恒转速控制模式。

2）S 为开关信号输入，可在转速控制模式或转矩控制模式之间进行选择。

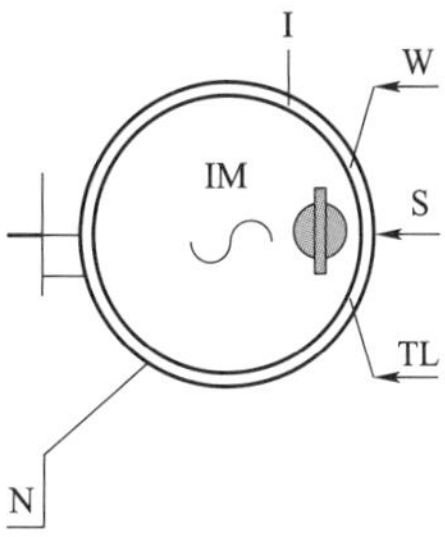

图 7－5　双馈发电机模型示意图

3）TL 为输入转矩，当电机运行在转矩控制模式时，电机转速根据转动惯量、阻尼系数、输入转矩和输出转矩进行计算。

（2）变流器模型。通常双馈风力发电机组采用典型 AC－DC－AC 变流器，由多个半桥单元组成，其中每个半桥单元采用全控型器件 IGBT 和二极管反并联结构，典型双馈风力发电机组变流器示意图如图 7－6 所示。

（3）Crowbar 电路模型。电网发生故障时，仅通过机侧变流器难以有效抑制发电机转子电流，因此需要增加辅助硬件装置以保护机侧变换器。通常双馈风力发电机组在转子侧安装 Crowbar 电路，典型 Crowbar 电路模型如图 7－7 所示，由二极管整流桥、全控型开关器件和耗能电阻构成。整流桥用于将转子交流电整流为直流电，开关器件开通时将耗能电阻接入整流桥两端，消耗转子侧能量，避免转子电流升高，以保护发电机转子。当检测到转子电流超过某一特定值时，机侧变流器闭锁，同时控制 Crowbar 电路开关器

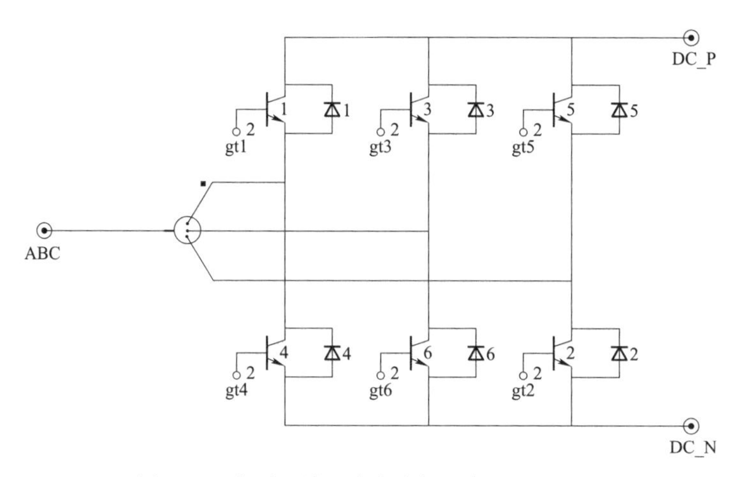

图 7－6　典型双馈风力发电机组变流器示意图

件开通，将耗能电阻接入整流桥两端，使转子多余能量通过耗能电阻消耗，从而降低转子电流；当检测到转子电流低于某一特定值时，控制 Crowbar 电路开关器件关断，断开整流桥两端与耗能电阻的连接。由于采用脉宽调制（PWM）信号控制开关器件的开通和关断，Crowbar 电路相当于一个可变电阻，可以根据实际需要改变电阻值，从而有效起到释放转子多余能量的作用，使得转子及其变流器处于安全工况内，避免转子因过流或过压损坏。

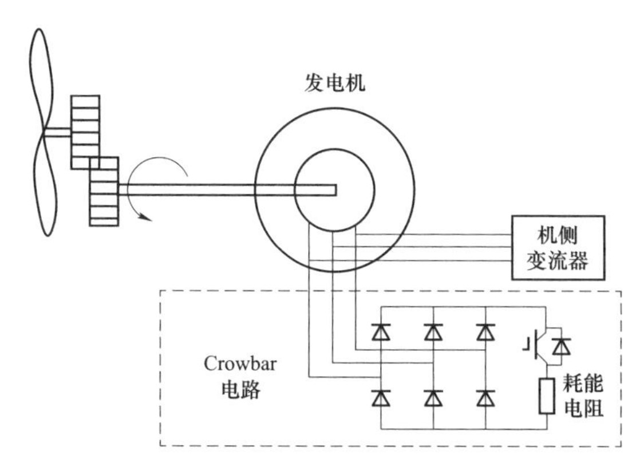

图 7－7　典型 Crowbar 电路模型示意图

（4）Chopper 电路模型。Chopper 电路并联在双馈风力发电机组变流器直流母线两端，防止转子和直流母线过压，保护连接在直流母线上的设备。典型 Chopper 电路模型示意图如图 7－8 所示，由一个全控开关器件反并联二极管再与一个耗能电阻串联构成，其中，开关器件可根据占空比信号开通或关闭；二极管有续流作用，可有效抑制开关在动作时产生的过电压；当开关器件开通时，耗能电阻主要用于消耗直流母线积累的多余能量，避免直流母线电压升高。

其基本工作原理是：当检测到直流母线电压超过某一特定值，如超过 1.1 倍额定电压时，则控制 Chopper 电路开关器件开通，将耗能电阻接入直流母线，使直流母线多余能量通过耗能电阻消耗，从而降低直流母线电压；当检测到直流母线电压低于某一特定值时，控制 Chopper 电路开关器件关断，断开直流母线与耗能电阻的连接，避免直流母线电压持续降低。Chopper 电路根据直流母线电压的变化控制开关器件，使得直流母线保持在一定范围内，进而保护直流母线和与其连接的设备。

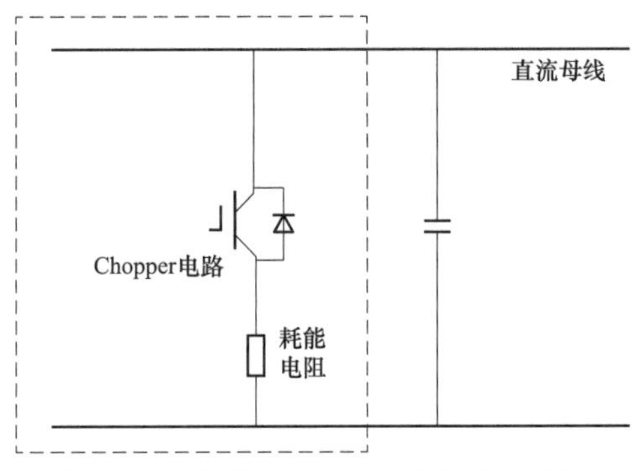

图 7－8 典型 Chopper 电路模型示意图

（5）控制系统模型。双馈风力发电机组控制系统主要包含网侧变流器控制系统和机侧变流器控制系统。通常网侧变流器控制系统基于电网电压定向，以直流母线电压参考值 $V_{\_DC\_ref}$ 和网侧变流器无功功率参考值 $Q_{\_g\_ref}$ 为控制目标，控制直流母线电压 $V_{\_DC}$ 和网侧变流器无功功率分别与指定参考值相同，双馈风力发电机组典型网侧控制系统框图如图 7－9 所示。在变流器直轴和交轴电压分量中分别引入前馈量 $-\omega L_{g} \cdot I_{q\_g}$ 和 $\omega L_{g} \cdot I_{d\_g}$，使直轴和交轴之间解耦，独立控制直流母线电压和无功功率。直流母线电压控制采用电压外环和电流内环的双环控制结构，通过控制直轴电流 I_{d_g} 来控制直流母线电压；网侧变流器无功功率控制目标一般为零，以保证双馈风力发电机组与系统交换的无功功率都通过定子输出，因此交轴电流参考值 $I_{q\_g\_reg}$ 为零。$V_{d\_g\_ref}$ 和 $V_{q\_g\_ref}$ 分别为网侧变流器直轴和交轴电压参考值，经 dq0－abc 坐标变换后按照一定算法生成 PWM 信号，网侧变流

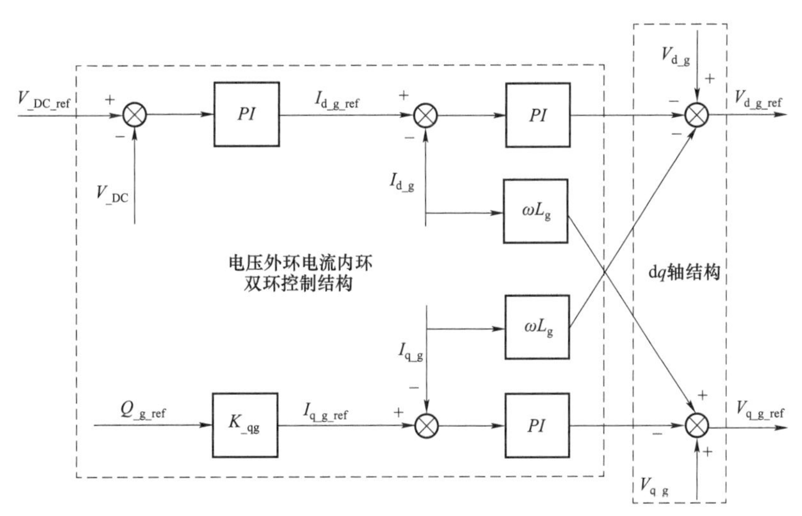

图 7－9 双馈风力发电机组典型网侧控制系统框图

器根据 PWM 信号控制直流母线电压和网侧变流器无功功率分别与参考值相同。

双馈风力发电机组典型机侧控制系统框图如图 7－10 所示，通常机侧变流器控制系统以定子有功功率参考值 $P_{\_s\_ref}$ 和无功功率参考值 $Q_{\_s\_ref}$ 为控制目标，控制定子有功功率 $P_{\_s}$ 和无功功率 $Q_{\_s}$ 为指定值。为分别独立控制定子有功功率和无功功率，在机侧变流器直轴和交轴电压分量中分别引入前馈量 $-\omega_r\sigma L_r \cdot I_{q\_r}$ 和 $\omega_r\sigma L_r \cdot I_{d\_r}$，使直轴和交轴之间解耦。定子有功功率采用功率外环和电流内环的双环控制结构，通过控制直轴电流 I_{d_r} 来控制有功功率，定子无功功率采用同样的控制结构。$V_{d\_r\_ref}$ 和 $V_{q\_r\_ref}$ 分别为机侧变流器直轴和交轴电压参考值，经 dq0－*abc* 坐标变换后按照一定算法生成 PWM 信号，机侧变流器根据 PWM 信号控制定子有功功率和无功功率。

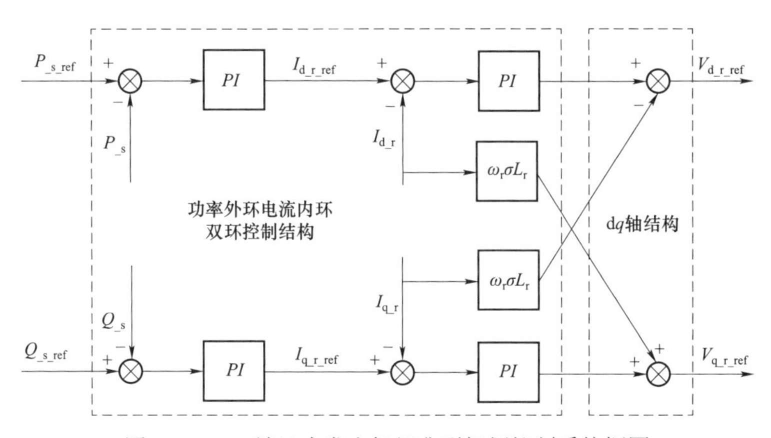

图 7－10　双馈风力发电机组典型机侧控制系统框图

2. 直驱风电机组电磁暂态模型

直驱风力发电机组采用多极电机与叶轮直接连接，由风力直接驱动，免去了齿轮箱传动部件，具有体积小、效率高、运行和维护成本低等优点。典型直驱风力发电机组结构示意图，如图 7－11 所示，主要包含直驱风力发电机、机侧滤波器、机侧变流器、直流母线、Chopper 电路、网侧变流器和网侧滤波器等。机侧变流器一侧经机侧滤波器与直驱风力发电机定子连接，另一侧与直流母线相连，机侧变流器工作时，将频率、幅值随风速变化的交流电整流为直流电；直流母线通常配置 Chopper 电路，以防止直流母线过压，保护设备安全；网侧变流器一侧与直流母线连接，另一侧经网侧滤波器与升压变压器低压侧相连，将直流母线上的直流电逆变为频率、幅值和相角符合并网条件的交流电，然后将电能注入电网。

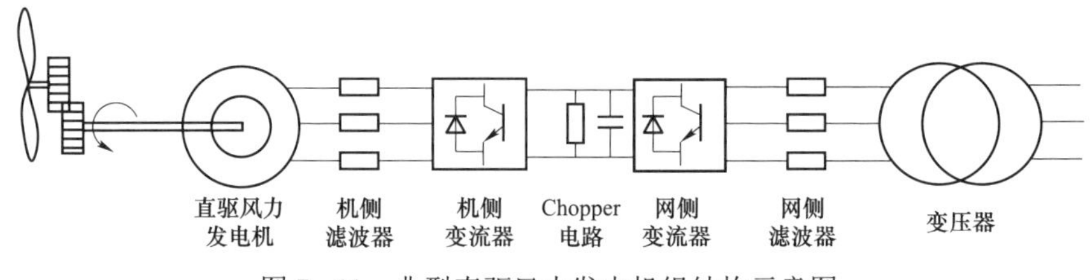

图 7－11　典型直驱风力发电机组结构示意图

（1）直驱风力发电机模型。直驱风力发电机通常采用永磁同步发电机，其转子与风力机转轴相连，由风力机直接驱动，定子与机侧滤波器连接，永磁同步发电机模型示意图如图 7－12 所示，其输入参数如下：

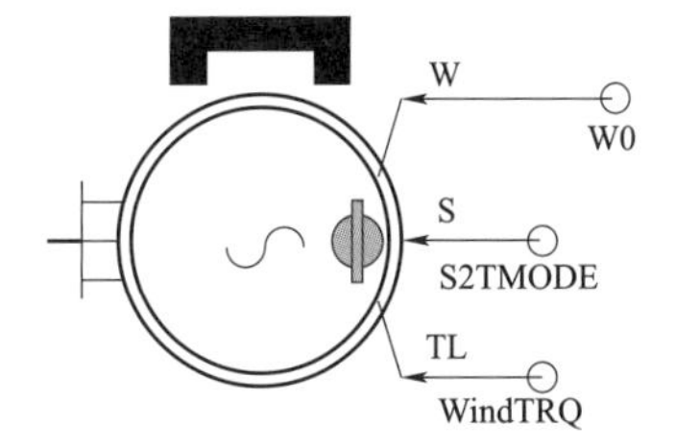

图 7－12　永磁同步发电机模型示意图

1）*W* 为输入转速，当发电机运行在速度控制模式时，发电机转速为固定值。

2）S 为开关信号输入，可在速度控制模式（1）或转矩控制模式（0）之间进行选择。

3）TL 为输入转矩，当发电机运行在转矩控制模式时，电机转速根据转动惯量、阻尼系数、输入转矩和输出转矩进行计算。

（2）直驱风力发电机组变流器模型。直驱风力发电机组变流器采用典型 AC－DC－AC 结构，由多个半桥单元组成，其中每个半桥单元采用全控型器件 IGBT 和二极管反并联结构，典型结构示意图与双馈风力发电机组变流器示意图相同，见图 7－6。

（3）Chopper 电路模型。直驱风力发电机组 Chopper 电路的结构和工作原理与双馈风力发电机组 Chopper 电路相同，并联在变流器直流母线两端，防止直流母线过压，保护连接在直流母线上的设备。Chopper 电路开关器控制信号可由一个迟滞缓冲器产生，直流 Chopper 迟滞缓冲器模型示意图如图 7－13 所示，E_{dc} 为直流母线电压，$V_{dcOrder}$ 为直流母线电压基准值，E_{dcChpr} 为直流母线电压标幺值。当 E_{dcChpr} 超过 V_{dc_max} 时，则 GP 输出高电平，驱动 Chopper 电路开关开通；当 E_{dcChpr} 低于 V_{dc_min} 时，则 GP 输出低电平，驱动 Chopper 电路开关关断；当直流母线电压介于两者之间时，开关不改变状态，V_{dc_min} 和 V_{dc_max} 为迟滞缓冲器动作电压阈值。

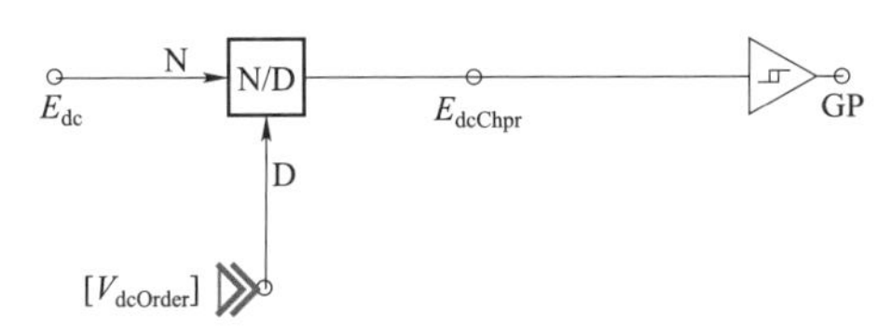

图 7－13　直流 Chopper 迟滞缓冲器模型示意图

（4）控制系统模型。与双馈风电机组控制系统类似，直驱风力发电机组控制系统主要包含网侧变流器控制系统和机侧变流器控制系统。通常机侧变流器控制系统以发电机有功功率参考值和发电机无功功率参考值为控制目标，控制定子有功功率和无功功率为指定参考值。该控制系统通常采用功率外环和电流内环的双环控制结构，实现有功功率和无功功率无静差控制。

二、光伏发电系统电磁暂态模型

典型光伏发电系统结构图如图 7－14 所示，主要包含光伏方阵、滤波器、升压电路、直流母线和逆变器等，典型光伏发电系统模型滤波器通常采用 LC 低通滤波电路，升压电路采用 boost 升压结构，逆变器由多个半桥单元组成，其中每个半桥单元采用全控型器件 IGBT 和二极管反并联结构。

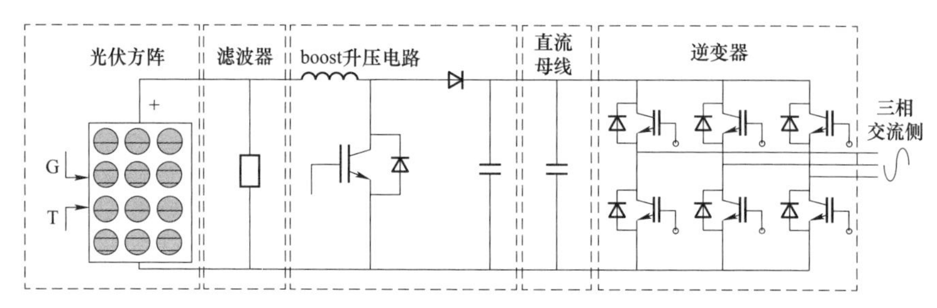

图 7－14　典型光伏发电系统结构图

1. 光伏方阵模型

光伏方阵模型模拟不同辐照度和温度下光电转换特性，输入变量包含辐照度 S、工作温度 T，直流工作电压 U_{dc}，输出量为光伏方阵输出电流 I_{array}

$$I_{array} = I_{SC}[1-\alpha(e^{\beta U_{dc}}-1)] \tag{7-4}$$

$$\alpha = \left(\frac{I_{SC\_sta}-I_{m\_sta}}{I_{SC\_sta}}\right)^{\frac{U_{OC\_sta}}{U_{OC\_sta}-U_{m\_sta}}} \tag{7-5}$$

$$\beta = \frac{1}{U_{OC}}\ln\left(\frac{1+\alpha}{\alpha}\right) \tag{7-6}$$

其中

$$I_{SC} = I_{SC\_sta}\frac{S}{S_{ref}}[1+a\,(T-T_{ref})] \tag{7-7}$$

$$U_{OC} = U_{OC\_sta}[1-c(T-T_{ref})]\ln[e+b(S-S_{ref})] \tag{7-8}$$

式中　I_{SC}——光伏方阵短路电流，A；

U_{dc}——光伏方阵直流工作电压，V；

I_{SC_sta}——光伏方阵标准测试条件下的短路电流，A；

I_{m_sta}——光伏方阵标准测试条件下的最大功率点电流，A；

U_{OC}——光伏方阵开路电压，V；

U_{OC_sta}——光伏方阵标准测试条件下的开路电压，V；

T_{ref}——标准测试条件下的工作温度，取 25℃；

S_{ref}——标准测试条件下的太阳辐照度，取 1000W/m^2；

a——计算常数，由硅材料构成的光伏方阵典型值为 0.0025/℃；

b——计算常数，由硅材料构成的光伏方阵典型值为 0.0005/℃；

c——计算常数，由硅材料构成的光伏方阵典型值为 0.00228/℃。

典型光伏方阵的 $V-I$ 特性如图 7－15 所示，随着光伏方阵电压升高，光伏方阵输出电流开始基本保持不变，当输出电压约为 0.55kV 时，随着电压继续升高，输出电流迅速下降，可见光伏方阵输出功率存在极值，在运行过程中光伏发电系统需要按照一定算法寻找最大功率点。典型光伏方阵的 $P-V$ 特性如图 7－16 所示。

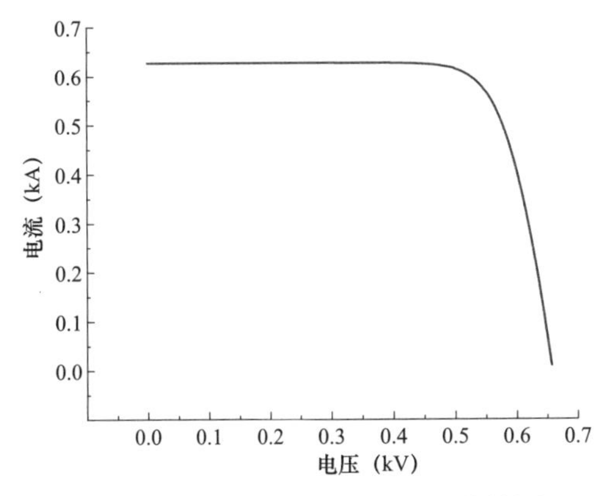

图 7－15　典型光伏方阵的 $V-I$ 特性图

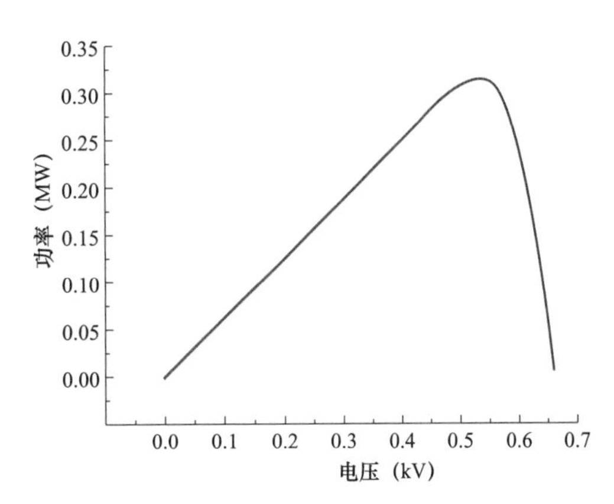

图 7－16　典型光伏方阵的 $P-V$ 特性图

2. 升压变流器模型

典型升压变流器模型，如图 7－17 所示，升压变流器采用 boost 电路，其输入端连接一个 LC 低通滤波器，输出端与逆变器相连。开关 VT 导通时，电容 C_{pv} 通过开关器件 Q 向电感 L 充电，电流回路为 C_{pv}→L→VT→C_{pv}，充电时间为 T_{on}；当开关器件 Q 关断时，电容 C_{pv} 和电感 L 一起通过二极管 VD1 向电容 C1 充电，电流回路为 C_{pv}→L→VD1→C1→C_{pv}，充电时间为 T_{off}，开关周期为 $T_s=T_{off}+T_{on}$，开关器件 Q 按照指令反复切换上述两种充电路径，则 boost 电路输出电压为

$$U_{c1}=\frac{U_{pv}}{1-D} \tag{7-9}$$

其中
$$D=T_{on}/T_s$$

式中　D——开关器件 VT 的占空比。

由于 $D<1$，因此 boost 电路输出电压 U_{c1} 将高于光伏方阵输出电压 U_{pv}。

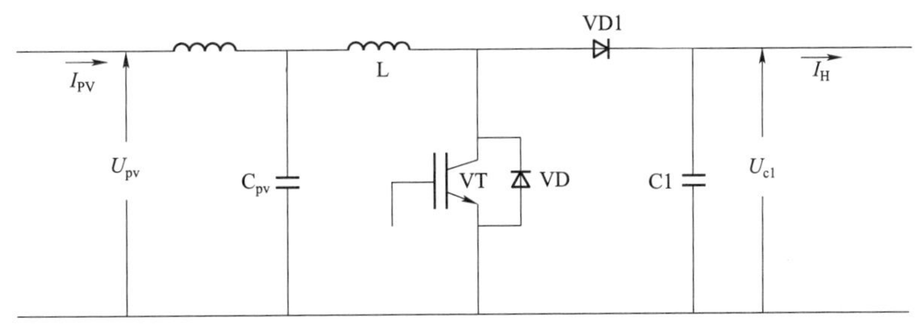

图 7－17　典型升压变流器模型示意图

3. 逆变器模型

光伏并网系统典型逆变器模型示意图如图 7－18 所示，该模型采用电压源型逆变器结构建立，由 6 个 IGBT 反并联二极管单元组成，按照控制信号将直流电逆变为交流电。

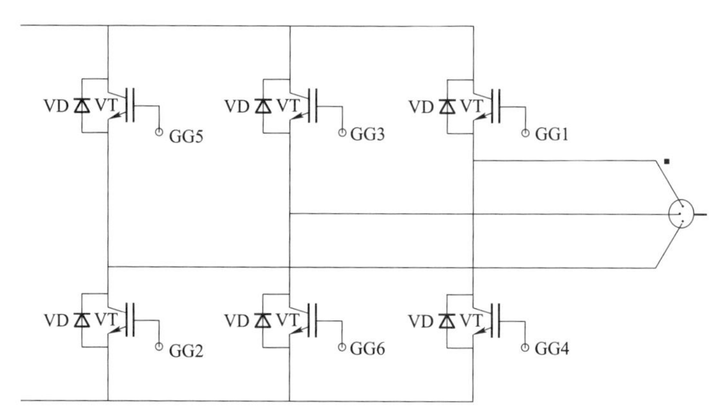

图 7-18　光伏并网系统典型逆变器模型示意图

4. 光伏控制系统模型

通常，在具有两级变换结构的光伏并网系统中，前级 DC-DC 变流器主要作用是实现最大功率跟踪（MPPT）控制，后级 DC-AC 变流器（并网逆变器）则有两个基本控制目标：一是要保持前后级之间的直流母线电压稳定；二是实现并网电流控制。因此光伏并网控制系统包含升压变流器控制系统和逆变器控制系统，下面分别予以介绍。

典型升压变流器控制系统框图如图 7-19 所示，S 和 T 分别为光伏方阵工作辐照度和工作温度，根据光伏方阵典型 $P-V$ 特性，采用电压扰动法进行最大功率跟踪，并输出最大功率点电压参考值 $V_{\_ref\_MPPT}$。升压变流器控制系统采用电压外环功率内环的双环控制结构，控制光伏方阵输出电压 U_{pv} 和 boost 电路有功功率，使光伏方阵输出电压为最大功率点电压，保证光伏方阵输出功率最大，同时控制 boost 电路输出有功功率与光伏方阵输出功率相同，确保功率平衡。通过 $D_{\_boost}$ 信号与三角波信号比较，生成 boost 升压电路开关器件控制信号，控制开通和关断，U_{pv} 为光伏方阵输出电压，U_{c1} 和 I_H 分别为 boost 电路输出电压和电流。

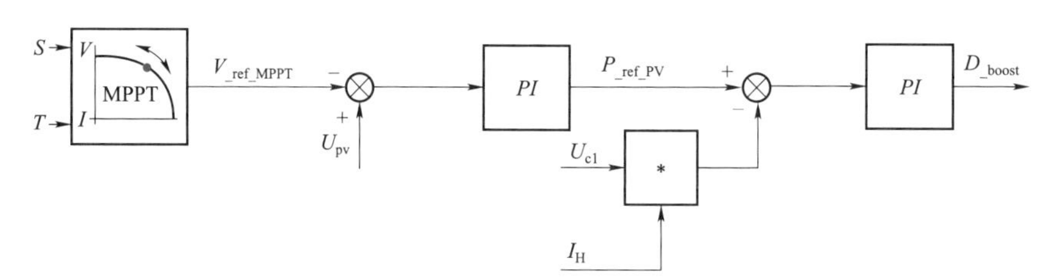

图 7-19　典型升压变流器控制系统框图

典型光伏逆变器控制系统框图如图 7-20 所示，以直流母线电压 $V_{\_dc\_ref}$ 和逆变器无功功率 $Q_{\_ref}$ 为控制目标，采用电压外环电流内环的双环控制结构控制直流母线电压 $V_{\_dc}$ 为指定值；直流电压外环的作用是为了稳定或调节直流电压，引入直流电压反馈并通过一个 PI 调节器即可实现直流电压的无静差控制。采用功率外环和电流内环的双环控制结构控制逆变器无功功率为指定值，通常逆变器无功功率参考值 $Q_{\_ref}$ 为零，并网逆变器运行于单位功率因数状态，即仅向电网输送有功功率。为减小直轴和交轴控制之间的相互影响，分别独立控制直流母线电压和无功功率，在逆变器直轴和交轴电压分量中分别引

入前馈量 $-\omega L \cdot I_q$ 和 $\omega L \cdot I_d$，使直轴和交轴解耦。V_{d_ref} 和 V_{q_ref} 分别为逆变器直轴和交轴电压参考值，经 dq0 – *abc* 坐标变换后按照一定算法生成 PWM 信号，逆变器根据 PWM 信号控制直流母线电压和无功功率为指定值。

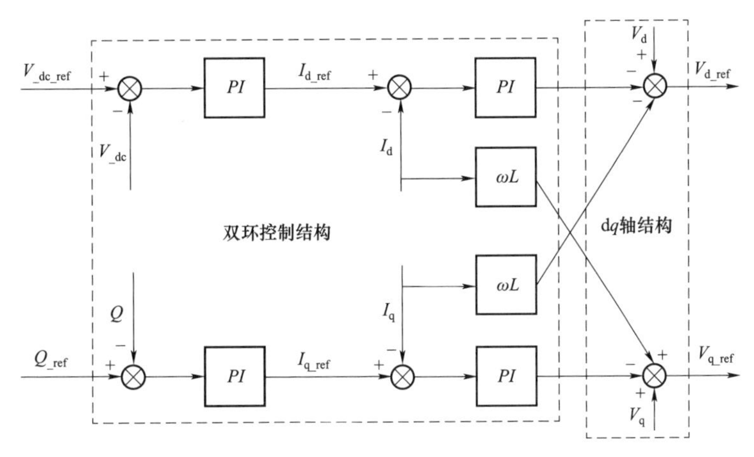

图 7 – 20　典型光伏逆变器控制系统框图

以上介绍了典型双馈风电机组、直驱风电机组和光伏系统详细电磁暂态模型，在上述模型的外环有功功率控制环节，按照本章第一节关于新能源参与电网一次调频参数要求，建立一次调频模块，即可得到用于新能源机组一次调频安全约束分析的模型基础。

三、新能源系统一次调频影响因素分析

基于本章第二节中介绍的电磁暂态模型进行新能源系统一次调频影响因素分析。

（1）不同死区、调节幅度对双馈风电机组的影响。分别考虑死区设置为 0.033Hz 和 0.067Hz 两种情况。设置频率扰动量为 0.1Hz，则对于两种死区而言，有效频率分别为 0.067Hz 和 0.033Hz，其仿真结果如图 7 – 21～图 7 – 23 所示。

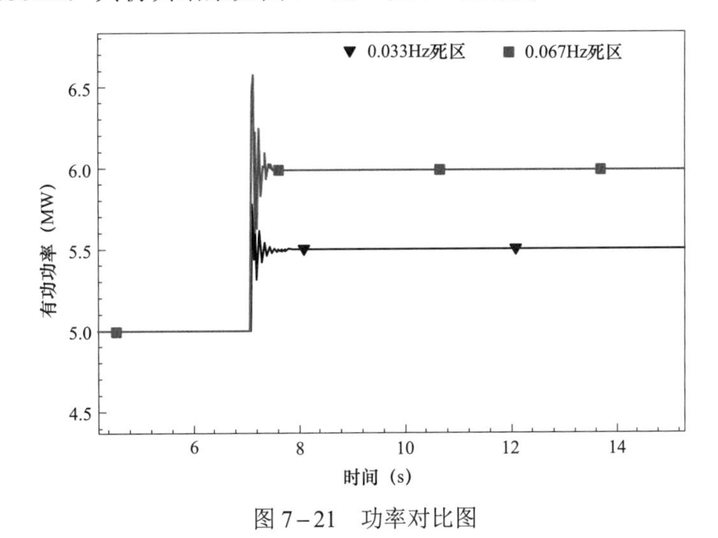

图 7 – 21　功率对比图

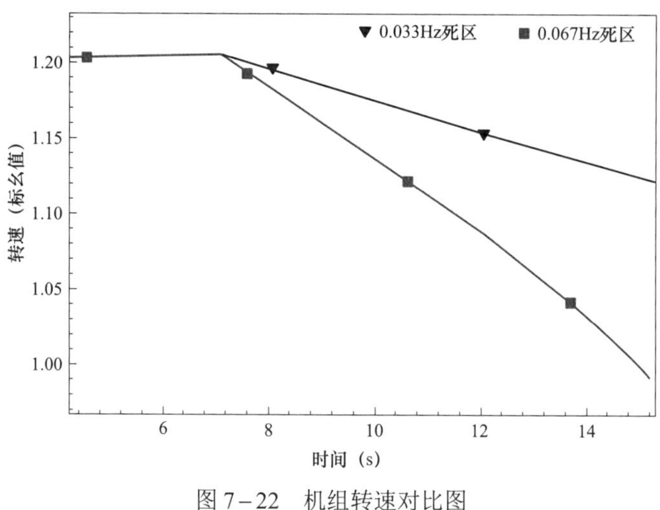

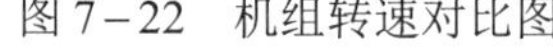
图 7－22　机组转速对比图

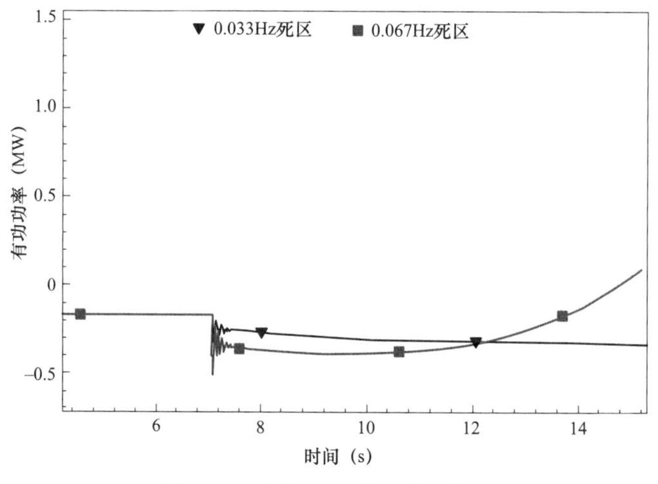

图 7－23　转子变流器功率对比图

对于不同的死区设置和不同的调节限幅，在同样的频率扰动下，扰动大的机组转速下降更快，转子变流器功率也随机组转速由超同步变为次同步而由发出功率变为吸收功率，最终会导致转子变流器电流超标导致机组 Crowbar 动作而失稳。

（2）不同死区、调节幅度对直驱风电机组的影响。同样考虑死区设置为 0.033Hz 和 0.067Hz 两种情况。设置频率扰动量为 0.1Hz，则对于两种死区而言，有效频率分别为 0.067Hz 和 0.033Hz，其仿真结果如图 7－24～图 7－26 所示。

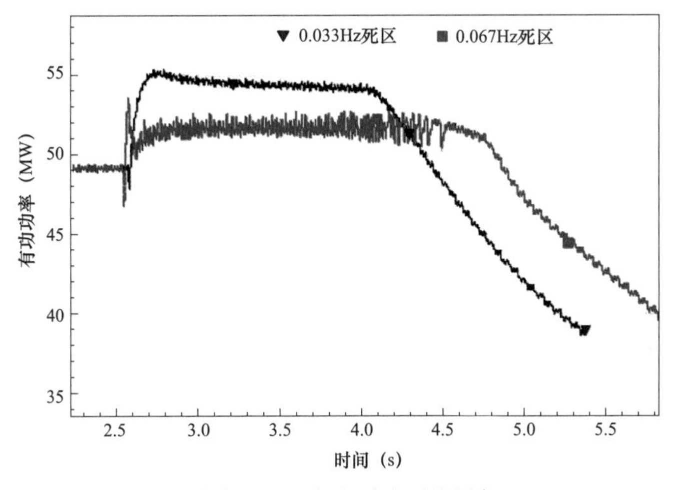

图 7-24 机组功率对比图

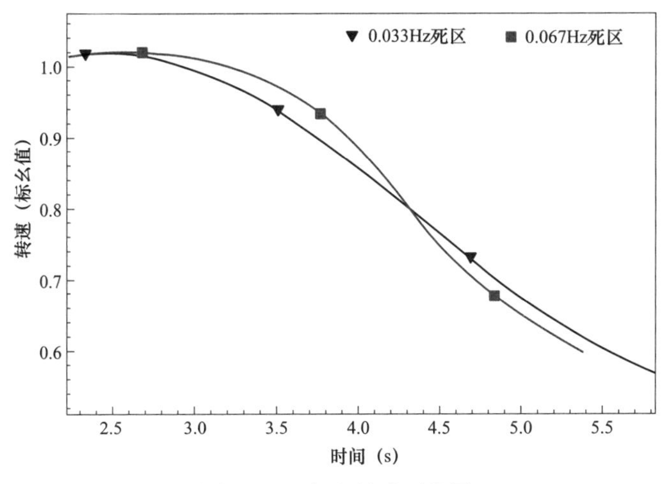

图 7-25 机组转速对比图

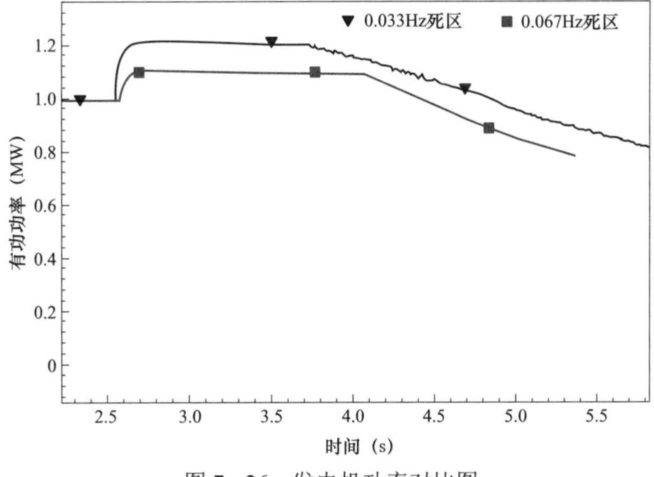

图 7-26 发电机功率对比图

对于不同的死区设置和不同的调节限幅，在同样的频率扰动下，扰动大的机组转速下降更快。

（3）不同调节速率、响应速度设置对双馈风电机组的影响。分别调节速率为 0.1 标幺值/s 和 0.05 标幺值/s，以及响应速度（延时）分别为 0s 和 0.5s 两种情况。调节速率为 0.1 标幺值/s 和延时 0.5s 的仿真结果，以及调速速率为 0.05 标幺值/s 和延时 0s 的仿真结果如图 7－27～图 7－29 所示。

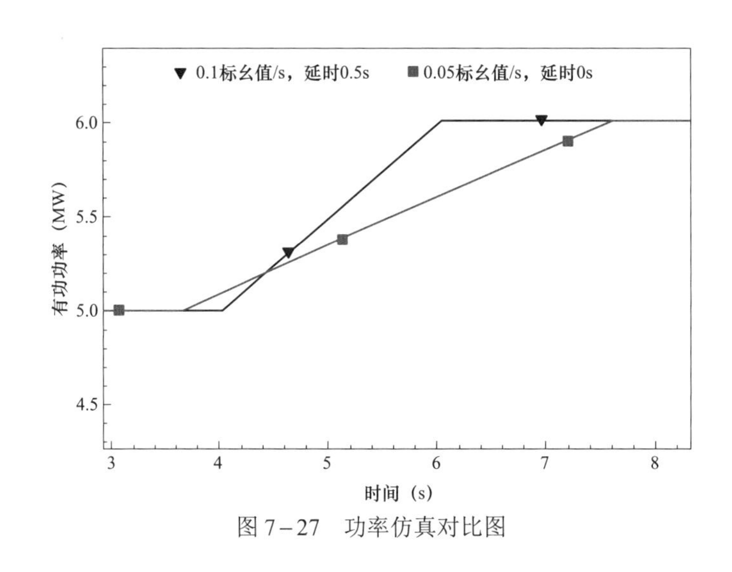

图 7－27　功率仿真对比图

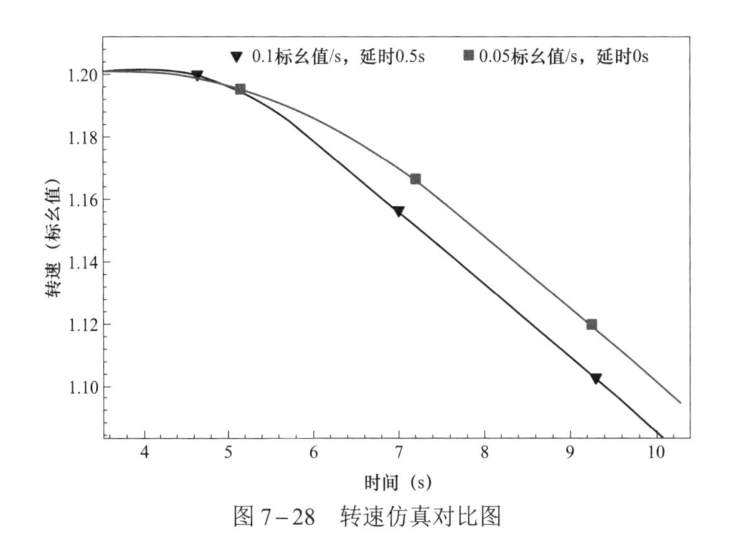

图 7－28　转速仿真对比图

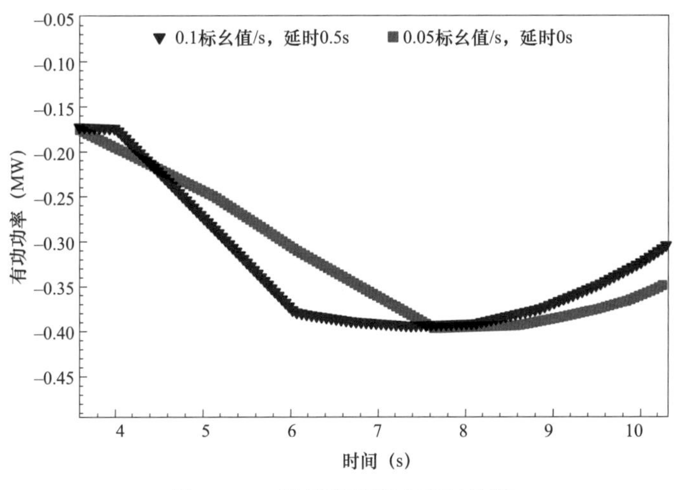

图 7－29　转子变流器功率对比图

由图 7－27～图 7－29 可见，速率越高时，机组功率调节越快，机组转速下降也越快，响应时间越小时，机组功率调节越快，机组转速下降也越快。

（4）不同调节速率、响应速度设置对直驱风电机组的影响。分别调节速率为 0.1 标幺值/s 和 0.05 标幺值/s，以及响应速度（延时）分别为 0s 和 0.5s 两种情况。调节速率为 0.1 标幺值/s 和延时 0.5s 的仿真结果，以及调速速率为 0.05 标幺值/s 和延时 0s 的仿真结果如图 7－30 和图 7－31 所示。

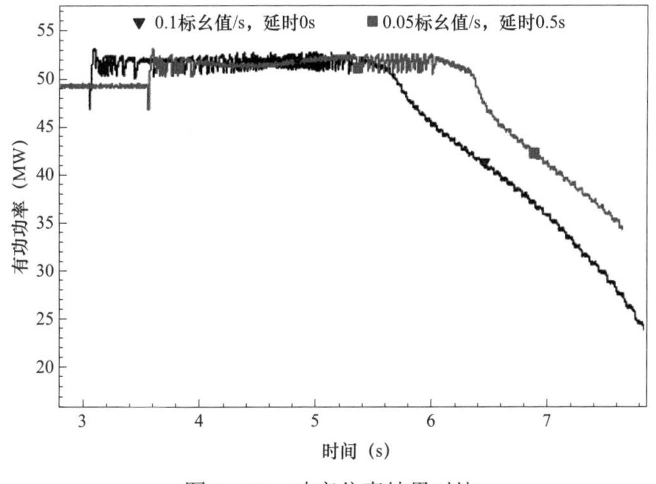

图 7－30　功率仿真结果对比

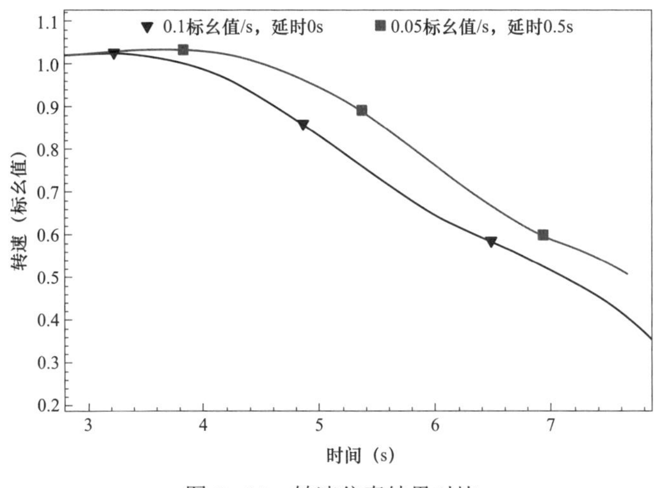

图 7-31　转速仿真结果对比

由图 7-30 和图 7-31 可见，当速率越高时，机组功率调节越快，机组转速下降也越快，响应时间越小时，机组功率调节越快，机组转速下降也越快。

四、新能源场站一次调频安全约束分析

基于本章第二节中介绍的电磁暂态模型进行新能源系统一次调频安全约束分析。

1. 考虑基于最大功率跟踪控制（MPPT）下的调频约束

由于新能源发电一直采用最大功率跟踪控制，所以其原动机或电池板并没有有功储备，因此向上调频存在一定困难，本节分析三种新能源场站进行一次调频的安全约束问题。

（1）双馈风电机组。当双馈风电机组运行在最大功率跟踪时，将其功率设定值提高，仿真结果如图 7-32 所示。

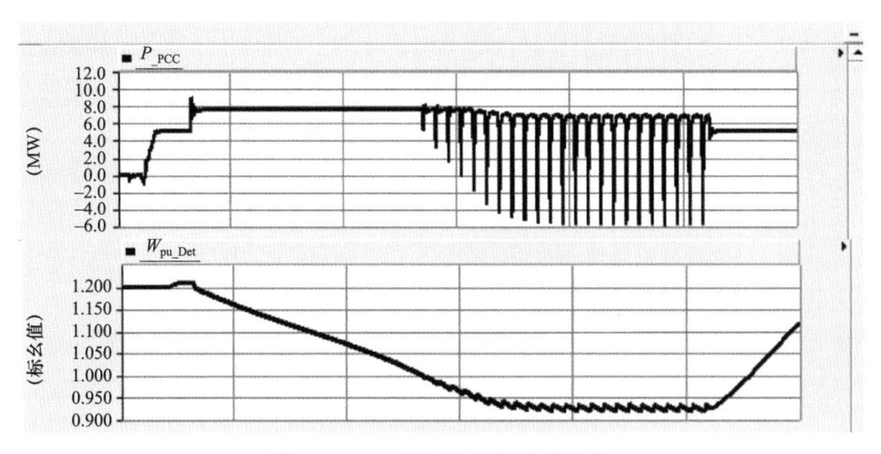

图 7-32　双馈风电机组仿真结果

由图 7-32 可见，当将双馈风电机组（$P_{\_PCC}$）的输出功率强行调至 1.5 标幺值时，

双馈风电机组的转速 $W_{pu\ Det}$ 由于电磁功率大于机械功率开始下降，当下降到 0.95 标幺值左右时，电磁功率和转速开始出现大幅度的波动，机组不能稳定运行。该现象主要是由于随着机组转速低于同步速之后，转子变流器功率越来越大，最终超过了 Crowbar 的动作限值，导致 Crowbar 反复动作，如图 7－33 所示。

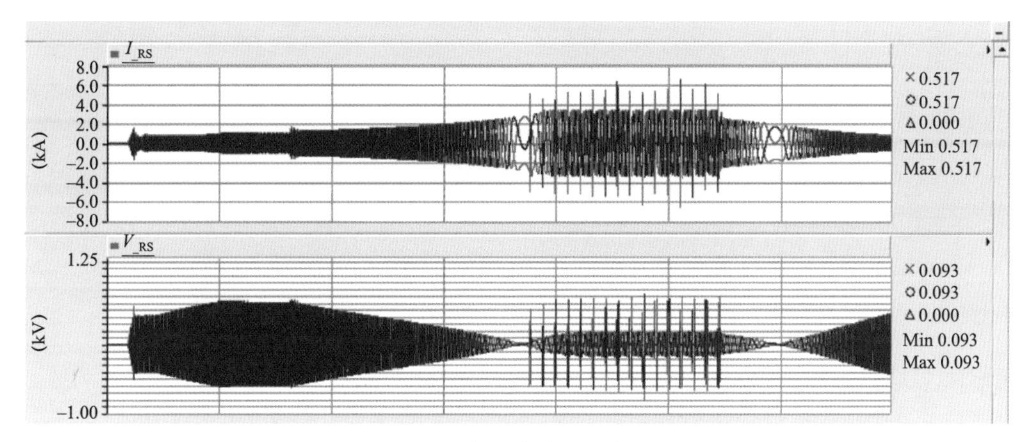

图 7－33　转子变流器仿真结果

（2）直驱风电机组。当直驱风电机组运行在最大功率跟踪时，将其功率设定值提高，仿真结果如图 7－34 和图 7－35 所示。

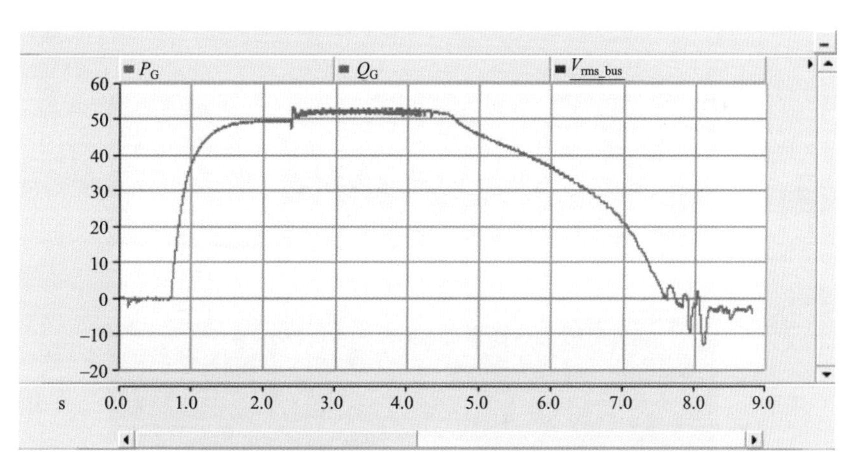

图 7－34　有功功率仿真结果

当将直驱风电机组（PG）的输出功率强行调至 1.5 标幺值时，发电机的转速（W_{pu}）由于电磁功率大于机械功率开始下降，最终可能降至 0 左右。因此，由以上分析可见，直驱风电机组进行向上调频的安全约束条件主要是风电机组转子动能。

（3）光伏发电系统。当光伏发电运行在最大功率跟踪时，将其功率设定值提高，仿真结果如图 7－36 所示。

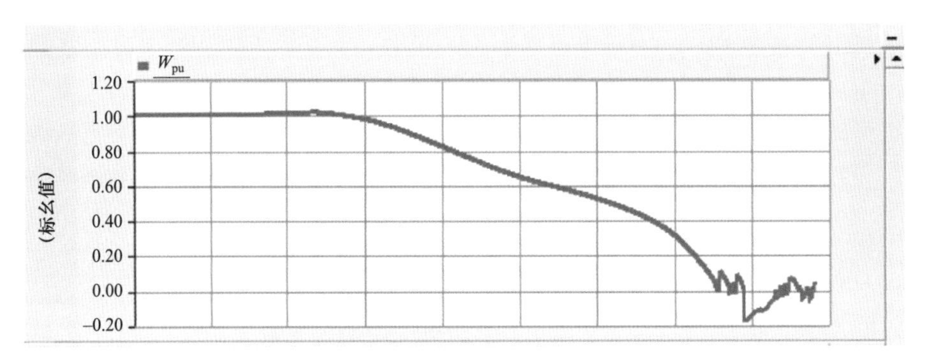

图 7－35　转速仿真结果

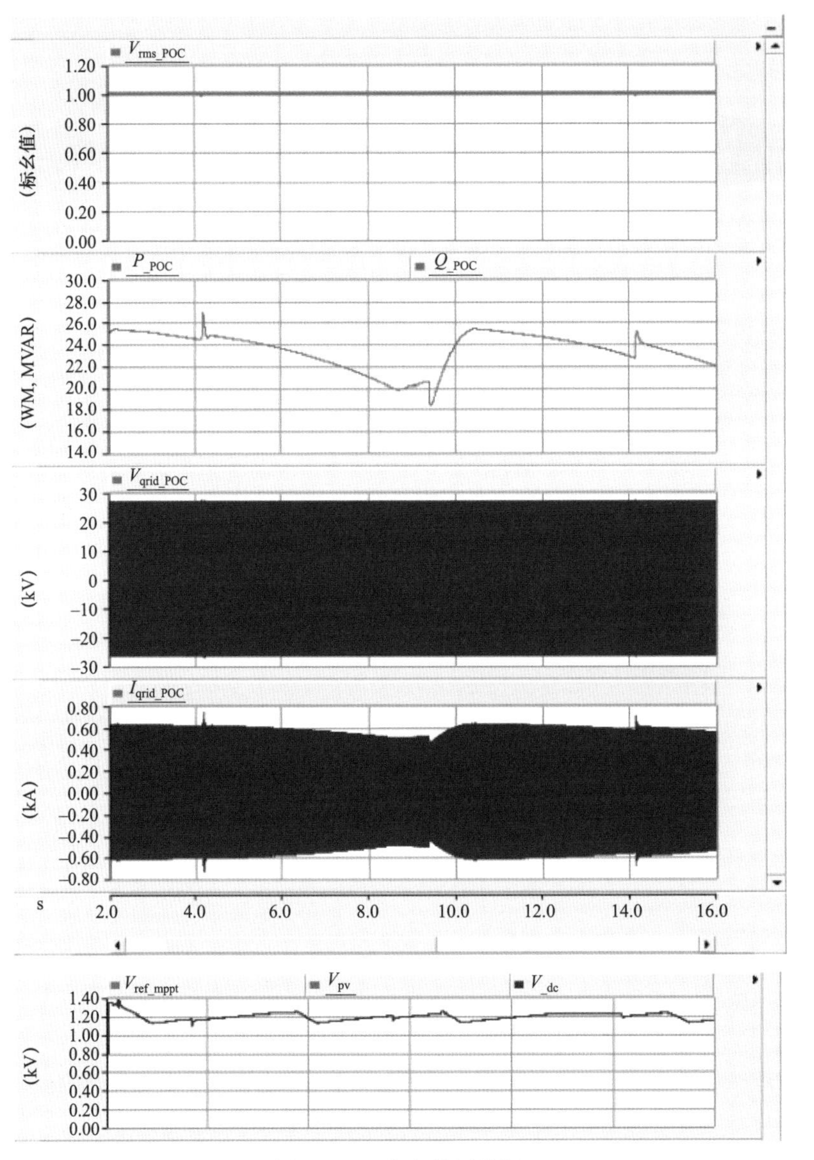

图 7－36　仿真结果分析

当将光伏逆变器的有功电流指令 I_{dref} 阶跃至1.5标幺值时，逆变器输出功率 $P_{\_POC}$ 会有一个突增，但是后续由于 I_{dref} 引起直流电压 $V_{\_dc}$ 升高，逆变器从光伏电池板吸收的功率出现下降，导致逆变器输出功率下降。因此，由以上分析可见，光伏发电系统进行向上调频的安全约束条件基本不存在，因为难以保持功率上升。

2. 考虑基于限功率控制下的调频约束

（1）双馈风电机组。当双馈风电机组运行在限功率方式时，将其功率设定值提高，仿真结果如图7－37所示。

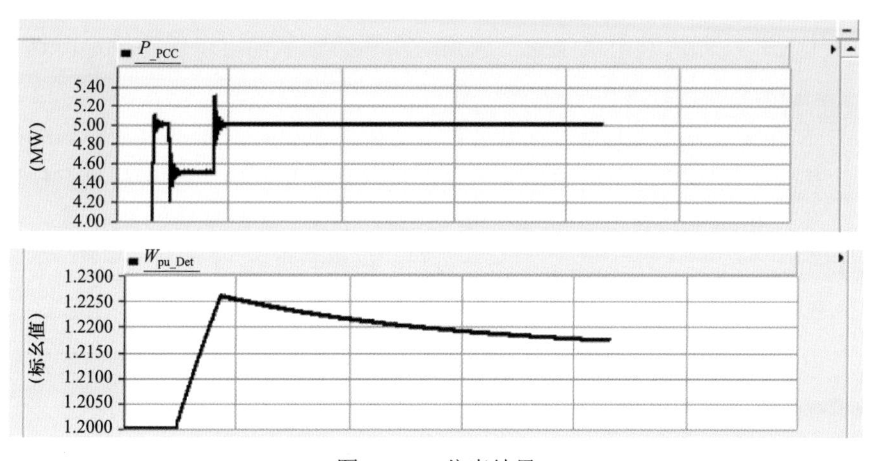

图7－37 仿真结果

限功率工况时，机组向上调频，功率和转速都可以保持稳定，具备长期运行能力。

（2）直驱风电分析。当直驱风电机组运行在限功率方式时，将其功率设定值提高，仿真结果如图7－38所示。

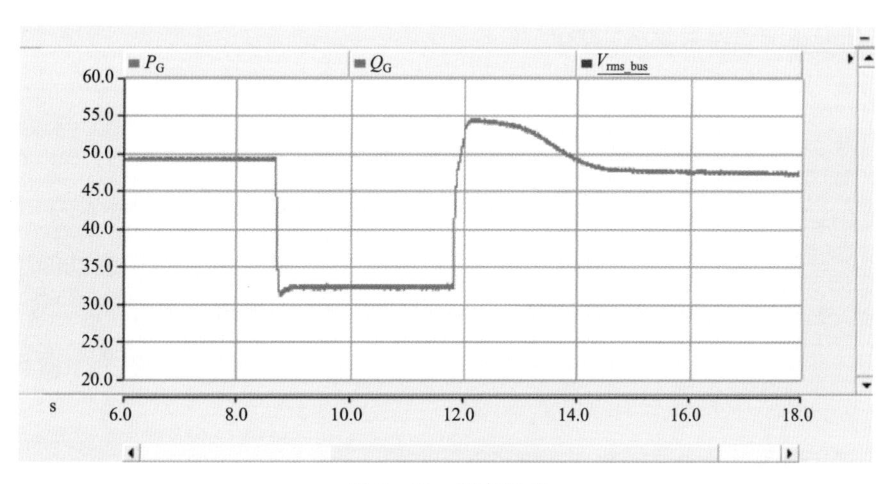

图7－38 仿真结果

限功率工况时，机组向上调频，功率和转速都可以保持稳定，具备长期运行能力。

（3）光伏发电系统。当光伏运行在限功率方式时，将其功率设定值提高，仿真结果如图7－39所示。

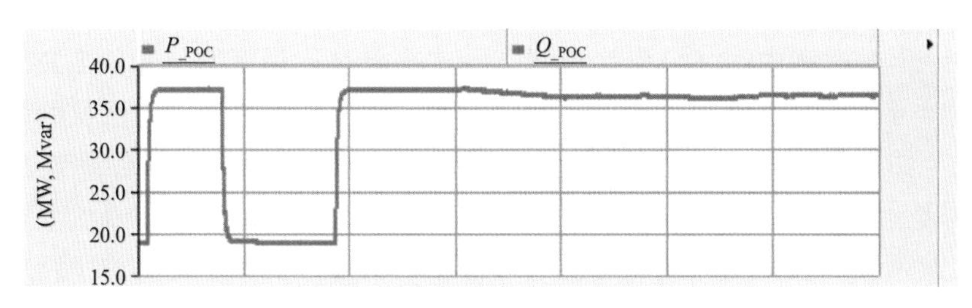

图 7－39　光伏发电仿真结果

限功率工况时，光伏发电系统向上调频，功率和频率都可以保持稳定，具备长期运行能力。

综合上述分析，双馈风电机组发电机直接与电网耦合，对于最大功率追踪模式下的调频而言，其向上调频时，当机械功率不变，电气功率增加时，会引起机组转速下降，当转速下降至同步转速以下后，转子变流器会逐步增大从定子吸收的功率，直到超过Crowbar保护的动作定值，Crowbar保护动作后，机组无法稳定运行，因此，双馈风电机组的安全约束条件主要是转子动能释放后的转子变流器过流问题。

直驱风电机组发电机与电网解耦，对于最大功率追踪模式下的调频而言，其向上调频时，当机械功率不变，电气功率增加时，会引起机组转速下降，如果不加干预，可能导致转速降低接近 0，引起机组停机。因此，直驱风电的安全约束条件主要是转子动能释放引起的转速过低停机问题。

光伏设备无机械部分，对于最大功率追踪模式下的调频而言，其向上调频时，当电池板功率不变，电气功率增加时，引起逆变器功率突增，但是由于直流母线电压脱离最大功率追踪工况，不能维持当前光伏电池板的最大输出，而导致逆变器功率降低。因此，光伏发电的安全约束条件基本不存在。

第三节　一次调频测试内容及方法

按照 GB/T 19963.1—2021《风电场接入电力系统技术规定　第 1 部分：陆上风电》、GB/T 40595—2021《并网电源一次调频技术规定及试验导则》的要求，新能源场站应在并网运行后 6 个月内开展一次调频测试工作，并提供新能源场站一次调频测试评估报告，新能源场站新建、扩建后应重新开展测试评估，同时新能源场站改建更换新能源机组设备应重新开展测试评估。

一、测试内容

试验前应向电网调度机构报送试验方案及试验申请，并在电网调度许可后方可开展试验，新能源场站的发电单元应处于正常运行状态。试验期间应退出 AGC 远程控制，不同的试验项目应分别在对应的工况下完成现场试验，试验工况按照表 7－1 定义。

表 7－1　新能源场站一次调频试验工况定义

序号	有功功率输出区间	是否限功率	
		限功率	不限功率
1	$20\%P_N \sim 30\%P_N$	工况 1	工况 2
2	$50\%P_N \sim 90\%P_N$	工况 3	工况 4

其中在限功率工况下，所限功率不应小于 $0.2P_N$。

（一）频率阶跃扰动测试

按照表 7－2 的内容测试新能源场站在频率阶跃扰动情况下的一次调频响应特性。

表 7－2　频率阶跃扰动试验内容

扰动类型	频率变化及持续时间说明	场站运行工况
阶跃上扰	50Hz→50.19Hz，持续 20s 恢复至 50Hz	工况 1、2、3、4
阶跃下扰	50Hz→49.87Hz，持续 20s 恢复至 50Hz	工况 1、3

（二）模拟实际电网频率扰动测试

模拟实际电网频率扰动试验应在工况 1 和工况 3 下分别进行频率上扰和频率下扰两项试验，扰动曲线可以采用典型情况下的电网响应特性，如图 7－40 和图 7－41 所示。

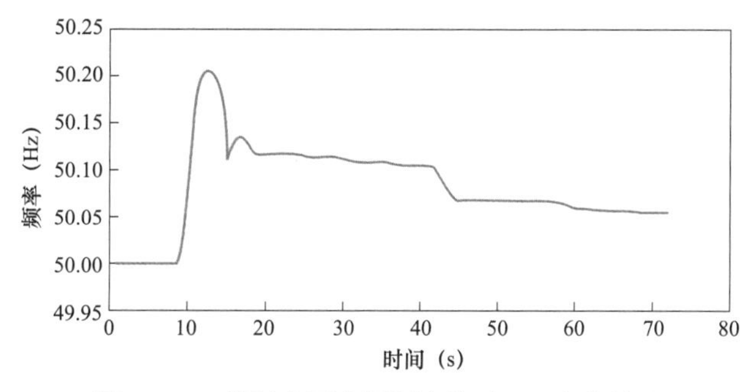

图 7－40　模拟电网实际频率扰动——上扰波形

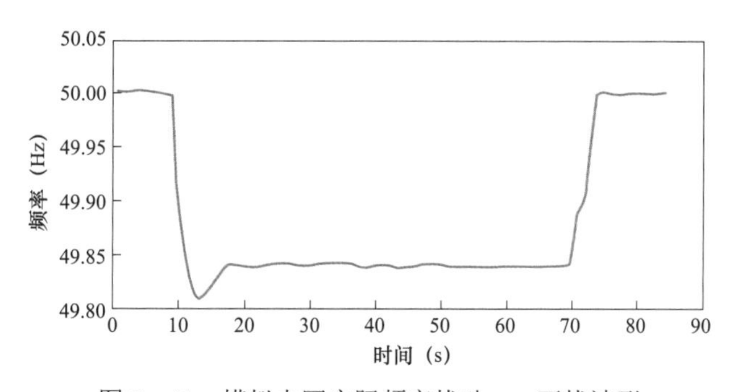

图 7－41　模拟电网实际频率扰动——下扰波形

（三）防扰动性能测试

防扰动性能校验应在工况 1 条件下开展，采用频率变化信号源模拟电网的高低电压穿越等暂态过程及测量信号丢失等故障状态，分别输出以下三种校验信号，检验新能源场站一次调频功能是否误动作。

信号一：参与频率计算的某相电压幅值瞬间跌落到（0%、20%、40%、60%、80%）额定电压，持续时间大于或等于 150ms，并在电压跌落和恢复时完成两次相移，每次相移大于或等于 60°。

信号二：三相电压幅值瞬间阶跃到（115%、120%、125%、130%）额定电压，持续时间大于或等于 500ms，并在电压阶跃和恢复时完成两次相移，每次相移大于或等于 60°。

信号三：电压信号瞬间丢失。

（四）AGC 协调测试

AGC 协调试验应在工况 3 条件下开展。AGC 采用本地闭环模式运行，频率变化信号源输出频率阶跃上扰或下扰信号，根据 AGC 指令和一次调频指令的先后次序和类型，分别在（50±0.09）Hz 及（50±0.20）Hz 两种扰动幅值情况下开展指令叠加测试，试验内容如表 7－3 所示。

表 7－3　AGC 协调试验内容

序号	频率扰动类型	AGC 指令	
		指令增	指令减
1	波动上扰 50.09Hz	上扰＋AGC 增	上扰＋AGC 减
		AGC 增＋上扰	AGC 减＋上扰
2	波动下扰 49.91Hz	下扰＋AGC 增	下扰＋AGC 减
		AGC 增＋下扰	AGC 减＋下扰
3	波动上扰 50.20Hz	上扰＋AGC 增	上扰＋AGC 减
		AGC 增＋上扰	AGC 减＋上扰
4	波动下扰 49.80Hz	下扰＋AGC 增	下扰＋AGC 减
		AGC 增＋下扰	AGC 减＋下扰

注　“＋”代表叠加前后时序。

二、测试方法

风电场参与电网一次调频测试原理如图 7－42 所示，一次调频控制系统采集并网点三相电压，根据三相电压信号计算电网频率，同时与场站 AGC 和风电能量管理平台相互连接。若电网频率发生变化，一次调频装置根据调频策略生成有功功率增量信号，输出到风电能量管理平台，并由能量管理平台按照一定的功率分配策略控制每台风电机组主控系统调整有功功率。

风电场一次调频能力现场测试一般采用基于频率扰动与测量信号发生装置，模拟电网频率发生扰动，测试和评估新能源一次调频控制系统调节风电场有功功率过程中的响应滞后时间、响应时间、调节时间及控制精度指标是否满足标准要求。

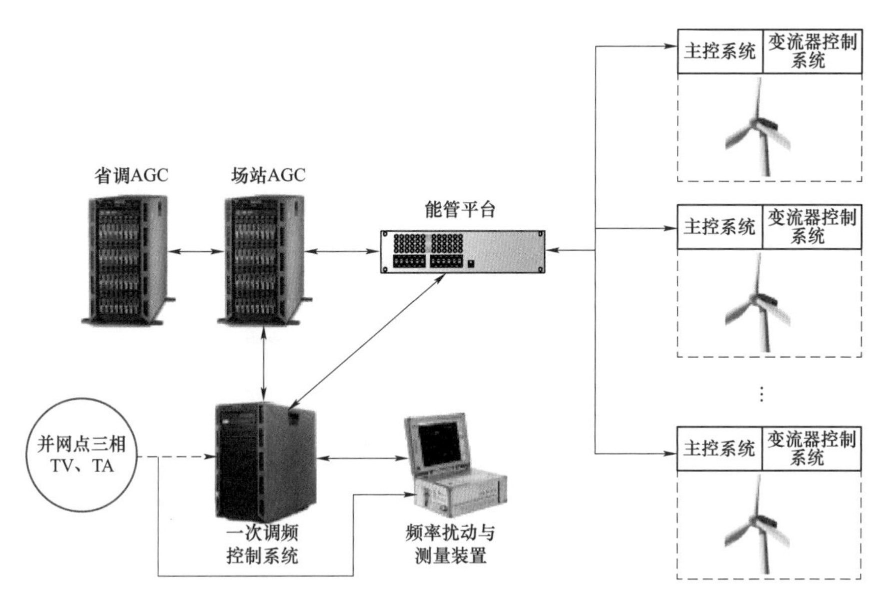

图 7-42　风电场一次调频测试原理示意图

1. 测试装置要求

频率扰动与测量信号发生装置频率扰动模拟范围能够覆盖 48～51.5Hz 区间，频率分辨率为 0.01Hz，响应时间小于 200ms。装置频率变化容许误差如图 7-43 和图 7-44 所示。

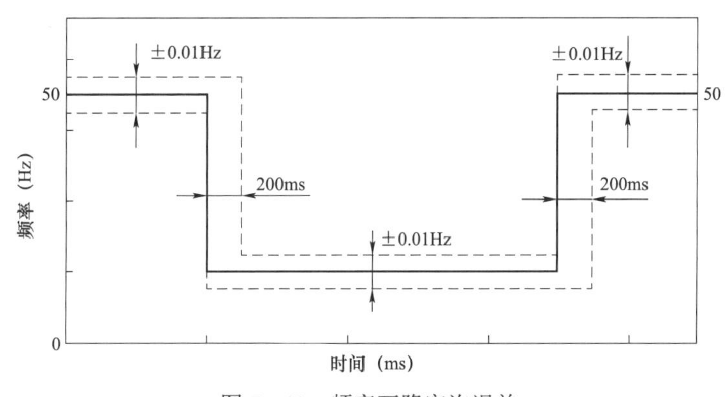

图 7-43　频率下降容许误差

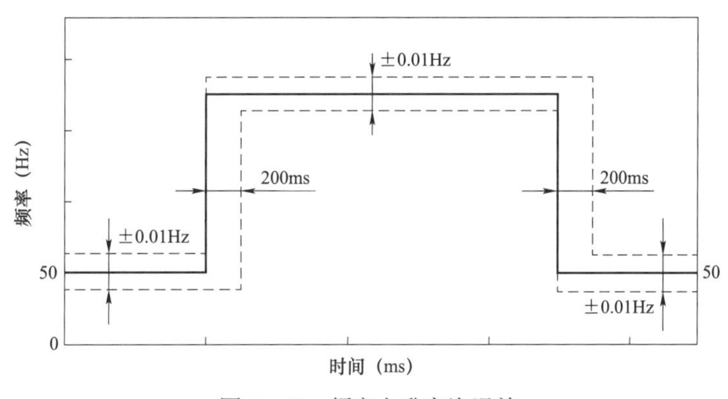

图 7-44　频率上升容许误差

频率扰动与测量信号发生装置功率测量设备电压传感器、电流传感器和数据采集系统准确度等级应满足表 7－4 的要求。数据采集系统能够记录、计算和存储测试数据，每个通道采样率最小为 5kHz，分辨率至少为 12bit。

表 7－4　　测量设备准确度等级要求

设备	准确度等级要求
电压传感器	0.2 级
电流传感器	0.5 级
数据采集系统	电压、电流：0.2 级
	频率分辨率：0.002Hz

2. 测试方法步骤

（1）将频率扰动信号发生与测量装置接入一次调频控制系统，在一次调频控制系统中屏蔽来自并网点的三相电压测量信号。

（2）将并网点的三相电压和三相电流接入装置数据采集系统。

（3）空载测试。调节频率扰动信号发生与测量装置输出表 7－3 和表 7－4 的频率变化，每个频率变化值应至少持续 15s，记录每次调整的频率的实测值和对应的调整参数，检验频率变化是否满足图 7－42 和图 7－43 的容许误差要求。

（4）负载测试。在风电场输出功率 20%P_N～30%P_N 和 50%P_N～90%P_N 范围内时，调节频率扰动信号发生与测量装置向一次调频控制系统按照频率阶跃扰动测试、模拟实际电网频率扰动测试、防扰动性能测试和 AGC 协调测试的内容发出对应频率扰动信号，通过装置测量并网点三相电压和电流，计算和记录风电场在一次调频指令下发过程中的有功功率变化。

（5）测试结果评估。通过风电场有功功率响应指标评估一次调频能力。

光伏电站一次调频测试原理、方法与风电场基本一致，这里不做赘述。

第四节　工程案例应用分析

一、风电场一次调频测试案例分析

某风电场总装机容量为 49.5MW，共安装 33 台 1.5MW 风力发电机组。风电场风力发电机组经 35kV 箱式变压器升压后通过 35kV 集电线路接入 35kV 母线，35kV 采用单母线分段接线。35kV 母线装设 4 回风电集电线路，配置 1 台 9Mvar 的动态无功补偿装置，通过主变压器升压至 110kV。110kV 线路采用单母线分段接线，风电场经 1 回 110kV 线路送至上级 220kV 变电站 110kV 侧并入电网。

（一）频率阶跃扰动测试

频率阶跃扰动试验分别在风电场有功功率输出20%P_N～30%P_N和50%P_N～90%P_N范围内进行频率阶跃扰动试验。试验结果如表7－5所示，列举部分测试数据如图7－45～图7－48所示。

表7－5　　频率阶跃扰动测试结果

序号	频率扰动类型	阶跃目标值（Hz）	响应滞后时间（s）	响应时间（s）	调节时间（s）	阶跃前有功功率（MW）	阶跃后有功功率（MW）	控制偏差（%）	图形
1	阶跃上扰	50.20	1.83	10.24	10.72	10.68	5.52	－1.8	图7－45
2	阶跃上扰	50.20	1.78	8.65	14.08	14.55	9.52	－0.6	—
3	阶跃上扰	50.20	1.67	6.23	9.80	14.89	9.94	1.0	—
4	阶跃上扰	50.20	1.92	10.38	11.71	14.17	9.13	－0.8	—
5	阶跃上扰	50.20	1.77	4.55	9.10	25.16	20.09	－1.4	图7－46
6	阶跃上扰	50.20	1.59	5.21	7.94	25.82	20.77	－1.0	—
7	阶跃上扰	50.20	1.54	5.11	8.82	26.53	21.57	0.8	—
8	阶跃上扰	50.20	1.73	5.15	9.04	26.67	21.60	－1.4	—
9	阶跃下扰	49.80	1.54	7.32	9.65	14.42	19.43	0.2	图7－47
10	阶跃下扰	49.80	1.88	5.69	8.02	17.71	17.62	－1.8	—
11	阶跃下扰	49.80	1.72	5.82	7.69	26.59	31.52	－1.4	图7－48
12	阶跃下扰	49.80	1.45	6.22	8.31	25.10	30.01	－1.8	—

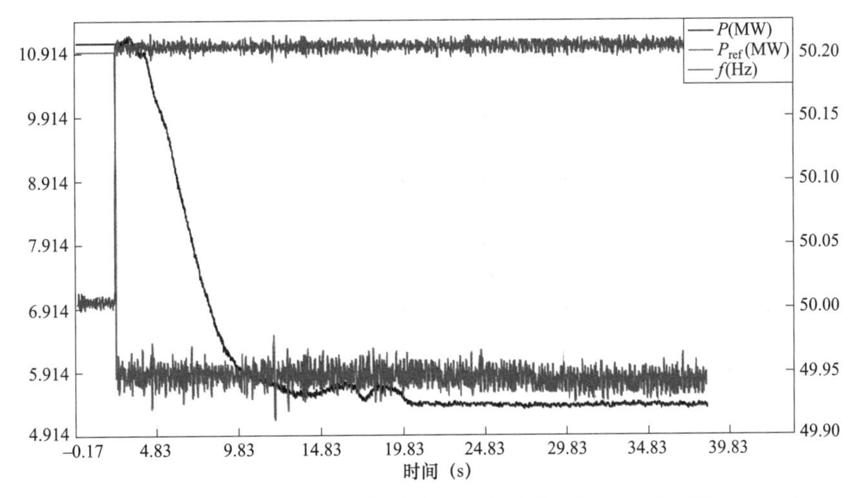

图7－45　频率阶跃至50.20Hz，有功功率响应波形（起始有功功率10.68MW）

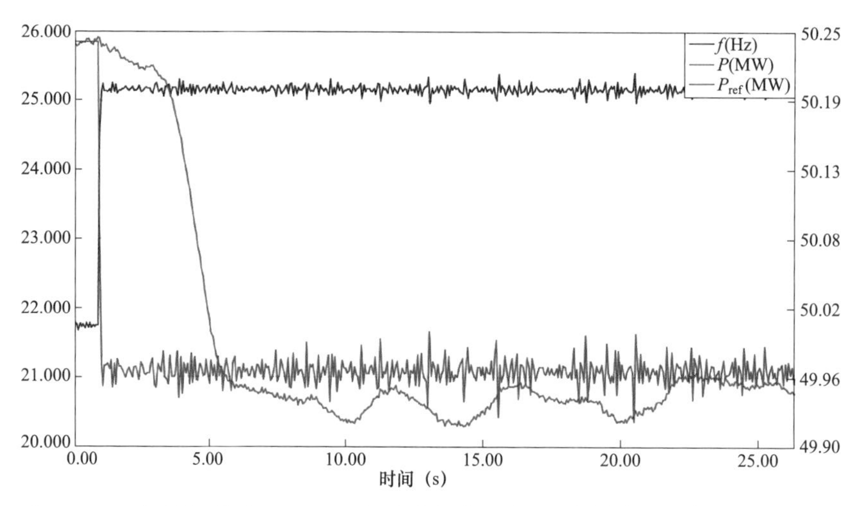

图 7－46　频率阶跃至 50.20Hz，有功功率响应波形（起始有功功率 25.16MW）

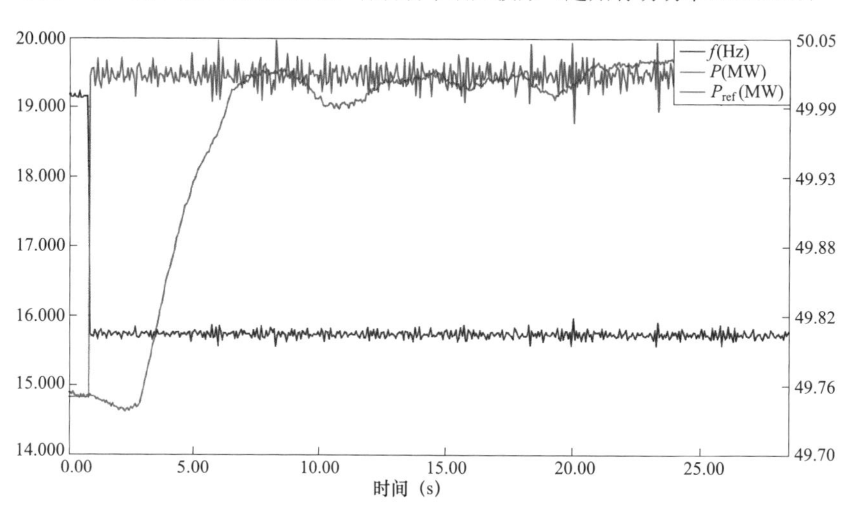

图 7－47　频率阶跃至 49.80Hz，有功功率响应波形（起始有功功率 14.42MW）

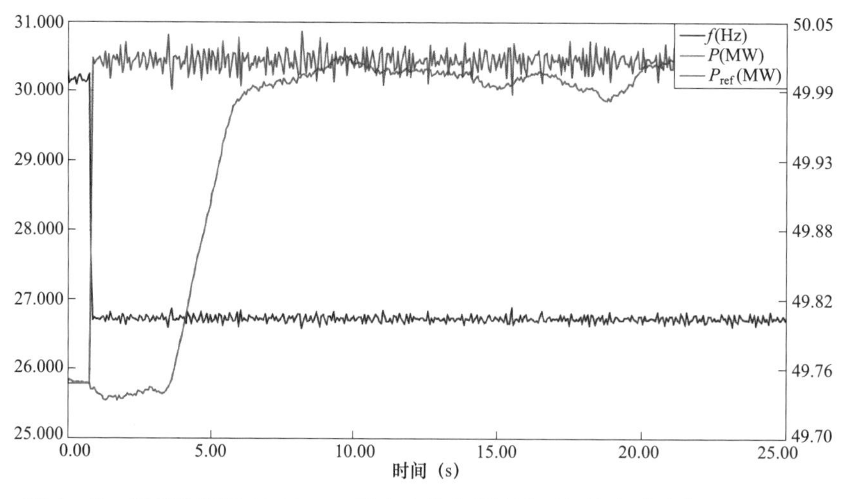

图 7－48　频率阶跃至 49.80Hz，有功功率响应波形（起始有功功率 26.59MW）

（二）频率阶跃扰动测试

模拟实际电网频率扰动试验在工况 1 和工况 3 下分别进行频率上扰和频率下扰两项试验，测试风电场在模拟电网实际频率扰动情况下的响应特性，试验结果如表 7-6 所示，列举部分测试数据如图 7-49～图 7-52 所示。

表 7-6 模拟实际电网频率扰动试验结果

序号	频率扰动类型	快速频率有功功率响应合格率（%）	快速频率积分电量合格率（%）	快速频率合格率（%）	图形
1	波动上扰	70.3	94.82	82.56	图 7-49
2	波动上扰	69.3	95.7	82.5	—
3	波动上扰	90.3	97.1	93.7	图 7-50
4	波动上扰	87.5	98	92.75	—
5	波动下扰	78.8	91.3	85.05	图 7-51
6	波动下扰	81.6	92.2	86.9	—
7	波动下扰	68.4	83.2	75.8	图 7-52
8	波动下扰	71.7	91	81.35	—

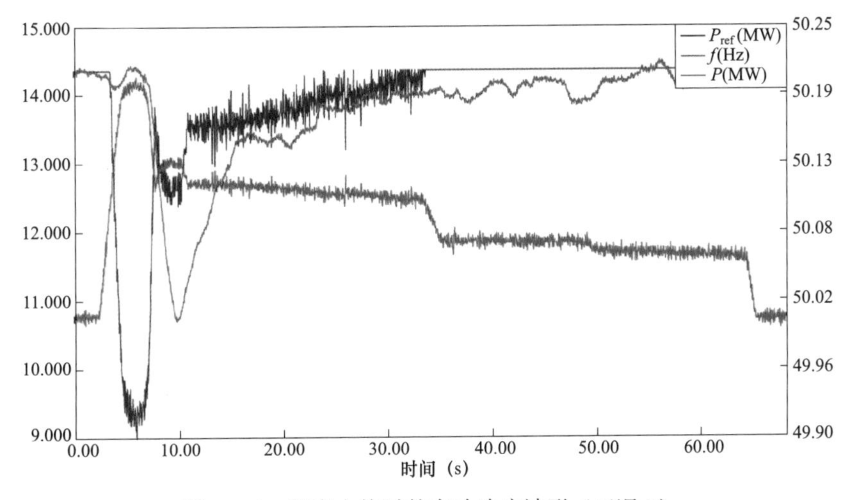

图 7-49 频率上扰时的有功响应波形（工况 1）

（三）防扰动性能测试

防扰动性能测试应在限负荷工况下开展，采用频率信号发生装置模拟电网的高低电压穿越等暂态过程，分别输出以下两种校验信号，检验新能源场站快速频率响应功能是否误动作。调节信号发生装置输出两种校验信号：① 信号一。选取快速频率响应控制系统计算频率的某一相，电压幅值瞬间跌落到 80%、60%、40%、20%额定电压，持续时间大于或等于 150ms，并在电压跌落和恢复时完成两次相移，每次相移大于或等于 60°。② 信号二。电压幅值瞬间阶跃到 110%、115%、120%、125%、130%额定电压，持续时间大于或等于 500ms，并在电压阶跃和恢复时完成两次相移，每次相移大于或等于 60°。试验结果如表 7-7 所示，列举部分测试数据如图 7-53～图 7-61 所示。

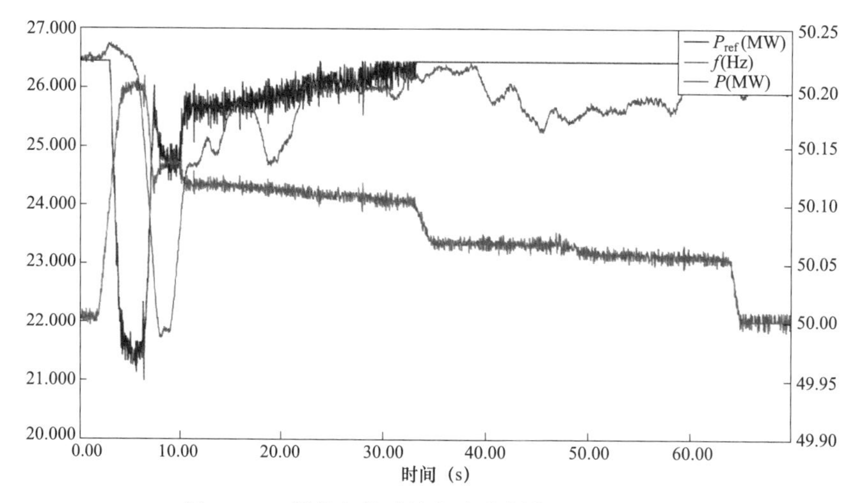

图 7－50　频率上扰时的有功响应波形（工况 3）

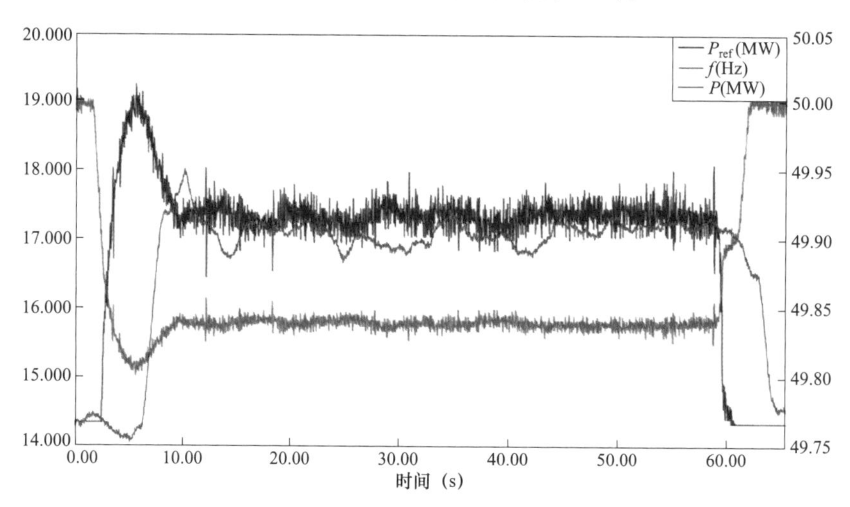

图 7－51　频率下扰时的有功响应波形（工况 1）

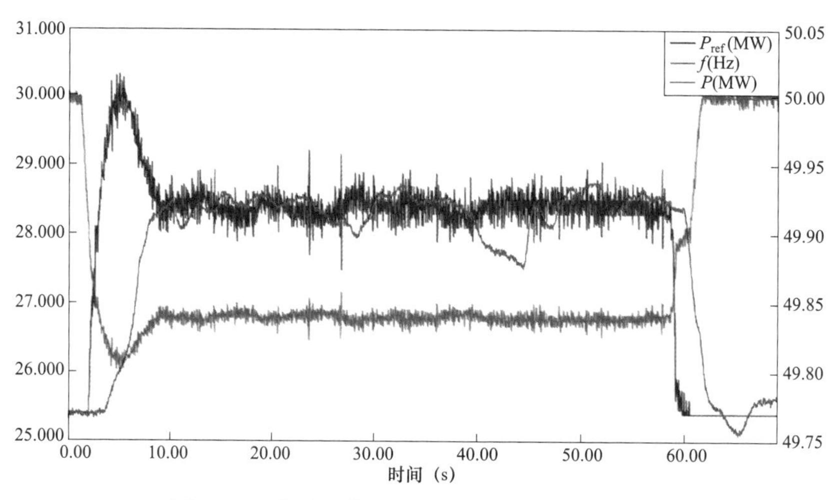

图 7－52　频率下扰时的有功响应波形（工况 3）

表 7-7　　防扰动性能校验结果

校验次数	是否有频率响应动作	是否合格
信号一		
第 1 次	□是　☑ 否	☑ 是　□否
第 2 次	□是　☑ 否	☑ 是　□否
第 3 次	□是　☑ 否	☑ 是　□否
第 4 次	□是　☑ 否	☑ 是　□否
信号二		
第 1 次	□是　☑ 否	☑ 是　□否
第 2 次	□是　☑ 否	☑ 是　□否
第 3 次	□是　☑ 否	☑ 是　□否
第 4 次	□是　☑ 否	☑ 是　□否
第 5 次	□是　☑ 否	☑ 是　□否

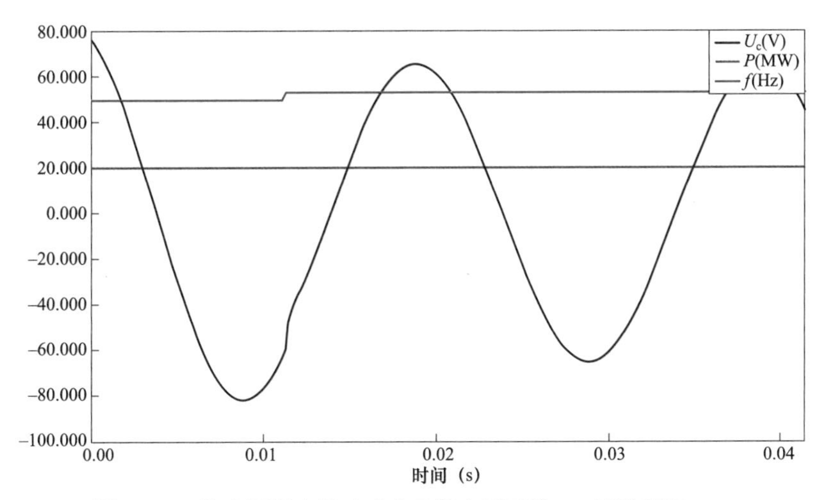

图 7-53　防电网暂态扰动响应曲线电压下扰-C 相跌落至 80%

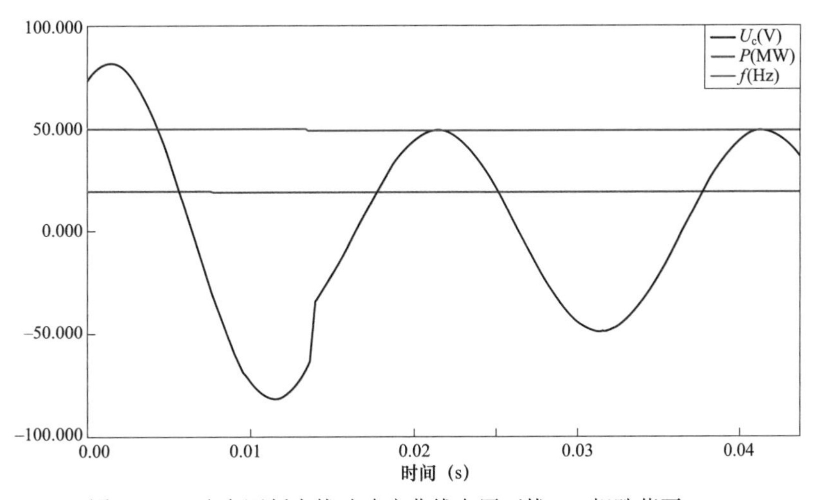

图 7-54　防电网暂态扰动响应曲线电压下扰-C 相跌落至 60%

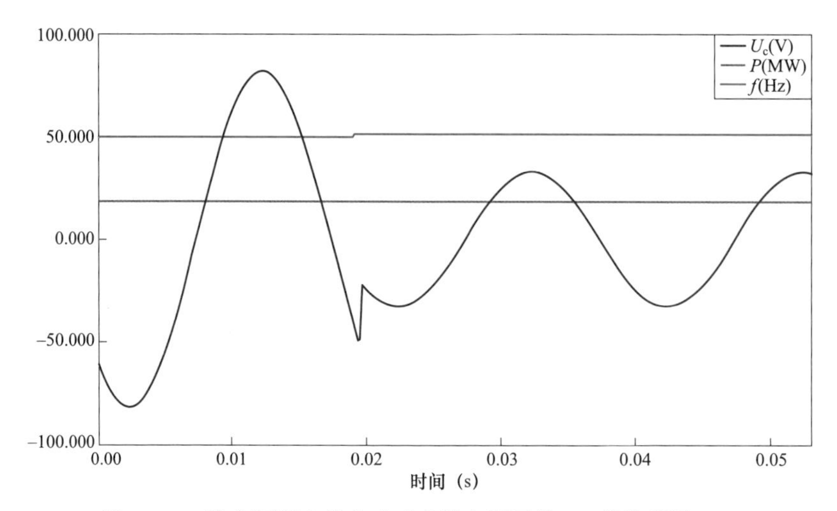

图 7－55　防电网暂态扰动响应曲线电压下扰－C 相跌落至 40%

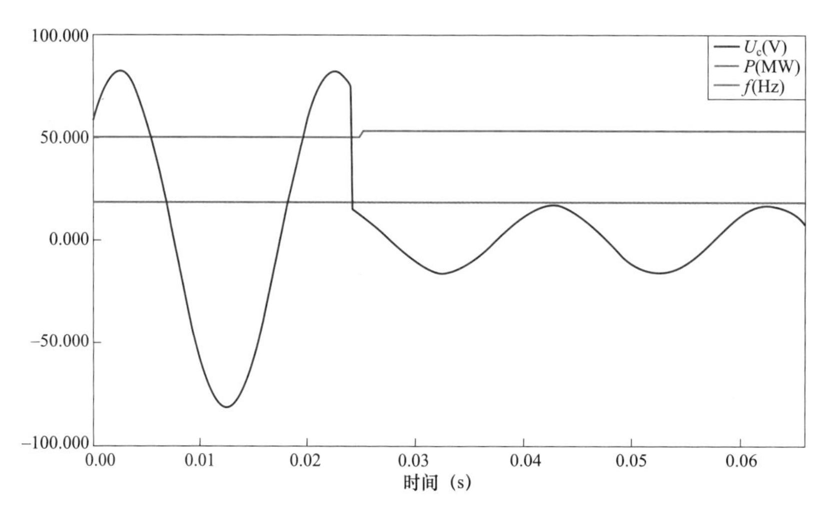

图 7－56　防电网暂态扰动响应曲线电压下扰－C 相跌落至 20%

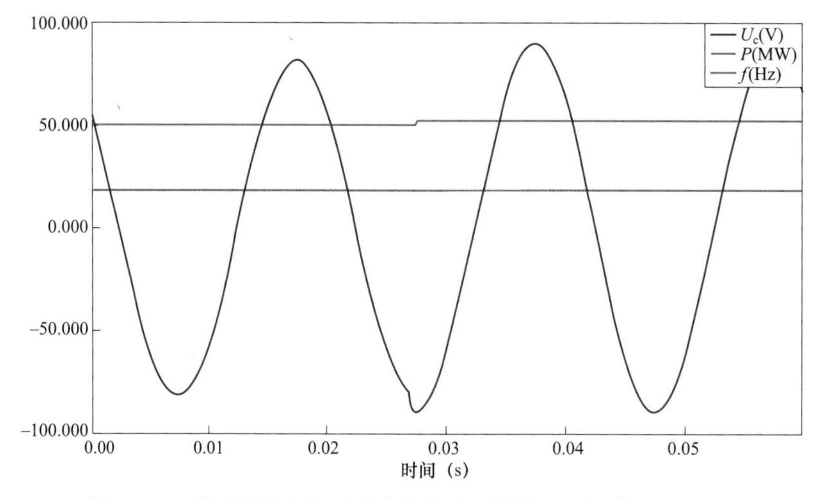

图 7－57　防电网暂态扰动响应曲线电压上扰－三相阶跃至 110%

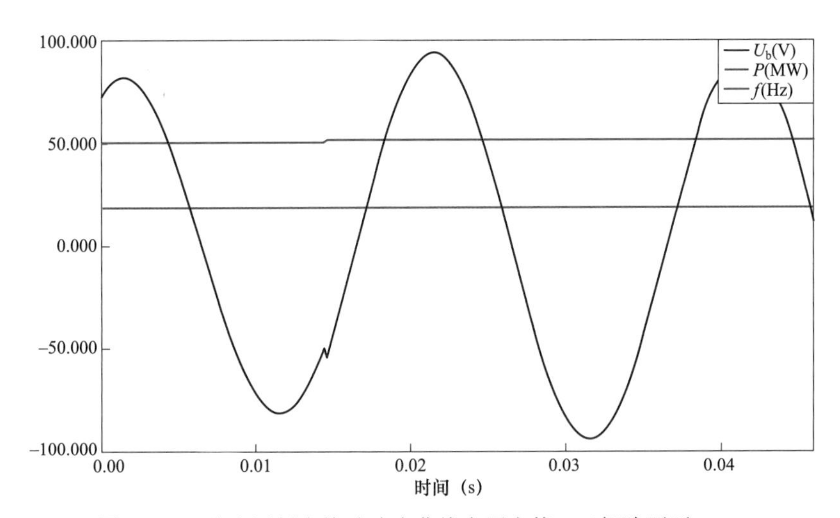

图 7−58　防电网暂态扰动响应曲线电压上扰−三相阶跃至 115%

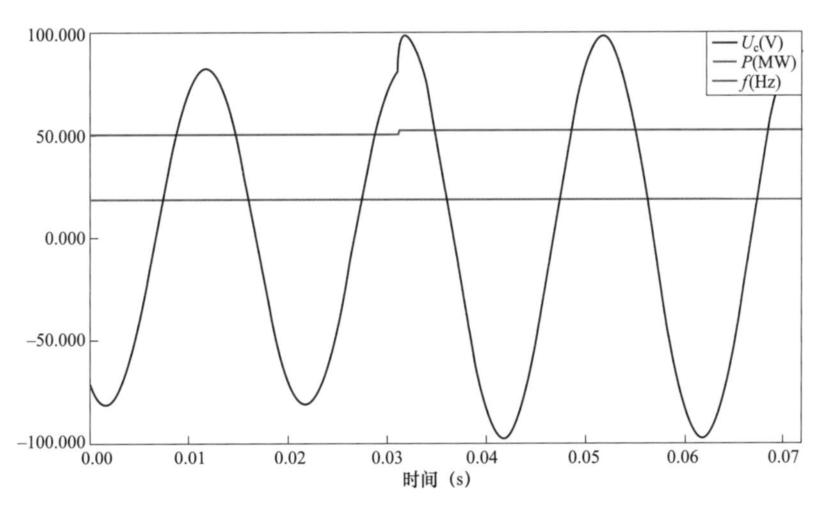

图 7−59　防电网暂态扰动响应曲线电压上扰−三相阶跃至 120%

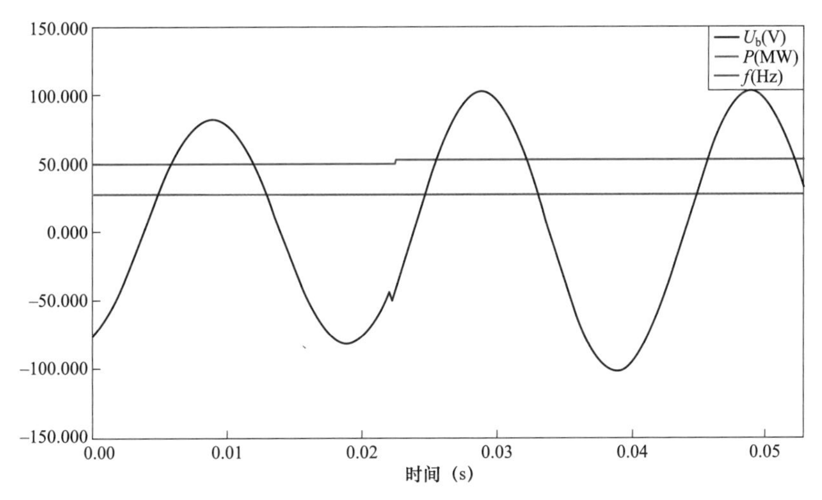

图 7−60　防电网暂态扰动响应曲线电压上扰−三相阶跃至 125%

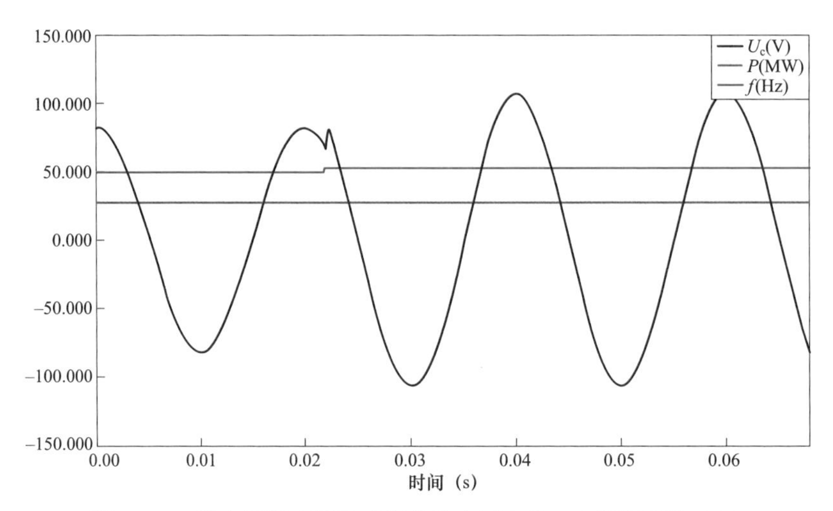

图 7－61　防电网暂态扰动响应曲线电压上扰－三相阶跃至 130%

（四）AGC 协调试验

AGC 协调试验应在限负荷工况下开展。为验证新能源场站快速频率响应功能能否与调度端二次调频指令良好配合，AGC 采用本地闭环模式运行，高精度信号发生装置作为信号发生源输出频率阶跃上扰或下扰信号，根据 AGC 指令和快速频率响应指令的先后次序和类型，应分别在（50±0.20）Hz 四种扰动幅值情况下进行测试。测试结果如表 7－8 所示，测试数据如图 7－62～图 7－69 所示。

表 7－8　　AGC 协调试验结果

序号	指令类型	测试结果	图形
1	50.0Hz→50.20Hz＋二次调频增 10%P_N	合格	图 7－62
2	50.0Hz→50.20Hz＋二次调频减 10%P_N	合格	图 7－63
3	50.0Hz→49.80Hz＋二次调频增 10%P_N	合格	图 7－64
4	50.0Hz→49.80Hz＋二次调频减 10%P_N	合格	图 7－65
5	二次调频增 10%P_N＋50.0Hz→50.20Hz	合格	图 7－66
6	二次调频增 10%P_N＋50.0Hz→49.80Hz	合格	图 7－67
7	二次调频减 10%P_N＋50.0Hz→50.20Hz	合格	图 7－68
8	二次调频减 10%P_N＋50.0Hz→49.80Hz	合格	图 7－69

二、光伏电站一次调频测试案例分析

某光伏电站总装机容量为 50MW，设置 16 个发电子阵，采用 SUN2000－196KTL－H0 型逆变器 212 台。光伏电站 16 个光伏发电单元通过 16 台 3150kVA 的箱式变压器升压至 35kV，以 4 回 35kV 集电线路接入 220kV 升压站 35kV 母线。220kV 侧为线变组接线，通过 1 回 220kV 线路接入上级 220kV 变电站并入电网。35kV 侧安装 1 套 8Mvar 动态无功补偿装置。

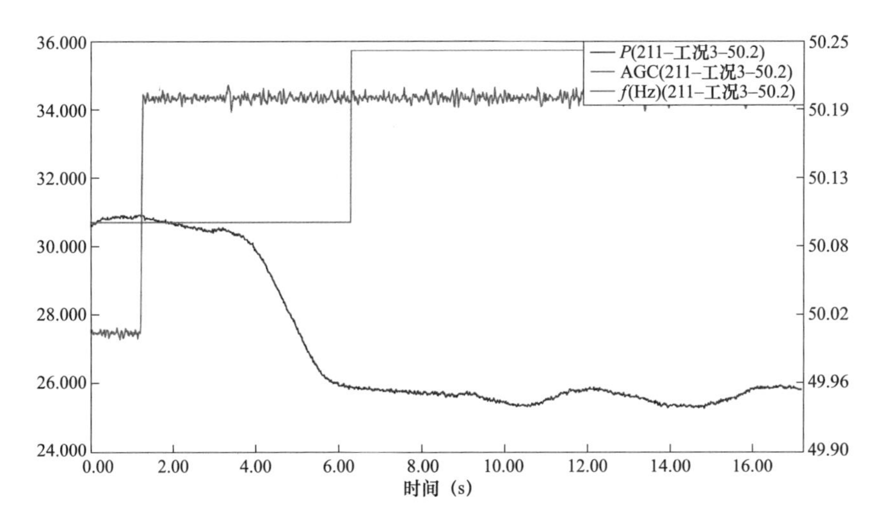

图 7－62　50.0Hz→50.20Hz＋二次调频增 10%P_N时的有功响应波形

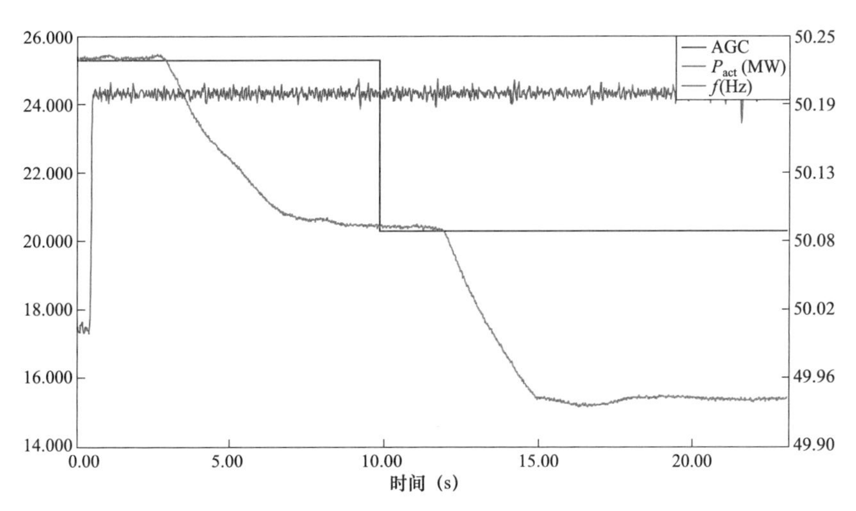

图 7－63　50.0Hz→50.20Hz＋二次调频减 10%P_N时的有功响应波形

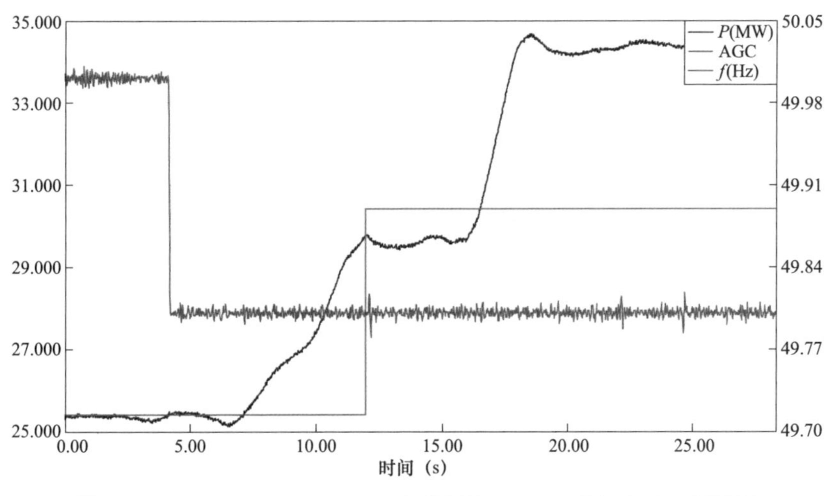

图 7－64　50.0Hz→49.80Hz＋二次调频增 10%P_N时的有功响应波形

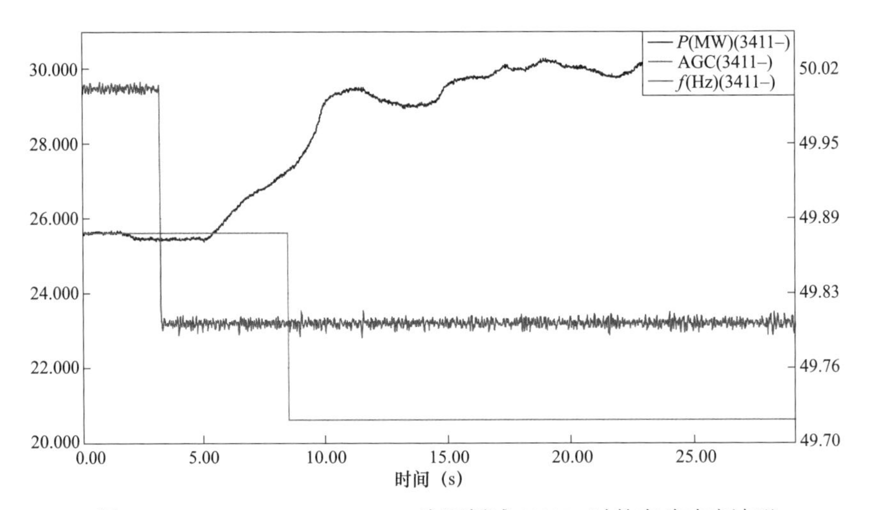

图 7-65　50.0Hz→49.80Hz+二次调频减 10%P_N 时的有功响应波形

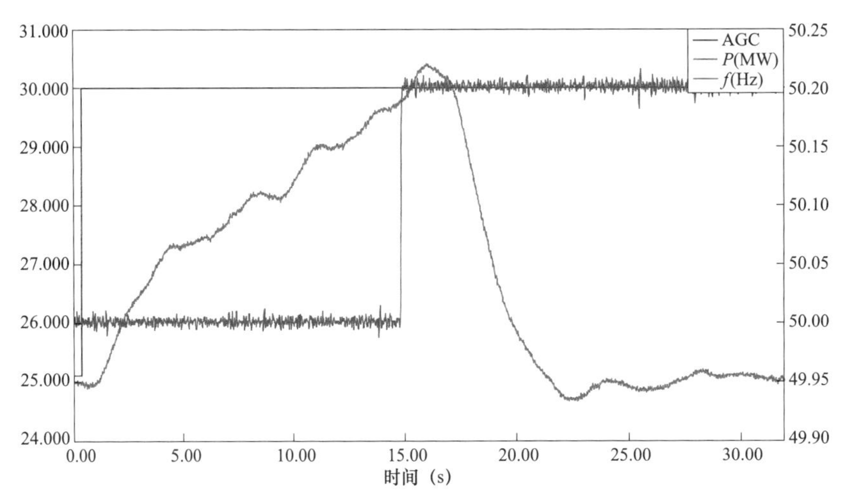

图 7-66　二次调频增 10%P_N+50.0Hz→50.20Hz 时的有功响应波形

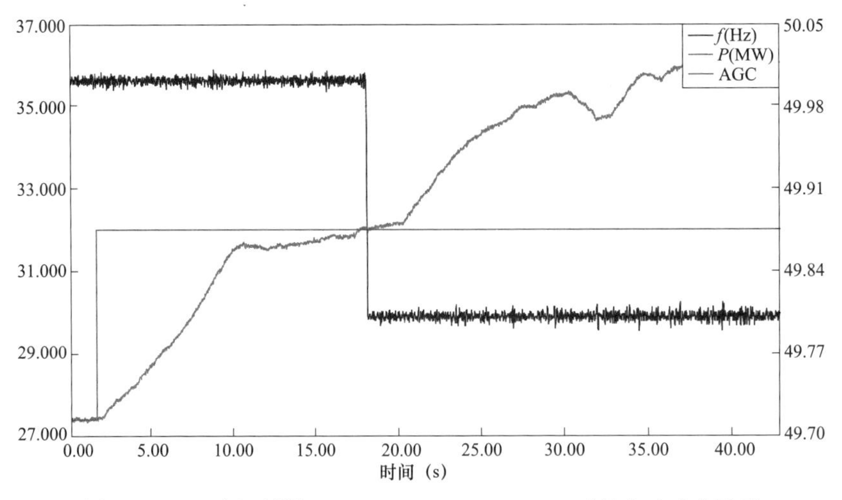

图 7-67　二次调频增 10%P_N+50.0Hz→49.80Hz 时的有功响应波形

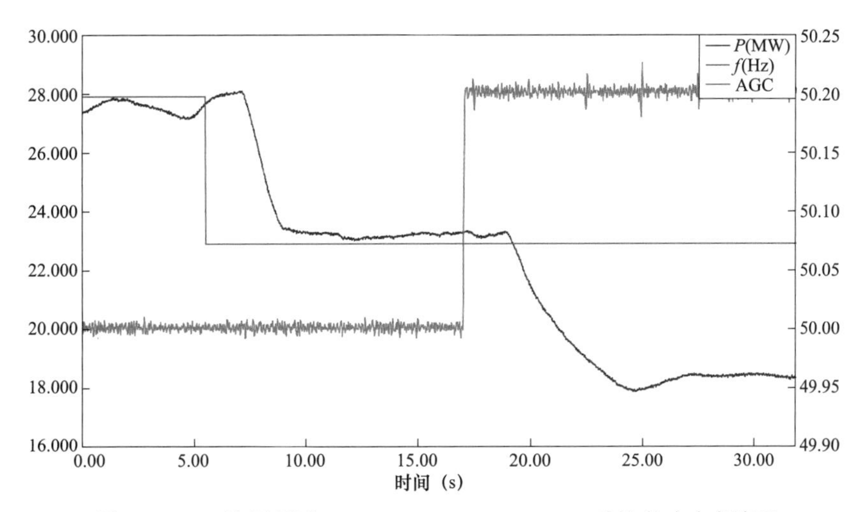

图 7－68　二次调频减 10%P_N＋50.0Hz→50.20Hz 时的有功响应波形

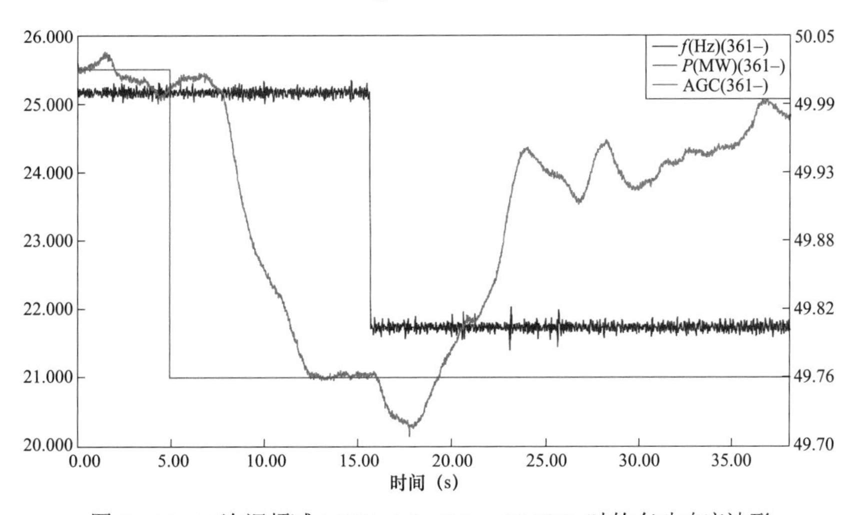

图 7－69　二次调频减 10%P_N＋50.0Hz→49.80Hz 时的有功响应波形

（一）频率阶跃扰动测试

频率阶跃扰动试验分别在光伏电站有功功率输出 20%P_N～30%P_N 和 50%P_N～90%P_N 范围内进行频率阶跃扰动试验。试验结果如表 7－9 所示，列举部分测试数据如图 7－70～图 7－73 所示。

表 7－9　　频率阶跃扰动测试结果

序号	频率扰动类型	阶跃目标值（Hz）	响应滞后时间（s）	响应时间（s）	调节时间（s）	阶跃前有功功率（MW）	阶跃后有功功率（MW）	控制偏差（%）	图形
1	阶跃上扰	50.21	1.37	2.20	2.38	13.12	8.13	－0.2	图 7－70
2	阶跃上扰	50.21	1.41	2.24	2.44	13.06	8.07	－0.2	—
3	阶跃上扰	50.21	1.39	2.28	2.47	12.99	8.03	－0.8	—
4	阶跃上扰	50.21	1.33	2.21	2.45	13.04	8.05	－0.2	—

续表

序号	频率扰动类型	阶跃目标值（Hz）	响应滞后时间（s）	响应时间（s）	调节时间（s）	阶跃前有功功率（MW）	阶跃后有功功率（MW）	控制偏差（%）	图形
5	阶跃上扰	50.21	1.32	1.97	2.06	25.19	20.23	−0.8	图7−71
6	阶跃上扰	50.21	1.66	2.27	2.32	25.05	25.03	0.4	—
7	阶跃上扰	50.21	1.68	2.29	2.36	25.13	20.15	−0.4	—
8	阶跃上扰	50.21	1.70	2.42	2.48	27.50	22.47	0.6	—
9	阶跃下扰	49.79	1.18	1.78	1.82	13.09	18.13	−0.8	图7−72
10	阶跃下扰	49.79	1.20	1.75	1.80	13.13	18.16	−0.6	—
11	阶跃下扰	49.79	1.71	2.34	2.45	25.07	30.11	−0.8	图7−73
12	阶跃下扰	49.79	1.78	2.49	2.56	25.09	30.1	−0.2	—

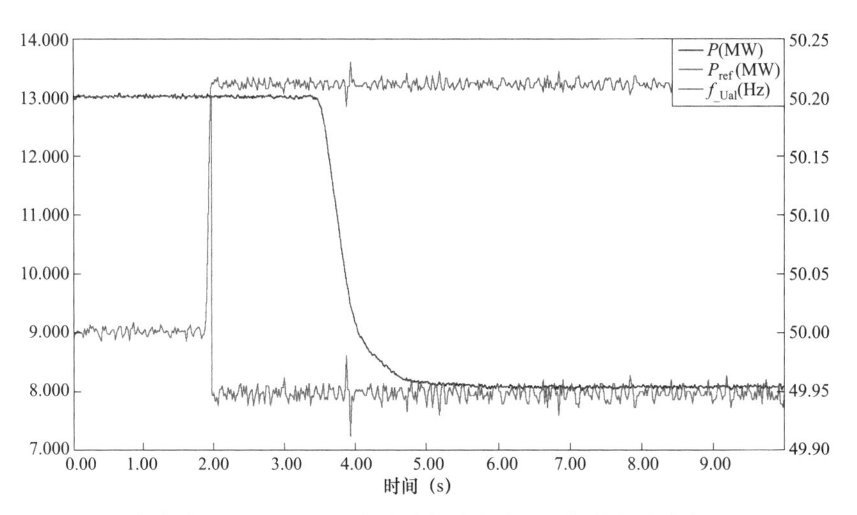

图7−70　频率阶跃至50.21Hz，有功功率响应波形（起始有功功率13.12MW）

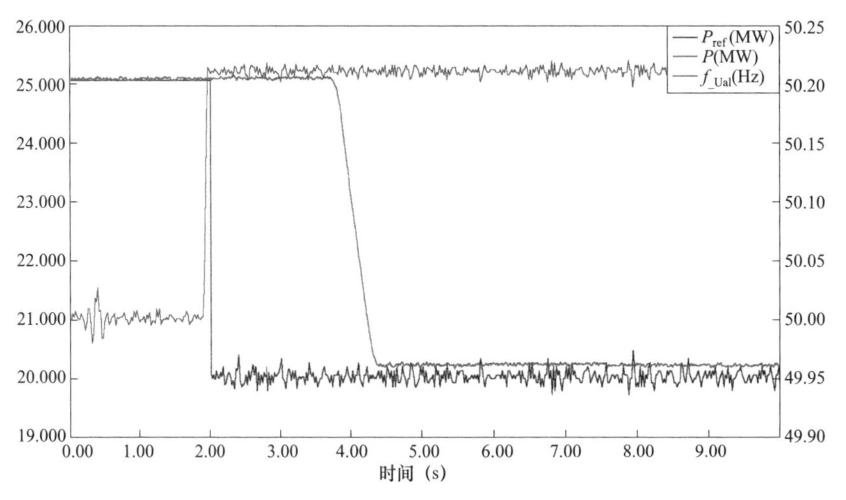

图7−71　频率阶跃至50.21Hz，有功功率响应波形（起始有功功率25.19MW）

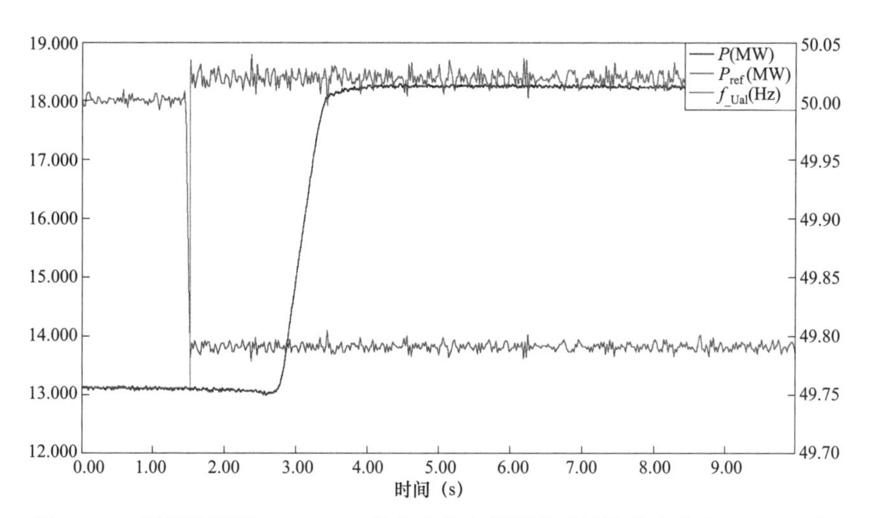

图 7-72　频率阶跃至 49.79Hz，有功功率响应波形（起始有功功率 13.09MW）

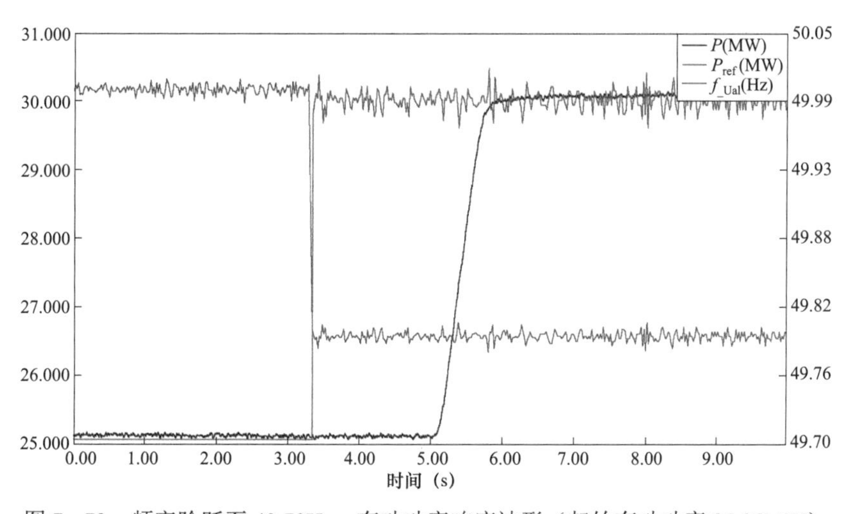

图 7-73　频率阶跃至 49.79Hz，有功功率响应波形（起始有功功率 25.07MW）

（二）模拟实际频率扰动测试

模拟实际电网频率扰动试验在工况 1 和工况 3 下分别进行频率上扰和频率下扰两项试验，测试光伏电站在模拟电网实际频率扰动情况下的响应特性，试验结果如表 7-10 所示，列举部分测试数据，如图 7-74～图 7-77 所示。

表 7-10　模拟实际频率扰动测试结果

序号	频率扰动类型	一次调频有功功率响应合格率（%）	一次调频积分电量合格率（%）	一次调频合格率（%）	图形
1	波动上扰	91.25	123.10	102.44	图 7-74
2	波动上扰	87.10	114.47	100.79	—

续表

序号	频率扰动类型	一次调频有功功率响应合格率（%）	一次调频积分电量合格率（%）	一次调频合格率（%）	图形
3	波动上扰	90.11	122.01	101.21	图 7-75
4	波动上扰	85.62	105.37	95.50	—
5	波动下扰	92.32	100.93	95.23	图 7-76
6	波动下扰	93.24	102.87	98.06	—
7	波动下扰	93.16	105.50	98.16	图 7-77
8	波动下扰	92.71	102.23	97.47	—

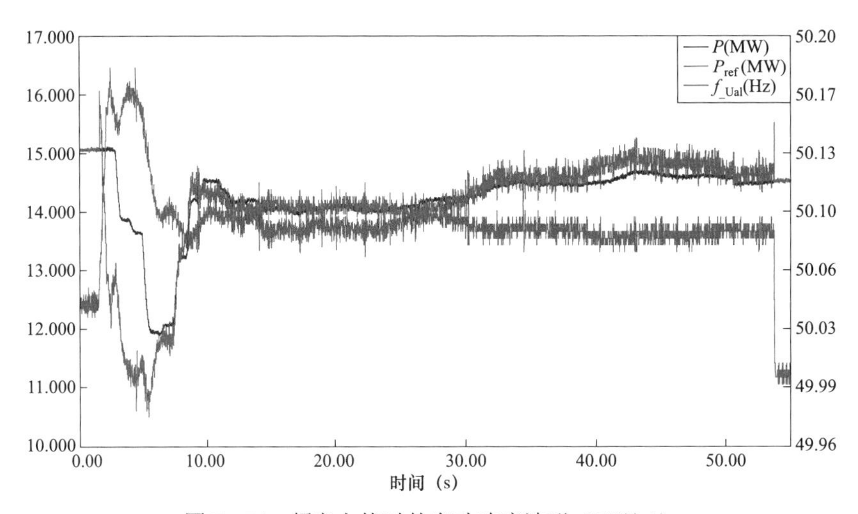

图 7-74　频率上扰时的有功响应波形（工况 1）

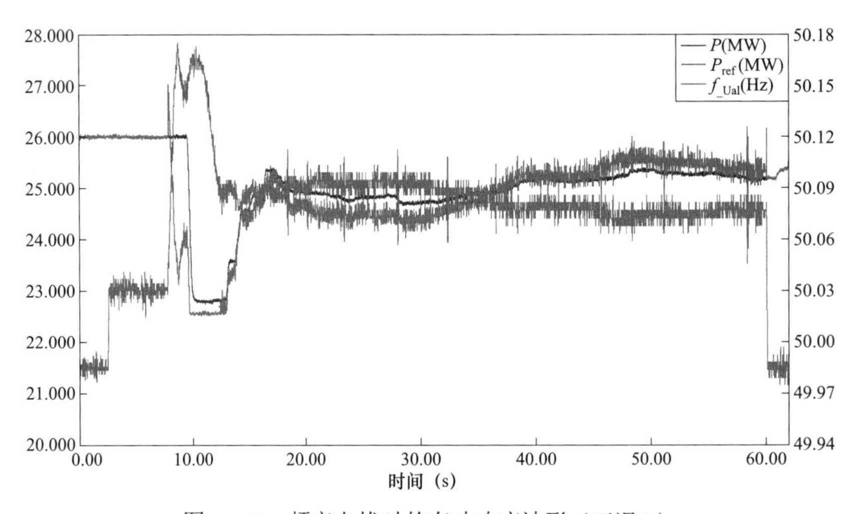

图 7-75　频率上扰时的有功响应波形（工况 3）

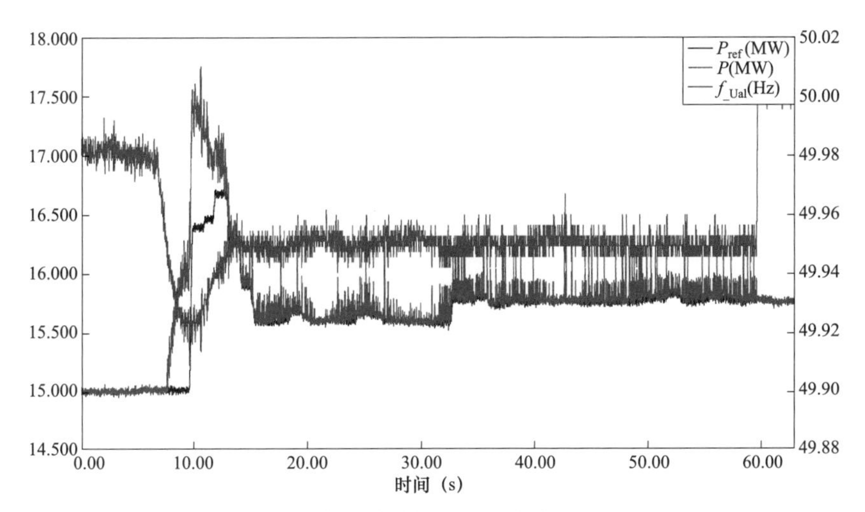

图 7-76　频率下扰时的有功响应波形（工况 1）

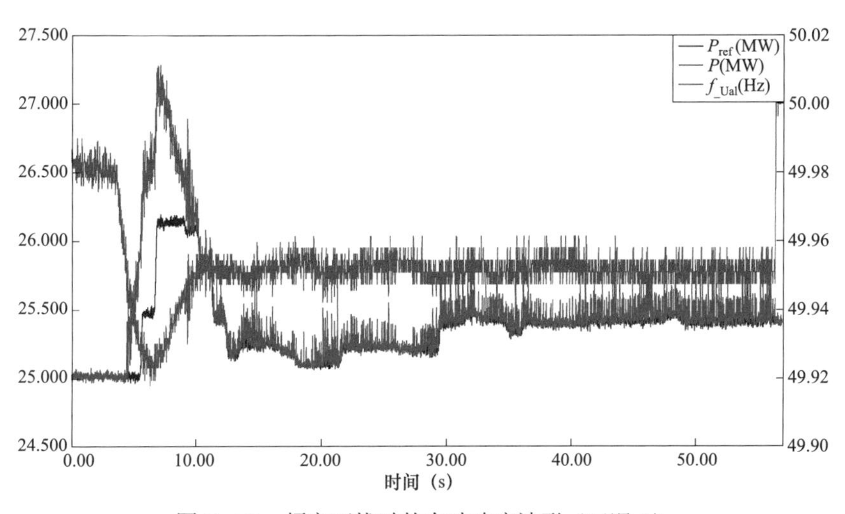

图 7-77　频率下扰时的有功响应波形（工况 3）

（三）防扰动性能校验测试

防扰动性能校验应限负荷工况下开展，采用频率信号发生装置模拟电网的高低电压穿越等暂态过程，分别输出以下两种校验信号，检验新能源场站快速频率响应功能是否误动作。调节信号发生装置输出两种校验信号：① 信号一。选取快速频率响应控制系统计算频率的某一相，电压幅值瞬间跌落到 80%、60%、40%、20%、0%额定电压，持续时间大于或等于 150ms，并在电压跌落和恢复时完成两次相移，每次相移大于或等于 60°。② 信号二。电压幅值瞬间阶跃到 110%、115%、120%、125%、130%额定电压，持续时间大于或等于 500ms，并在电压阶跃和恢复时完成两次相移，每次相移大于或等于 60°。试验结果如表 7-11 所示，测试波形数据如图 7-78～图 7-87 所示。

表 7－11　　防扰动性能校验测试结果

校验次数	是否有频率响应动作	是否合格
信号一		
第 1 次	□是　☑ 否	☑ 是　□否
第 2 次	□是　☑ 否	☑ 是　□否
第 3 次	□是　☑ 否	☑ 是　□否
第 4 次	□是　☑ 否	☑ 是　□否
第 5 次	□是　☑ 否	☑ 是　□否
信号二		
第 1 次	□是　☑ 否	☑ 是　□否
第 2 次	□是　☑ 否	☑ 是　□否
第 3 次	□是　☑ 否	☑ 是　□否
第 4 次	□是　☑ 否	☑ 是　□否
第 5 次	□是　☑ 否	☑ 是　□否

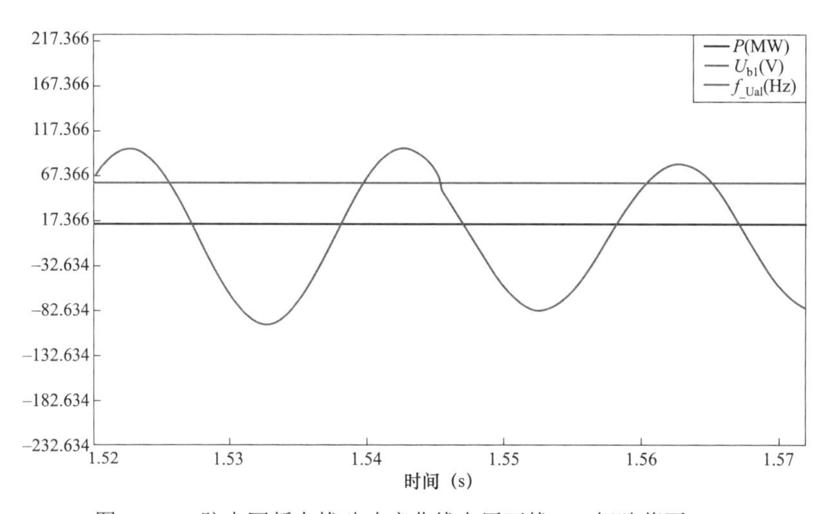

图 7－78　防电网暂态扰动响应曲线电压下扰－A 相跌落至 80%

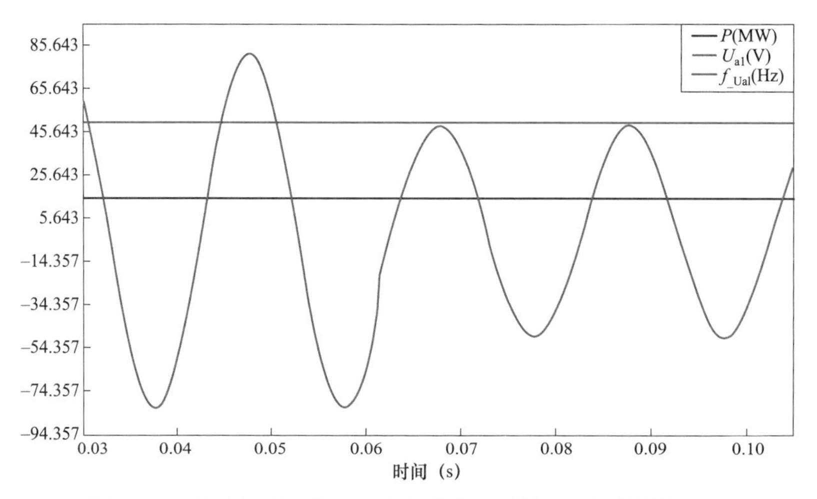

图 7－79　防电网暂态扰动响应曲线电压下扰－A 相跌落至 60%

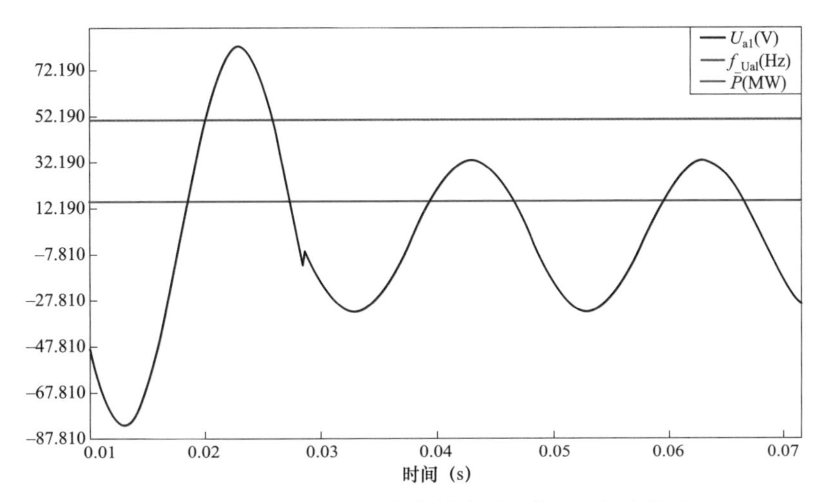

图 7-80　防电网暂态扰动响应曲线电压下扰-A 相跌落至 40%

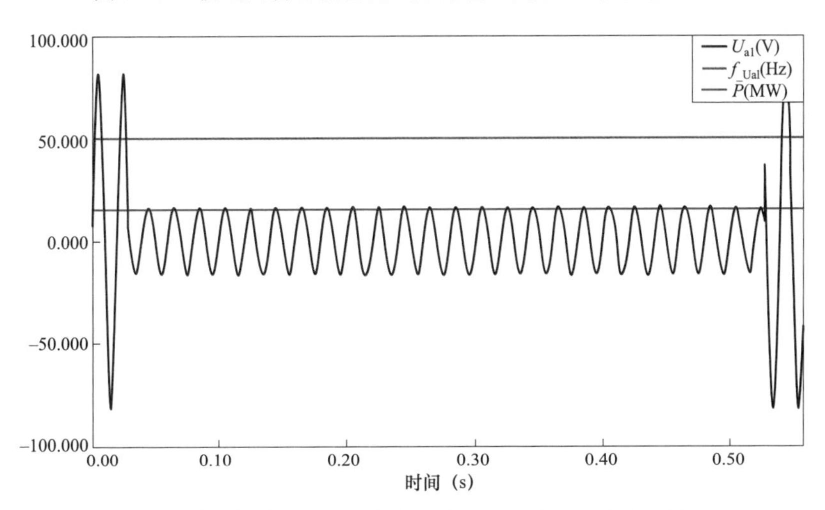

图 7-81　防电网暂态扰动响应曲线电压下扰-A 相跌落至 20%

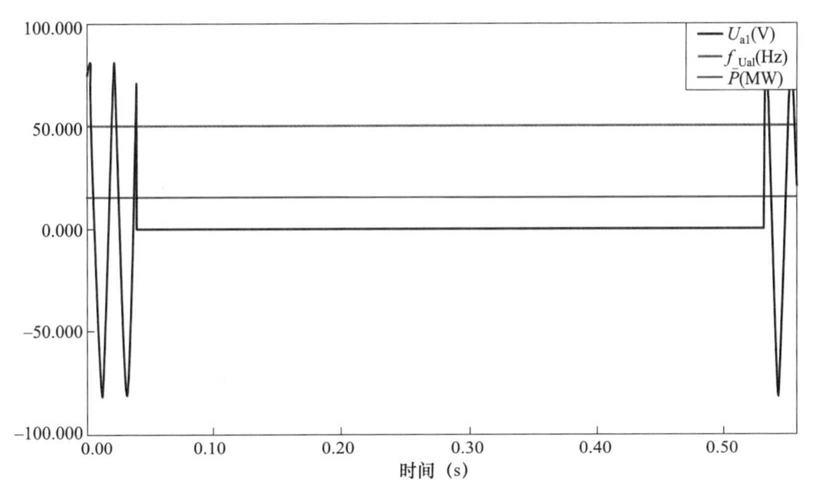

图 7-82　防电网暂态扰动响应曲线电压下扰-A 相跌落至 0%

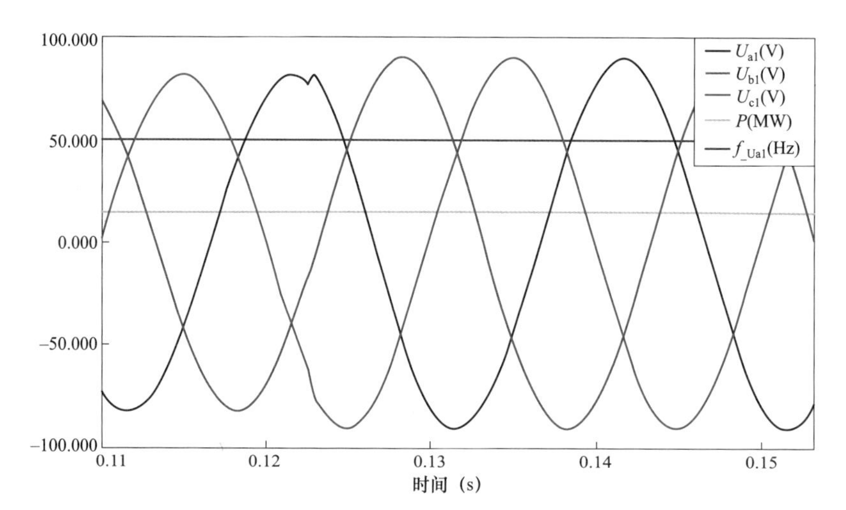

图 7-83　防电网暂态扰动响应曲线电压上扰-三相阶跃至 110%

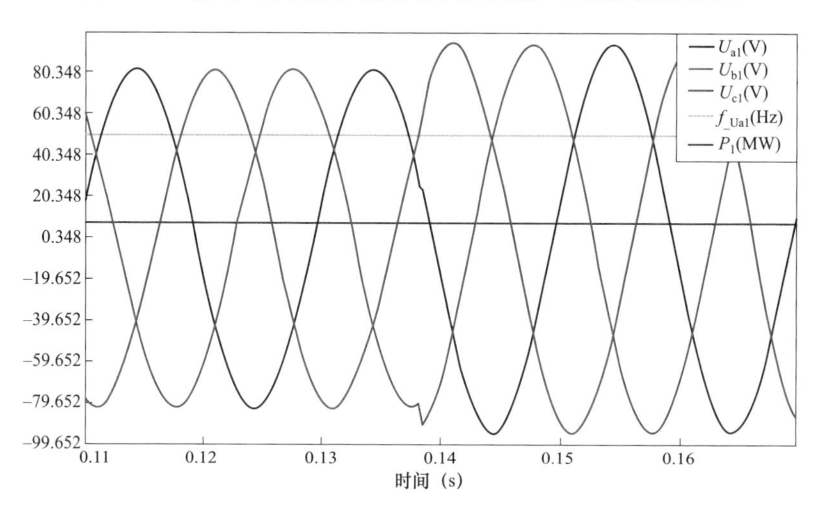

图 7-84　防电网暂态扰动响应曲线电压上扰-三相阶跃至 115%

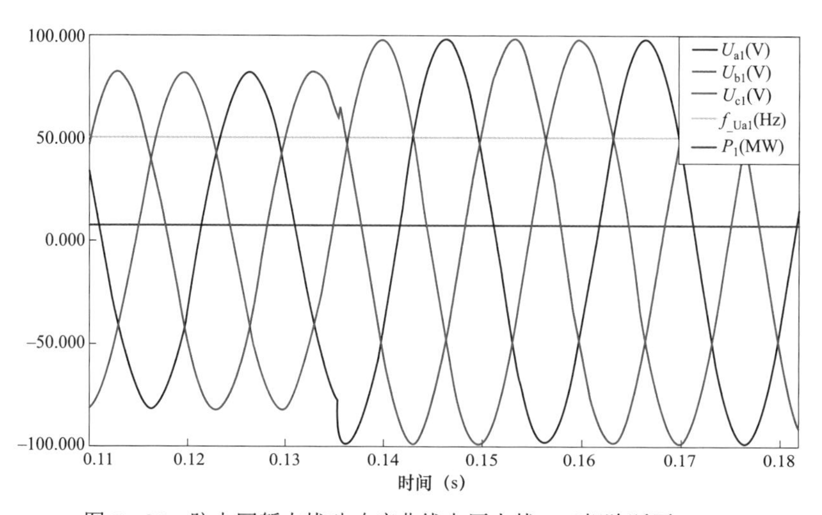

图 7-85　防电网暂态扰动响应曲线电压上扰-三相阶跃至 120%

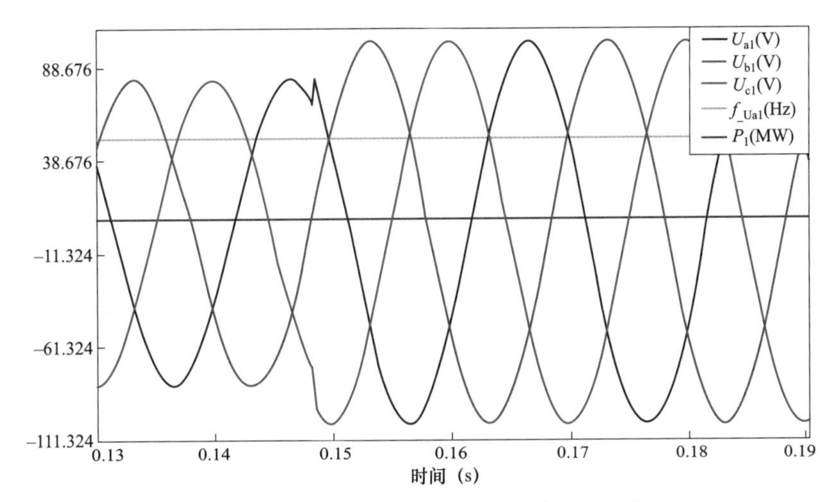

图 7－86 防电网暂态扰动响应曲线电压上扰－三相阶跃至 125%

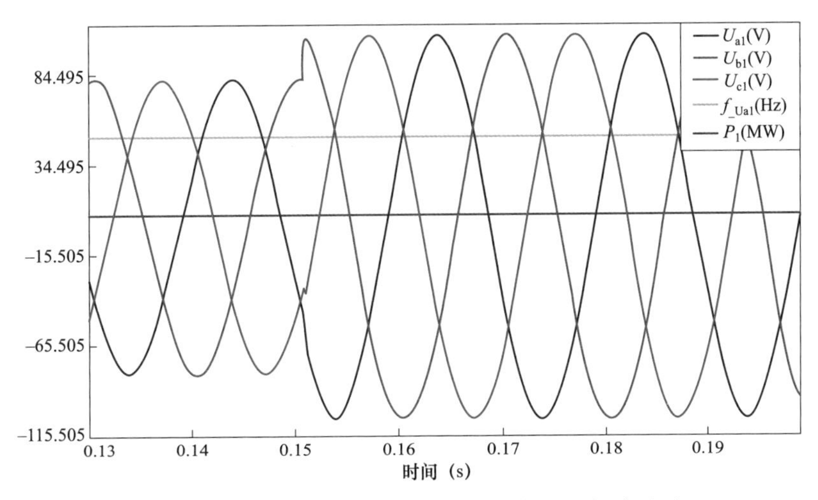

图 7－87 防电网暂态扰动响应曲线电压上扰－三相阶跃至 130%

（四）AGC 协调测试

AGC 协调试验应在限负荷工况下开展。为验证新能源场站快速频率响应功能能否与调度端二次调频指令良好配合，AGC 采用本地闭环模式运行，高精度信号发生装置作为信号发生源输出频率阶跃上扰或下扰信号，根据 AGC 指令和快速频率响应指令的先后次序和类型，应分别在（50±0.09）Hz、（50±0.20）Hz 四种扰动幅值情况下进行测试。试验结果如表 7－12 所示，列举部分测试数据如图 7－88～图 7－95 所示。

表 7－12　　AGC 协调测试结果

序号	指令类型	测试结果	图形
1	50.0Hz→50.09Hz＋二次调频增 10%P_N	合格	图 7－88
2	50.0Hz→50.09Hz＋二次调频减 10%P_N	合格	图 7－89
3	50.0Hz→49.91Hz＋二次调频增 10%P_N	合格	图 7－90
4	50.0Hz→49.91Hz＋二次调频减 10%P_N	合格	图 7－91

续表

序号	指令类型	测试结果	图形
5	50.0Hz→50.21Hz+二次调频增 10%P_N	合格	—
6	50.0Hz→50.21Hz+二次调频减 10%P_N	合格	—
7	50.0Hz→49.79Hz+二次调频增 10%P_N	合格	—
8	50.0Hz→49.79Hz+二次调频减 10%P_N	合格	—
9	二次调频增 10%P_N+50.0Hz→50.09Hz	合格	图 7-92
10	二次调频增 10%P_N+50.0Hz→49.91Hz	合格	图 7-93
11	二次调频增 10%P_N+50.0Hz→50.21Hz	合格	图 7-94
12	二次调频增 10%P_N+50.0Hz→49.79Hz	合格	图 7-95
13	二次调频减 10%P_N+50.0Hz→50.09Hz	合格	—
14	二次调频减 10%P_N+50.0Hz→49.91Hz	合格	—
15	二次调频减 10%P_N+50.0Hz→50.21Hz	合格	—
16	二次调频减 10%P_N+50.0Hz→49.79Hz	合格	—

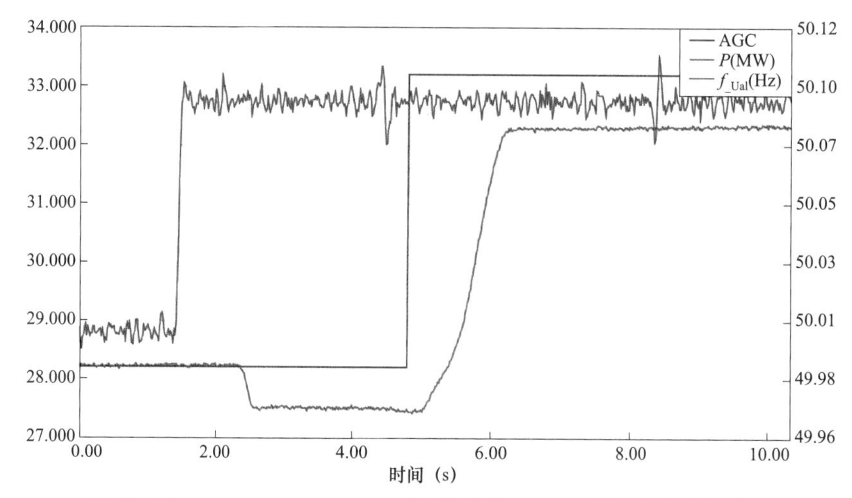

图 7-88　50.0Hz→50.09Hz+二次调频增 10%P_N时的有功响应波形

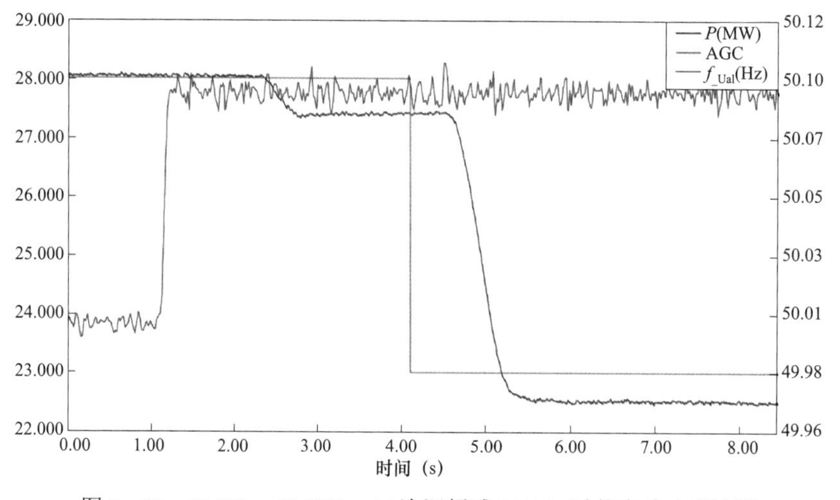

图 7-89　50.0Hz→50.09Hz+二次调频减 10%P_N时的有功响应波形

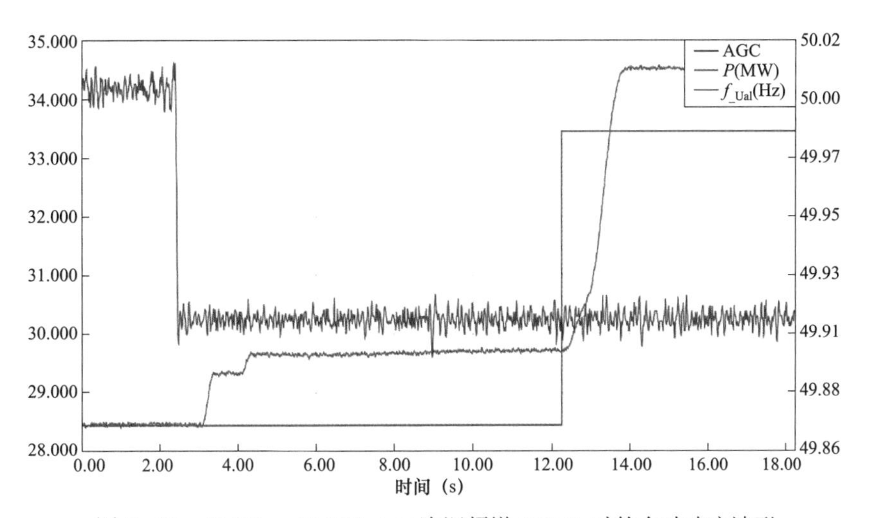

图 7－90　50.0Hz→49.91Hz＋二次调频增 10%P_N时的有功响应波形

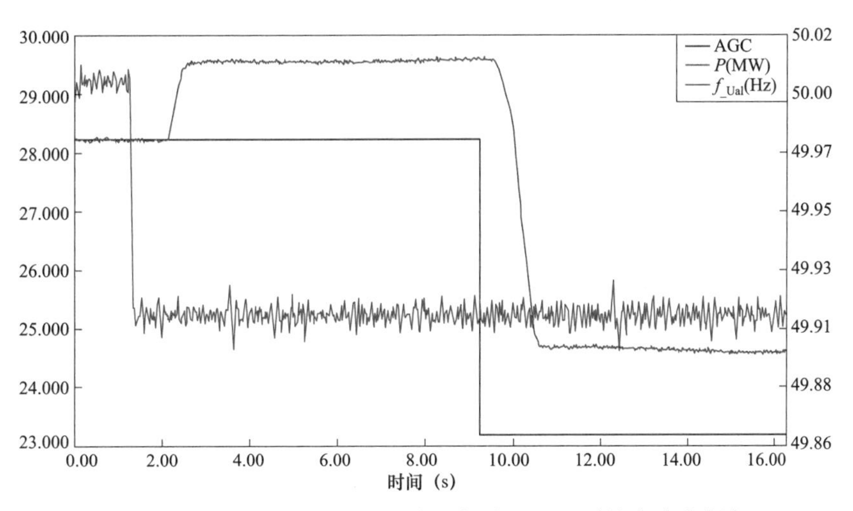

图 7－91　50.0Hz→49.91Hz＋二次调频减 10%P_N时的有功响应波形

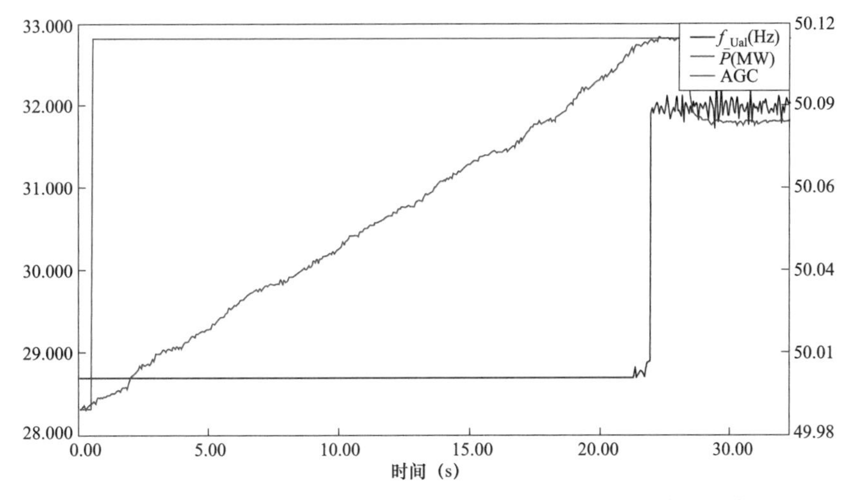

图 7－92　二次调频增 10%P_N＋50.0Hz→50.09Hz 时的有功响应波形

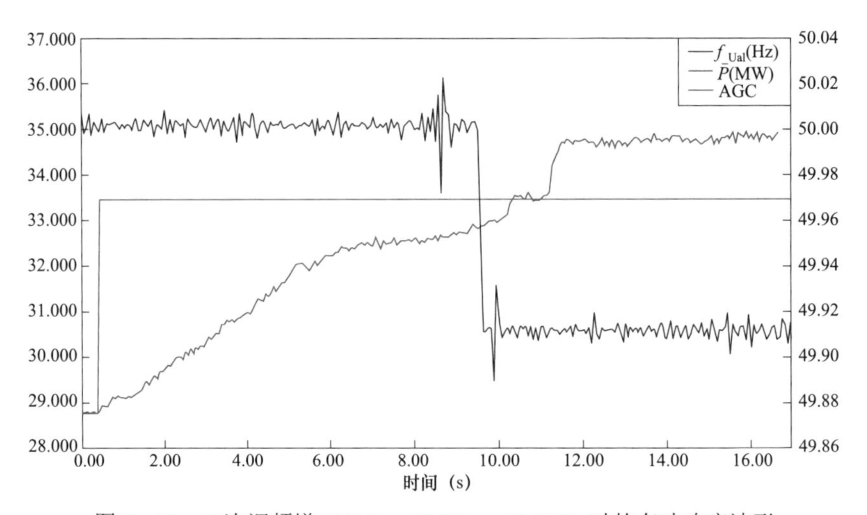

图 7－93　二次调频增 10%P_N＋50.0Hz→49.91Hz 时的有功响应波形

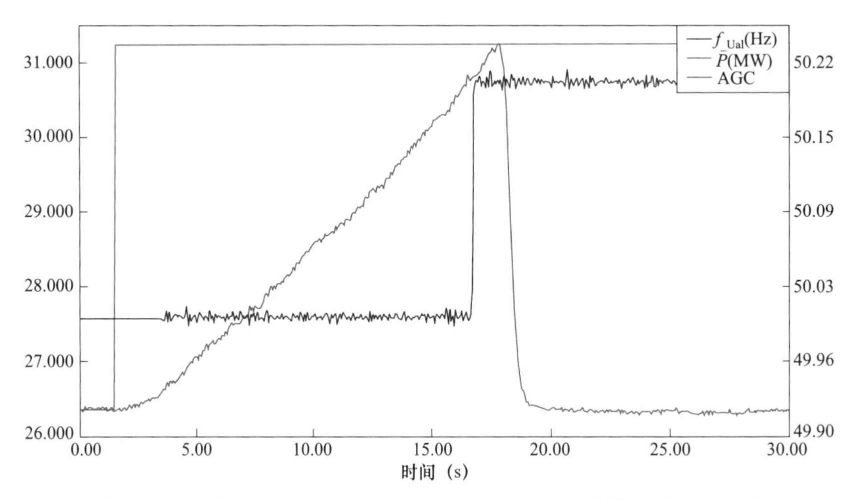

图 7－94　二次调频增 10%P_N＋50.0Hz→50.21Hz 时的有功响应波形

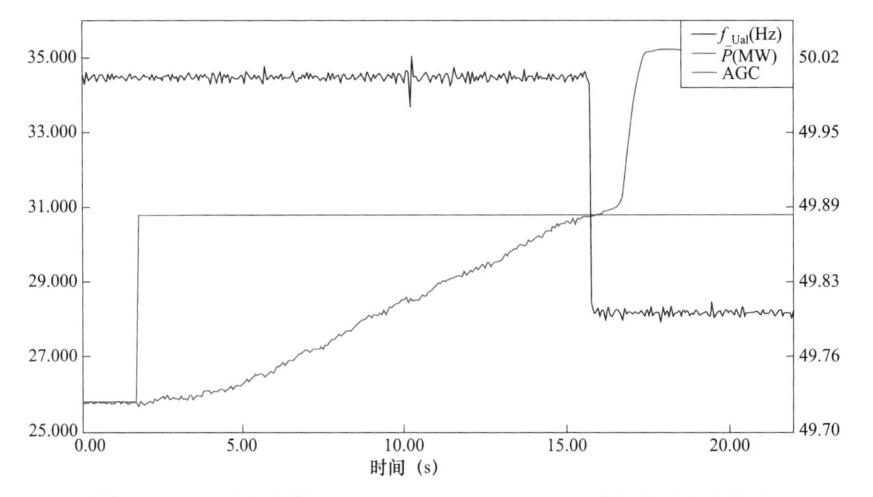

图 7－95　二次调频增 10%P_N＋50.0Hz→49.79Hz 时的有功响应波形

第八章

数模混合仿真测试技术及应用

目前新能源并网测试主要以现场测试为主，如本书中第三～七章所述，这种测试方式能够有效评价电气一次部分、控制保护装置、控制逻辑等综合能力，但出于现场环境、检测装置容量、电网安全局限等考虑，现场检测技术并不能完全适用所有场景，数模混合仿真测试应运而生。数模混合仿真是指运用数字电路与实际物理装置相结合的一种仿真手段，因其主要通过实时仿真设备进行在环仿真与验证，又称为实时仿真。数模混合仿真并非进行全站的全实物模拟，而主要侧重于验证被测物理装置的性能，数字电路部分能够发挥仿真优势，进而模拟各种复杂恶劣的工况，为物理装置并网性能的检验与优化提供了高效、便捷的技术手段。

本章从数模混合仿真测试技术的应用场景入手，从新能源机组、新能源场站、其他新能源设备多角度进行介绍，详细阐述仿真测试的原理和方法，并结合实际工程应用案例进行补充说明。

第一节　新能源机组数模混合仿真测试

新能源机组数模混合仿真是面向新能源机组控制器并网性能而开展的仿真测试，通常又称为控制器硬件在环仿真。在仿真框架中，物理装置为新能源实物控制器，数字部分为机组主电路模型，两者通过电气量或光纤数据进行交互。测试项目通过数字电路部分模拟电网背景或扰动信号，从而达到验证控制器性能的目的。

一、新能源机组数模混合仿真测试平台构建

（一）风电机组数模混合仿真测试平台

风电机组数模仿真系统平台如图 8－1 所示，包含上位机、下位机、控制器三部分，上位机为普通的计算机，用于数字模型的搭建和操作；下位机为实时仿真设备，用于模型的运行和计算，控制器为被测控制器。上位机与下位机间通过网线连接，用于模型的下载和数据的传输，控制器与下位机通过 I/O 板卡和传输线连接，完成数据的交互。

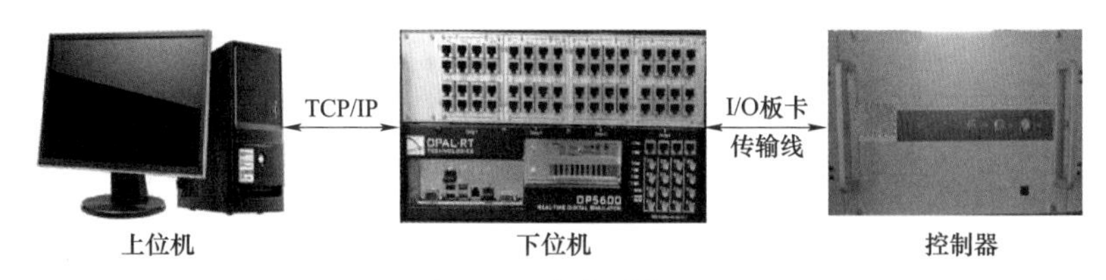

图 8-1 仿真系统图

1. 风电机组数字模型设计

风电机组数字模型设计，主要包括双馈风电机组和直驱风电机组两大类，两者间主要是主电路拓扑存在差异，而对于整体模型构建、接口设计等内容大同小异，下面以双馈风电机组为例进行介绍。

双馈风电机组典型的拓扑结构如图 8-2 所示，其包含发电机、背靠背变流器、卸荷电路等，搭建模型时完全按照实际风机的拓扑结构和技术参数进行，模型如图 8-3 所示。结合实时仿真平台的规则定义，需要对仿真模型进行前缀定义，其中，仿真模型中 U 代表输入源，是从外界给定数据的受控源；Y 代表采样点，各采样点需严格按照实际风电机组采样位置和方向进行设置，并将该数据按照固定的顺序传输给控制器，SW 代表开关位置，其对应仿真模型的接收信号位置，模型通过仿真器接口从控制器接收指令，作用于对应的开关位置，完成数据的交互和传递。

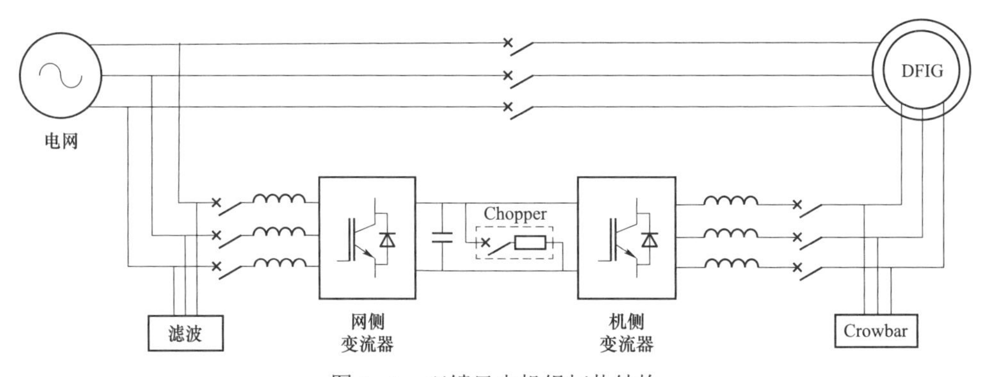

图 8-2 双馈风电机组拓扑结构

为开展高/低电压穿越、电网适应性等并网试验项目，在数模混合仿真中，设计电网模拟装置模型开展上述实时仿真测试研究。交流源在不同工况时的特性各不相同，需要分别进行建模，但对普通实时数字仿真测试而言仅需通用化的模型，不需要额外增加模型的复杂程度。该通用模型在系统中将电网模拟装置看成输出稳定的电压源，直接采用主网受控电压源模块进行搭建，相应的电网模拟装置模型结构框图，如图 8-4 所示。

电网模拟装置模型由参数设定模块和电网模块两部分组成，其中，参数设定模块用于设定电网参数，包括电网正常和故障情况下的电压、频率以及故障持续时间等；电网模块主要用于模拟电网电路部分。在电网模块中，由三个相同的独立模块组成，分别输出 A 相电压、B 相电压以及 C 相电压，以实现三相独立控制。下面以 A 相模块为例，介绍电网模拟装置 A 相电路结构，如图 8-5 所示。

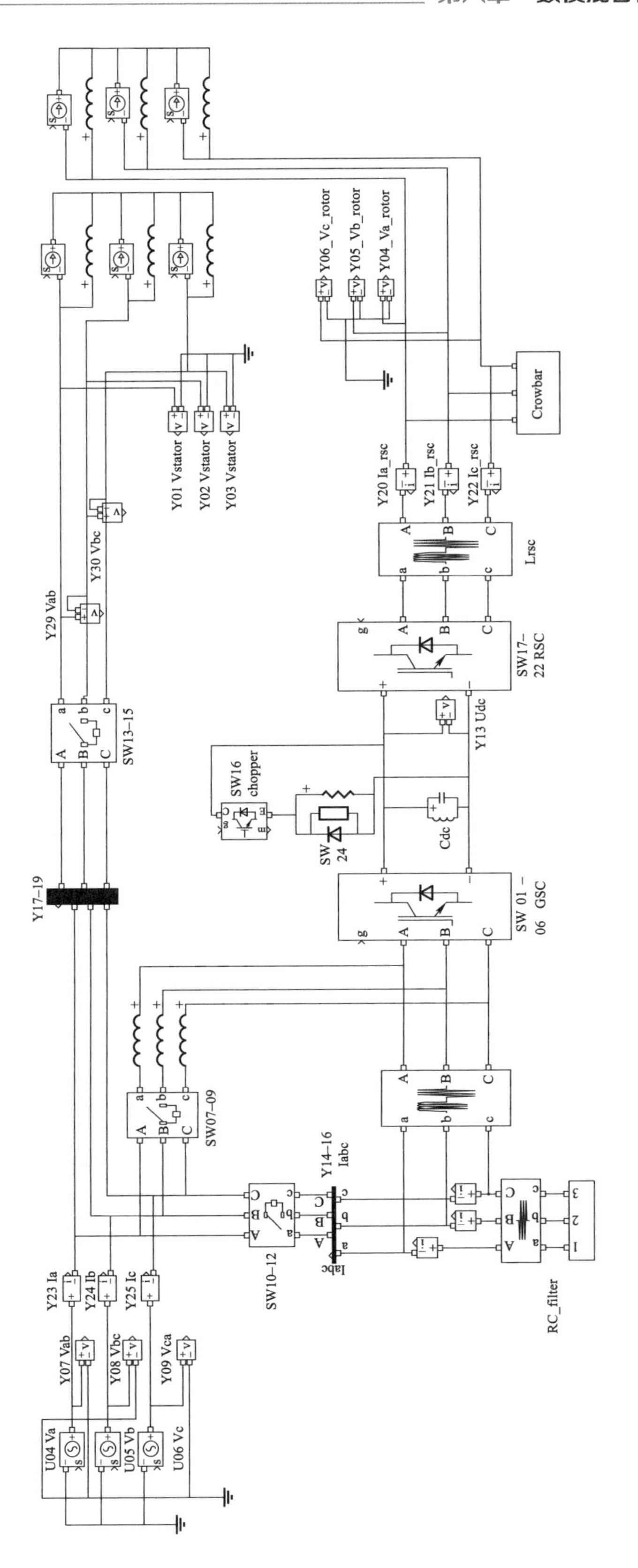

图 8－3　双馈风电机组模型

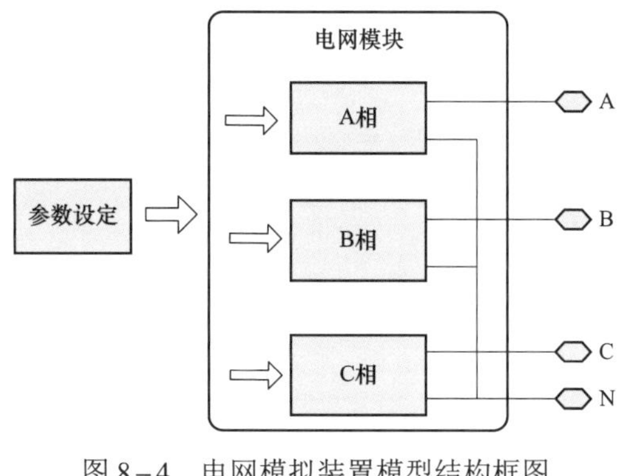

图 8-4 电网模拟装置模型结构框图

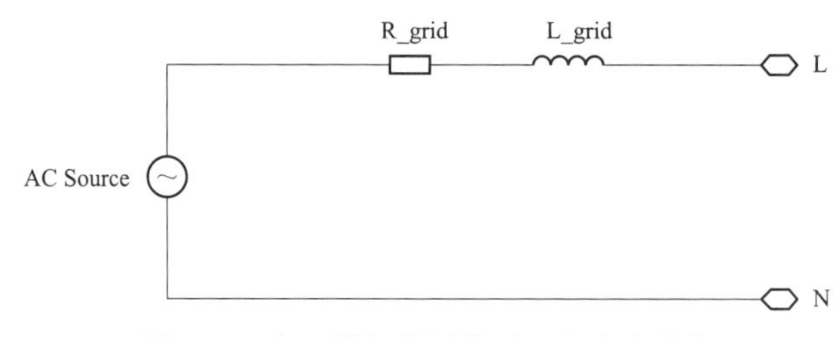

图 8-5 电网模拟装置模型 A 相电路结构

电网模拟装置模型需要模拟电网电压和频率的变化，搭建的电网模拟装置模型如图 8-6 所示。

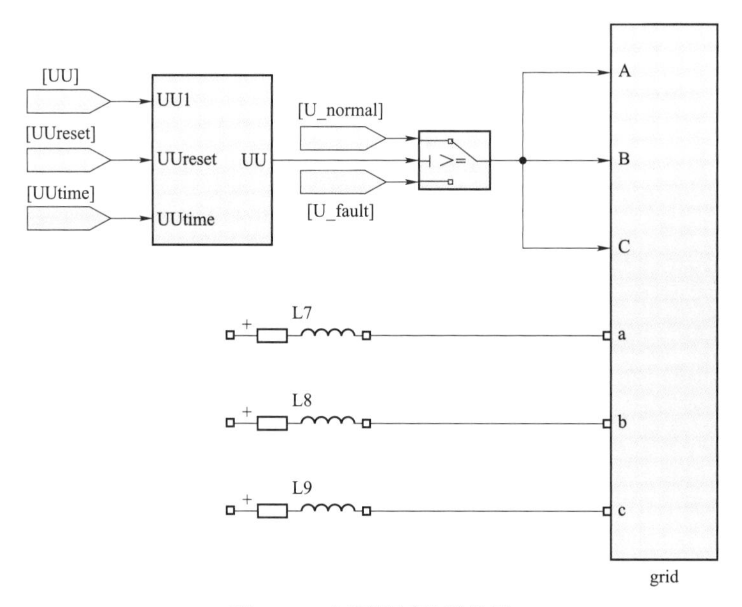

图 8-6 电网模拟装置模型

2. 仿真接口方案

模型接口一般指仿真模型与控制器对应的数据采样和驱动位置，以双馈风电机组为例，其数据的传输信号列表如表 8-1 所示，AO 代表模拟量输出，DO 代表数字量输出，

DI 代表数字量输入。仿真器将采集的网侧电压、定子电压、直流母线电压、网侧电流、定子电流、转子电流、滤波电容电流等信息传输给控制器，控制器接收后，将计算所得的机、网侧 PWM 信号、开关驱动信号传输给仿真器，并作用于图 8-3 所示的风电机组模型，完成整个的采集与控制回路。接口如表 8-1 和表 8-2 所示。

表 8-1　　模拟量接口

板卡通道	模型通道	信号
模拟量输出 AO-1A	Y07、Y08、Y09	网侧三相电压
	Y01、Y02、Y03	定子侧三相电压
	Y15	直流母线电压
模拟量输出 AO-3A	Y23、Y24、Y25	网侧三相电流
	Y17、Y18、Y19	定子三相电流 转子三相电流
	Y20、Y21、Y22	
	Y26、Y27、Y28	滤波电容电流

表 8-2　　数字量接口

板卡通道	模型通道	信号
数字量输出 DO-2B	—	励磁开关反馈
	—	并网开关反馈
数字量输入 DI-2A	SW17～SW22	机侧 PWM
	SW01～SW06	网侧 PWM
	SW23	Crowbar 驱动
	SW16	Chopper 驱动
	SW10、SW11、SW12	励磁开关驱动
	SW13、SW14、SW15	并网开关驱动
	SW07、SW08、SW09	预充开关驱动

仿真器的模拟量输出能力仅为 -16～16V，数字量输出的能力仅为 24V，为了保证设备安全和有效的仿真，在数据传输前需将控制器采样和输出调节至 RT-LAB 可接收范围内，在 Analog Output Mapping 模块中进行信号调理，完成数据的增益、偏移和限幅等操作，如图 8-7 所示。

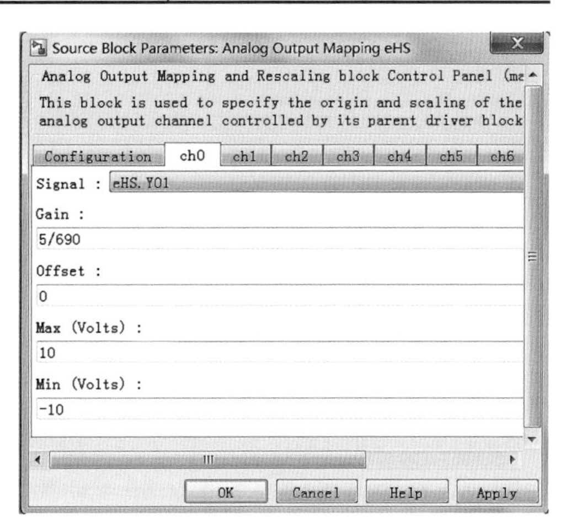

图 8-7　信号调理模块

（二）光伏逆变器数模混合仿真测试平台

光伏逆变器数模混合仿真模型仿真与测试回路连接图如图 8-8 所示，数字模型主要包括光伏阵列模型、光伏逆变器模型、电网模拟装置模型三部分。

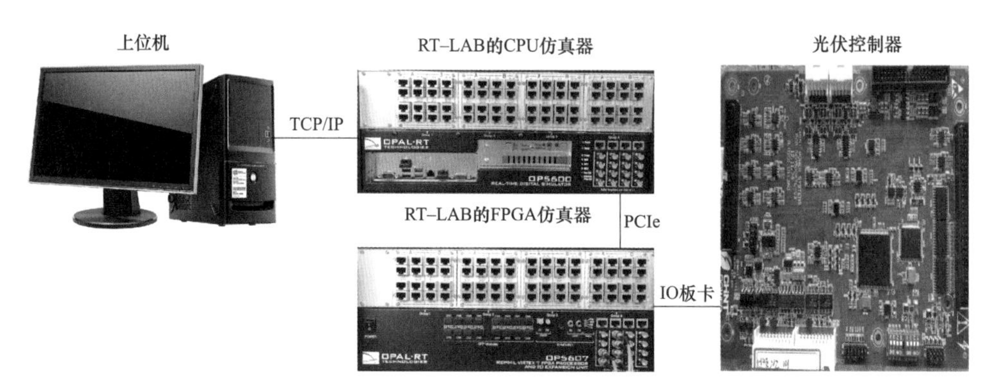

图 8－8　光伏逆变器数模混合仿真连接图

1. 光伏阵列模型设计

基于光伏电池的物理概念可以得到光伏电池的等效电路图，如图 8－9 所示。其中，I_{ph} 为光生电流，其值与光伏电池的面积和入射的光照强度成正比；I 为光伏电池的输出电流，U 为光伏电池的输出电压，无光照时，光伏电池的基本特性类似一个普通二极管，I_d 为流过二极管的电流，U_d 为二极管两端的电压；等效串联电阻 R_s 由电池的体电阻、表面电阻、电极导体电阻、电机和硅表面间接触电阻和金属导体电阻组成，等效并联电阻 R_{sh} 由电池表面污浊和半导体晶体缺陷引起的漏电流所对应的 P－N 结泄漏电阻以及电池边缘的泄漏电阻组成。

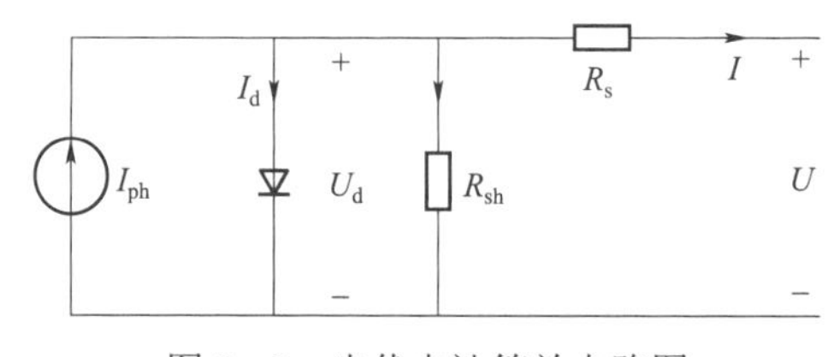

图 8－9　光伏电池等效电路图

在实际应用中，光伏阵列通常通过多个光伏组件单元的串并联组合成 $M \times N$ 的光伏阵列（其中 M、N 分别为光伏组件串、并联数），因此，当光伏阵列受到均匀的太阳光照时，可以近似认为一个光伏阵列的数学模型与一个光伏组件的数学模型相同，建立光伏阵列模型，如图 8－10 所示。

2. 光伏逆变器模型设计

光伏逆变器以典型的 500kW 集中式光伏逆变器为例，其拓扑如图 8－11 所示。逆变器主电路由两个三相半桥电路并联组成，直流侧输入电压为 550～1000V，交流侧额定电压为 315V，功率器件开关频率为 3kHz。考虑到逆变器直流侧电压范围，设置光伏阵列模型最大功率点电压为 600V，最大功率根据测试条件设置，通常重载工况设置最大功率为 425kW，短路电流为 755A，轻载工况设置最大功率为 150kW，短路电流为 266A，开路电压均设置为750V。

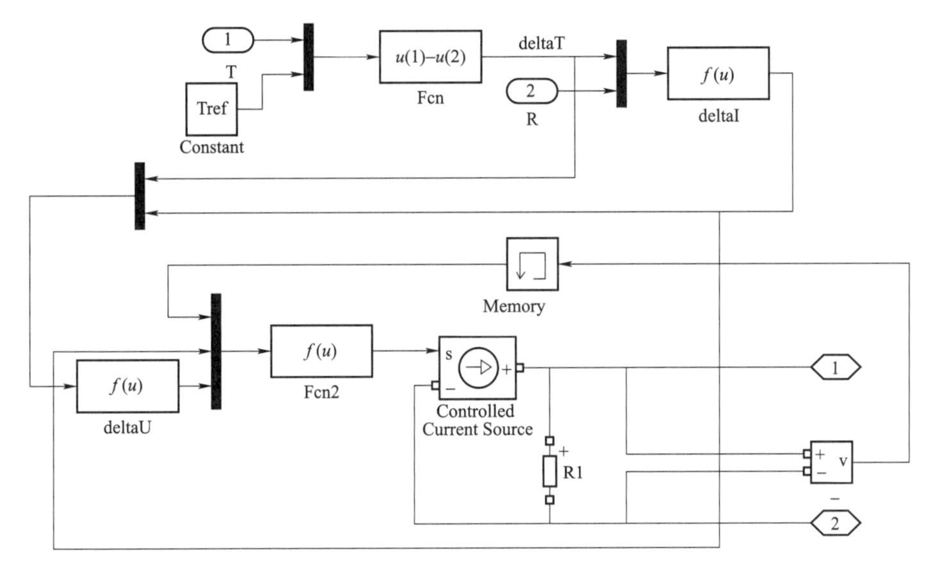

图8－10　光伏阵列模型

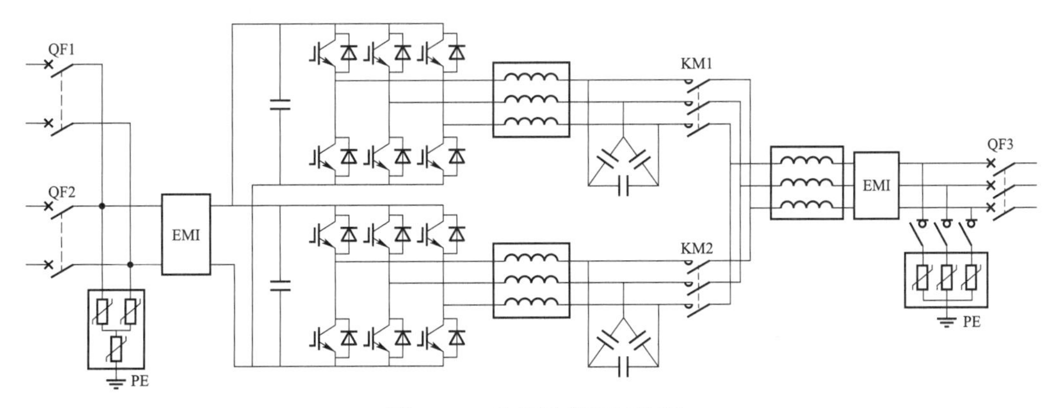

图8－11　光伏逆变器拓扑图

基于图8－11所示的集中式光伏逆变器拓扑，在实时仿真平台中建立逆变器主电路模型，如图8－12所示。采用实时数字仿真模型库中的2－level TSB模块模拟三相两电平逆变桥，每个模块各有一组LC滤波器，并联后共用L滤波器，组成LCL滤波器，经变压器升压并入电网。

电网模拟装置部分与风电机组电网模拟装置类似，结合光伏电站并网技术规定设定扰动参数，并开展相应测试。

3. 仿真接口方案

光伏逆变器实时数字仿真与测试过程中，将光伏逆变器的控制器实物接入实时仿真平台，其余部分为数字模型，通过模拟量、数字量板卡实现电气采集量信息的输入与输出，控制器采集的模拟量信号共计24路，如表8－3所示。

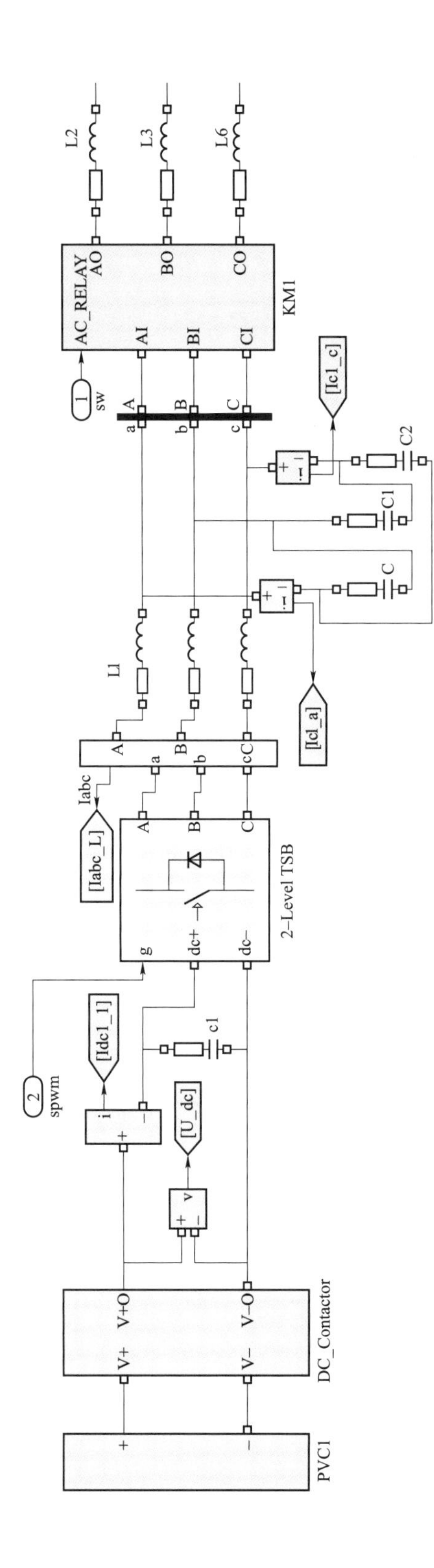

图 8－12　逆变器主电路实时数字仿真模型

表 8-3 模拟量接口

板卡位置	板卡通道标号	电气采集量
仿真器模拟量输出端口 1	1	模块 2 直流侧电流 1
	4	母线电压
	5	PV 正极对地电压
	6	PV 负极对地电压
	7	模块 1 输出电容电流 A 相
	8	模块 1 输出电容电流 C 相
	9	模块 2 输出电容电流 A 相
	10	模块 2 输出电容电流 C 相
仿真器模拟量输出端口 2	1	模块 1 电流 A 相
	2	模块 1 电流 B 相
	3	模块 1 电流 C 相
	4	模块 2 电流 A 相
	5	模块 2 电流 B 相
	6	模块 2 电流 C 相
	7	AB 相输出线电压
	8	BC 相输出线电压
	9	CA 相输出线电压
	10	模块 1 AB 相逆变电压
	11	模块 1 BC 相逆变电压
	12	模块 1 CA 相逆变电压
	13	模块 2 AB 相逆变电压
	14	模块 2 BC 相逆变电压
	15	模块 2 CA 相逆变电压
	16	模块 1 直流侧电流 1

控制器输出的数字量信号共计 14 路，接口表如表 8-4 所示，分别连接至 RT-LAB 仿真器数字量输入端口 2 的 17～30 通道。

表 8-4 数字量接口

位置	通道	电气量信号
仿真器数字量输入端口 2	17	模块 1 接触器驱动
	18	模块 2 接触器驱动
	19	模块 1 A 相上管驱动
	20	模块 1 A 相下管驱动
	21	模块 1 B 相上管驱动
	22	模块 1 B 相下管驱动
	23	模块 1 C 相上管驱动
	24	模块 1 C 相下管驱动

续表

位置	通道	电气量信号
仿真器数字量输入端口 2	25	模块 2 A 相上管驱动
	26	模块 2 A 相下管驱动
	27	模块 2 B 相上管驱动
	28	模块 2 B 相下管驱动
	29	模块 2 C 相上管驱动
	30	模块 2 C 相下管驱动

（三）无功补偿装置数模混合仿真测试平台

以电压型桥式电路的无功补偿装置（SVG）为例进行数模混合仿真模型的构建，SVG 数模混合仿真与测试回路连接如图 8－13 所示。

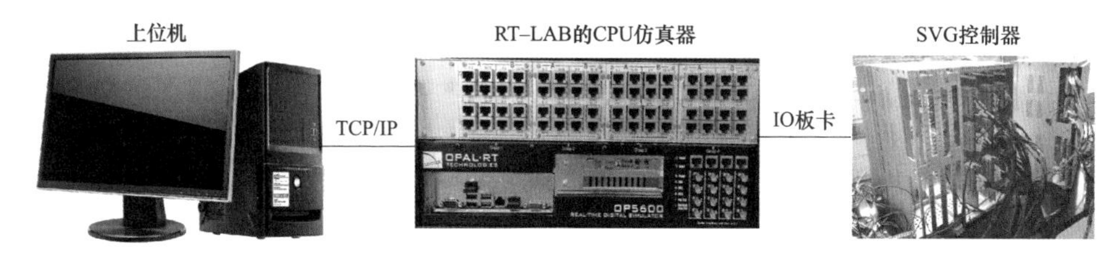

图 8－13　SVG 实时数字仿真与测试回路连接图

1. SVG 数字模型设计

SVG 由电压源型变流器和连接电抗器组成，电压源型变流器可输出幅值、相位、频率均可调的三相交流电压。当不考虑 SVG 变流器装置和连接电抗器的损耗时，通过控制输出电压与系统电压的相对大小关系，控制是否输出电流，以及输出的电流呈感性还是容性，进而实现无功补偿。实际运行时，电压源型变流器输出频率与系统同步，且存在有功损耗，因此需要控制输出电压的相位和幅值，以实现连续调节 SVG 输出无功功率的大小和方向。被测 SVG 通过连接电抗器接入 35kV 系统，主电路采用链式逆变器拓扑结构，Y 形连接，每相由 12 个功率模块级联组成，功率模块采用 H 桥结构。应用于新能源电站的 SVG，常采用模块化级联设计，随着级联模块数目的增多，系统仿真时间将显著增加，对仿真运行的 CPU 核数及相关硬件资源的需求越高。因此，建模过程中，对每相级联模块进行等效建模，采用 ARTMIS 解算算法，将开关器件等效为电感、电容等元件，仿真模型如图 8－14 所示，SVG 测试回路模型如图 8－15 所示。

故障扰动部分可选用与风电机组电网模拟装置类似的电网模拟装置，电压等级需调整为 35kV，对相应扰动参数进行修改。

2. 仿真接口方案

无功补偿装置 SVG 实时数字仿真与测试过程中，将 SVG 控制器实物接入 RT－LAB 实时仿真器中，其余部分建立数字模型。仿真器将采集的电压、电流等模拟量信号，经模拟量板卡输出至控制器，控制器经计算处理后，将各路脉冲信号返回至仿真器的测试回路模型中，以驱动模型运行。SVG 为多电平级联结构，仿真器与控制器物理量交互非

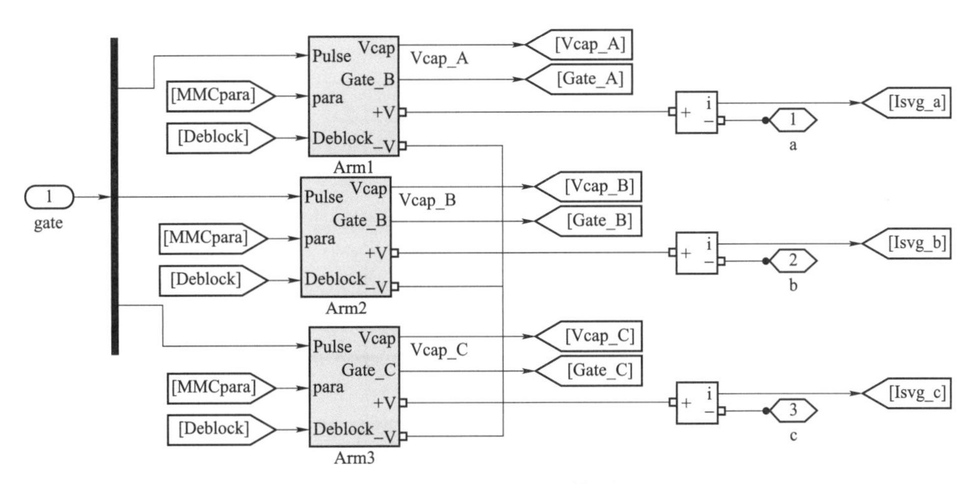

图 8-14　SVG 本体模型

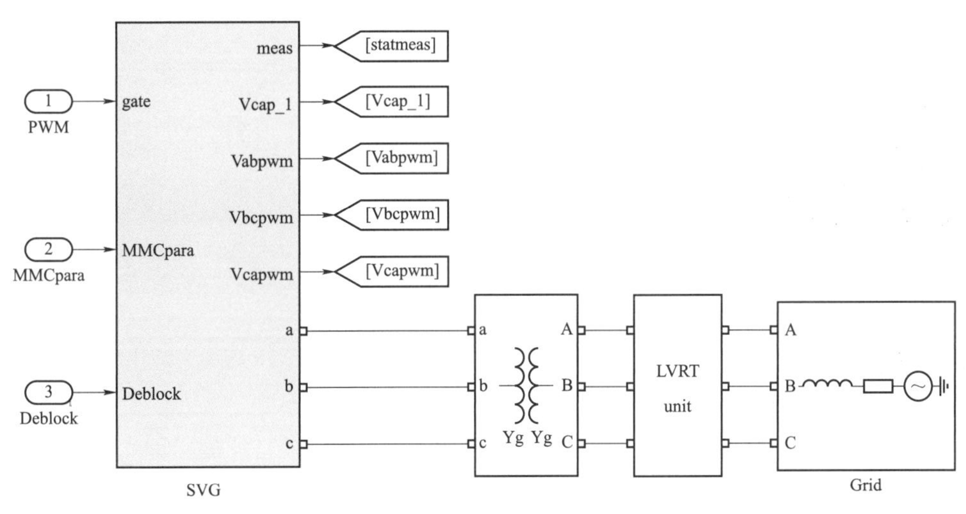

图 8-15　SVG 测试回路模型

常多，通过通信协议进行交互，其接口见表 8-5 和表 8-6。SVG 一般采用光信号通信，而 RT-LAB 仿真器采用电信号通信，为解决信号转换问题采用了光电转接箱，如图 8-16 所示，实现控制器与仿真器的数据转换。

图 8-16　光电转接箱

SVG 控制器连接 RT-LAB 仿真器的物理端口，通过模拟量、数字量板卡实现电气采集量的输入与输出。控制器需要的模拟量信号共计 45 路，其中 A 相接口如表 8-5 所示。

数字量信号共计 72 路信号，分别连接至 RT-LAB 仿真器的数字量输入端口 1、2、3 的各通道，其中，A 相数字量接口如表 8-6 所示。

表 8-5 模拟量接口

位置	板卡通道	电气采集量
仿真器模拟量输出端口 1	1	SVG 线电压
	2	
	3	
	4	SVG 输出电流
	5	
	6	
	7	并网点电流
	8	
	9	
	10	A 相子模块电容电压
	11	
	12	
	13	
	14	
	15	
	16	
仿真器模拟量输出端口 2	1	
	2	
	3	
	4	
	5	

表 8-6 数字量接口

板卡位置	板卡通道	电气量信号
仿真器数字量输入端口 1	1	A 相 1 号单元左桥臂上管脉冲
	2	A 相 1 号单元右桥臂上管脉冲
	3	A 相 2 号单元左桥臂上管脉冲
	4	A 相 2 号单元右桥臂上管脉冲
	5	A 相 3 号单元左桥臂上管脉冲
	6	A 相 3 号单元右桥臂上管脉冲
	7	A 相 4 号单元左桥臂上管脉冲
	8	A 相 4 号单元右桥臂上管脉冲
	9	A 相 5 号单元左桥臂上管脉冲
	10	A 相 5 号单元右桥臂上管脉冲
	11	A 相 6 号单元左桥臂上管脉冲
	12	A 相 6 号单元右桥臂上管脉冲
	13	A 相 7 号单元左桥臂上管脉冲
	14	A 相 7 号单元右桥臂上管脉冲
	15	A 相 8 号单元左桥臂上管脉冲
	16	A 相 8 号单元右桥臂上管脉冲
	17	A 相 9 号单元左桥臂上管脉冲

续表

板卡位置	板卡通道	电气量信号
仿真器数字量输入端口 1	18	A 相 9 号单元右桥臂上管脉冲
	19	A 相 10 号单元左桥臂上管脉冲
	20	A 相 10 号单元右桥臂上管脉冲
	21	A 相 11 号单元左桥臂上管脉冲
	22	A 相 11 号单元右桥臂上管脉冲
	23	A 相 12 号单元左桥臂上管脉冲
	24	A 相 12 号单元右桥臂上管脉冲

二、新能源机组数模混合仿真测试案例

下面以风电机组、光伏逆变器、无功补偿装置典型仿真测试项目为例进行介绍。

（一）风电机组仿真测试案例

以某风电场双馈风电机组为例，搭建数模混合仿真平台，对其高、低电压穿越能力、电压/频率适应性能力开展测试，检验其并网性能。其中，双馈风电机组基本参数如表 8－7～表 8－9 所示。

表 8－7　　发电机参数

序号	名称	单位	参数
1	额定容量	MVA	5.2
2	定子额定线电压	kV	0.95
3	定/转子变比		1.913
4	定子电阻	Ω	0.00437
5	定子电抗	Ω	0.0858
6	转子电阻	Ω	0.00532
7	转子电抗	Ω	0.078
8	励磁电抗	Ω	3.48
9	发电机极对数		2

表 8－8　　风力机参数

序号	名称	单位	参数
1	额定容量	MVA	5.2
2	额定风速	m/s	13.3
3	切入风速	m/s	3
4	切出风速	m/s	25
5	空气密度	kg/m^3	1.225
6	叶片半径	m	76.5
7	风轮及叶片转动惯量	$kg \cdot m^2$	1.72×10^7

续表

序号	名称	单位	参数
8	刚性系数	N/m	3.97×10^8
9	阻尼系数	N • s/m	4.00×10^5

表 8-9　　变流器参数

序号	名称	单位	参数
1	网侧变流器容量	kVA	987
2	网侧变流器电压（或电压范围）	V	950
3	网侧变流器额定电流	A	600
4	网侧变流器最大电流	A	660
5	机侧变流器容量	kVA	987
6	机侧变流器电压	V	950
7	机侧变流器额定电流	A	720
8	机侧变流器最大电流	A	792
9	直流母线额定电压	V	1600

1. 风电机组低电压穿越仿真测试

以电压跌落至 $20\%U_n$ 为例，对风电机组控制器的运行特性进行仿真测试分析。图 8-17 和图 8-18 所示为风电机组小功率、三相电压跌落时的风电机组控制器线电压、无功电流、有功、无功曲线；图 8-19 和图 8-20 所示为风电机组大功率、三相电压跌落时的风电机组控制器线电压、无功电流、有功、无功曲线；图 8-21 和图 8-22 所示为风电机组小功率、两相电压跌落时的风电机组控制器线电压、无功电流、有功、无功曲线；图 8-23 和图 8-24 所示为风电机组大功率、两相电压跌落时的风电机组控制器线电压、无功电流、有功、无功曲线。测试量均以标幺值标注，基准值分别取为电压 U_r=950V，功率 P_r=5200kW，Q_r=5200kvar。

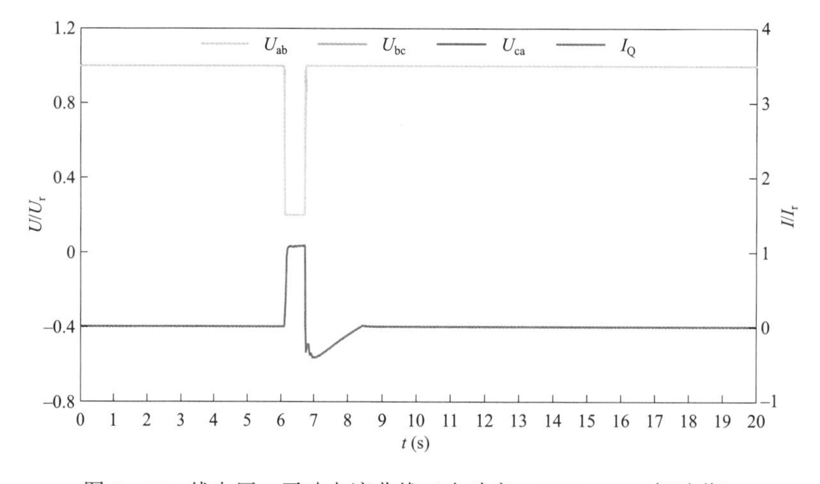

图 8-17　线电压、无功电流曲线（小功率、$20\%U_n$、三相跌落）

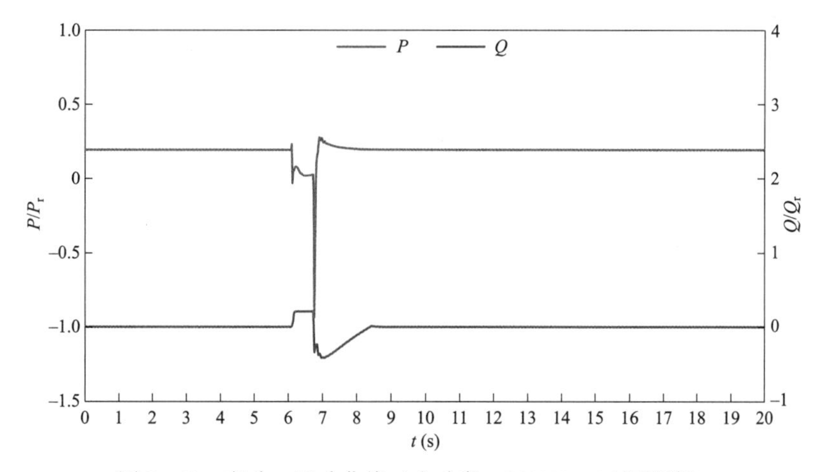

图 8-18　有功、无功曲线（小功率、20%U_n、三相跌落）

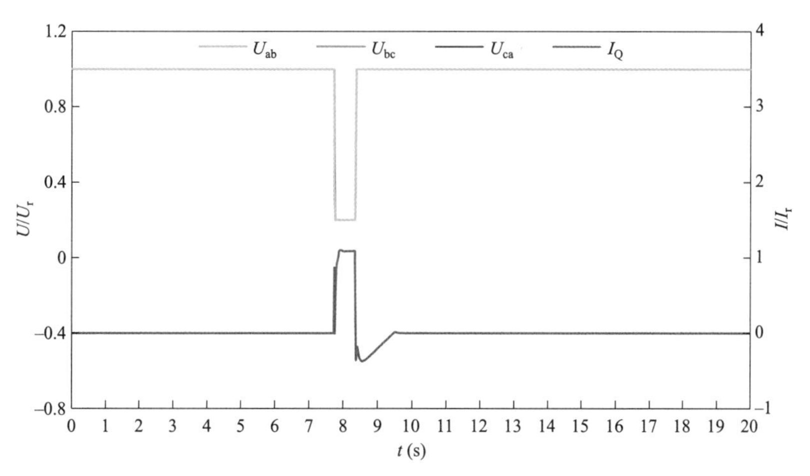

图 8-19　线电压、无功电流曲线（大功率、20%U_n、三相跌落）

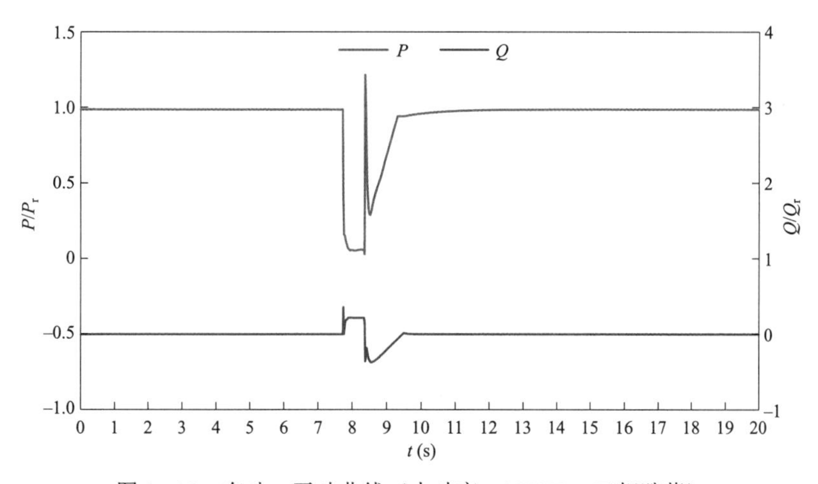

图 8-20　有功、无功曲线（大功率、20%U_n、三相跌落）

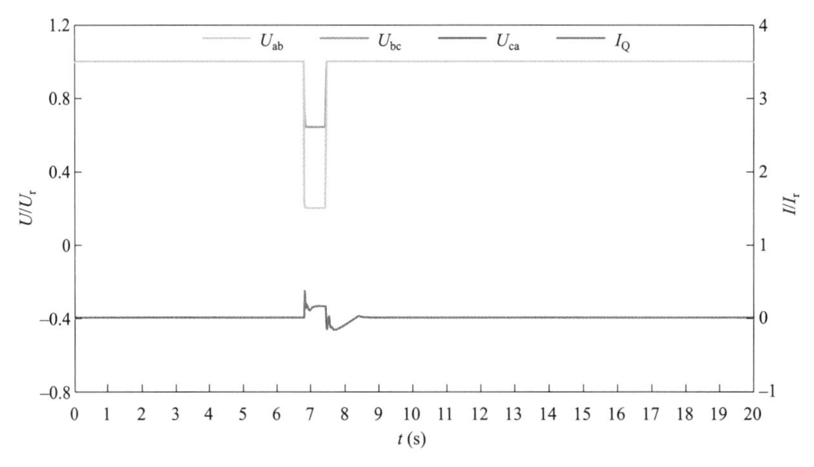

图 8-21　线电压、无功电流曲线（小功率、20%U_n、两相跌落）

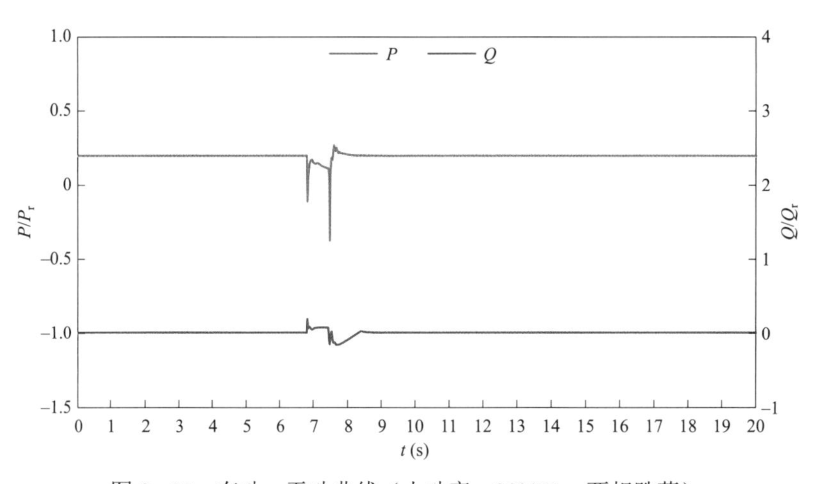

图 8-22　有功、无功曲线（小功率、20%U_n、两相跌落）

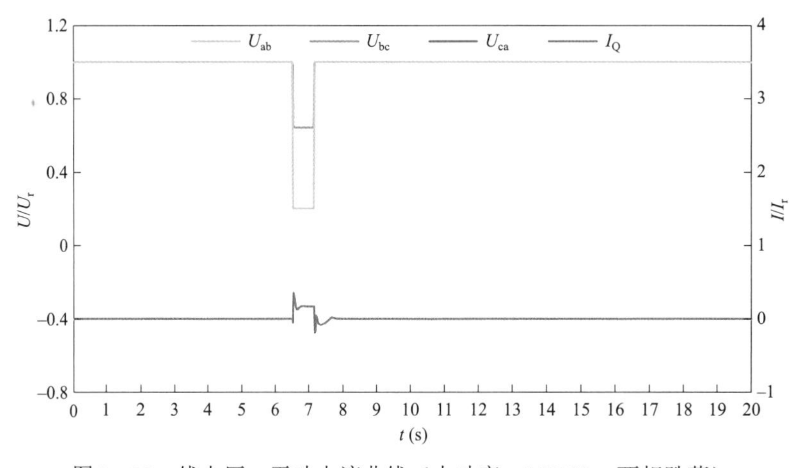

图 8-23　线电压、无功电流曲线（大功率、20%U_n、两相跌落）

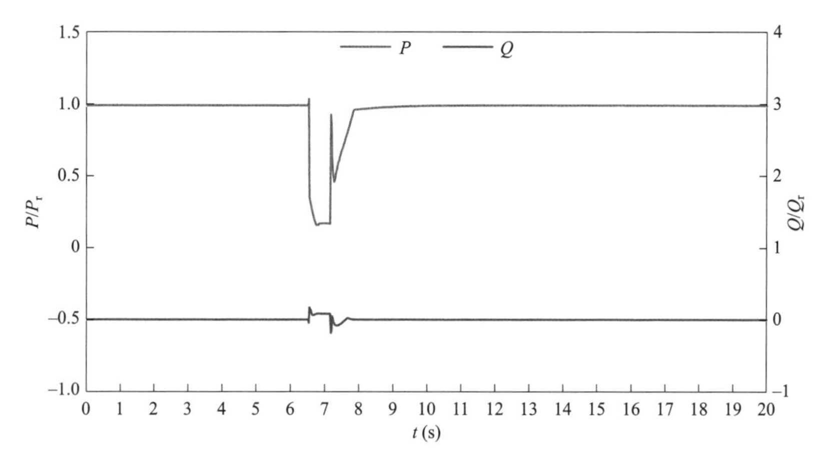

图 8−24　有功、无功曲线（大功率、20%U_n、两相跌落）

2. 风电机组高电压穿越仿真测试

以电压升高至 130%U_n 为例，对风电机组控制器的运行特性进行仿真测试分析。图 8−25 和图 8−26 所示为风电机组小功率、三相电压升高时的风电机组控制器线电压、无功电流、有功、无功曲线；图 8−27 和图 8−28 所示为风电机组大功率、三相电压升高时的风电机组控制器线电压、无功电流、有功、无功曲线；图 8−29 和图 8−30 所示为风电机组小功率、两相电压升高时的风电机组控制器线电压、无功电流、有功、无功曲线；图 8−31 和图 8−32 所示为风电机组大功率、两相电压升高时的风电机组控制器线电压、无功电流、有功、无功曲线。测试量均以标幺值标注，基准值分别取为电压 U_r=950V，功率 P_r=5200kW，Q_r=5200kvar。

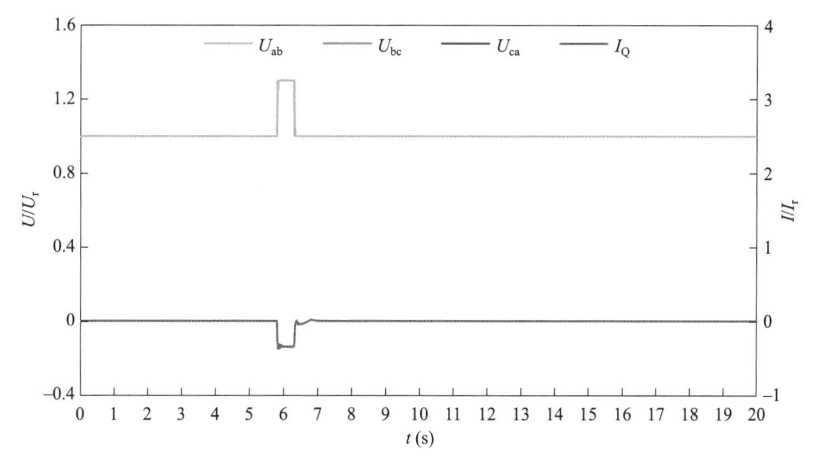

图 8−25　线电压、无功电流曲线（小功率、130%U_n、三相升高）

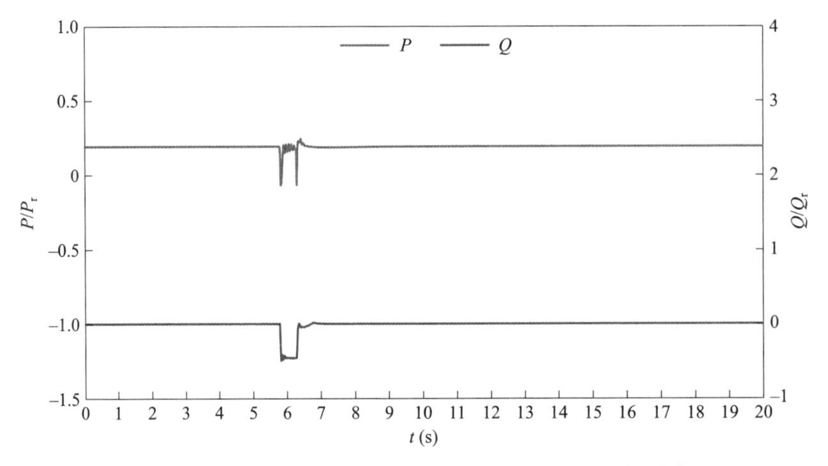

图 8–26　有功、无功曲线（小功率、130%U_n、三相升高）

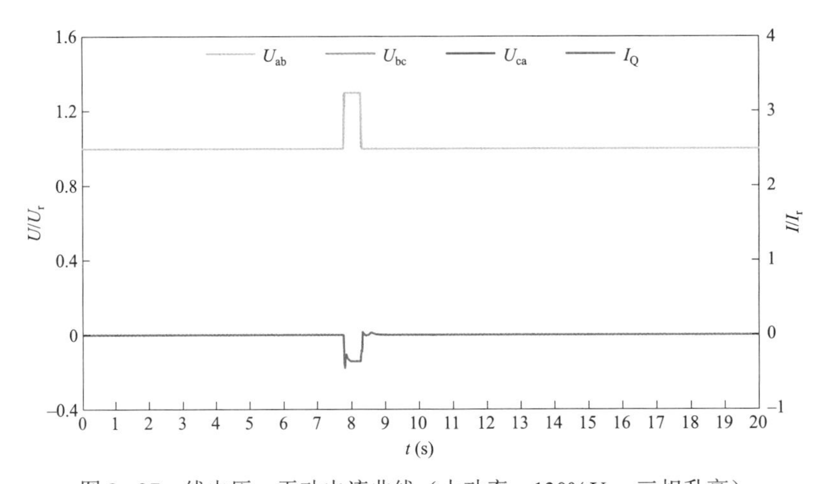

图 8–27　线电压、无功电流曲线（大功率、130%U_n、三相升高）

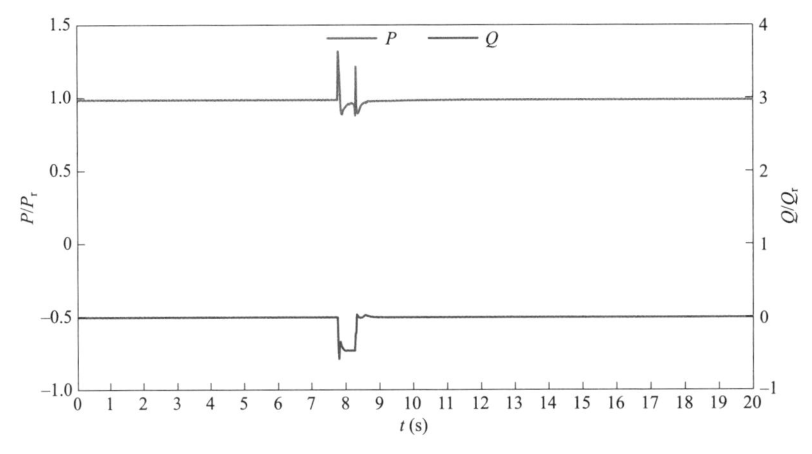

图 8–28　有功、无功曲线（大功率、130%U_n、三相升高）

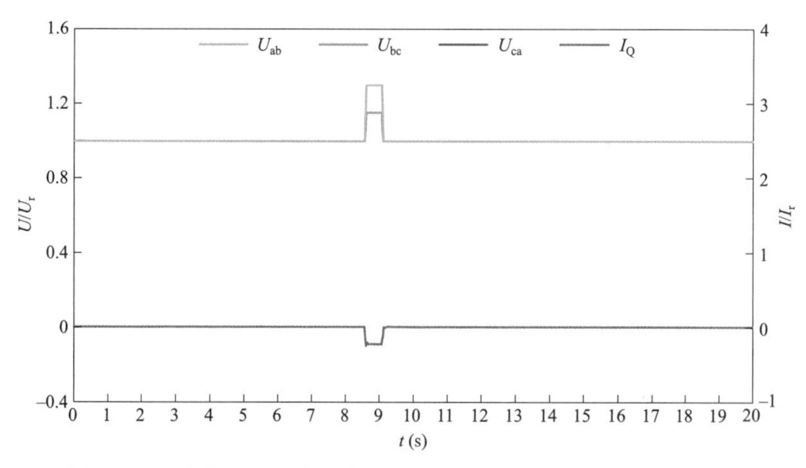

图 8-29　线电压、无功电流曲线（小功率、130%U_n、两相升高）

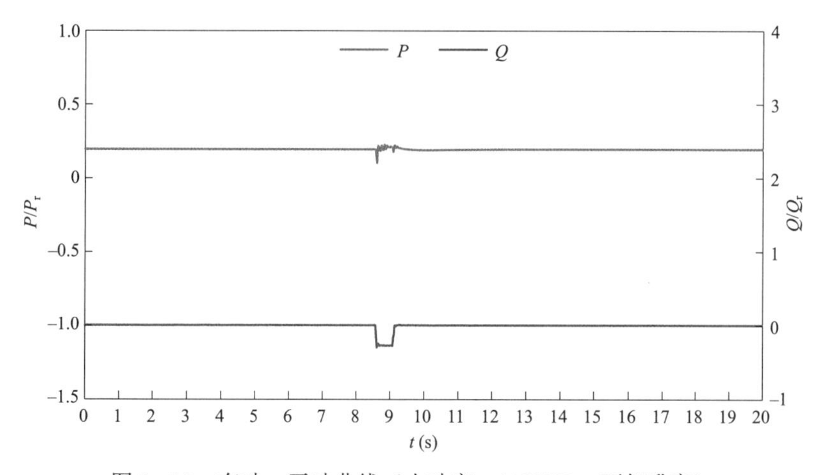

图 8-30　有功、无功曲线（小功率、130%U_n、两相升高）

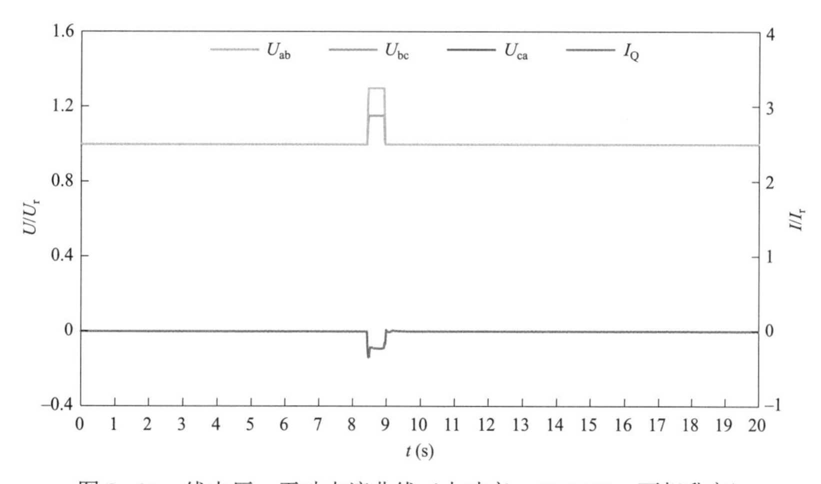

图 8-31　线电压、无功电流曲线（大功率、130%U_n、两相升高）

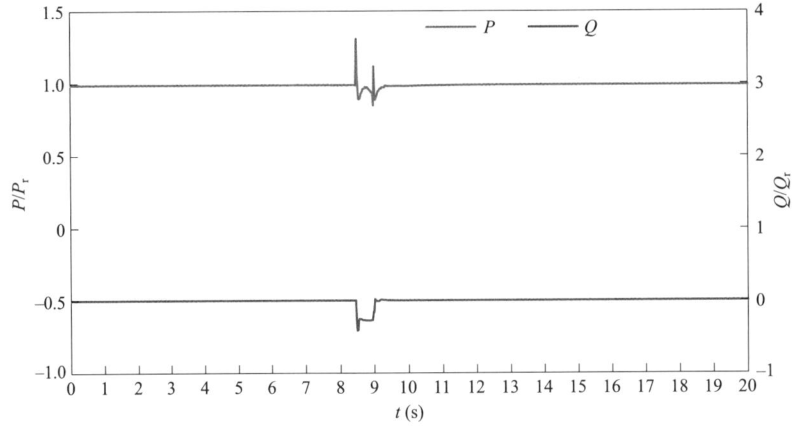

图 8-32　有功、无功曲线（大功率、130%U_n、两相升高）

3. 风电机组频率适应性仿真测试

对频率变化时风电机组控制器的运行特性进行仿真测试分析。图 8-33 为频率跌落至 46.5Hz 时的风电机组控制器频率、有功曲线；图 8-34 为频率升高至 51.5Hz 时的风电

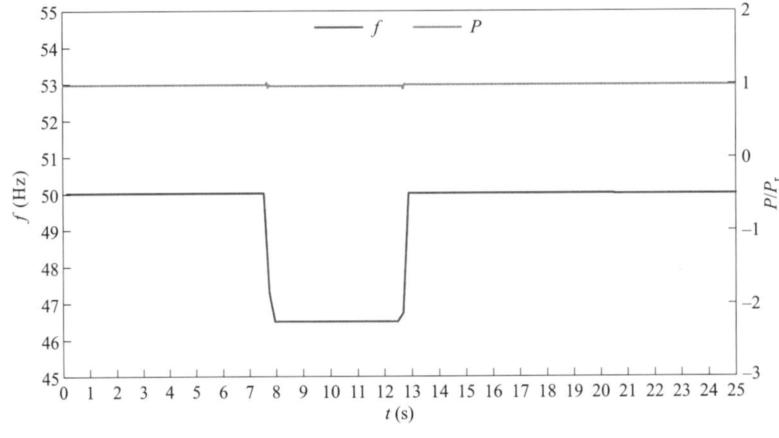

图 8-33　频率、有功曲线（设定频率 46.5Hz）

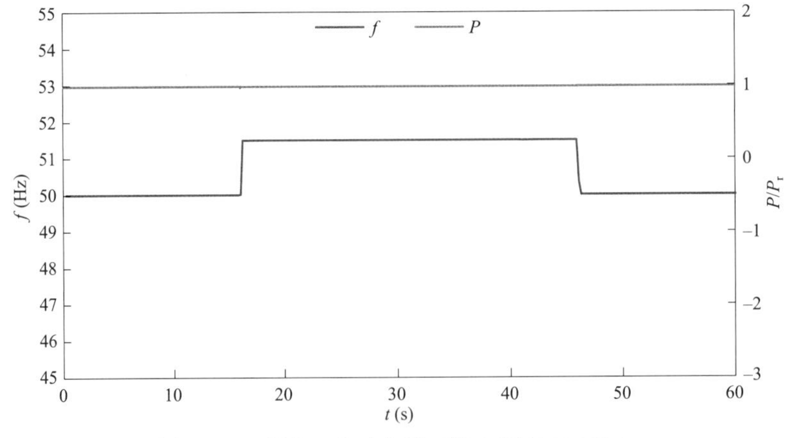

图 8-34　频率、有功曲线（设定频率 51.5Hz）

机组控制器频率、有功曲线。有功功率测试量以标幺值标注，基准值取为功率 P_r=5200kW。

（二）光伏逆变器仿真测试案例

以某光伏电站组串光伏逆变器为例，搭建数模混合仿真平台，对其高、低电压穿越能力、电压/频率适应性能力开展测试，检验其并网性能。其中，光伏逆变器基本参数如表 8–10 和表 8–11 所示。

表 8–10　　　　光伏发电系统基本信息

序号	名称	参数
1	光伏逆变器类型	组串式，12 个 MPPT 支路
2	总控 DSP 软件	MDSP_DIAMOND-S_V11_V01_A
3	液晶软件	LCD_DIAMOND-S_V11_V01_A
4	脉冲调制方式	SVPWM 调制

表 8–11　　　　光伏发电系统技术参数

序号	名称	单位	参数
光伏阵列参数			
1	单体电池开路电压	V	1400
2	单体电池短路电流	A	390
3	单体电池最大功率点电压	V	1250
4	单体电池最大功率点电流	A	350
5	直流母线电容	μF	2165
逆变器参数			
6	额定输出功率	kW	225
7	最大输出功率	kW	247.5
8	额定网侧电压	V	800
9	允许网侧电压范围	V	640～920
10	额定电网频率	Hz	50
11	允许电网频率范围	Hz	45～55/55～65
12	交流额定输出电流	A	162.3
13	总电流谐波畸变率	%	＜3%（额定功率下）
14	功率因数		−0.8～0.8
15	功率器件开关频率	kHz	16

1. 光伏逆变器低电压穿越仿真测试

以电压跌落至 0%U_n 为例，对光伏逆变器控制器的运行特性进行仿真测试。图 8–35 和图 8–36 所示为光伏逆变器小功率、三相电压跌落时的光伏逆变器控制器线电压、无功电流、有功、无功曲线；图 8–37 和图 8–38 所示为光伏逆变器大功率、三相电压跌落时的光伏逆变器控制器线电压、无功电流、有功、无功曲线；图 8–39 和图 8–40 所示为

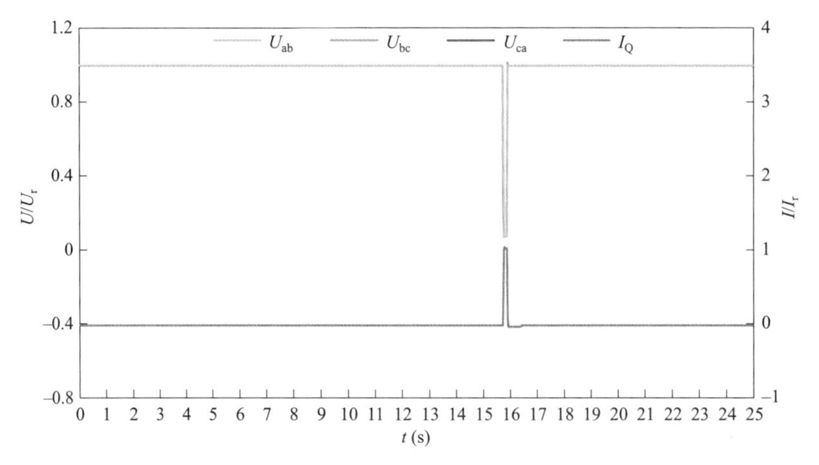

图 8-35　线电压、无功电流曲线（小功率、0%U_n、三相跌落）

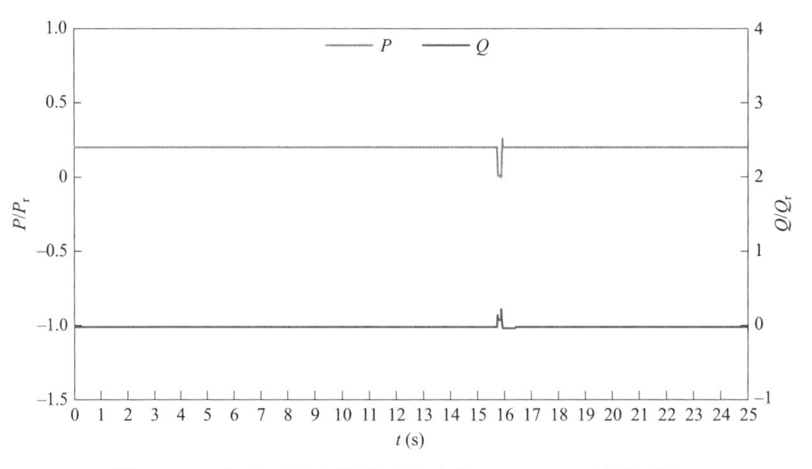

图 8-36　有功、无功曲线（小功率、0%U_n、三相跌落）

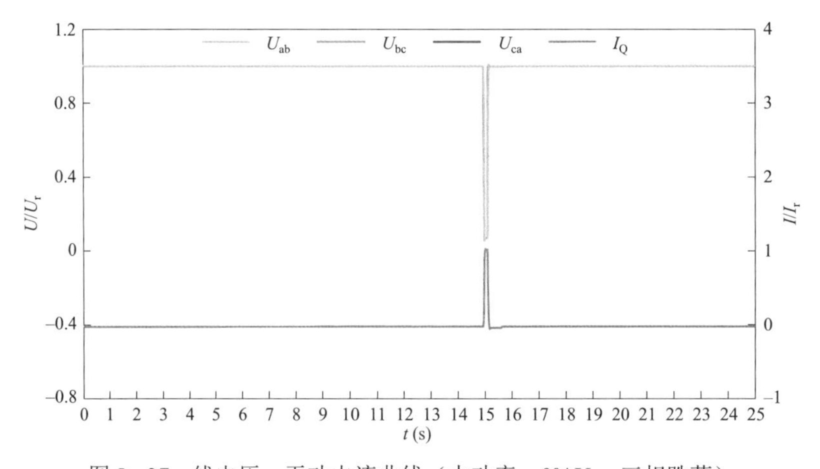

图 8-37　线电压、无功电流曲线（大功率、0%U_n、三相跌落）

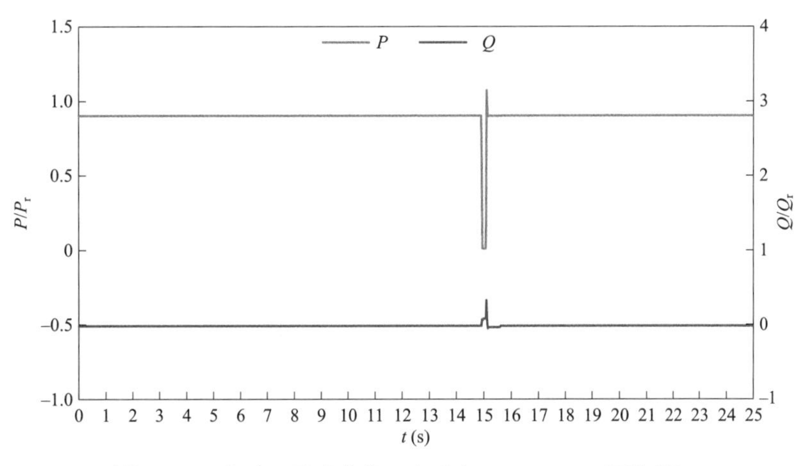

图 8-38　有功、无功曲线（大功率、0%U_n、三相跌落）

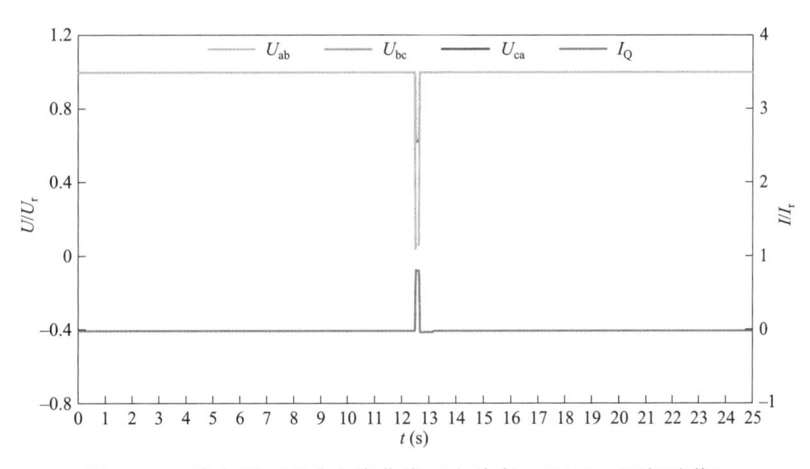

图 8-39　线电压、无功电流曲线（小功率、0%U_n、两相跌落）

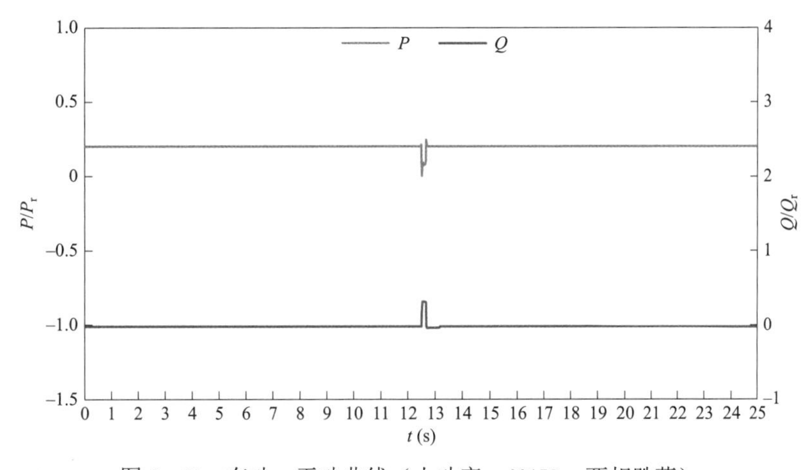

图 8-40　有功、无功曲线（小功率、0%U_n、两相跌落）

光伏逆变器小功率、两相电压跌落时的光伏逆变器控制器线电压、无功电流、有功、无功曲线；图 8-41 和图 8-42 所示为光伏逆变器大功率、两相电压跌落时的光伏逆变器控制器线电压、无功电流、有功、无功曲线。测试量均以标幺值标注，基准值分别取为电压 $U_r=800V$，功率 $P_r=225kW$，$Q_r=225kvar$。

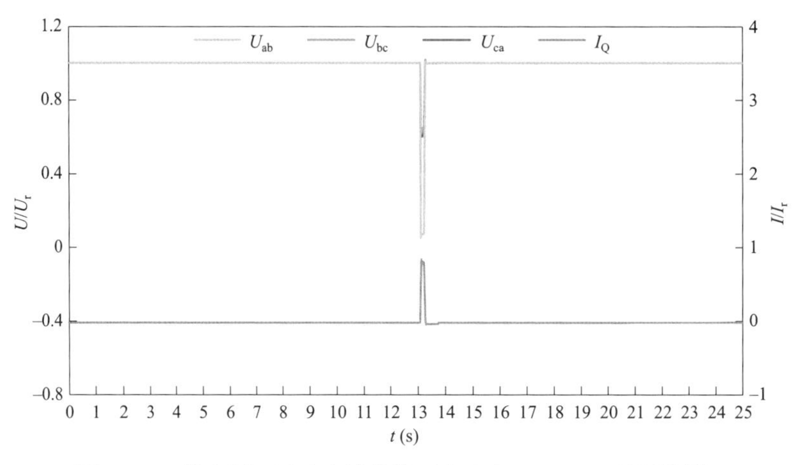

图 8-41 线电压、无功电流曲线（大功率、0%U_n、两相跌落）

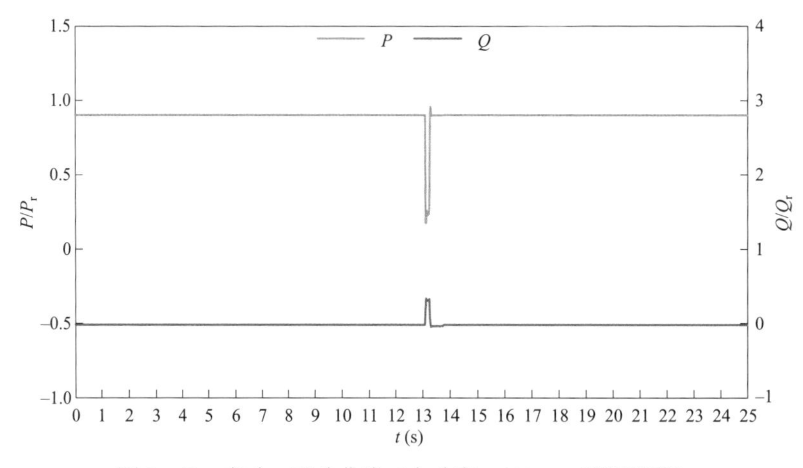

图 8-42 有功、无功曲线（大功率、0%U_n、两相跌落）

2. 光伏逆变器高电压穿越仿真测试

以电压升高至 129%U_n 为例，对光伏逆变器控制器的运行特性进行仿真测试。图 8-43 和图 8-44 所示为光伏逆变器小功率、三相电压升高时的光伏逆变器控制器线电压、无功电流、有功、无功曲线；图 8-45 和图 8-46 所示为光伏逆变器大功率、三相电压升高时的光伏逆变器控制器线电压、无功电流、有功、无功曲线。测试量均以标幺值标注，基准值分别取为电压 $U_r=800V$，功率 $P_r=225kW$，$Q_r=225kvar$。

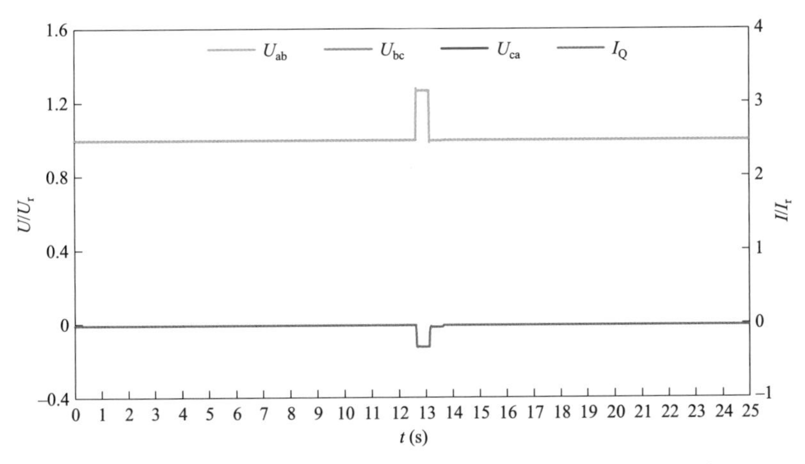

图 8-43　线电压、无功电流曲线（小功率、129%U_n、三相升高）

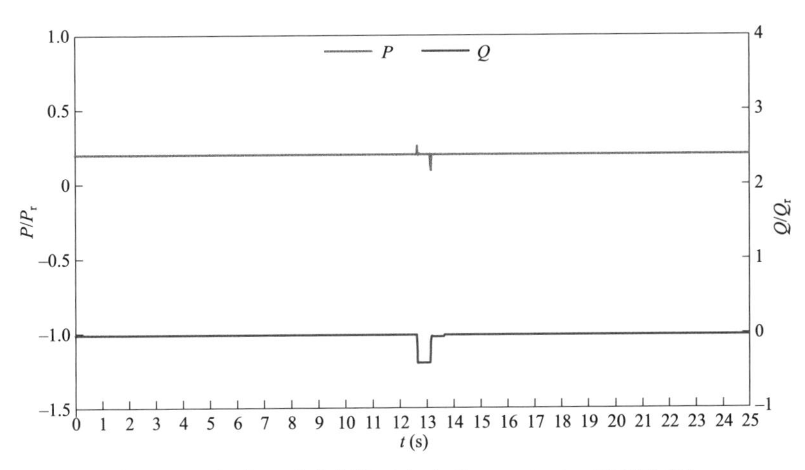

图 8-44　有功、无功曲线（小功率、129%U_n、三相升高）

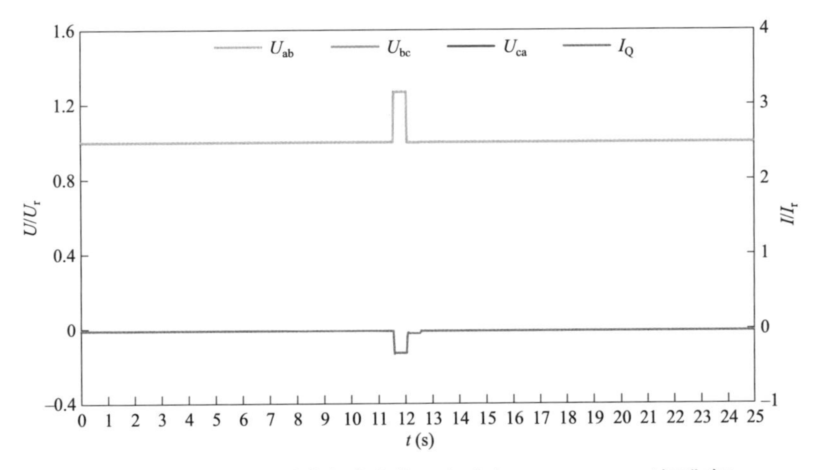

图 8-45　线电压、无功电流曲线（大功率、129%U_n、三相升高）

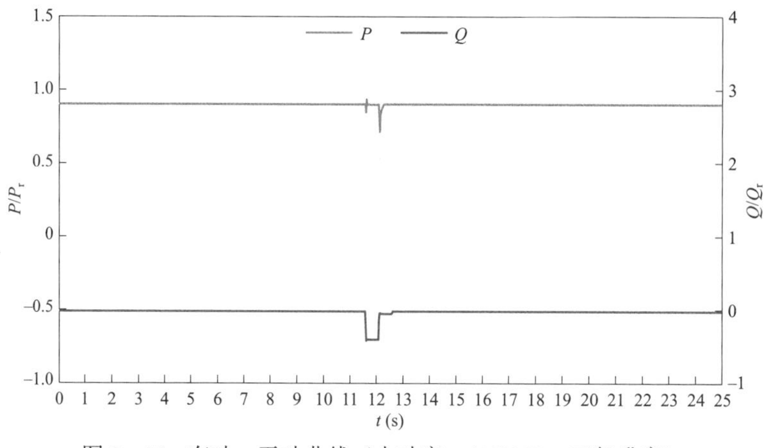

图 8−46　有功、无功曲线（大功率、129%U_n、三相升高）

3. 光伏逆变器频率适应性仿真测试

对频率变化时光伏逆变器控制器的运行特性进行仿真测试。图 8−47 所示为频率跌落至 46.55Hz 时的光伏逆变器控制器频率、有功曲线；图 8−48 所示为频率升高至 51.45Hz

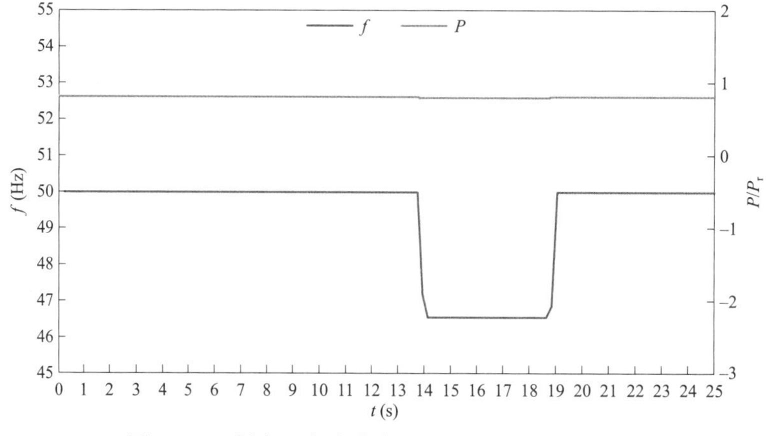

图 8−47　频率、有功曲线（并网点频率 46.55Hz）

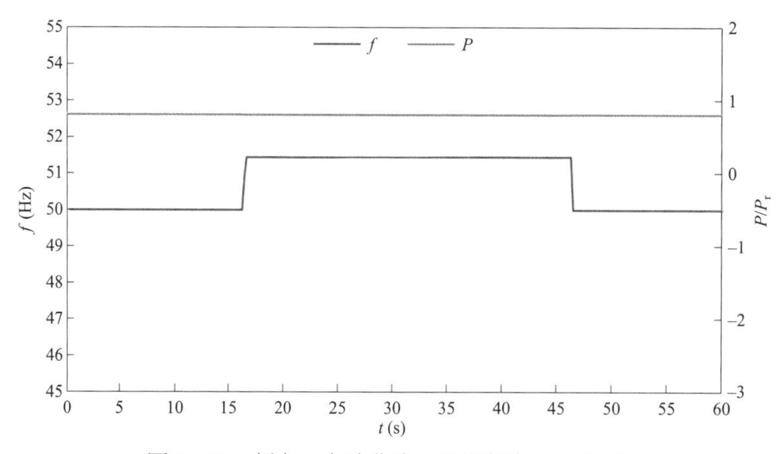

图 8−48　频率、有功曲线（设定频率 51.45Hz）

时的光伏逆变器控制器频率、有功曲线。测试量均以标幺值标注，基准值取为功率 P_r=225kW。

（三）无功补偿装置仿真测试案例

以某电站无功补偿装置为例，搭建数模混合仿真平台，对其高、低电压穿越能力、电压/频率适应性能力开展测试，检验其并网性能，本节仅以容性输出为例进行介绍，感性输出测试与之相似，不再赘述。无功补偿装置基本参数如表 8-12 所示。

表 8-12　动态无功补偿装置控制器基本参数

序号	名称	单位	参数
1	额定电压	kV	35
2	感性容量	Mvar	25
3	容性容量	Mvar	25
4	H 桥级联数	个	38
5	稳态直流母线电压	V	950
6	直流电容容值	F	0.00408
7	电压模式调节死区	kV	0.044
8	无功模式调节死区	Mvar	0.01
9	直流母线电压故障保护值	V	1350

1. 无功补偿装置低电压穿越仿真测试

以电压跌落至 20%U_n 为例，对动态无功补偿装置控制器的运行特性进行仿真测试。图 8-49 和图 8-50 所示为容性小功率输出、三相电压跌落时的动态无功补偿装置控制器线电压、无功电流、无功曲线；图 8-51 和图 8-52 所示为容性大功率输出、三相电压跌落时的动态无功补偿装置控制器线电压、无功电流、无功曲线；图 8-53 和图 8-54 所示为容性小功率输出、两相电压跌落时的动态无功补偿装置控制器线电压、无功电流、无功曲线；图 8-55 和图 8-56 所示为容性大功率输出、两相电压跌落时的动态无功补偿装

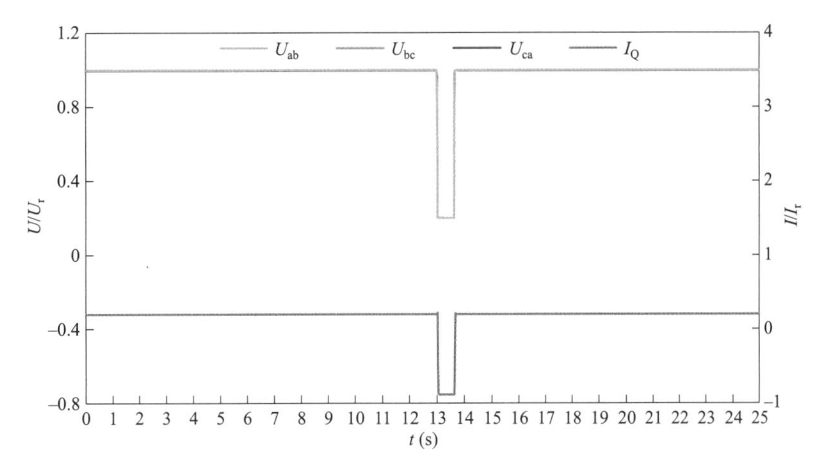

图 8-49　线电压、无功电流曲线（容性小功率、20%U_n、三相跌落）

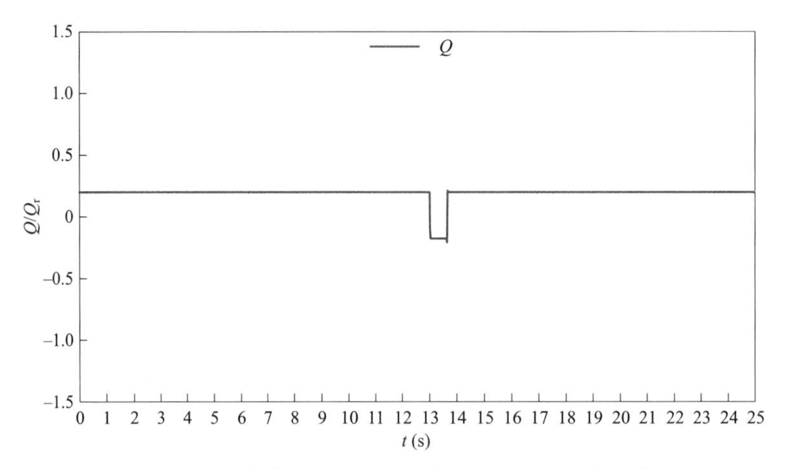

图 8-50　无功曲线（容性小功率、20%U_n、三相跌落）

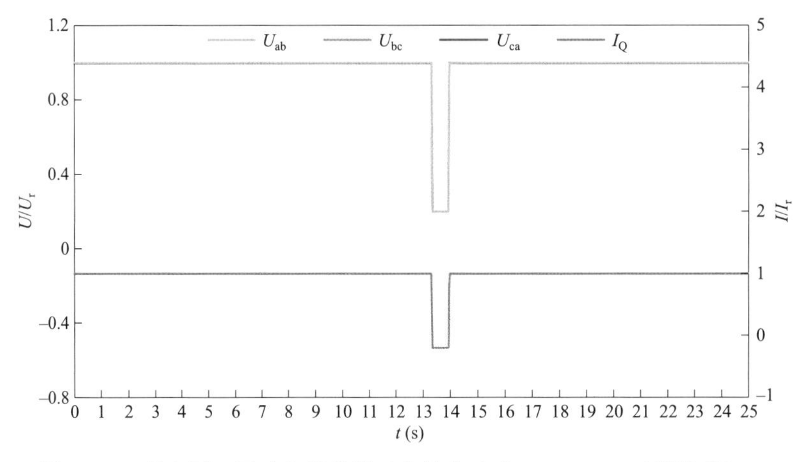

图 8-51　线电压、无功电流曲线（容性大功率、20%U_n、三相跌落）

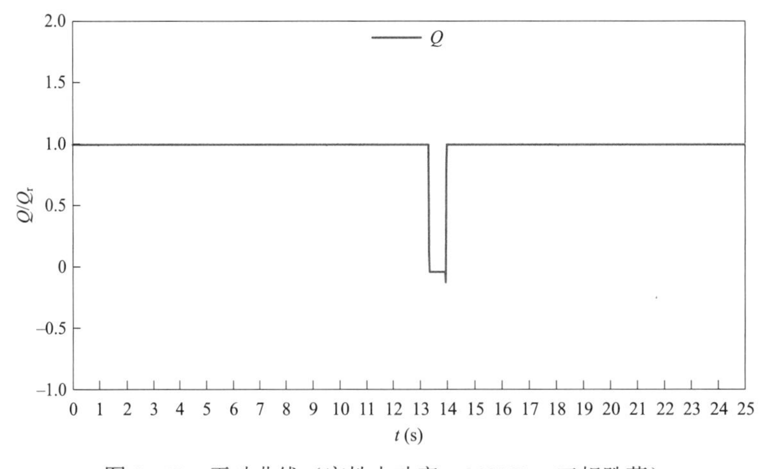

图 8-52　无功曲线（容性大功率、20%U_n、三相跌落）

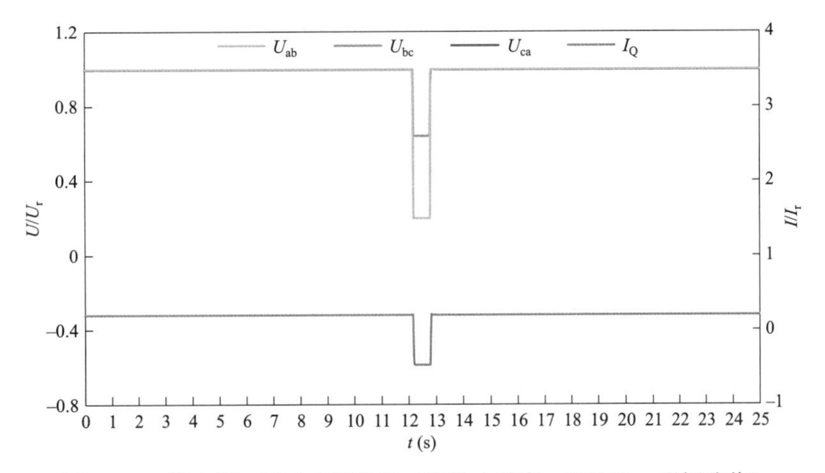

图 8-53　线电压、无功电流曲线（容性小功率、20%U_n、两相跌落）

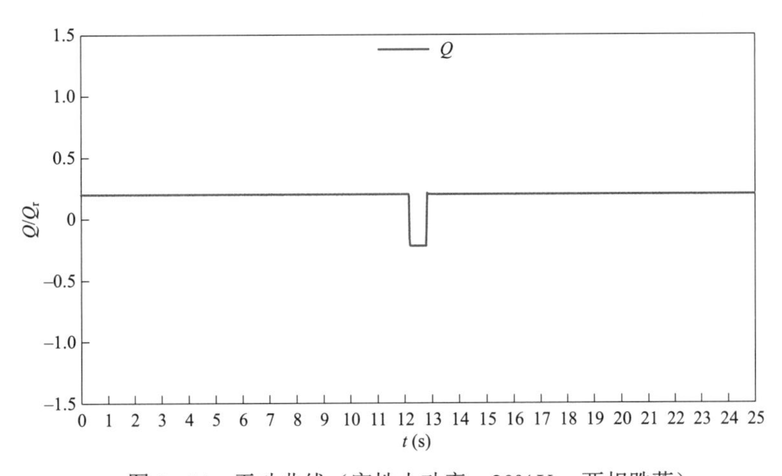

图 8-54　无功曲线（容性小功率、20%U_n、两相跌落）

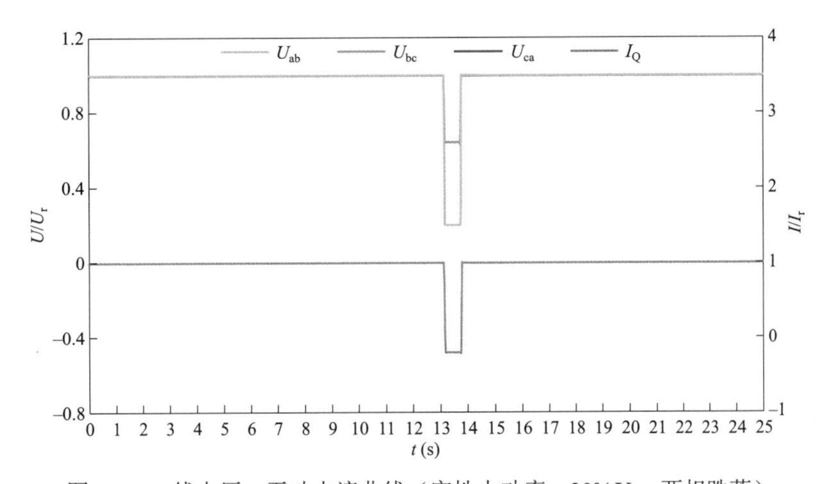

图 8-55　线电压、无功电流曲线（容性大功率、20%U_n、两相跌落）

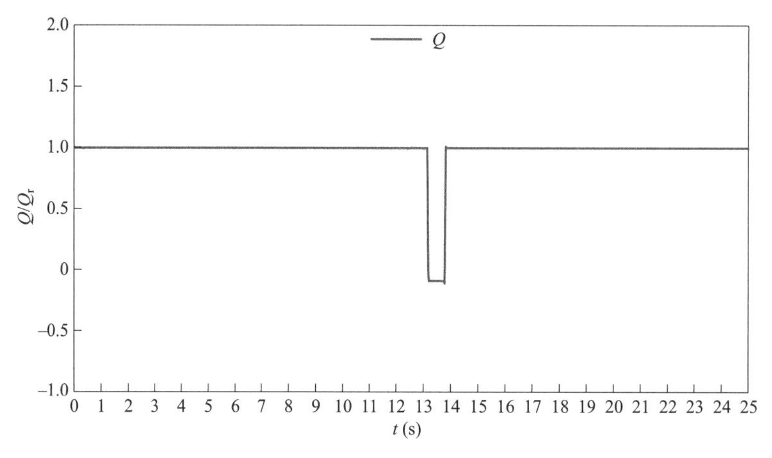

图 8–56　无功曲线（容性大功率、20%U_n、两相跌落）

置控制器线电压、无功电流、无功曲线。测试量均以标幺值标注，基准值分别取为电压 $U_r = 35kV$，功率 $Q_r = 25Mvar$。

2. 无功补偿装置高电压穿越仿真测试

以电压升高至 130%U_n 为例，对动态无功补偿装置控制器的运行特性进行仿真测试。图 8–57 和图 8–58 所示为容性小功率输出、三相电压升高时的动态无功补偿装置控制器线电压、无功电流、无功曲线；图 8–59 和图 8–60 所示为容性大功率输出、三相电压升高时的动态无功补偿装置控制器线电压、无功电流、无功曲线；图 8–61 和图 8–62 所示为容性小功率输出、两相电压升高时的动态无功补偿装置控制器线电压、无功电流、无功曲线；图 8–63 和图 8–64 所示为容性大功率输出、两相电压升高时的动态无功补偿装置控制器线电压、无功电流、无功曲线。测试量均以标幺值标注，基准值分别取为电压 $U_r = 35kV$，功率 $Q_r = 25Mvar$。

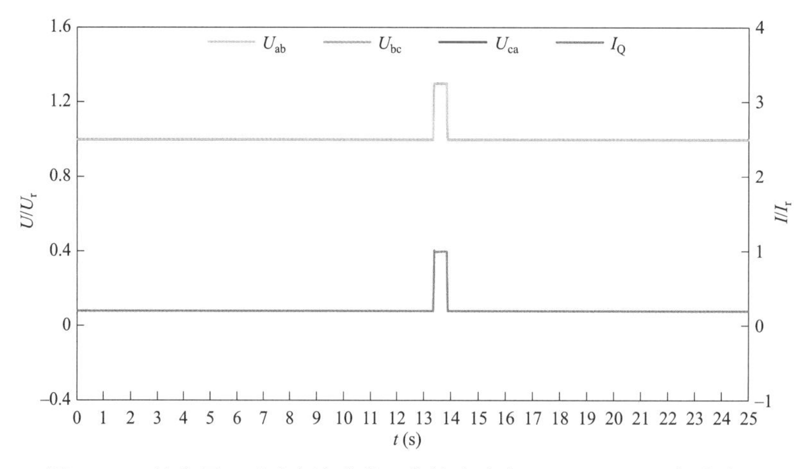

图 8–57　线电压、无功电流曲线（容性小功率、130%U_n、三相升高）

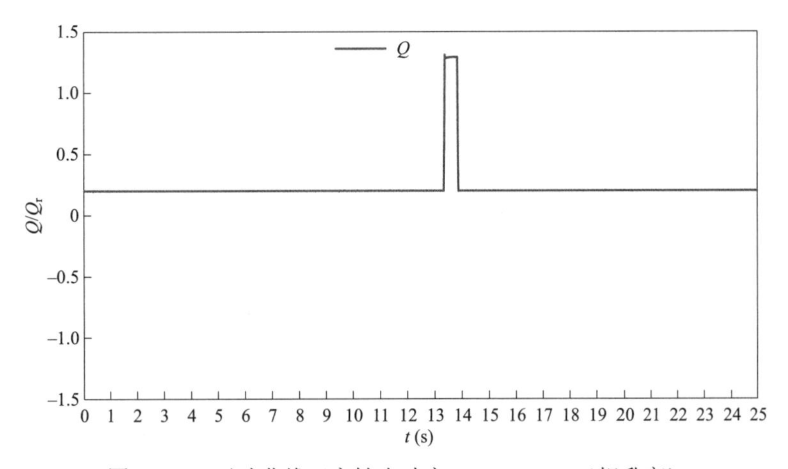

图 8-58　无功曲线（容性小功率、130%U_n、三相升高）

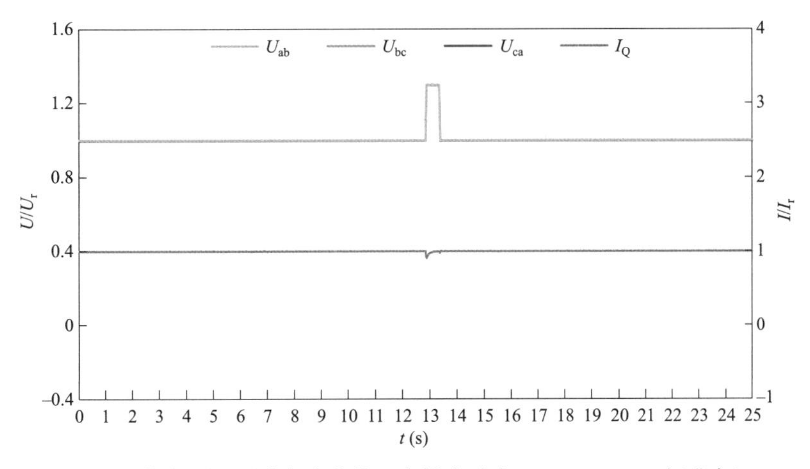

图 8-59　线电压、无功电流曲线（容性大功率、130%U_n、三相升高）

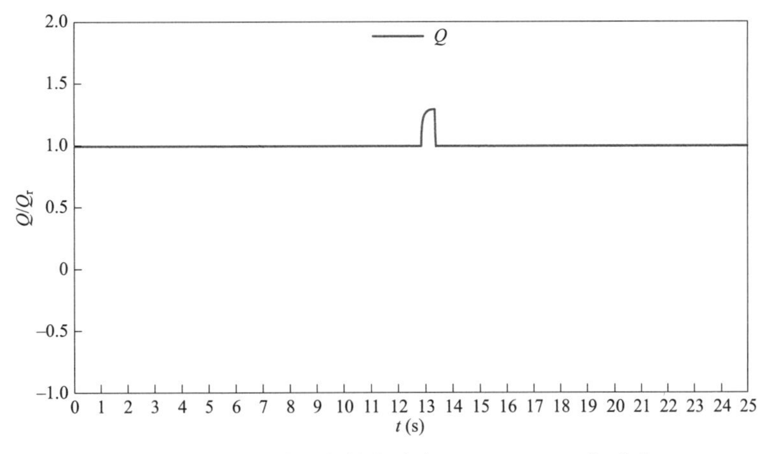

图 8-60　无功曲线（容性大功率、130%U_n、三相升高）

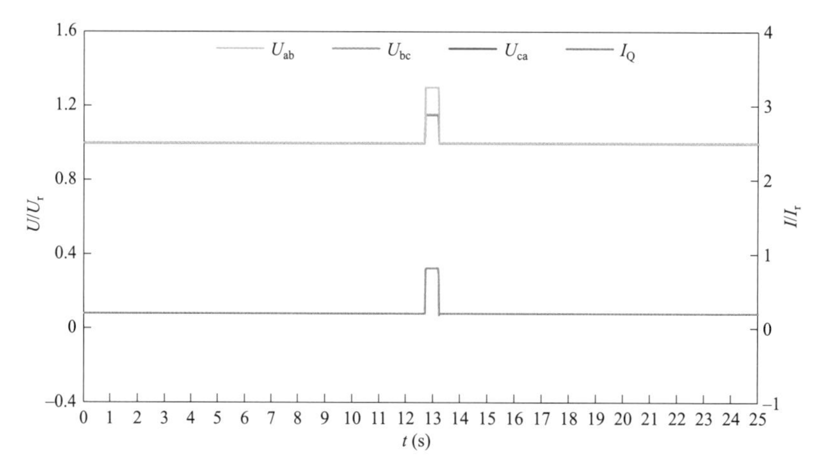

图 8-61　线电压、无功电流曲线（容性小功率、130%U_n、两相升高）

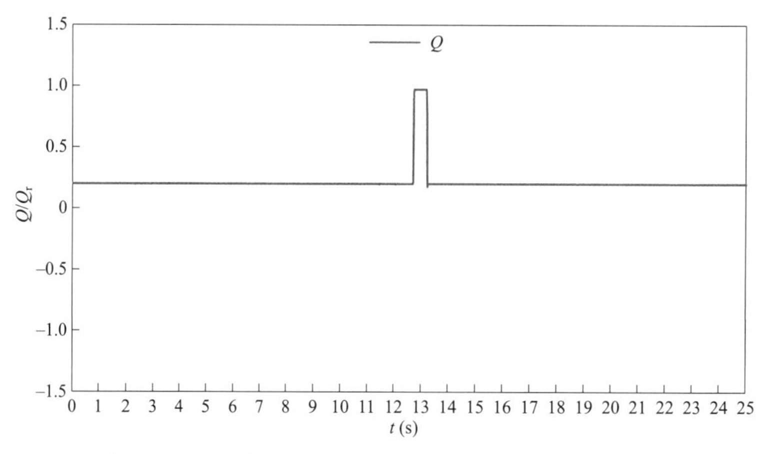

图 8-62　无功曲线（容性小功率、130%U_n、两相升高）

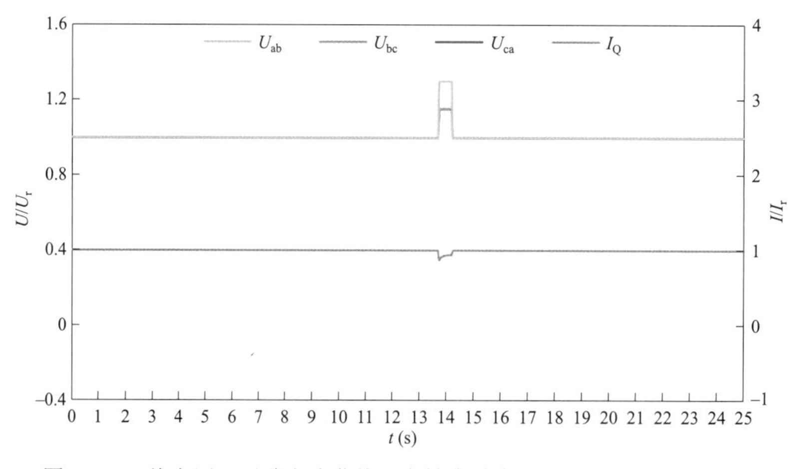

图 8-63　线电压、无功电流曲线（容性大功率、130%U_n、两相升高）

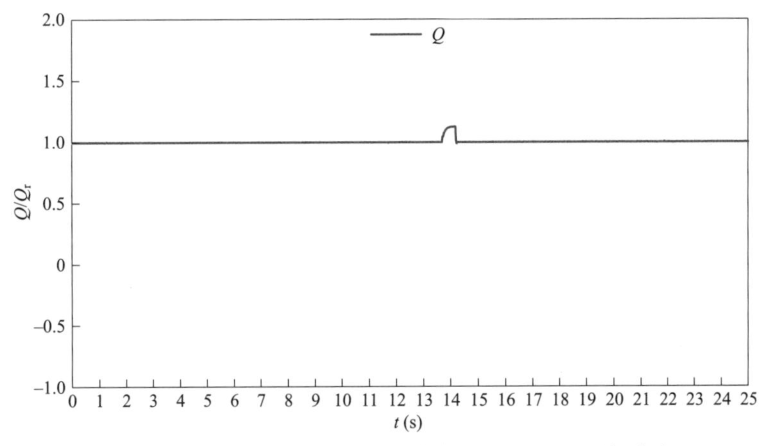

图 8−64　无功曲线（容性大功率、130%U_n、两相升高）

3. 无功补偿装置频率适应性仿真测试

本节描述频率变化时，对无功补偿装置控制器容性功率输出时的运行特性进行仿真测试。图 8−65 所示为频率跌落至 46.5Hz 时的无功补偿装置控制器频率、无功曲线；图 8−66

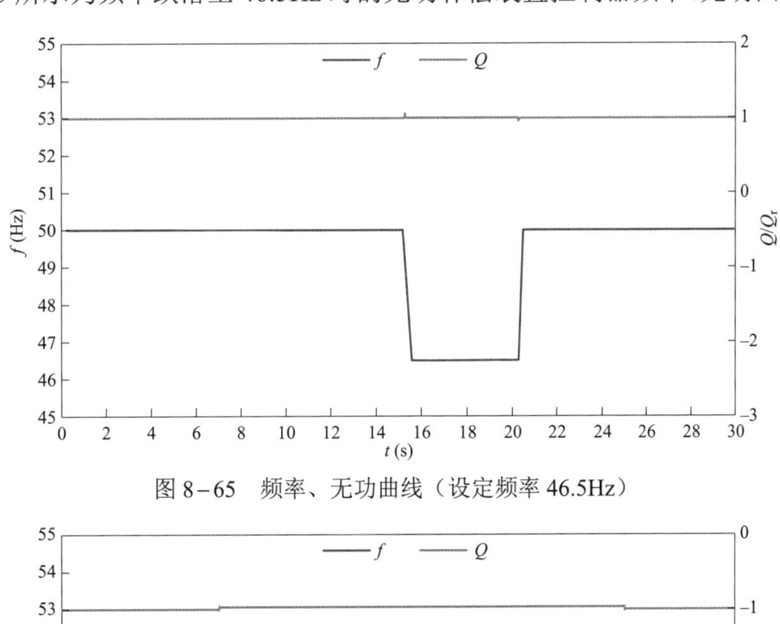

图 8−65　频率、无功曲线（设定频率 46.5Hz）

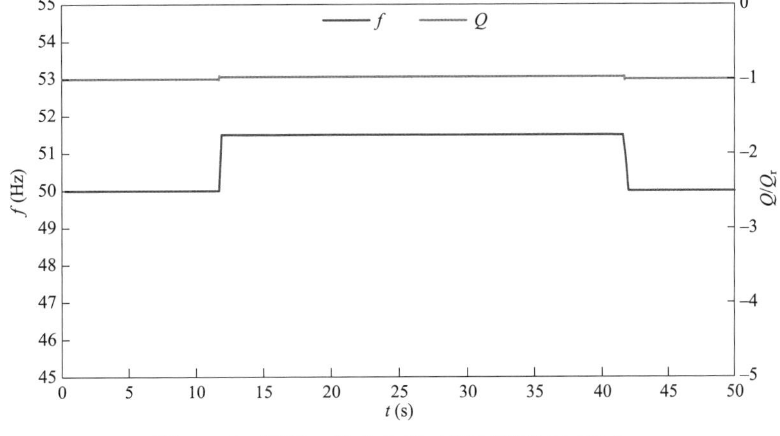

图 8−66　频率、无功曲线（设定频率 51.5Hz）

所示为频率升高至 51.5Hz 时的无功补偿装置控制器频率、无功曲线。测试量均以标幺值标注，基准值取为功率 $Q_r = 25\text{Mvar}$。

通过上述案例可以看出，数模混合仿真方法可有效开展新能源机组的并网性能仿真测试，相比于现场检测，其具有工况模拟便捷、容易的特点，且验证时间短、效率高，但也存在测试对象不全面、整机无法全面评价的问题。总体而言，对应新能源机组控制系统并网性能验证，数模混合仿真技术可以作为一种高效、便捷的验证手段。

第二节　新能源场站数模混合仿真测试

新能源场站数模混合仿真测试是针对场站级控制器开展的整站并网性能仿真测试，能够对风光储等多类型可控设备的协调控制提供策略研究和性能功能验证。主要性能测试内容包括稳态调节能力（有功功率控制、无功电压控制）、暂态支撑能力（一次调频、虚拟惯量）、电网指令响应（顶峰供电、系统调峰）等。

一、新能源场站数模混合仿真测试平台

（一）风光储场站功率控制系统数模混合仿真测试平台

基于实时仿真平台建立新能源场站并网实时仿真模型，场站由风电机组、光伏发电、储能系统、无功补偿装置组成，仿真模型用于执行场站级控制器下发的调控指令，并实时采集上传机组、场站实发信息；调度指令下发通过实际的场站控制器实物进行模拟，负责上传信息接收处理、控制逻辑策略计算和指令分配下发等功能，平台整体架构如图 8-67 所示。在电气部分，模型部分包含电网、风电、光伏、储能、无功补偿装置五部分，仿真步长为 20μs，为保证仿真实时性，各部分占用实时仿真器的一个仿真计算资源核心，模型间通过解耦连接线进行连接，实现多核并行运算。

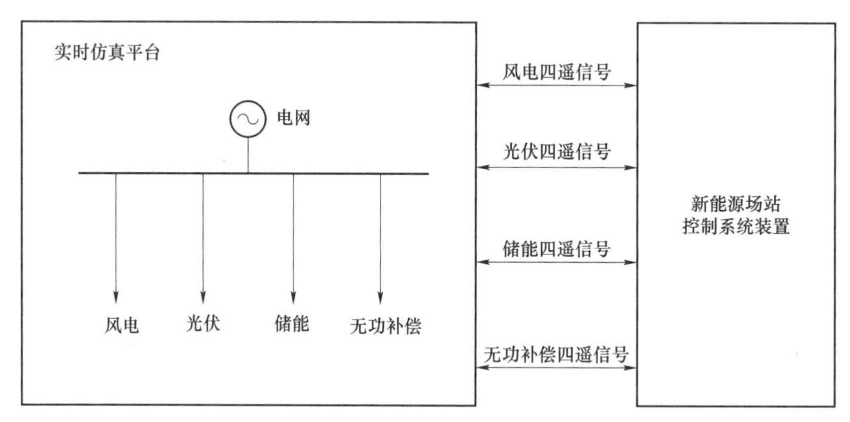

图 8-67　风光储场站功率控制系统数模混合仿真架构

1. 数字模型

风光储联合发电系统由风电系统、光伏系统、储能系统、无功补偿装置、电网系统及场站控制器装置组成，新能源场站系统采用实时仿真平台建立的数字模型，接收响应

调度（场站控制器）下发的指令，并上传风光储实时的电气信息量；场站控制器主要进行调度指令的分配和下发，当接收到总指令后，按照策略对风光储分别下发相应指令值，保证新能源的最大消纳和利用。

风电系统模型结构如图 8-68 所示，采用与实际场站相同容量的双馈风电机组。风电机组定子侧直接连接箱变低压侧，转子侧经背靠背变流器连接电网，风机出口通过变压器连接至 35kV 母线。在风机控制系统中，网侧部分采用典型的直流电压外环和电流内环进行控制，对直流母线电压进行采样，通过外环 PI 控制得到内环有功电流 I_d 的参考，再通过内环 PI 控制生成网侧 PWM 作用于网侧变流器，保证直流母线电压的稳定；机侧控制包含两种模式，当进入自由发电模式，采集机组转速信号通过最大功率跟踪模块进行最大功率捕获，并进行桨距控制，得到内环 d 轴电流参考，内环利用 dq 轴电流 PI 控制，保证风电机组工作在最大功率点；当进入调控发电模式，风电机组接收控制器下发的 PQ 功率指令，进而得到内环电流参考值，实现功率的指令跟踪。

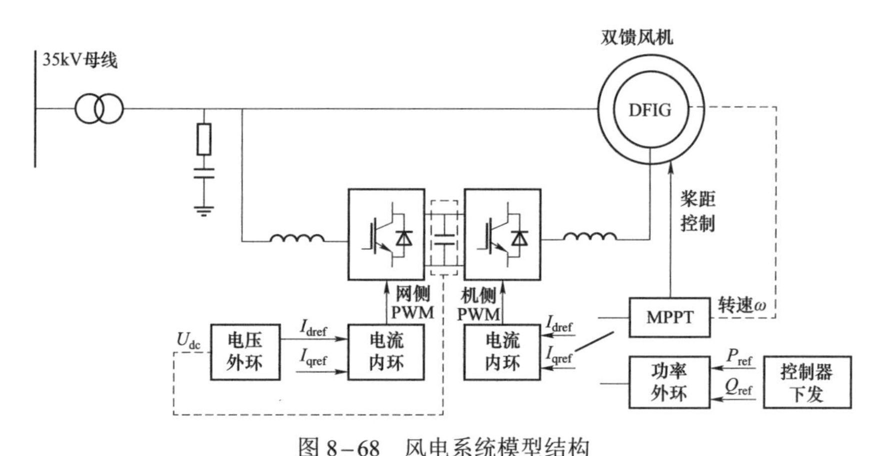

图 8-68　风电系统模型结构

光伏发电系统采用单极式结构，拓扑和控制逻辑结构如图 8-69 所示，光伏电池板接收辐照度和温度输入，通过 DC/AC 逆变到交流侧，滤波后经变压器接入 35kV 母线。

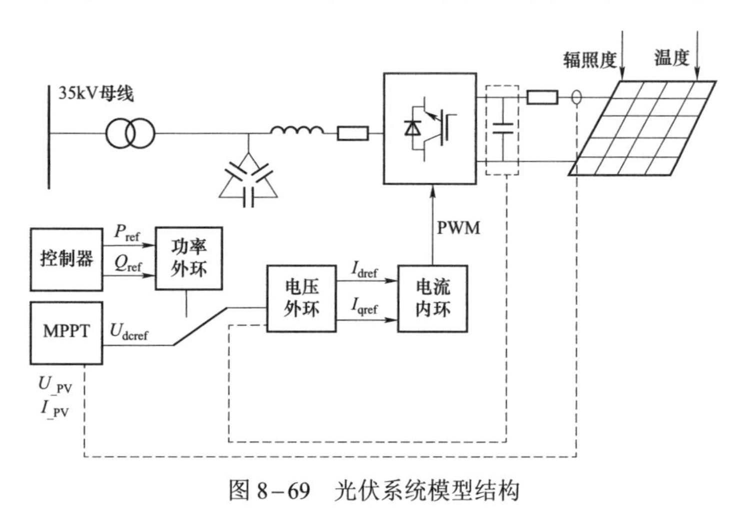

图 8-69　光伏系统模型结构

控制模式包含两种，自由发电运行模式，控制系统采集光伏板输出电压 $U_{\_PV}$ 和电流 $I_{\_PV}$，经最大功率跟踪模块计算得到直流电压参考值 U_{dcref}，通过直流电压、电流双闭环控制生成 PWM 进行最大功率跟踪发电；在调控运行模式下，光伏系统接收控制器下发的功率参考指令，通过功率闭环控制，实现有功功率、无功功率指令跟踪响应。

储能系统主要作为风光资源的补充和配合，直接接收控制器下发的功率指令，通过功率–电流双闭环进行指令跟踪，实现风光储的协调并网发电，如图 8–70 所示。

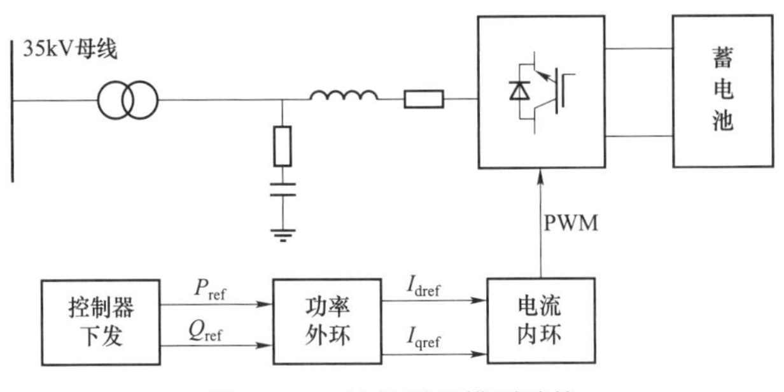

图 8–70　储能系统模型结构

无功补偿装置数字模型与风光储模型类似，不再赘述。最终建立的新能源场站模型如图 8–71 所示，风光储场站功率控制系统数模混合仿真测试架构如图 8–72 所示，现场连接如图 8–73 所示。

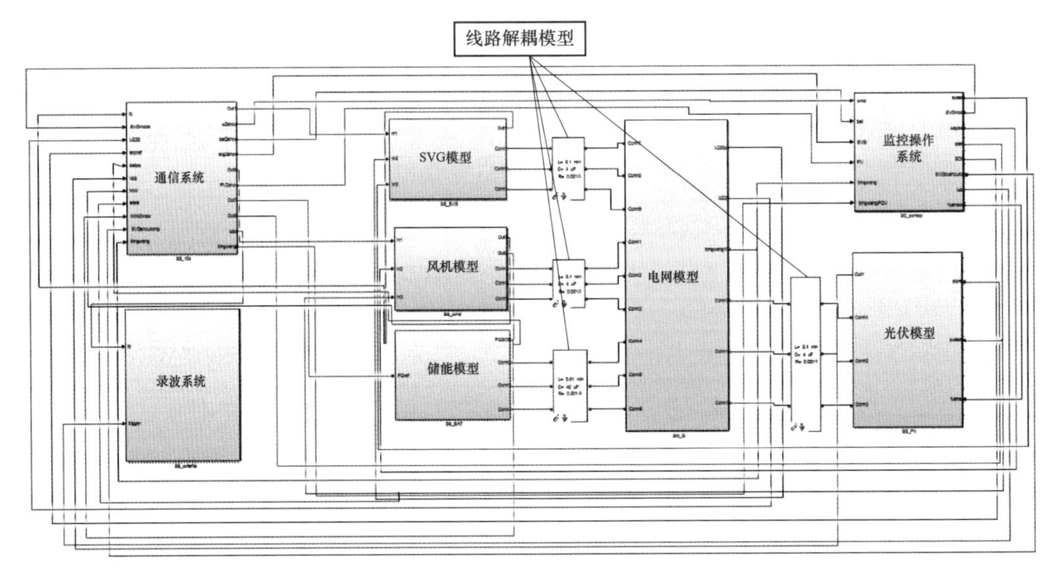

图 8–71　新能源场站数字模型

2. 仿真接口设计

新能源场站数模混合仿真架构与机组架构不同，机组主要通过数字量、模拟量板卡进行交互，场站级控制器主要是通过协议与模型对接，各部分模型分别接收场站控制器下发的调控遥调指令，同时采集遥信、遥测量反馈给场站控制器进行策略制定和计算分

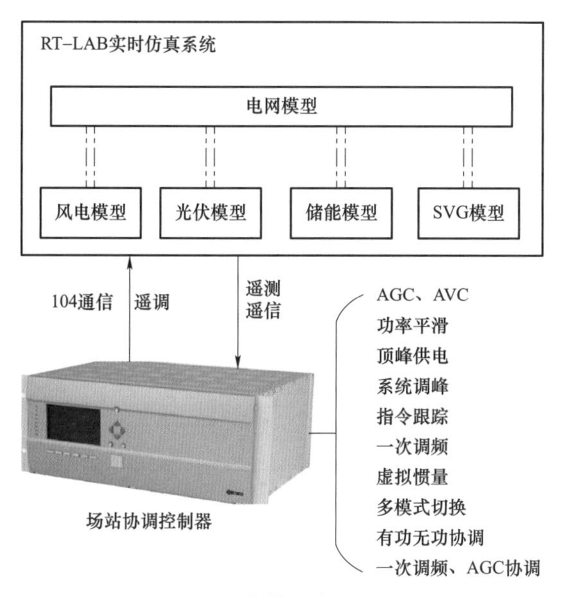

图 8-72　数模混合仿真测试架构

图 8-73　现场连接图

配。以风电模型为例，风电系统在运行过程中，实时接收场站控制器下发的有功功率和无功功率指令值并响应输出，上报风电系统的有功功率输出值、无功功率输出值、当前有功功率最大可发值、无功功率最大可发值和相应的指令反馈值、标志位。依次完成光伏、储能、电网汇集线的指令接收和下发，实现整个风光储发电系统的数模混合仿真计算。各模型部分数据通信协议点如表 8-13～表 8-16 所示。

表 8-13　风电机组模型部分数据通信协议点

序号	遥测		遥信		遥调	
	描述	点	描述	点	描述	点
1	机组实发有功功率	3	机组允许控制有功功率标志	1	有功功率目标值	1
2	机组实发无功功率	4	机组允许控制无功功率标志	2	无功功率目标值	2
3	机组当前理论可发有功功率	5				
4	机组最大可发有功功率	6				
5	最大可发出无功功率	7				
6	最大可吸收无功功率	8				
7	有功功率目标返回值	9				
8	无功功率目标返回值	10				

表 8-14　光伏模型部分数据通信协议点

序号	遥测		遥信		遥调	
	描述	点	描述	点	描述	点
1	逆变器有功功率	3	逆变器停止/运行	1	有功功率目标值	1
2	逆变器无功功率	4	逆变器允许/闭锁	2	无功功率目标值	2

续表

序号	遥测		遥信		遥调	
	描述	点	描述	点	描述	点
3	实时功率因数	5			功率因数目标值	3
4	可发有功功率最大值	6				
5	可发有功功率最小值	7				
6	可发无功功率最大值	8				
7	可发无功功率最小值	9				
8	有功功率指令返回值	10				
9	无功功率指令返回值	11				
10	电压实时值	12				

表 8-15　　储能模型部分通信协议点

序号	遥测		遥信		遥调	
	描述	点	描述	点	描述	点
1	实发有功功率	1	ESS 停止/运行	1	有功功率目标值	1
2	实发无功功率	2	ESS 正常/故障	2	无功功率目标值	2
3	可发有功功率最大值	3	ESS 允许/闭锁	3		
4	可发有功功率最小值	4	允许控制有功功率标志	4		
5	可发无功功率最大值	5	允许控制无功功率标志	5		
6	可发无功功率最小值	6	有功功率增闭锁	6		
7	有功功率指令返回值	7	有功功率减闭锁	7		
8	无功功率指令返回值	8	协调控制系统正常	8		
9	电量	9				
10	SOC	10				
11	SOC 充电闭锁限值	11				
12	SOC 放电闭锁限值	12				

表 8-16　　无功补偿装置模型部分通信协议点

序号	遥测		遥信		遥调	
	描述	点	描述	点	描述	点
1	SVG 采集的系统电压	1	SVG 停止/运行	1	电压目标值	1
2	SVG 实发无功功率	2	SVG 正常/故障	2	无功功率目标值	2
3	SVG 可发无功功率最大值	3	SVG 允许/闭锁	3		
4	SVG 可发无功功率最小值	4	SVG 远方/就地	4		
5			SVG 工作模式	5		

（二）功率控制精细化仿真测试平台

风电场功率控制精细化仿真平台将在实时仿真平台上构建 AGC、AVC、多风电机机组功率控制程序、精确风电场拓扑的数字模型联合仿真测试平台，实现风电场功率控制环节的全过程精确仿真，如图 8－74 所示。AGC、AVC 采用实物控制装置，模拟接收调度主站指令并按不同控制性能要求下发控制目标指令；开发多风电机组功率控制程序具备风电场能量管理平台功能，能够实现风电场内多风电机组功率分配策略的模拟和指令下发控制；风电场数字模型能够基于风电场真实拓扑结构，精确搭建每台风电机组、箱式变压器、集电线路、主变压器，精准还原新能源场站结构对功率控制影响环节。多风电机组功率控制程序与风电机组模型协议点如表 8－17 和表 8－18 所示。

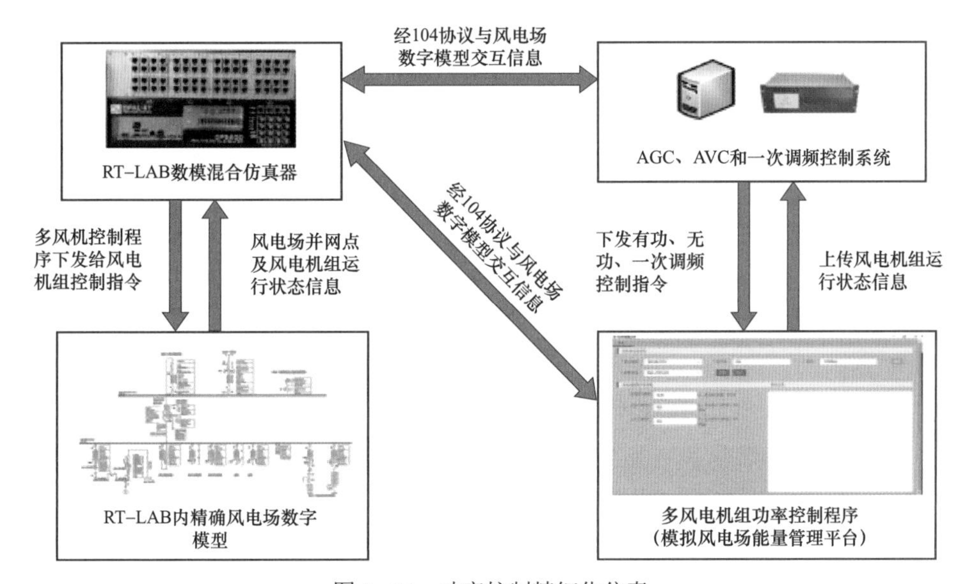

图 8－74　功率控制精细化仿真

表 8－17　　有 功 数 据 点

	序号	数据点名称	说明
遥信	1	AGC 投退状态（远程/就地状态）	True：投入 False：切出
	2	AGC 增闭锁信号	True：闭锁 False：非闭锁
	3	AGC 减闭锁信号	True：闭锁 False：非闭锁
	4	有功功率使能状态	True：投入 False：切出
遥测	1	风机总有功功率	
	2	AGC 上限	
	3	AGC 下限	
	4	计划上送（有功功率计划值）	

续表

	序号	数据点名称	说明
遥测	5	并网台数	
	6	故障台数	
遥调	1	AGC 目标值	

表 8-18　　无 功 数 据 点

	序号	数据点名称	说明
遥信	1	无功功率使能状态	True：投入 False：切出
	2	远程/就地状态	True：远程 False：就地
	3	全场无功功率增闭锁	
	4	全场无功功率减闭锁	
遥测	1	全场最大无功功率	容性无功能力
	2	全场最小无功功率	感性无功能力
	3	全场总无功功率合计	全场无功合计
	4	全场可增无功功率	
	5	全场可减无功功率	
	6	计划上送（实际无功功率指令）	
遥调	1	AVC 目标值（电网无功功率指令值）	

二、新能源场站数模混合仿真案例

通过搭建新能源场站数模混合仿真测试平台，可以针对场站级控制系统开展丰富的控制策略验证及功能测试工作。常规调控模式测试包括 AGC 和 AVC 功能测试；运行模式测试包括场站控制的顶峰供电、系统调峰、功率跟踪、功率平滑等功能测试；支撑电网频率测试包括一次调频、惯量响应功能测试。下面根据实际运行的风光储场站（装机容量为风电 425MW、光伏发电 75MW、储能 140MW×2h）为例，开展场站级控制器数模混合仿真测试平台进行案例介绍。

（一）风光储场站 AGC 功能仿真测试案例

风光储场站 AGC 功能仿真测试时，应综合考虑参与调节的电源形式及风、光、储运行工况，可开展多种仿真需求的策略验证。风电场和光伏电站的运行工况包括当前风光波动范围、风电场和光伏电站的预留容量、风电场和光伏电站的故障工况等；储能电站的运行工况包括储能荷电状态（SOC）和储能系统的投切状态。下面以工况组合中一种正常工况为例进行介绍。

风光储场站的运行参数设置情况如下：风电场运行工况为风电额定功率为 425MW，风波动范围为 10%风电额定功率，风电场预留容量为 10%风电额定功率，风电发电能力为 382.5MW。光伏电站运行工况为光伏发电额定功率为 75MW，光波动范围为 10%光伏发电额定功率，光伏电站预留容量为 10%光伏发电额定功率，光伏发电能力为 67.5MW。

储能电站运行工况为储能荷电状态在 0.2～0.8 正常范围之内（不会触及储能闭锁逻辑），投入储能系统。

模拟调度按 180s 间隔下发限功率指令，指令依次为 80%、60%、40%、20%、40%、60%、80%的风光储总额定功率，测试 AGC 风光储减少弃风弃光控制策略下的有功功率控制性能指标。在测试中，调度下发指令后，AGC 应控制风电、光伏发电和储能按调度指令进行有功功率调节，且风电、光伏发电应按最大功率跟踪点发电。相关测试结果见表 8-19。

表 8-19　　场站 AGC 功能测试结果

$P_0=P_{wind}+P_{solar}+P_{battery}=425MW\times0.9+75MW\times0.9+140MW=590MW$			
功率基准值 P_1（MW）	实测功率平均值 P_2（MW）	功率偏差 $\|\Delta P\|=P_1-P_2$	稳态偏差指标值 $P_0\times2\%$
$80\%P_0=472$	468.76	3.24	11.8
$60\%P_0=354$	351.36	2.64	11.8
$40\%P_0=236$	235.77	0.23	11.8
$20\%P_0=118$	117.36	0.64	11.8
$40\%P_0=236$	235	1	11.8
$60\%P_0=354$	350.74	3.26	11.8
$80\%P_0=472$	468.33	3.67	11.8

从表 8-19 可得，风光储模式下 AGC 有功功率控制满足稳态偏差指标。该工况的全站响应曲线如图 8-75 所示，在调度下发功率指令发生变化时，全站实发有功功率能够较好的跟踪全站有功功率指令。

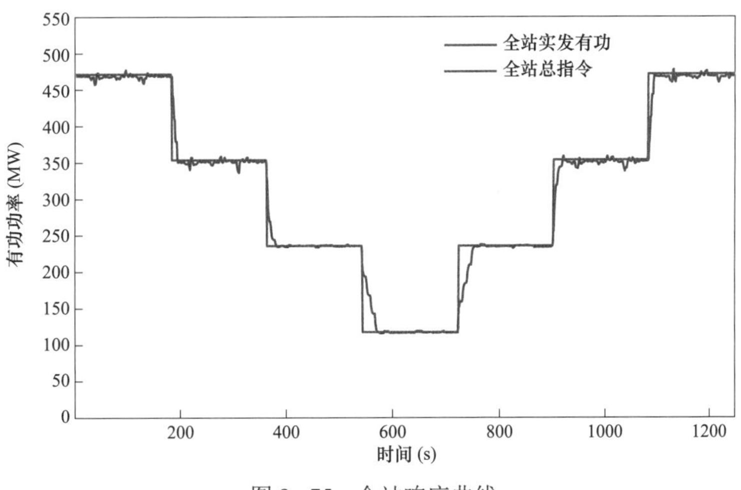

图 8-75　全站响应曲线

图 8-76～图 8-82 表明场站风电、光伏发电和储能系统较好地响应了下发的有功功率指令值；图 8-77 表明风电功率波动范围在 40MW 左右，满足设定条件 10%风电额定功率；图 8-79 表明光伏发电功率波动范围在 7MW 左右，满足设定条件 10%光伏发电额定功率；图 8-81 表明储能系统充放电状态与控制逻辑相符。

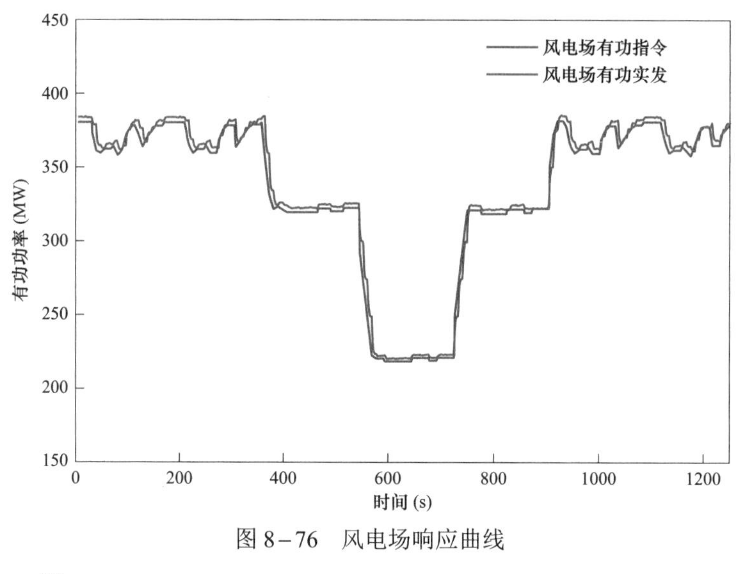

图 8-76　风电场响应曲线

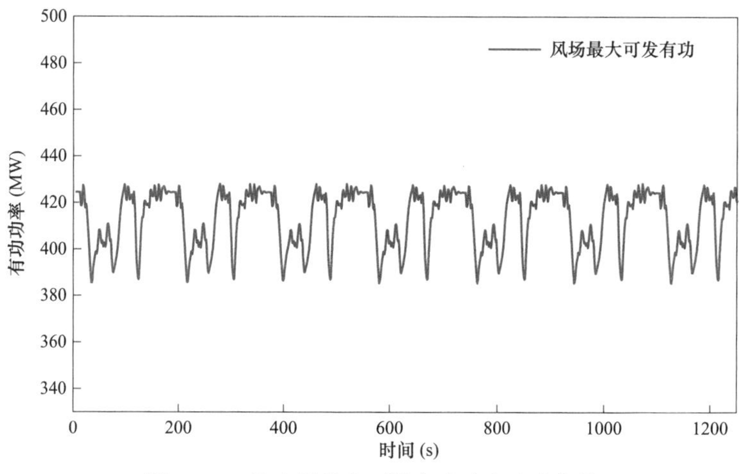

图 8-77　风电场最大可发有功功率响应曲线

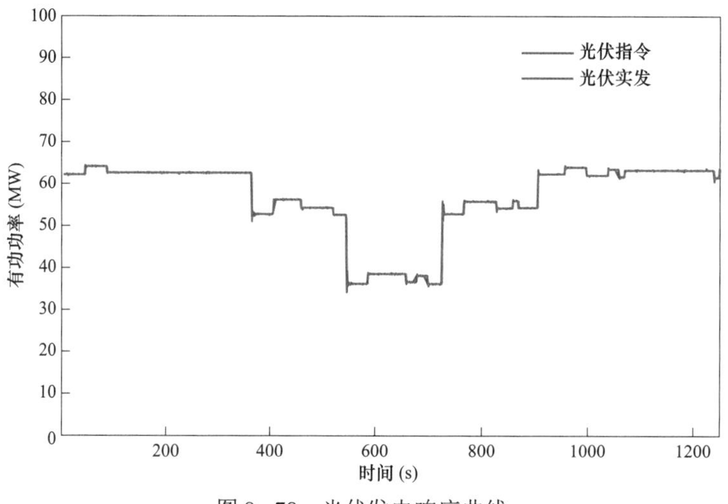

图 8-78　光伏发电响应曲线

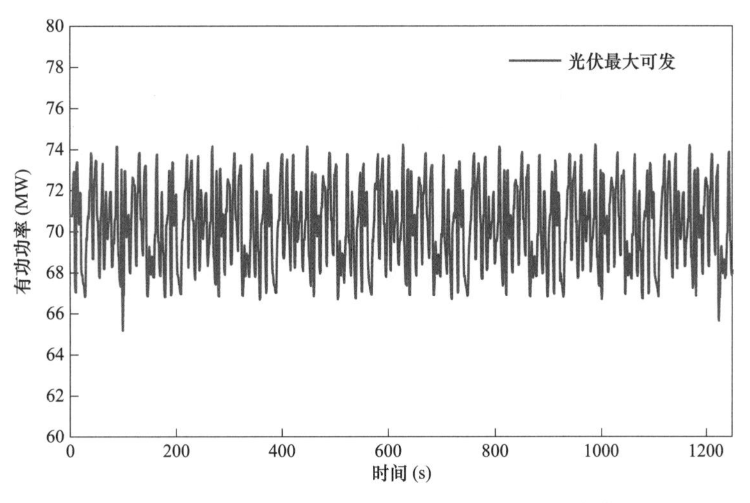

图 8－79　光伏发电最大可发有功功率响应曲线

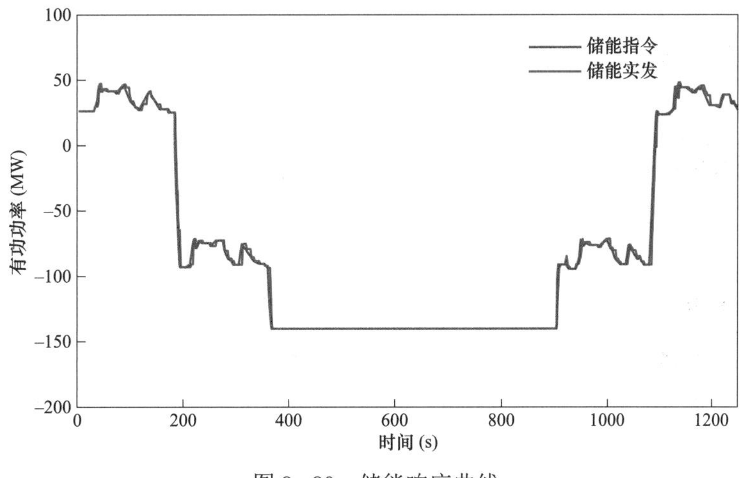

图 8－80　储能响应曲线

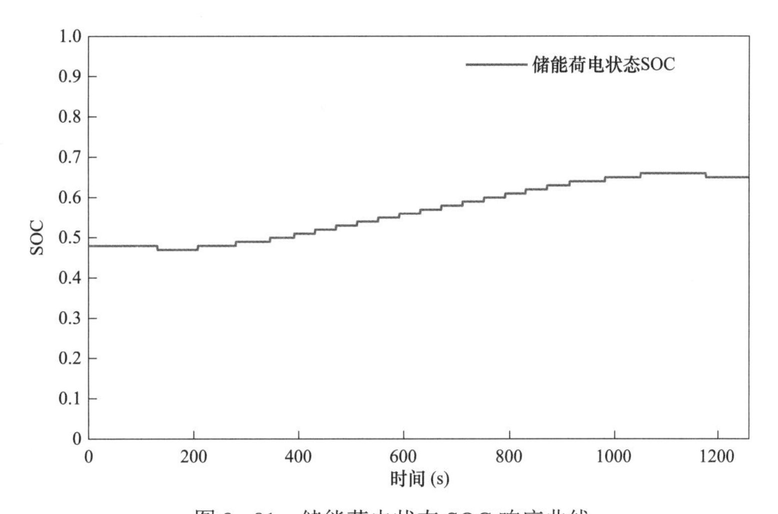

图 8－81　储能荷电状态 SOC 响应曲线

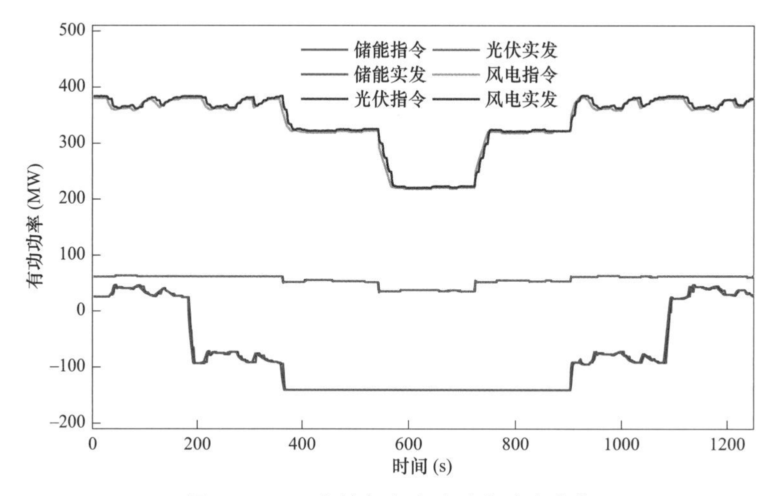

图 8-82　风光储各自有功功率响应曲线

（二）风光储场站 AVC 功能仿真案例

与前述 AGC 策略验证类似，AVC 功能测试同样考虑多种仿真策略需求和当前参与无功电压调节的风、光、储、SVG 运行工况。风电场和光伏电站的运行工况包括当前风光波动范围、风电场和光伏电站的当前无功功率输出、风电场和光伏电站的故障工况；储能电站的运行工况包括储能系统的投切状态；SVG 运行工况包括 SVG 的故障工况。以上各工况要素组合共同构成一种测试工况。下面以工况组合中一种正常工况为例进行介绍。

案例工况为SVG+风光储模式下的AVC测试工况，风光储场站的参数设置情况如下：风电场运行工况为风电场额定功率为 425MW，风波动范围为 10%风电场额定有功功率，风电场当前有功功率输出为 50%风电场额定有功功率，风电场发电能力为 212.5MW，此时风电场最大可发/可吸无功功率曲线如图 8-83 所示。光伏电站运行工况为光伏电站额定功率为 75MW，光波动范围为 10%光伏电站额定有功功率，光伏电站当前有功功率输出为 50%光伏电站额定有功功率，光伏电站发电能力为 37.5MW，此时光伏电站最大可

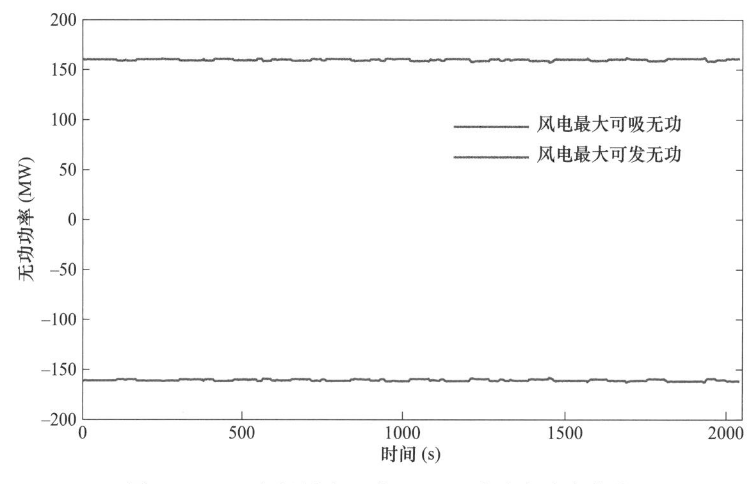

图 8-83　风电场最大可发/可吸无功功率响应曲线

发/可吸无功功率曲线如图 8-84 所示。储能系统运行工况为储能系统荷电状态处于 0.2～0.8 正常范围之内（不会触及储能系统闭锁逻辑），投入储能系统。SVG 运行工况为投入运行 100%额定功率。

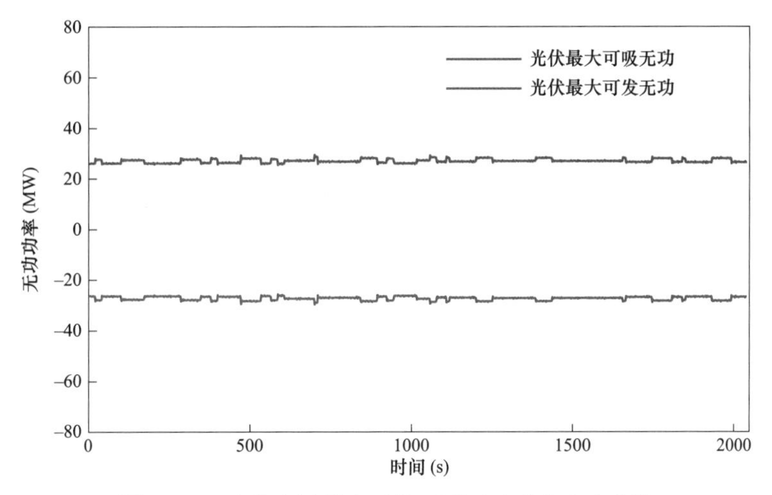

图 8-84 光伏电站最大可发/可吸无功功率响应曲线

模拟调度按 120s 间隔分别下发无功功率阶跃指令和电压阶跃指令，无功功率阶跃指令每次阶跃范围为 25%的最大可发无功功率，电压指令每次阶跃幅值不超过 2kV。案例仿真测试，检验 AVC 风光储 SVG 等比例分配控制策略是否满足无功电压控制要求。测试中，调度下发指令后，AVC 应控制 SVG、风电场、光伏电站和储能系统按调度指令进行无功功率调节，使场站并网点无功功率或者电压跟踪指令。相关测试结果见表 8-20。

表 8-20 场站 AVC 功能工况测试结果

风光储 SVG 无功功率可调总量 Q_0=477Mvar				
无功功率基准值 Q_1（Mvar）	电压基准值 U_1（kV）	实测电压平均值 U_2（kV）	电压偏差$\|\Delta U\|=U_1-U_2$（kV）	电压偏差指标值（kV）
$0\%Q_0=0$	230.42	230.41	0.01	0.5
$25\%Q_0=119.25$	233.08	233.08	0	0.5
$50\%Q_0=238.5$	235.67	235.68	0.01	0.5
$75\%Q_0=357.75$	238.21	238.24	0.03	0.5
$100\%Q_0=477$	240.27	240.48	0.21	0.5
$75\%Q_0=357.75$	238.27	238.26	0.01	0.5
$50\%Q_0=238.5$	235.74	235.7	0.04	0.5
$25\%Q_0=119.25$	233.07	233.08	0.01	0.5
$0\%Q_0=0$	230.41	230.4	0.01	0.5
$-25\%Q_0=-119.25$	227.68	227.69	0.01	0.5
$-50\%Q_0=-238.5$	224.87	224.89	0.02	0.5
$-75\%Q_0=-357.75$	222.04	222.03	0.01	0.5
$-100\%Q_0=-477$	219.06	219.09	0.03	0.5

续表

无功功率基准值 Q_1（Mvar）	电压基准值 U_1（kV）	实测电压平均值 U_2（kV）	电压偏差$\|\Delta U\|=U_1-U_2$（kV）	电压偏差指标值（kV）
$-75\%Q_0=-357.75$	222.14	222.02	0.12	0.5
$-50\%Q_0=-238.5$	224.88	224.9	0.02	0.5
$-25\%Q_0=-119.25$	227.68	227.69	0.01	0.5
$0\%Q_0=0$	230.41	230.41	0	0.5

从表 8-20 可得，SVG+风光储模式下测试工况下，AVC 无功电压控制性能满足稳态偏差指标。该工况的全站无功功率响应曲线如图 8-85 所示，在调度下发的无功功率指令发生变化时，全站实发无功功率能较好地跟踪无功功率指令。该工况下对应的电压响应曲线如图 8-86 所示，母线电压能较好地跟踪全站电压指令。图 8-87～图 8-91 表明，场站 SVG、风电场、光伏电站和储能系统较好地响应了下发的无功功率指令值。

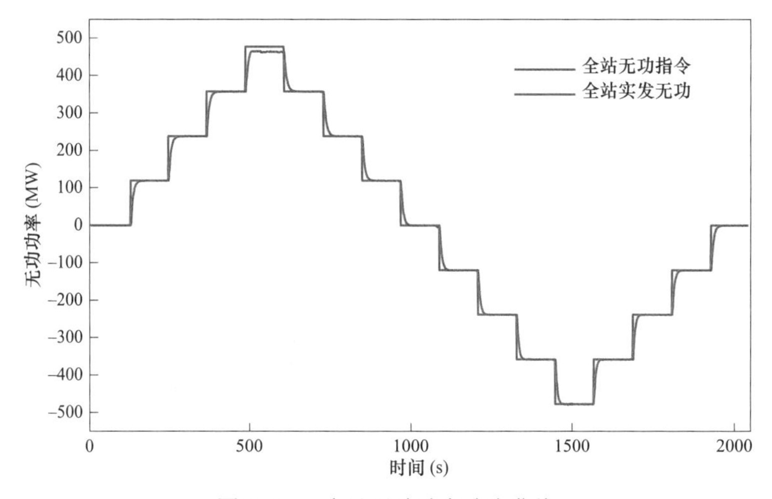

图 8-85　全站无功功率响应曲线

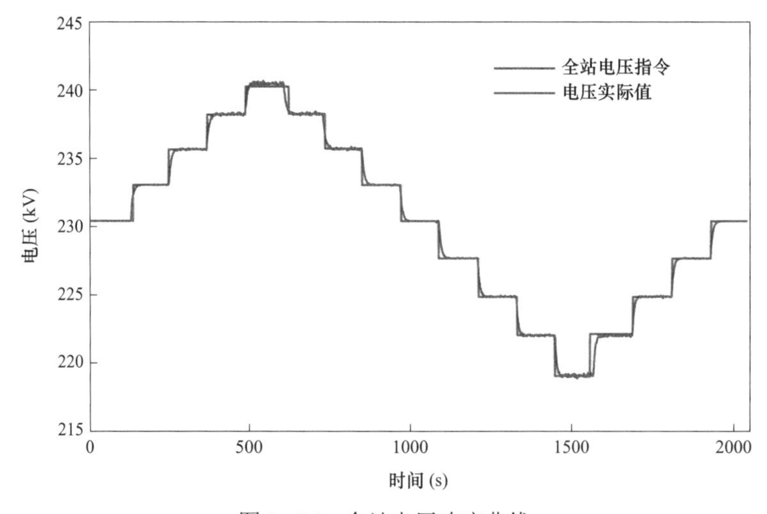

图 8-86　全站电压响应曲线

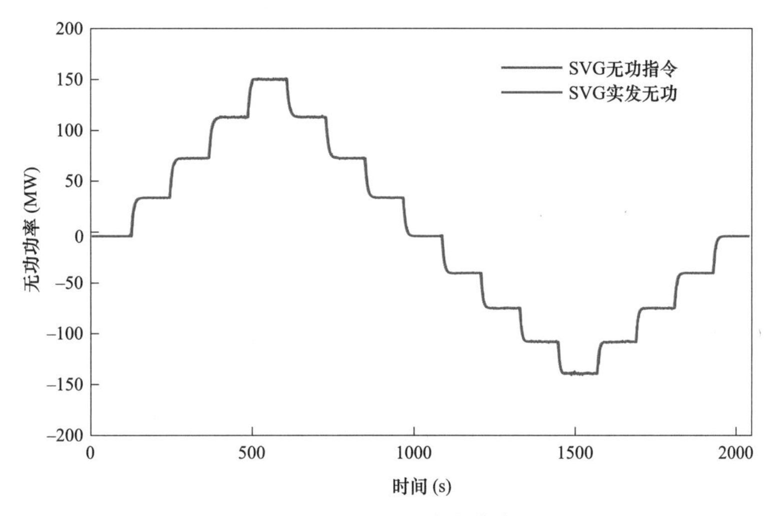

图 8−87　SVG 响应曲线

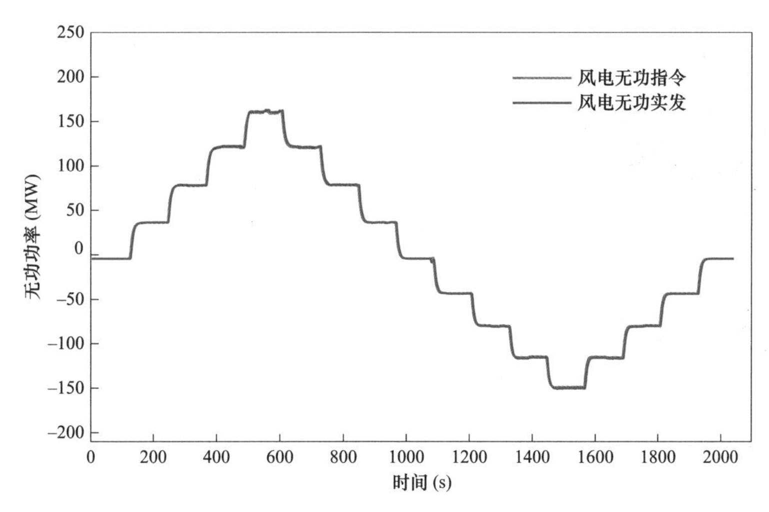

图 8−88　风电场响应曲线

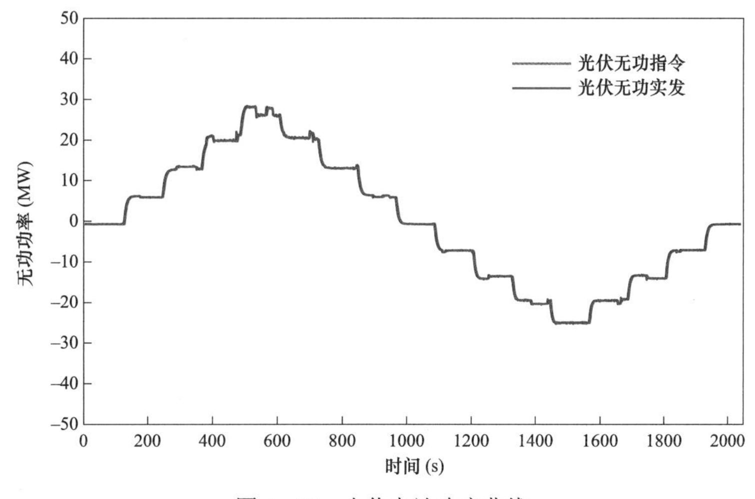

图 8−89　光伏电站响应曲线

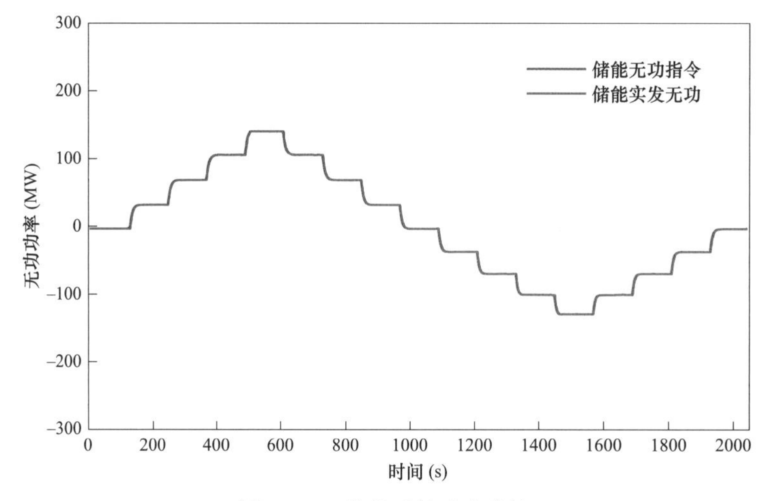

图 8−90　储能系统响应曲线

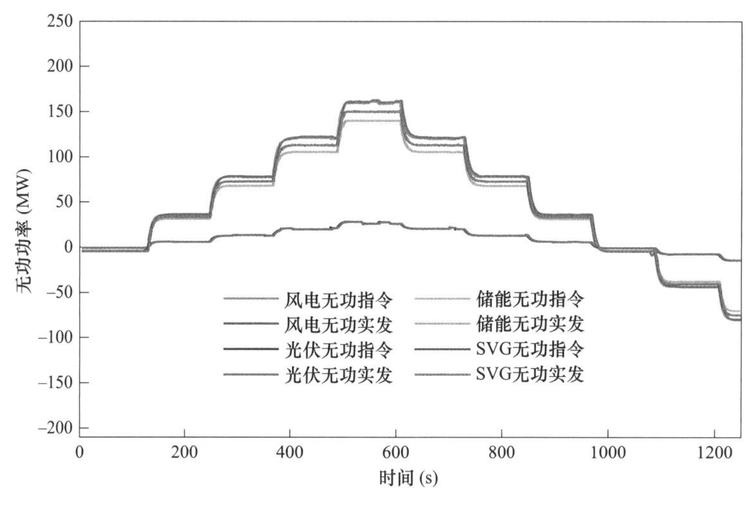

图 8−91　风光储和 SVG 各自响应曲线

上述测试结果表明，风光储场站在 SVG+风光储模式下，储能系统和 SVG 系统正常无功功率输出运行，风波动范围为 10%风电场额定有功功率，风电场有功功率输出为 50%风电场额定有功功率，光波动范围为 10%光伏电站额定有功功率，光伏电站有功功率输出为 50%光伏电站额定有功功率时，风光储场站和 SVG 系统参与 AVC 功能的逻辑正确，动态响应满足预期指标。

（三）风光储场站一次调频功能仿真案例

1. 频率正向阶跃 0.22Hz+AGC 指令 370MW

测试中风光储场站及等值电网参数设置情况：风电并网有功功率 411.7MW，光伏发电并网有功功率 70.0MW，储能系统并网充电功率为 109.2MW，风光储场站参与一次调频调节的正向功率可调裕度为 6%的场站额定容量，负向功率可调裕度为 10%的场站额定容量。相关试验参数参照 GB/T 19963.1—2021《风电场接入电力系统技术规定　第 1 部分：陆上风电》设置调差率为 3%，调频死区为±0.05Hz，一次调频指令计算与分配周期为 150ms。

采用理想信号源生成频率阶跃信号，模拟场站并网点频率上扰 0.22Hz 事件发生时，一次调频是否能够正常动作，从而根据频率偏差提供合理的功率响应。

当前测试中，设置频率向上阶跃 0.22Hz，风光储需要参与系统一次调频降低有功功率 50.4MW。此时，储能系统运行状态为充电 109.2MW，具有 30.8MW 的下调裕度；光伏发电的运行状态为输出功率 70.0MW，风电的运行状态为输出功率 411.7MW，风光系统双向可调裕度均较为充裕，考虑到一次调频响应时间、调节时间要求及风光储动态响应性能，按照储、光、风顺序，优先投入储能系统参与一次调频，光伏发电次之，风电最后。

扰动发生后系统频率变化如图 8－92 所示，7.82s 后，发生频率偏差为+0.22Hz 的频率事件，导致系统频率从 50Hz 阶跃至 50.22Hz，超过一次调频死区，风光储场站参与一次调频。

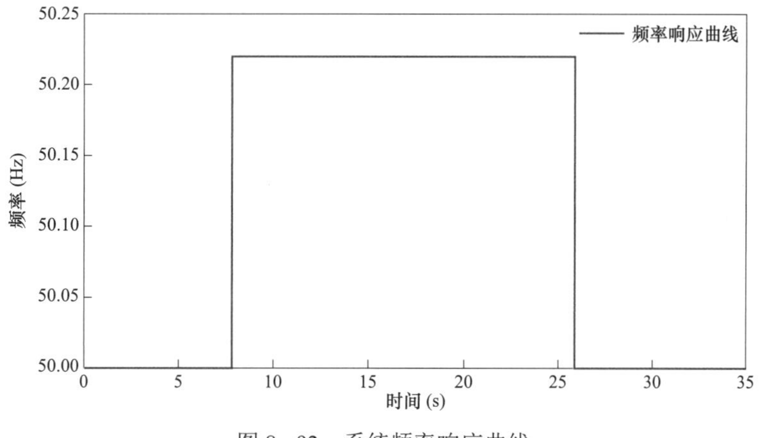

图 8－92　系统频率响应曲线

场站协调控制器计算所得风光储场站一次调频指令值与风光储场站并网点有功功率响应值如图 8－93 所示。当并网点频率偏差超出调频死区后（约 0.02s），风光储需要参与系统一次调频降低有功功率 50.4MW，风光储场站参与一次调频。

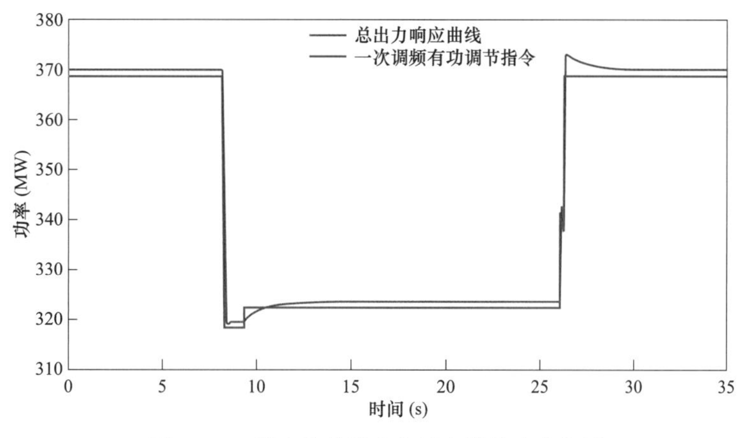

图 8－93　风光储总指令和风光储总响应曲线

场站储能、光伏发电和风电接收的一次调频指令值与响应情况如图 8–94～图 8–96 所示。测试中，系统最大频率偏差约+0.22Hz，风光储场站一次调频指令负向调节裕度充裕，超过储能调节范围（负向调节裕度 30.8MW），故储能和光伏发电参与一次调频响应，风电不参与。

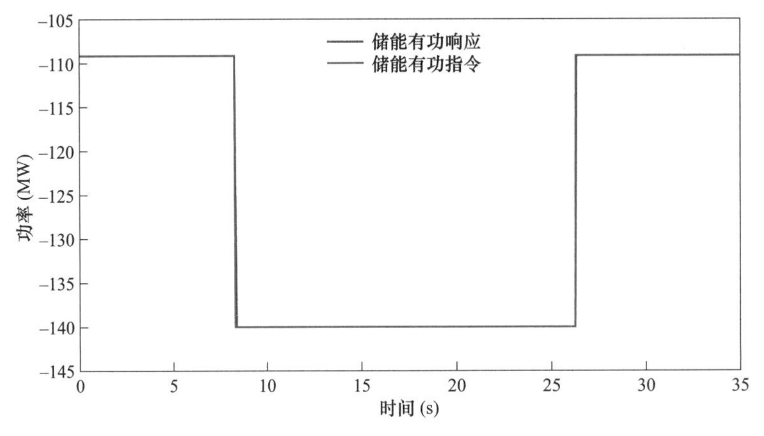

图 8–94　储能指令和储能响应曲线

储能场站在风光功率充裕的时候运行在充电功率 109.2MW 的工况，保留 30.8MW 作为调频负向调节裕度，非调频状态不用于 AGC 调节。因此当 7.82s 正向频率事件发生时，储能功率负向下调 30.8MW 到 140MW 充电功率，持续约 17.84s，当频率恢复正常后，立即恢复 109.2MW 充电功率运行工况，保留必要调频裕度。

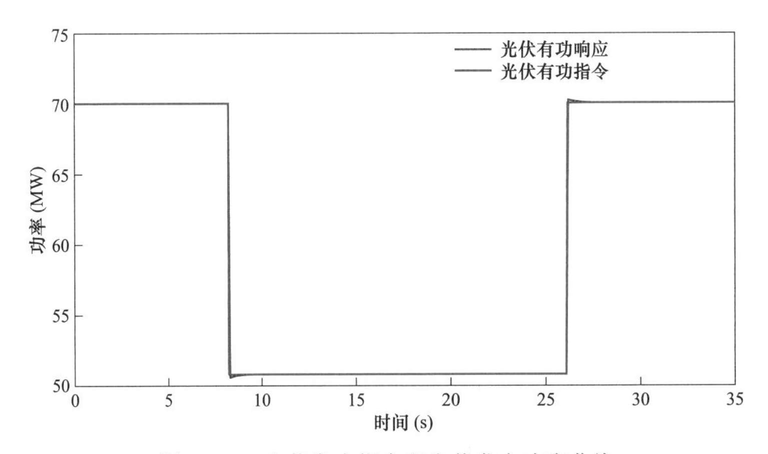

图 8–95　光伏发电指令和光伏发电响应曲线

光伏电站的初始运行有功功率为 70.0MW，具有下调裕度。因此当频率事件发生时，光伏有功功率下调 19.6MW 响应储能没有满足一次调频的部分下调功率需求，即光伏发电调节到 50.4MW，直至调频动作完成。在频率恢复正常后，光伏发电交由 AGC 指令分配算法控制，光伏有功功率再调回 70.0MW，并维持稳定直至试验结束。

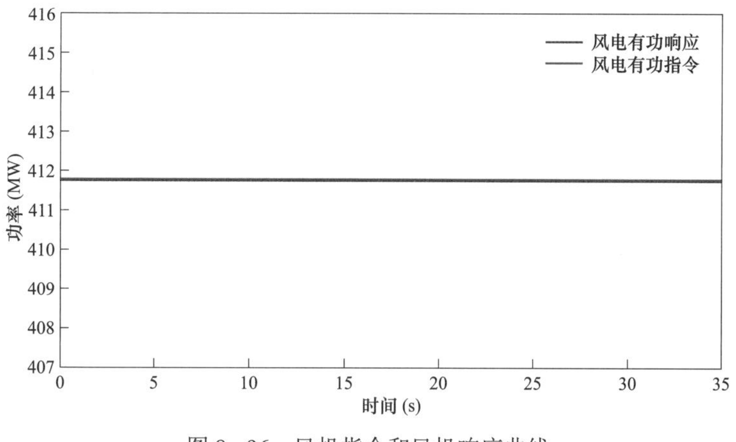

图 8-96　风机指令和风机响应曲线

风电有功功率为 411.7MW，具备充裕的下调空间。当调频事故发生时，风机由于其缓慢的动态特性，非必要情况不参与调频响应，由于光储下调裕度已满足调频要求，因此风电输出有功功率一直保持在 411.7MW 左右直至调频事件结束。

AGC 维持恒定值，AGC 响应曲线如图 8-97 所示。

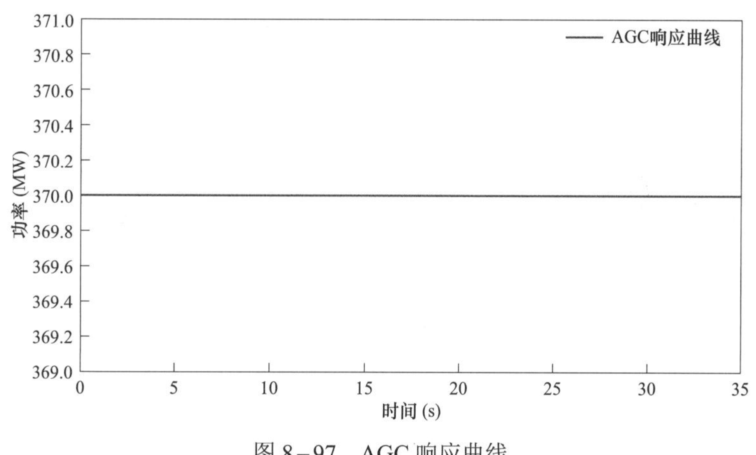

图 8-97　AGC 响应曲线

上述测试结果表明，风光储场站参与电网一次调频的调节方向及指令值正确，场站内部风电、光伏发电、储能系统投入一次调频次序正确，一次调频响应滞后时间 40ms、响应时间 80ms、调节时间 24ms，稳态偏差 0.06%，动态响应满足预期指标。

2. 频率负向阶跃 0.15Hz＋AGC 指令 250MW

测试中风光储场站及等值电网参数设置情况：风电并网有功功率 308.7MW，光伏发电并网有功功率 53.5MW，储能系统并网充电功率为 109.2MW，风光储场站参与一次调频调节的正向功率可调裕度为 6%的场站额定容量，负向功率可调裕度为 10%的场站额定容量。设置调差率为 3%，调频死区为±0.05Hz，一次调频指令计算与分配周期为 150ms；采用理想信号源生成频率阶跃信号，模拟场站并网点频率下扰 0.15Hz 事件发生时，一次调频是否能够正常动作，从而根据频率偏差提供合理的功率响应。

设置频率向下阶跃0.15Hz，风光储需要参与系统一次调频增发有功功率30MW。此时，储能系统的运行状态为充电109.2MW，具有30.8MW的上调裕度；光伏发电的运行状态为输出有功功率53.5MW，风电的运行状态为输出有功功率308.7MW，风光双向可调裕度均较为充裕，一次调频优先级按照储、光、风顺序调节。

扰动发生后系统频率变化如图8–98所示，即约9.44s后，发生频率偏差为–0.15Hz的频率故障，导致系统频率从50Hz跌落至49.85Hz，超过一次调频死区，风光储场站参与一次调频。

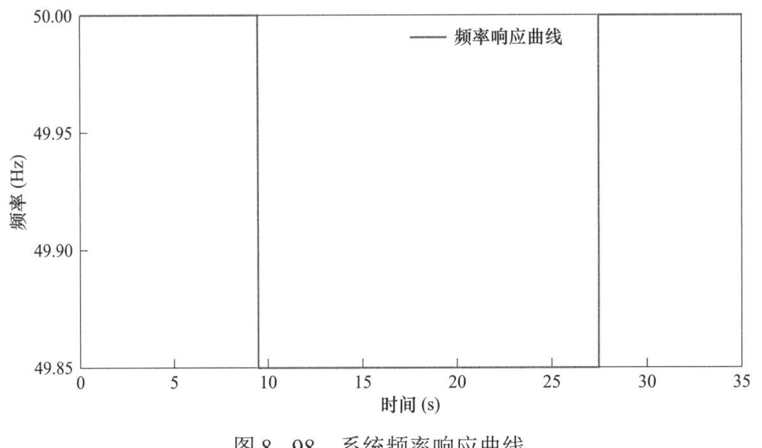

图8–98　系统频率响应曲线

场站协调控制器计算所得风光储场站一次调频指令值与风光储场站并网点有功功率响应值如图8–99所示。当并网点频率偏差超出调频死区后（约0.02s），风光储需要参与系统一次调频增发有功功率30MW，风光储场站参与一次调频，至试验结束。

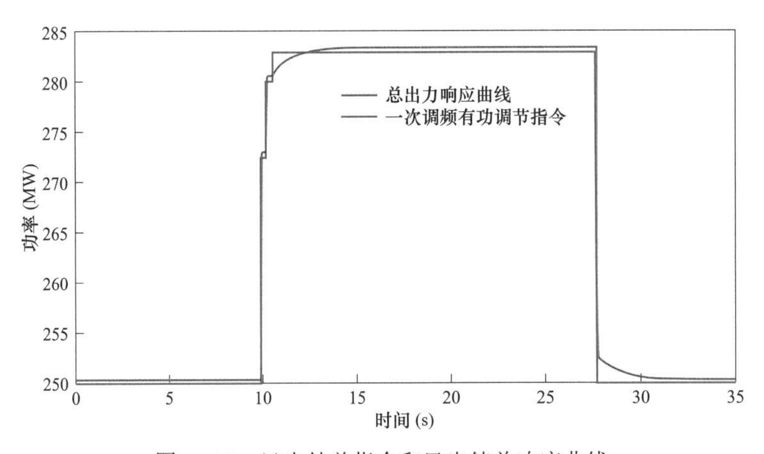

图8–99　风光储总指令和风光储总响应曲线

场站储能、光伏发电和风电系统接收的一次调频指令值与响应情况如图8–100～图8–102所示。测试中，系统最大频率偏差约–0.15Hz，风光储场站一次调频指令正向调节裕度充裕，没有超过储能调节范围（正向调节裕度充裕），故储能参与一次调频响应，风电和光伏发电不用参与。

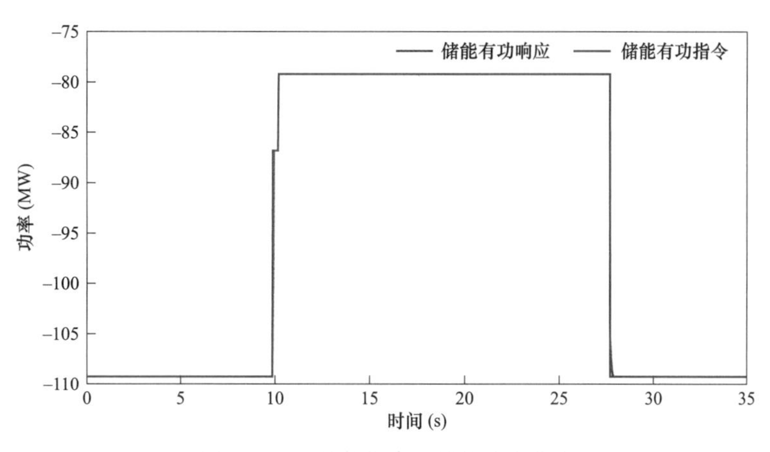

图 8－100 储能指令和储能响应曲线

储能系统在风光功率充裕的时候运行在充电功率 109.2MW 的工况，保留 30.8MW 作为调频负向调节裕度，非调频状态不用于 AGC 调节。因此当 9.44s 负向频率事件发生时，储能功率正向上调 30MW 到 79.2MW 充电功率，持续约 21.32s，当频率恢复正常后，立即恢复 109.2MW 充电功率运行工况，保留必要调频裕度。

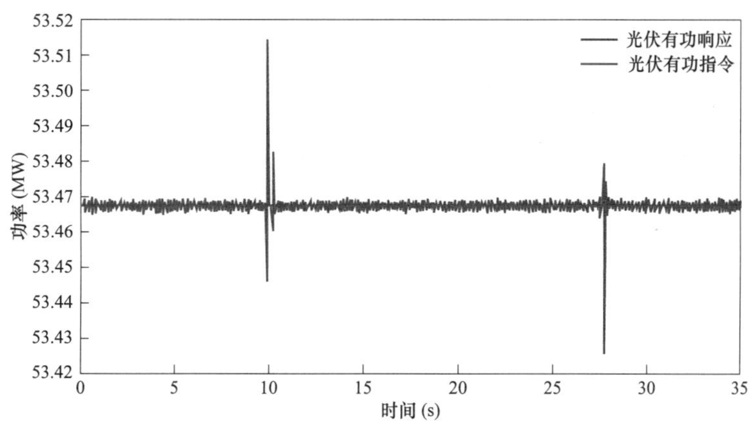

图 8－101 光伏发电指令和光伏发电响应曲线

光伏发电的输出功率为 53.5MW，存在上调裕度。在频率下扰事件结束后，光伏发电交由 AGC 指令分配算法控制，光伏有功功率为 53.5MW 并维持稳定直至试验结束。其中，光伏发电指令的抖动是由于频率测量及计算过程中引入的噪声误差，不会对实验结果产生影响。

风电输出功率为 308.7MW，具备充裕的上调空间。当调频事件发生时，风电一次调频有功调节优先级排序在最后，测试过程中未参与调频响应，因此一直保持在 308MW 左右直至调频事件结束。

AGC 维持恒定值，AGC 响应曲线如图 8－103 所示。

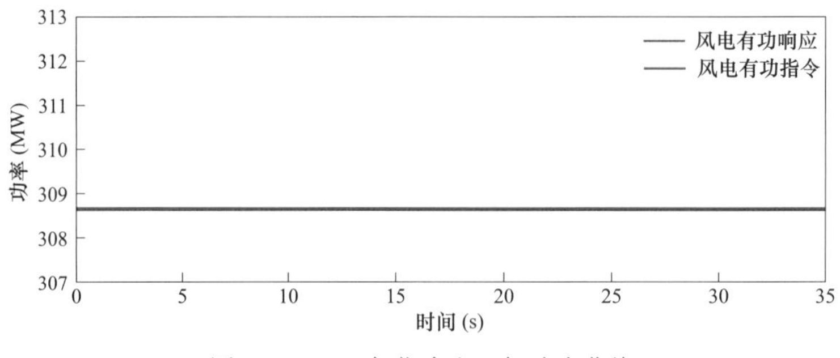

图 8－102　风机指令和风机响应曲线

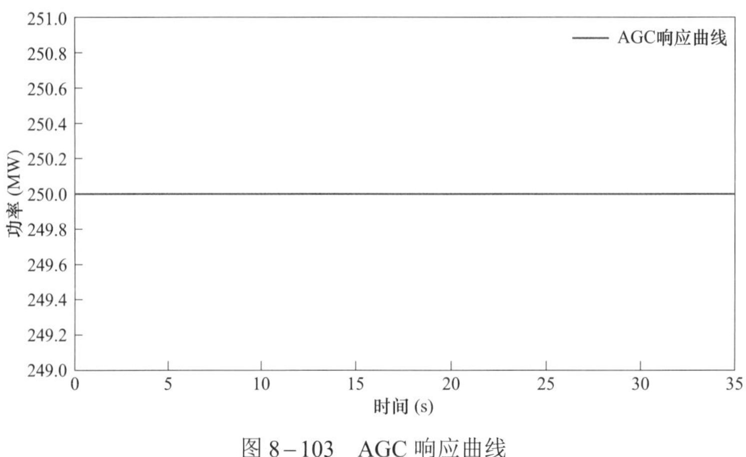

图 8－103　AGC 响应曲线

（四）风光储场站顶峰供电功能仿真案例

模拟电网调度指令及风光储场站参数设置情况：模拟电网下发顶峰指令为 150MW×2h，顶峰时段为 19:00～21:00；含顶峰指令的日前计划调度曲线在前一天下发，时间分辨率为 15min，实时指令每 5min 下发一次至风光储场站；储能初始荷电状态为 0.5，储能 SOC 状态的上下界为 0.2～0.8；储能 SOH 状态为 1。

电网下发含顶峰指令的日前计划调度曲线后，风光储场站需在顶峰前时段对储能模块进行充电，以满足顶峰时段的放电需求，进而实现场站的顶峰供电功能。测试中，风电与光伏发电有功功率均处于典型日有功功率水平，具有有功功率向下调节能力；储能模块具有充电、放电两种状态，SOC 状态均处于规定范围内，亦具有有功功率双向调节能力。

风光储场站接收日前、日内与实时有功功率指令曲线如图 8－104 所示，风光储场站跟踪顶峰供电指令的实时有功功率曲线如图 8－105 所示。在典型日，风光储场站的 24h 平均调节偏差为 0.52%，体现了典型日下风光储场站具有指令跟踪能力。对于顶峰供电时段，19:00 时，风光储场站接收顶峰指令 147.5MW，19:01 时，场站实时有功功率为 145.41MW。风光储场站实现顶峰供电功能的调节偏差为 1.42%，体现了典型日下风光储场站具有顶峰供电能力。

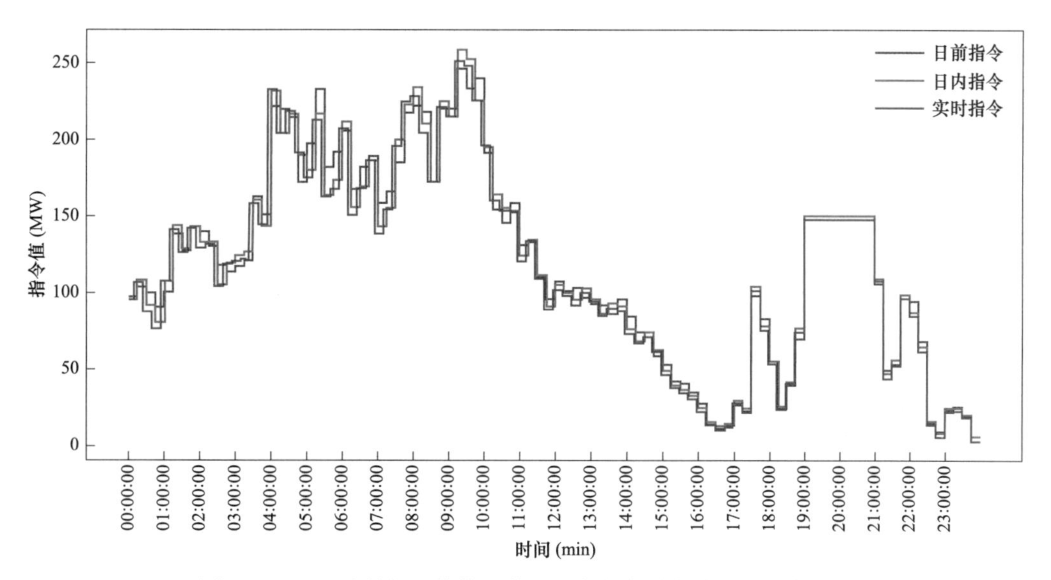

图 8－104　风光储场站接收日前、日内与实时有功功率指令曲线

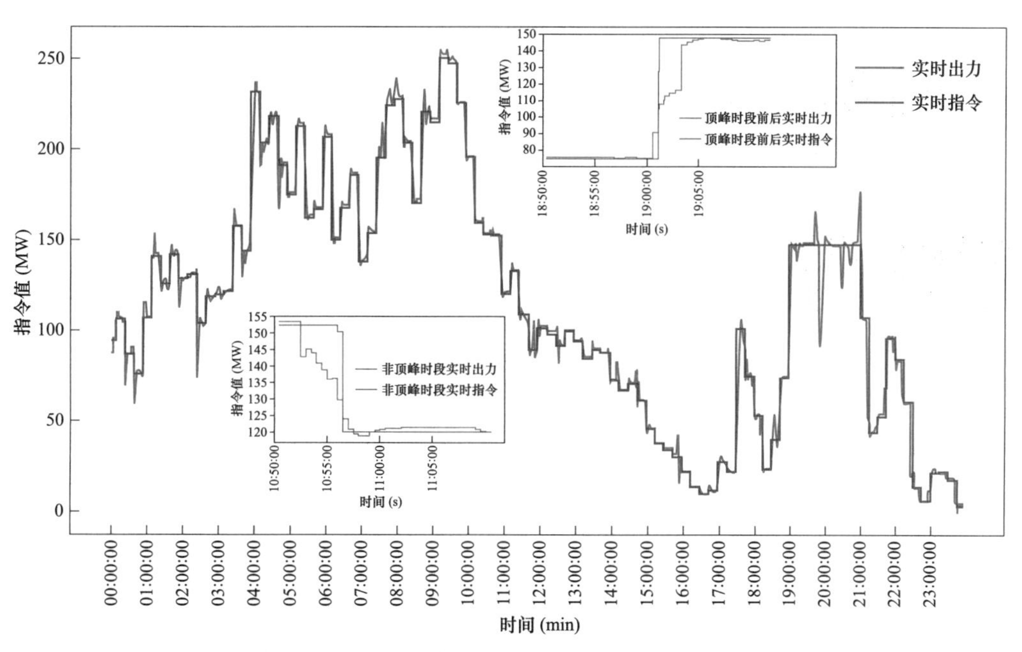

图 8－105　风光储场站跟踪指令的实时有功功率曲线

风光储场站跟踪指令后的风电有功功率、光伏发电有功功率、储能有功功率曲线、风光储及总有功功率曲线分别如图 8－106～图 8－109 所示，其中图 8－108 展示了储能 SOC 状态变化曲线。

通过上述案例可以看出，数模混合仿真测试技术在新能源场站级控制性能验证方面优势明显，具体表现在：

（1）可开展多种、极端、复杂工况的模拟与验证，如不同风光波动形式、不同电源结构组成等。

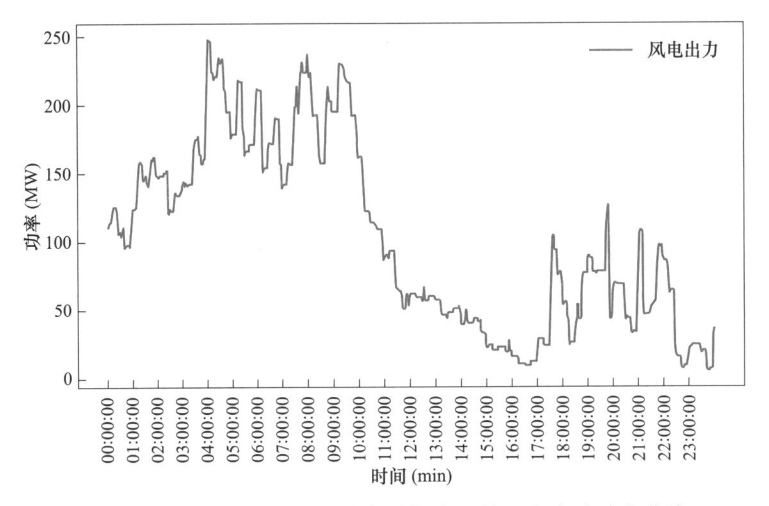

图 8-106　风光储场站跟踪实时指令下的风电有功功率曲线

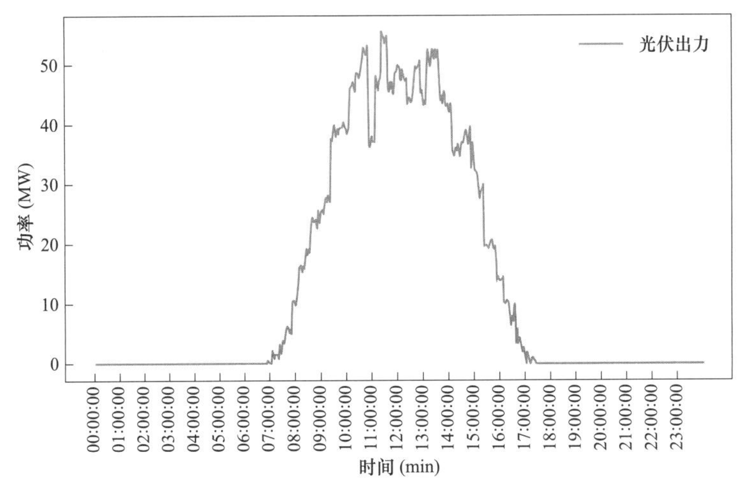

图 8-107　风光储场站跟踪实时指令下的光伏有功功率曲线

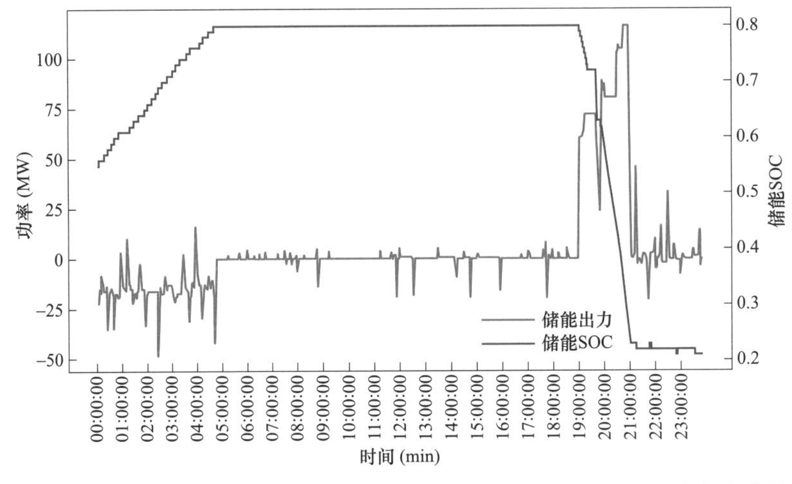

图 8-108　风光储场站跟踪实时指令下的储能有功功率及 SOC 状态变化曲线

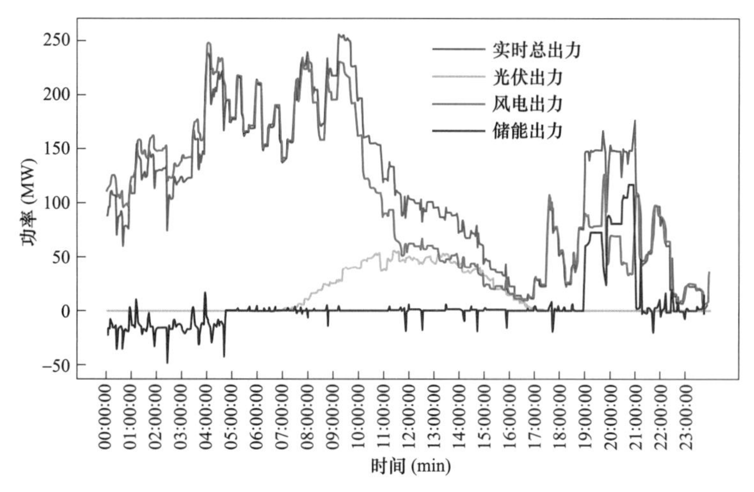

图 8–109 风光储场站跟踪指令下的风光储有功功率及总有功功率曲线

（2）可开展长时间尺度的仿真与验证：24h 顶峰供电的模拟与跟踪仿真。

（3）可开展多种场景集成下的策略校核与验证：调频、惯量、AGC 等多种功能的逻辑验证与仿真。

相比于现场检测，其在验证场景全面性与策略验证安全可靠性上具有明显优势，可作为新能源场站级控制器投运前策略验证的一种必要手段。

第三节 其他设备数模混合仿真测试

其他设备数模混合仿真是指新能源场站中除主要参与发电的机组、装备以外的控制保护设备，通过数模混合仿真方法可对其开展性能测试验证。本节以光伏电站孤岛保护装置数模混合仿真为例进行介绍。

一、光伏电站孤岛保护装置数模混合仿真测试平台

（一）数字模型

数字模型主要指光伏发电并网模型，包括逆变器主电路模型、控制系统模型、电网模型、接口模型等部分。

1. 光伏逆变器模型

光伏逆变器模型采用 Simulink 模块库中通用电桥中 IGBT 逆变模块，通过 PWM 调制出三相正弦波，如图 8–110 所示。

2. 光伏逆变器控制模块

逆变器控制模块采用 PQ 恒功率控制算法，在主电网失电时，逆变器也能保持之前的功率输出，从而能模拟出不同功率下，电压与频率的变化情况，如图 8–111 所示。由 PLL 模块、DQ 转换模块、参考电流计算模块，电流 PID 计算模块组成，如图 8–112～图 8–114 所示。

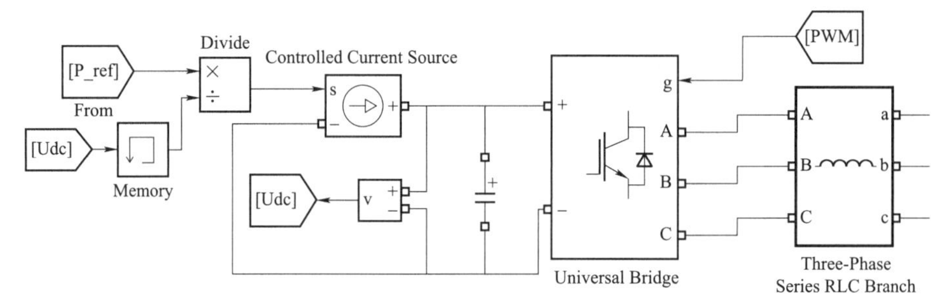

图 8-110 光伏逆变器模型

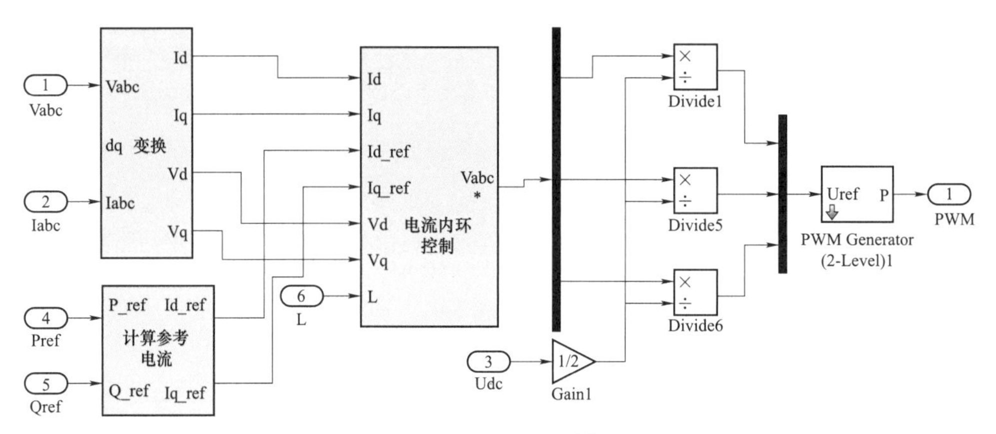

图 8-111 PQ 控制模块

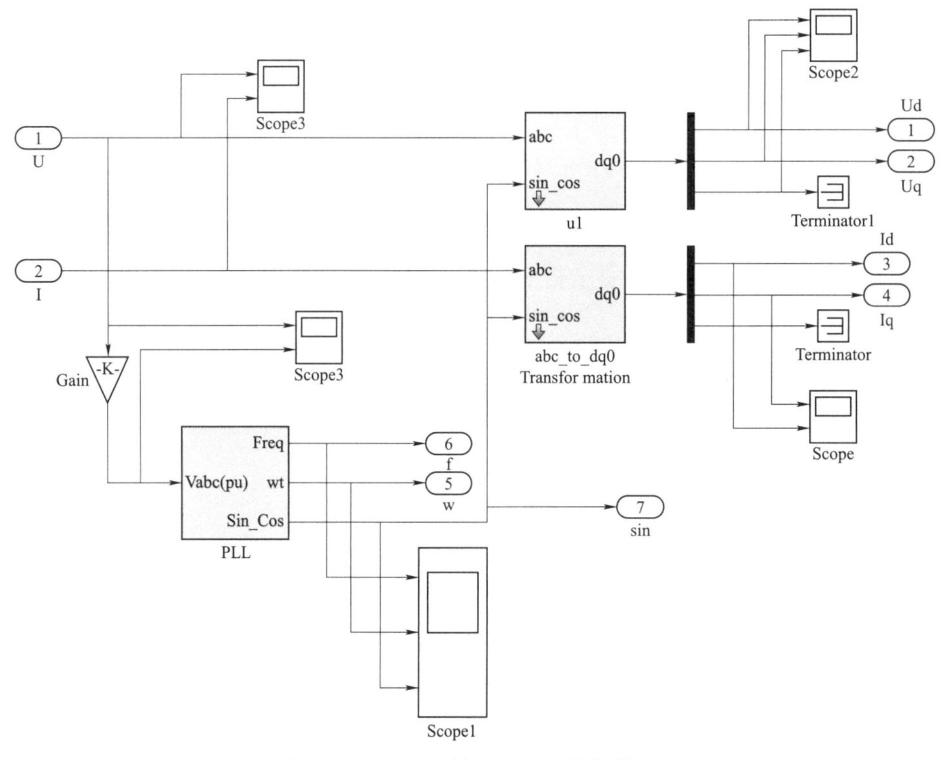

图 8-112 PLL 锁相及 DQ 转换模块

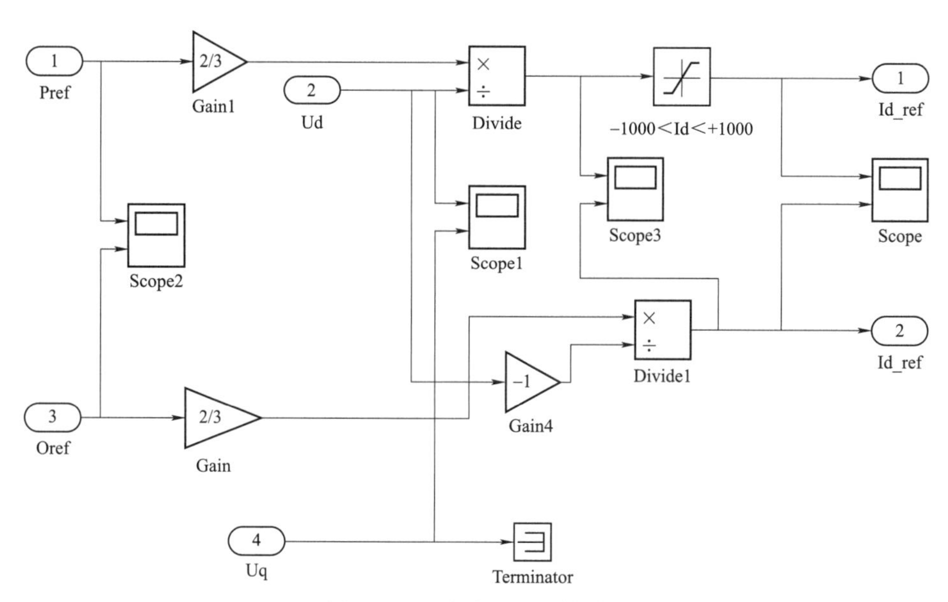

图 8-113　参考电流计算模块

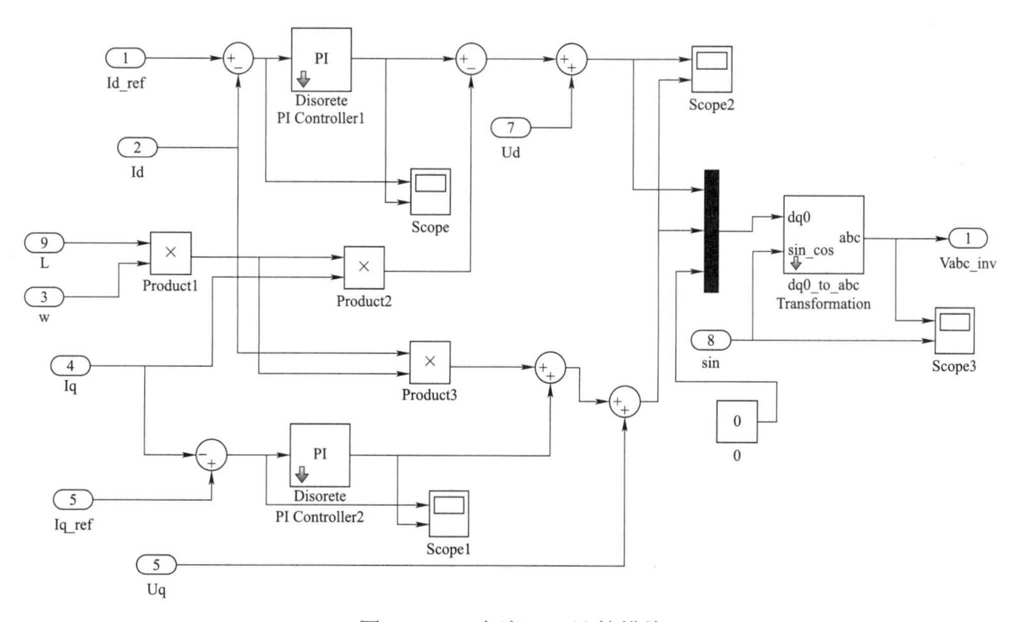

图 8-114　电流 PID 计算模块

3. 电网模型

电网模型，由公共电网模块，断路器模块、三相负载模块等组成，如图 8-115 和图 8-116 所示。

4. 接口模型

模拟量输出、数字量输入、数字量输出模块如图 8-117～图 8-119 所示。

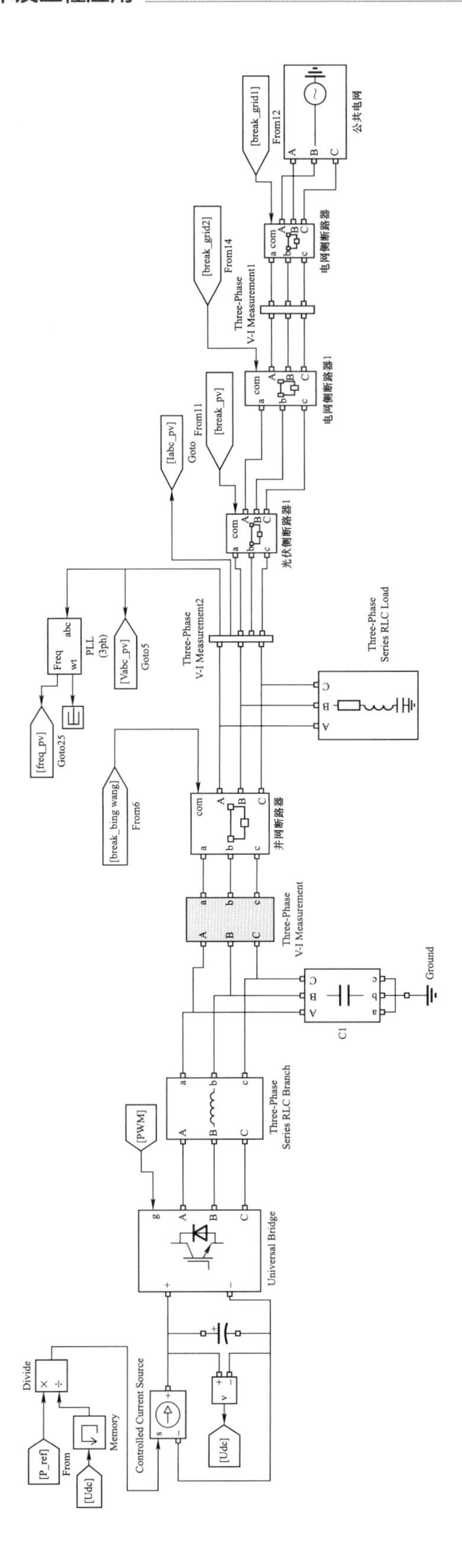

公共电网
[break_grid1]
From12
电网侧断路器
[break_grid2]
From14
Three-Phase
V-I Measurement1
电网侧断路器1
[Iabc_pv]
Goto
[break_pv]
From11
光伏侧断路器1
Three-Phase
Series RLC Load
Three-Phase
V-I Measurement2
PLL
(3ph)
[Vabc_pv]
Goto5
[freq_pv]
Goto25
[break_bing wang]
From6
并网断路器
Three-Phase
V-I Measurement
Ground
C1
Three-Phase
Series RLC Branch
[PWM]
Universal Bridge
Controlled Current Source
Divide
Memory
[P_ref]
From
[Udc]

图 8-115　电网模型

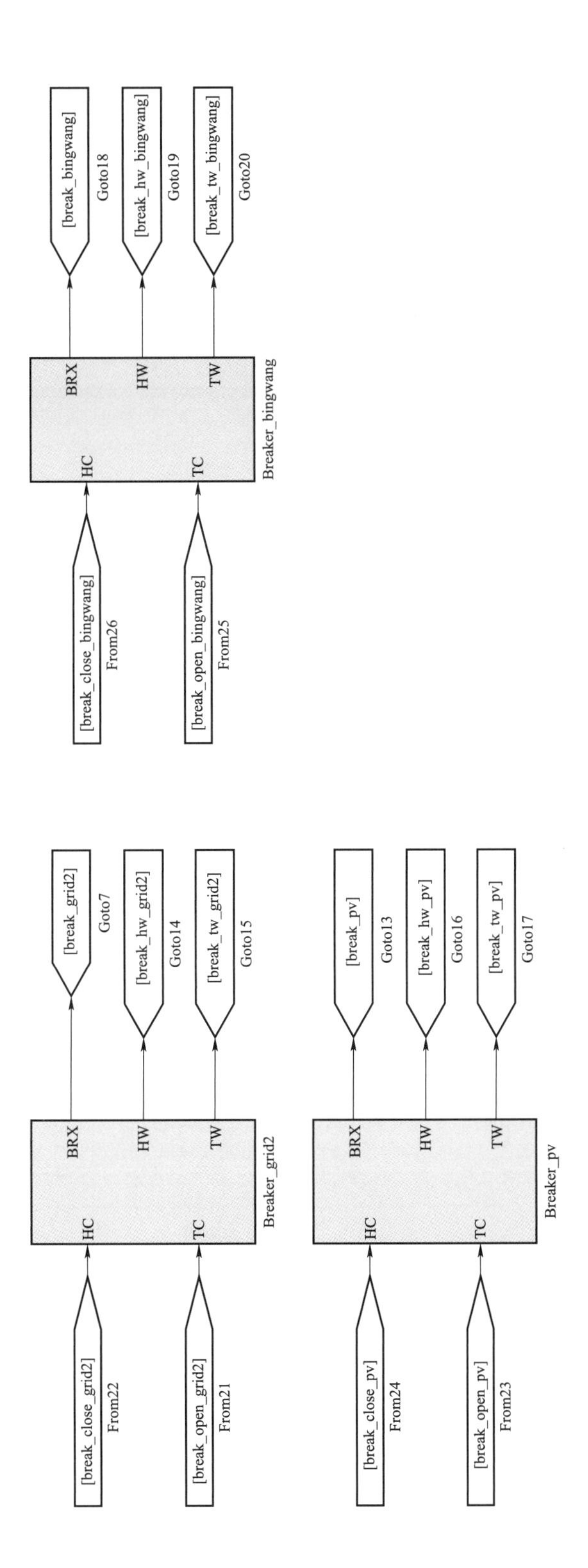
[break_bingwang]
Goto18
[break_hw_bingwang]
Goto19
[break_tw_bingwang]
Goto20
BRX
HW
TW
HC
TC
Breaker_bingwang
[break_close_bingwang]
From26
[break_open_bingwang]
From25
[break_grid2]
Goto7
[break_hw_grid2]
Goto14
[break_tw_grid2]
Goto15
Breaker_grid2
[break_close_grid2]
From22
[break_open_grid2]
From21
[break_pv]
Goto13
[break_hw_pv]
Goto16
[break_tw_pv]
Goto17
Breaker_pv
[break_close_pv]
From24
[break_open_pv]
From23

图 8-116　断路器模型

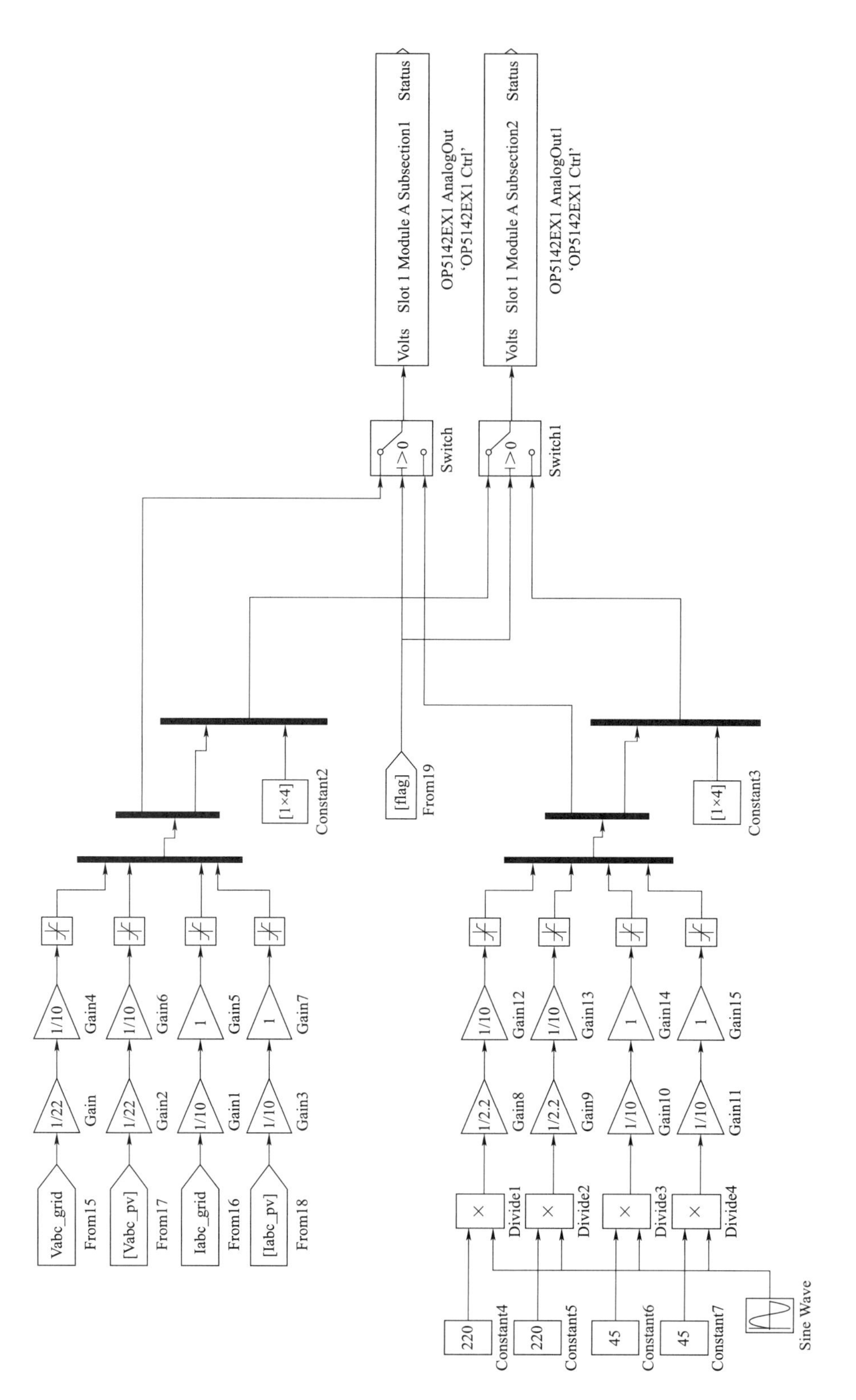

图 8－117　模拟量输出模块

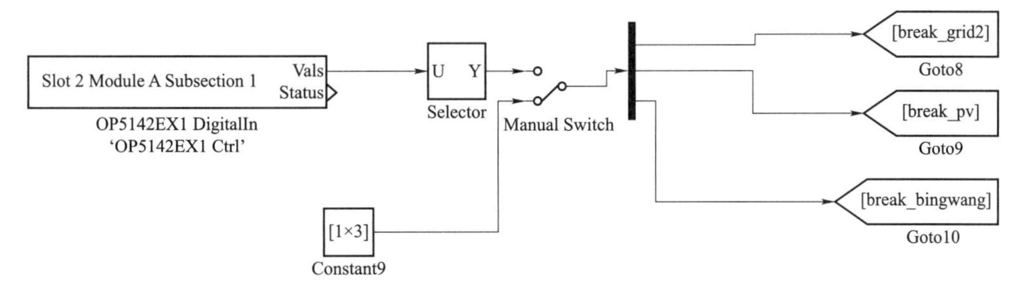

图 8-118　数字量输入模块

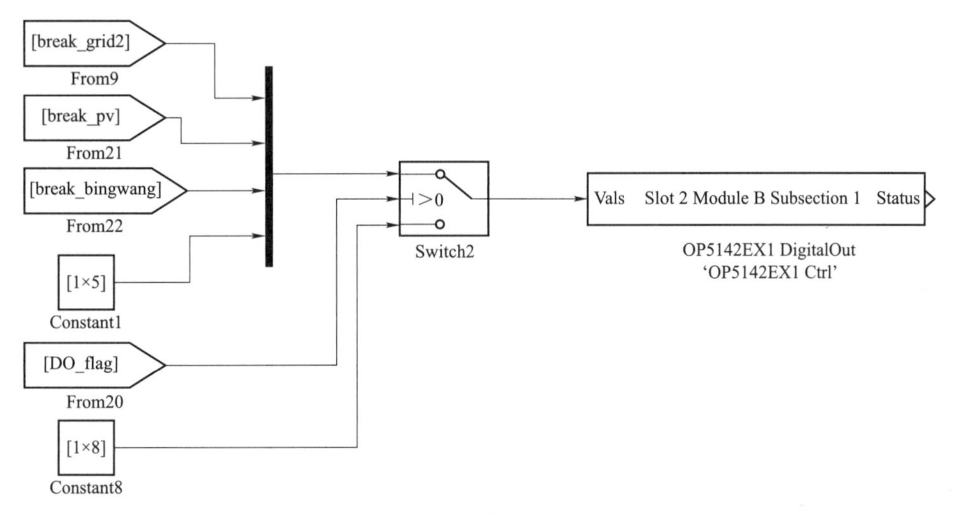

图 8-119　数字量输出模块

（二）接口设计

数模混合仿真器与仿真模型接口如表 8-21 和表 8-22 所示。

表 8-21　　模 拟 量 接 口

位置	通道标号	名称	电压范围	模型中的标号
实时仿真器 OP5607 1AP1	1	电网侧 A 相电压	±10V	U_{a_grid}
	2	电网侧 B 相电压	±10V	U_{b_grid}
	3	电网侧 C 相电压	±10V	U_{c_grid}
	4	光伏发电侧 A 相电压	±10V	U_{a_pv}
	5	光伏发电侧 B 相电压	±10V	U_{b_pv}
	6	光伏发电侧 C 相电压	±10V	U_{c_pv}
	7	电网侧 A 相电压	±10V	I_{a_grid}
	8	电网侧 B 相电压	±10V	I_{b_grid}
	9	电网侧 C 相电压	±10V	I_{c_grid}
	10	光伏发电侧 A 相电压	±10V	I_{a_pv}
	11	光伏发电侧 B 相电压	±10V	I_{b_pv}
	12	光伏发电侧 C 相电压	±10V	I_{c_pv}

表 8-22　　　　数字量输入接线

位置	通道标号	电气量	电平范围
实时仿真器 OP5607 2AP1	1	电网侧断路器跳闸信号	0～15V
	2	电网侧断路器合闸信号	
	3	光伏发电侧断路器跳闸信号	
	4	光伏发电侧断路器合闸信号	
	5	并网断路器跳闸信号	
	6	并网断路器合闸信号	

控制器需要的数字量输出信号共计 6 路，如表 8-23 所示，分别连接至实时仿真器 OP5607 的 2B 各通道。

表 8-23　　　　数字量输出接线

位置	通道标号	电气量	电平范围
实时仿真器 OP5607 2BP1	1	电网侧断路器合位	0～24V
	2	电网侧断路器开位	
	3	光伏发电侧断路器合位	
	4	光伏发电侧断路器开位	

二、光伏发电防孤岛保护装置数模混合仿真案例

模拟光伏发电系统容量为 30kW 的防孤岛保护功能，当负载为 30kW，无功功率为 800var 时，光伏逆变器用恒功率 P_Q 控制算法输出有功 30kW，无功功率 800var，此时逆变器发出有功功率与用户消耗有功功率平衡，模拟主电网失电。

如图 8-120 所示，有功功率平衡时，在电网断路器断开后，用户处电压及频率没有

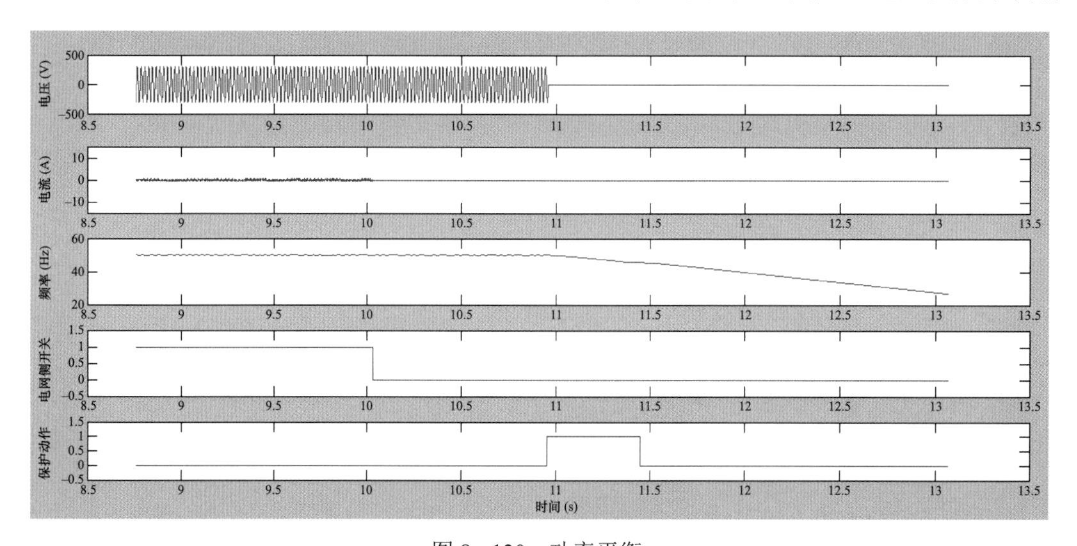

图 8-120　功率平衡

明显变化，被动防孤岛处于检测盲区，此时被动式防孤岛检测方法失效，光伏发电侧防孤岛保护装置检测到电网侧断路器断开，延时 900ms，主动防孤岛保护动作，断开光伏发电侧并网短路器，主动防孤岛保护完成。

如图 8-121～图 8-124 所示，光伏发电有功功率和无功功率与负荷不匹配时，主电网失电后，并网点处电压、频率发生明显变化，防孤岛保护通过被动式防孤岛保护检测出孤岛现象。

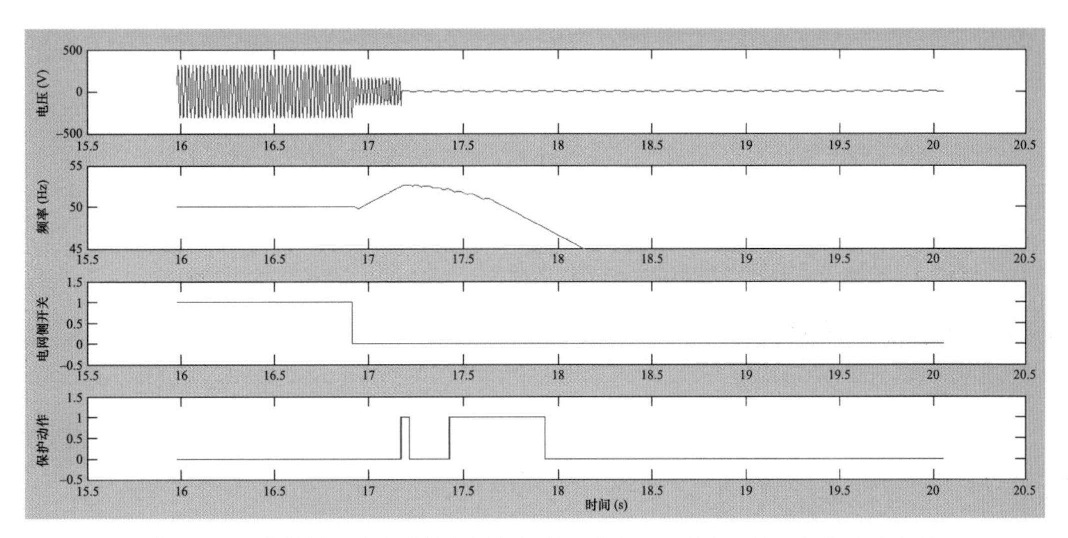

图 8-121 光伏发电有功功率小于负载有功功率、无功功率小于负载无功功率

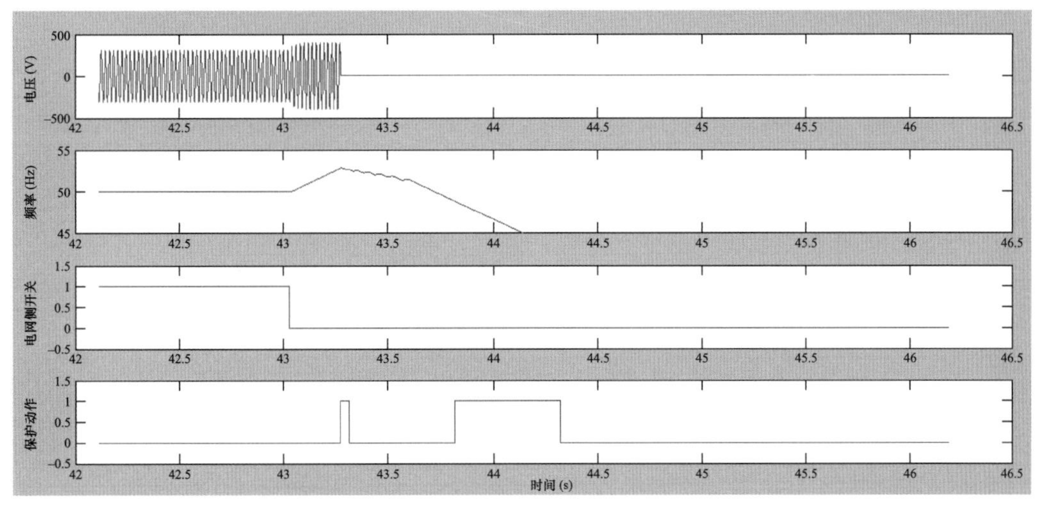

图 8-122 光伏发电有功功率大于负载有功功率，无功功率小于负载无功功率

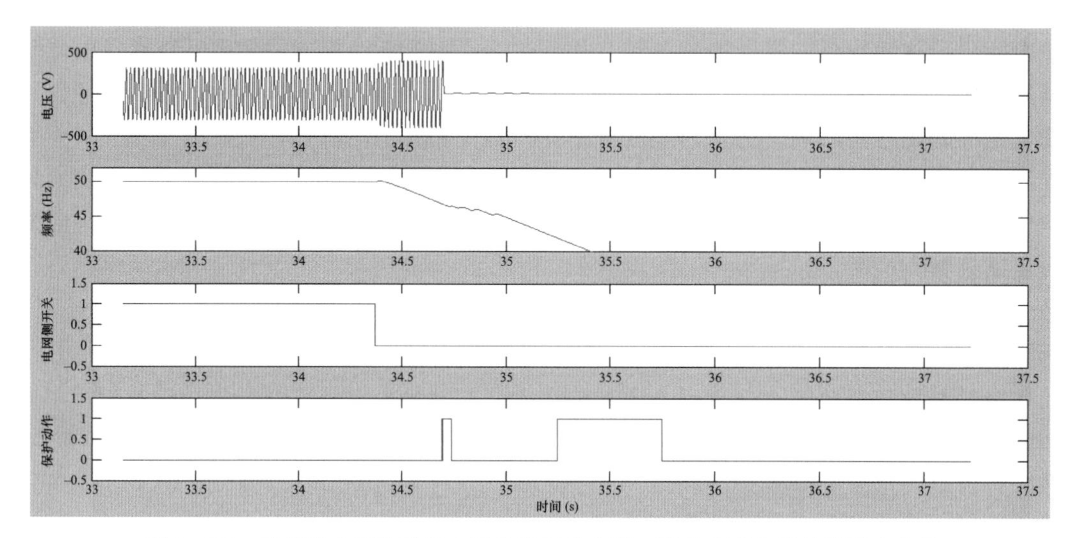

图 8-123　光伏发电有功功率大于负载有功功率、无功功率大于负载无功功率

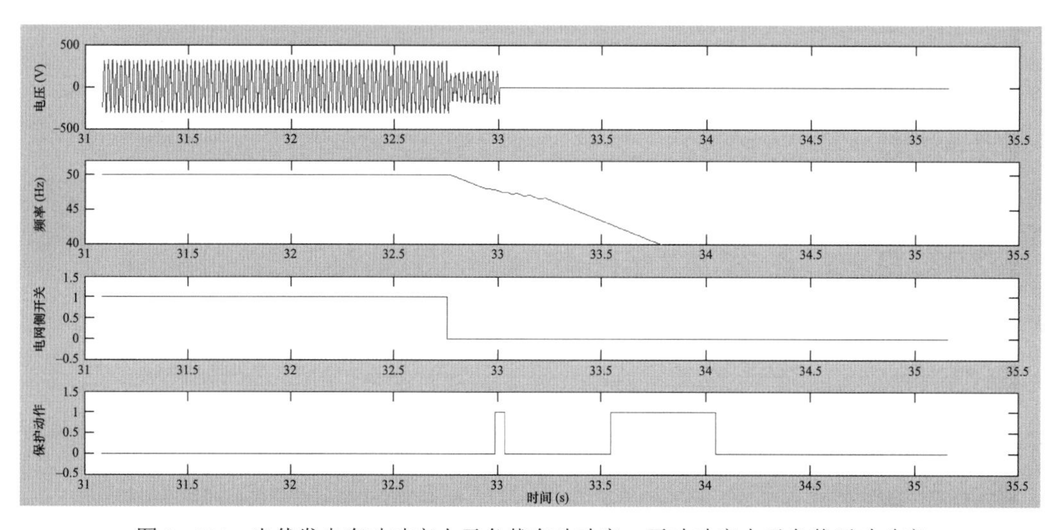

图 8-124　光伏发电有功功率小于负载有功功率、无功功率大于负载无功功率

本章从新能源发电机组级、场站系统功率控制级、其他设备控制保护级多角度阐述了数模混合仿真测试技术的应用，并结合测试案例进行辅助介绍说明。相比于现场检测技术，数模混合仿真测试技术针对特定应用对象，可开展详尽、极端、复杂的工况场景模拟与验证，能够有效检验策略的有效性，同时，由于主要采用仿真方法，其在安全性与高效性方面具有明显优势。

参 考 文 献

[1] 夏婷，张木梓，陈杨，等. 全球低风速风电发展现状与展望［J/OL］. 水力发电，2022（6），105－108＋118.

[2] CWP 2021：风电迎来历史性机遇期［J］. 风能，2021（11），38－63.

[3] 秦世耀，王瑞明，李少林，等. 新能源并网与调度运行技术丛书 风力发电机组并网测试技术［M］. 北京：中国电力出版社，2020.

[4] 李庆，张金平，陈子瑜，等. 新能源并网与调度运行技术丛书 新能源发电并网评价及认证［M］. 北京：中国电力出版社，2020.

[5] 曹斌，张叔禹，胡宏彬，等. 新能源并网电磁暂态仿真技术与工程应用［M］. 北京：中国电力出版社，2020.